高等职业教育系列教材

# 3ds Max 三维动画制作实例教程

## 第2版

主编　许朝侠

参编　孙雅娟

机械工业出版社

本书以实例为引导，系统地介绍了3ds Max 2019的基本操作和三维动画制作方法。全书共分为10章，主要内容包括3ds Max概述、基础建模、二维建模、三维修改器建模、复合建模与多边形建模、材质与贴图、场景中灯光与摄影机、渲染输出与环境特效、关键帧动画、动画控制器以及粒子系统与空间扭曲等内容。

本书是编者根据多年的3ds Max教学经验，在收集整理了大量教学案例的基础上编写而成的。本书以实例为主线，围绕实例详细地讲解了3ds Max的各个功能模块的作用、三维动画的制作思路和方法，内容翔实丰富，并提供了具有针对性的上机实训项目以拓展学生的实际应用能力。

本书适合作为职业院校相关专业及各类计算机培训机构3ds Max动画制作课程的教材，也可以作为三维制作爱好者和相关从业人员的参考用书。

本书配有微课视频、电子课件、素材和源文件，其中微课视频扫描书中二维码即可观看，其他教学资源可登录www.cmpedu.com免费注册、审核通过后下载，或联系编辑索取（微信：15910938545，电话：010-88379739）。

**图书在版编目（CIP）数据**

3ds Max三维动画制作实例教程 / 许朝侠主编．—2版．—北京：机械工业出版社，2020.12（2024.2重印）
高等职业教育系列教材
ISBN 978-7-111-66749-0

Ⅰ．①3…　Ⅱ．①许…　Ⅲ．①三维动画软件-高等职业教育-教材
Ⅳ．①TP391.414

中国版本图书馆CIP数据核字（2020）第190148号

机械工业出版社（北京市百万庄大街22号　邮政编码100037）
策划编辑：王海霞　　责任编辑：王海霞
责任校对：张艳霞　　责任印制：邓　博

北京盛通数码印刷有限公司印刷

2024年2月第2版·第6次印刷
184mm×260mm·15.5印张·381千字
标准书号：ISBN 978-7-111-66749-0
定价：55.00元

电话服务
客服电话：010-88361066
010-88379833
010-68326294

网络服务
机　工　官　网：www.cmpbook.com
机　工　官　博：weibo.com/cmp1952
金　　书　　网：www.golden-book.com
机工教育服务网：www.cmpedu.com

# 前　言

3ds Max 是 AutoDesk 公司旗下的 Discreet 公司开发的一款功能强大的三维动画制作软件，是目前市场上最流行的三维建模和动画制作软件之一。本书重点介绍了 3ds Max 2019 强大的建模功能、丰富多彩的材质与贴图、烘托场景氛围的灯光与环境特效、灵活多样的关键帧动画、粒子系统与空间扭曲配合的群组动画以及场景的渲染等内容。

党的二十大报告指出："培养造就大批德才兼备的高素质人才，是国家和民族长远发展大计。"为了更好地满足社会及教学需要，依据高等职业教育人才培养目标的要求，本书采用案例驱动的教学方式，各个章节的内容都采用以实例讲解概念的编写方法，由实例引导并展开相关的知识点和操作技能讲解。全书共分为 10 章，其中第 1 章简要介绍 3ds Max 的主要应用领域、3ds Max 2019 工作界面的构成和 3ds Max 2019 工作环境的定制；第 2～5 章分别从基础建模、二维建模、三维建模、复合建模与多边形建模等方面介绍 3ds Max 2019 强大的建模功能；第 6 章是材质与贴图，介绍材质基本参数的设置、常用的材质类型以及贴图类型与贴图通道的应用；第 7 章介绍场景中灯光与摄影机的应用，包括灯光的类型、灯光的属性、灯光的布设方法以及摄影机的类型和摄影机动画的制作；第 8 章介绍渲染输出的设置、体积光与火效果等大气特效的应用以及光晕、光斑等镜头特效的应用；第 9 章介绍关键帧动画创建的基本方法、轨迹视图的使用方法和常用的动画控制器在动画制作中的应用；第 10 章介绍常用的粒子系统与空间扭曲的类型以及综合运用粒子系统与空间扭曲制作群组动画的方法。

本书是根据编者多年的 3ds Max 教学经验，在收集整理了大量教学案例的基础上编写而成的。本书集通俗性、实用性和技巧性于一体，由浅入深、循序渐进地讲解 3ds Max 2019 的基本操作和三维动画制作方法。编者对本书的编写体系进行了精心设计，以实例为主线，围绕实例详细地讲解 3ds Max 2019 的各个功能模块的作用、三维动画的制作思路和方法，并提供了具有针对性的课后实训项目以拓展学生的实际应用能力。在实例和实训项目的选取上，充分体现针对性和实用性；在内容的编写上，力求细致全面，重点突出。为了便于读者学习，本书还提供 30 个实例的微课视频，读者可以通过扫描书中的二维码随时观看，学习每个实例的制作。

本书由许朝侠和孙雅娟共同编写。其中，许朝侠负责全书内容的策划、修改和统稿，并编写第 1、6、7、8、9、10 章；孙雅娟负责编写第 2、3、4、5 章，并承担本书素材的搜集和整理工作。

由于编写时间仓促，加之编者的学识和水平有限，书中难免存在错误和疏漏之处，希望得到广大读者和同行的批评指正，以便对本书不断进行修订完善。

编　者

# 目　录

# 第 1 章　3ds Max 基础

**本章要点**

本章主要围绕 3ds Max 介绍三维动画的基本概念、应用范围和三维动画制作的流程，同时着重介绍 3ds Max 2019 的工作界面、文件的基本操作、视图操作和 3ds Max 工作环境设置，使读者尽快熟悉 3ds Max 的操作界面。

## 1.1　认识 3ds Max

### 1.1.1　三维动画概述

动画是利用人类的“视觉暂留”特性，通过连续播放一系列静止画面，在视觉上造成连续变化画面的效果。根据制作手段和技术的不同，动画可以分为以手工绘制为主的传统动画和以计算机制作为主的计算机动画。根据不同的空间视觉效果，计算机动画可以分为二维动画（平面动画）和三维动画。

随着计算机软硬件技术的发展，三维动画得到广泛应用。所谓三维动画，是指使用三维动画制作软件在计算机中建立一个虚拟的三维世界，在这个虚拟世界中，按照要表现对象的形状和尺寸建立三维模型和整个场景，并为模型设置相应的材质，为场景布设灯光和摄影机，再根据要求设定模型的运动轨迹和其他动画参数或者虚拟摄影机的运动等，最后由三维动画软件自动进行渲染计算，生成动画效果。

如果将二维的平面视为一张纸，那三维的空间就类似一个盒子。三维动画是利用几何学中的透视等原理，通过计算机的计算将空间和物体准确地表现在一个二维平面上。

### 1.1.2　三维动画的应用范围

随着计算机软硬件技术的飞速发展，三维动画制作软件功能日益成熟强大，三维动画制作技术的应用范围也越来越广。这种利用三维动画技术模拟真实物体和场景的技术被广泛地应用于影视、建筑、医疗和教育等诸多领域。

随着数字特效在电影中的广泛应用，在影视作品中随处可见三维动画的制作效果。3ds Max 以其简单易用的工具、直观高效的渲染引擎等特点，特别是具有和 Discreet Flame、Inferno 等电影特效软件进行方便快捷的交互功能，深受许多电影制作公司的欢迎。图 1-1 为影视作品中的三维动画特效。

电视栏目和产品的包装是提升栏目品牌形象和产品市场竞争力强有力的手段。在电视栏目和产品广告包装制作时通常会使用三维动画制作软件、后期特效软件、音频处理软件等，常用的三维动画制作软件有 3ds Max、Maya、Softimage 等。目前 3ds Max 自身具有强大的功能，并支持众多特效插件，在栏目和产品广告包装常用的金属、玻璃、文字、光线和粒子等特效制作上拥有不凡的效果，因而深受业界的认可。图 1-2 为电视栏目片头效果。

图 1-1　影视作品中的三维动画特效

图 1-2　电视栏目片头效果

三维动画在建筑可视化领域也得到了广泛的应用。建筑可视化包括室内效果图、建筑表现图和建筑场景动画等。目前建筑可视化的应用正向虚拟现实方面发展，用户可以通过虚拟环境进行人机交互，变被动为互动式体验。3ds Max 在这一领域的应用得到广泛认可，它与 V-Ray、FinalRender、Brazil、Maxwell 等渲染器配合，极大地促进了建筑可视化领域的发展。图 1-3 为建筑表现图和室内效果图。

图 1-3　建筑表现图和室内效果图

三维动画也广泛应用在动漫游戏产业。动漫游戏使用三维动画软件设计制作游戏场景和角色动画，如魔兽世界、古墓丽影、细胞分裂等游戏。三维动画在动漫游戏中的应用如图 1-4 所示。

图 1-4　游戏场景

此外，在医疗卫生领域，三维动画可以通过形象地演示人体内部组织的细微结构和变化，为医学治疗和教学演示提供便利；在军事科技领域，可以通过三维动画进行弹道、爆炸等动态研究以及模拟战场进行军事演习等；在生物化学等研究领域，也引入了三维技术用于研究生物分子的结构组成。

### 1.1.3　三维动画制作流程

一个完整的三维动画的制作总体上可以分为前期制作、动画片段制作和后期合成三个阶段。前期制作阶段是指在使用计算机制作前，对动画进行的规划与设计；动画片段制作阶段是指根据前期设计的基础，在计算机中通过三维制作软件制作出三维动画片段；后期合成阶段则是使用后期合成软件将动画片段、声音等素材进行加工处理，最终形成动画文件。本书主要介绍动画片段制作阶段，以下三维动画制作均指代动画片段制作阶段。

动画制作流程大致分为创建模型、赋予材质、设置灯光、设计动画、布控摄影机和场景渲染等。

创建模型就是建模，是三维动画制作的第一步，根据前期制作阶段的造型设计，通过三维制作软件在计算机中创建三维模型，搭建三维场景。建模是三维动画制作的基础，建模不仅要保证每个模型的质量还要注意模型间的比例关系，确保场景的比例协调。

赋予材质就是为了模拟真实物体的质感，给模型赋予材质使其具有生动的表面特性和纹理效果，具体体现在颜色、纹理、透明度、反光度等特性上，例如可以模拟实现大理石、不锈钢、塑料等物体的质感。

设置灯光的目的是为了照明场景、投射模型的阴影及增添场景的氛围，同时场景中材质的效果也会受到灯光的影响。设置灯光和赋予材质同步进行，能更好地观察效果。

设计动画主要是设置关键帧，关键帧之间的过渡由计算机来完成，三维制作软件将动画信息以动画曲线来表示，可以通过动画曲线来设置动画的快慢缓急，以符合运动规律。此外，三维动画软件还有可以实现群组动画的粒子系统和空间扭曲。

布控摄影机是依据摄影原理在三维场景中运用摄影机工具来实现镜头观察效果，摄影机位置和参数的变化也可以制作出动画效果。

场景渲染是指在完成上述制作流程后，由计算机绘制并产生一幅静态的画面或一段动画。三维动画必须由软件中的渲染器进行渲染输出才能得到最终效果。

### 1.1.4　3ds Max 简介

3ds Max 是由 Autodesk 公司旗下的 Discreet 公司开发的一款三维动画制作软件。3ds Max 与 Maya、Softimage 等其他专业的三维制作软件相比，在画面表现和动画制作方面毫不逊色，并具有操作简单、易学易用的特点。此外，3ds Max 还具有良好的开放性，许多专业技术公司为 3ds Max 提供了大量的外部插件，使 3ds Max 的功能更加完善。

3ds Max 是集建模、材质、灯光、渲染、动画、输出等功能于一体的全方位三维制作软件，可以为创作者提供多方面的选择，满足不同的需要。

3ds Max 前身是由 Discreet 公司基于 DOS 开发的 3D Studio，后来 Discreet 公司被 Autodesk 公司收购后开发的 3ds Max。3ds Max 功能不断完善扩充，版本也在不断地更新，目前最新的版本是 3ds Max 2020。本书编写使用的是 3ds Max 2019，除本章以 3ds Max 2019 为例介绍 3ds Max 的工作界面外，其他章节所有实例与实训项目不限于 3ds Max 2019，也适用于其他常用版本的3ds Max，故除特殊说明外，3ds Max不代指特定版本。

## 1.2　3ds Max 2019的工作界面

启动3ds Max 2019后即进入3ds Max 2019的工作界面，3ds Max 2019的工作界面默认以暗色显示，修改界面方案后以亮色显示，如图1-5所示。3ds Max 2019的工作界面主要由标题栏、菜单栏、主工具栏、功能区、工作视图区、命令面板、时间轴、动画控制区和视图控制区等几部分组成。

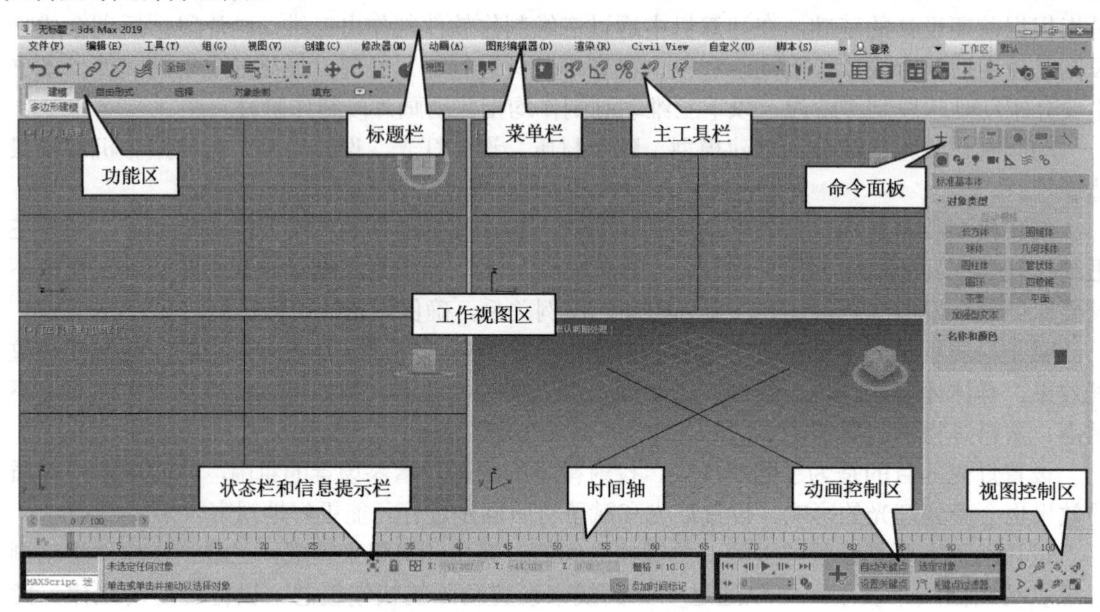


图1-5　3ds Max 2019的工作界面

### 1.2.1　标题栏与菜单栏

标题栏与菜单栏位于工作界面的顶部，如图1-6所示。标题栏与传统的Windows风格一致，显示当前正在编辑的场景文件名称及窗口操作按钮。

图1-6　标题栏与菜单栏

3ds Max菜单栏位于标题栏的下方。除菜单选项外，在菜单栏的右侧还有用户账户菜单和工作区选择器，通过菜单栏提供的菜单命令基本可以实现3ds Max的所有操作，通常情况下，常用的操作都会通过命令面板和主工具栏来调用实现。

3ds Max 2019的菜单栏包括“文件”“编辑”“工具”“组”“视图”“创建”“修改器”“动画”“图形编辑器”“渲染”“Civil View”“自定义”“脚本”“InterActive”“内容”和“帮助”共16个菜单。菜单中的命令如果带有省略号表示会弹出相应的对话框；带有小箭头表示还有下一级子菜单；如果命令有键盘快捷键，菜单会在命令名称的右侧显示该快捷键；如果命令带有图标，则图标会显示在命令名称的左侧。图1-7所示分别为“文件”和“编辑”菜单中包含的菜单命令。

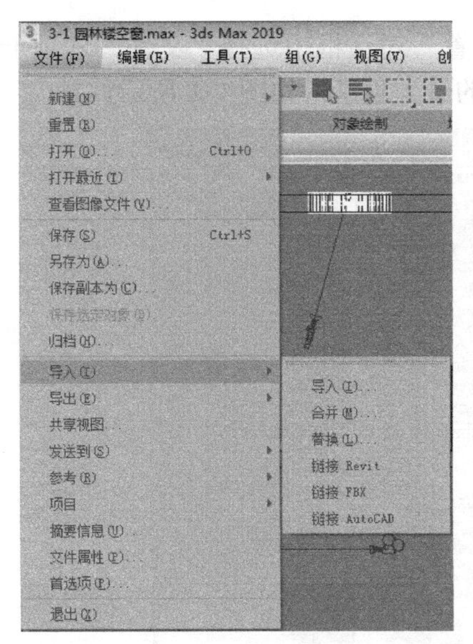

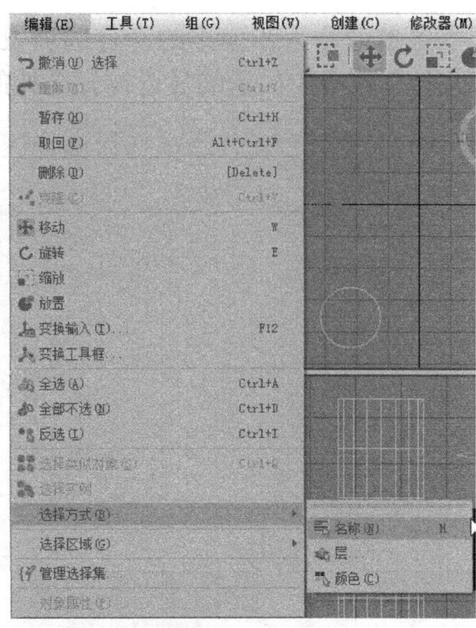


图 1-7 “文件”和“编辑”菜单

3ds Max 三维场景文件默认保存为.max 类型文件。3ds Max 版本是向下兼容的，即高版本软件可以打开低版本的场景文件，反之不可以。因此需要使用低版本软件编辑高版本场景文件时，一定要选择已经另存为较低版本的文件。菜单栏中“文件”菜单提供了 3ds Max 场景文件的常用操作，具体命令如下。

- “新建”命令：快捷键为〈Ctrl+N〉，新建一个空白的三维场景文件。
- “重置”命令：也可新建一个三维场景文件，与“新建”命令不同的是，“重置”命令不但清除场景中的所有对象，还将视图和各项参数恢复到默认状态。
- “打开”命令：快捷键为〈Ctrl+O〉，在弹出的“打开文件”对话框中选择要打开的文件后，单击“打开”按钮就可以打开三维场景文件（MAX 文件）和角色文件（CHR 文件）。
- “打开最近”命令：快速打开最近操作过的文件，默认可以打开最近保存的 10 个文件。
- “保存”命令：快捷键为〈Ctrl+S〉，实现场景文件的保存操作。当保存未命名的场景文件时，相当于执行“另存为”命令。
- “另存为”命令：将场景另存。保存命令还包括“保存为副本”“保存选定对象”和“归档”，不一一列出。
- “导入”命令：可以根据弹出的子菜单选择“导入”“合并”和“替换”等方式导入到当前场景中。其中，“导入”命令可以将非 3ds Max 标准格式的场景文件导入到 3ds Max 的场景中。3ds Max 可导入的文件格式有 3DS、DWG、DXF、PRJ、AI、LS 等。“合并”命令可以导入的文件类型有 MAX、CHR。
- “导出”命令：可以根据弹出的子菜单选择导出整个场景或选定对象。可以导出的文件格式参考“导入”命令。
- “发送到”命令：将场景模型发送到其他相关软件中，如 Maya、Softimage、Mudbox 等。
- “首选项”命令：用于自定义 3ds Max 界面和设置 3ds Max 的性能。例如，选择“首选项”菜单命令，在弹出的“首选项设置”对话框中选择“文件”选项卡，可以设置“文件”菜单中显示的最近打开文件的最大数量，如图 1-8 所示。

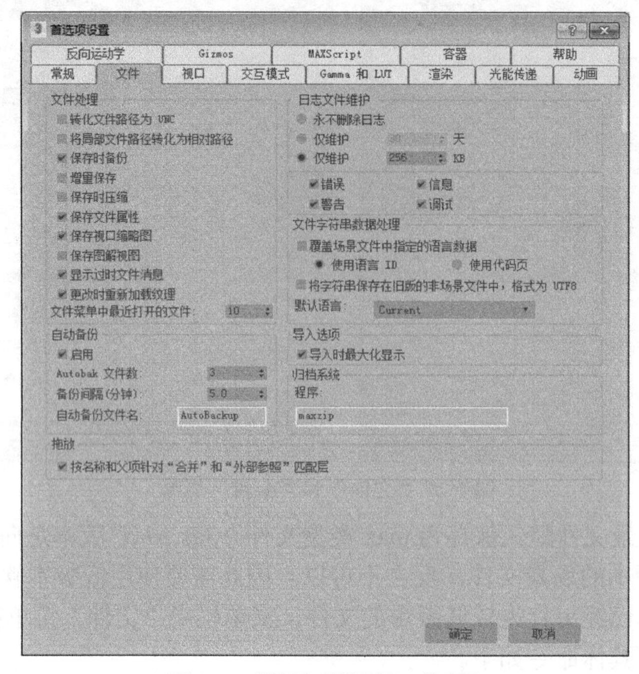


图 1-8 “首选项设置”对话框

## 1.2.2 主工具栏

主工具栏位于菜单栏的下方，由多个按钮组成。主工具栏中包含了用户在制作过程中经常使用到的工具，如图 1-9 所示。一些工具按钮的右下角有一个黑色的三角形，表示其中包含一组按钮，在该按钮上长按鼠标左键，会弹出隐藏的按钮，可以从中选择其他按钮。

图 1-9 主工具栏

主工具栏中各工具按钮的功能如表 1-1 所示。

**表 1-1 主工具栏按钮**

| 图标 | 名称 | 图标 | 名称 |
| --- | --- | --- | --- |
|  | 撤销/恢复 |  | 选择并链接 |
|  | 断开当前选择的链接 |  | 绑定到空间扭曲 |
| 全部 | 选择过滤器 |  | 选择对象 |
|  | 按名称选择 |  | 矩形/圆形选择区域 |
|  | 围栏/套索选择区域 |  | 绘制选择区域 |
|  | 交叉/窗口选择方式 |  | 选择并移动 |
|  | 选择并旋转 |  | 选择并均匀/非均匀缩放 |
|  | 选择并挤压 | 视图 | 参考坐标系 |

（续）

| 图标 | 名称 | 图标 | 名称 |
|---|---|---|---|
| | 使用轴点中心/选择中心 | | 使用变换坐标中心 |
| | 选择并操纵 | | 键盘快捷键覆盖切换 |
| | 三维/2.5 维/二维捕捉开关 | | 角度捕捉开关 |
| | 百分比捕捉切换 | | 微调器捕捉切换 |
| | 管理选择集 | 创建选择集 | 命名选择集 |
| | 镜像 | | 对齐/快速对齐 |
| | 法线对齐 | | 放置高光 |
| | 对齐摄影机 | | 对齐到视图 |
| | 场景资源管理器/层资源管理器 | | 切换功能区 |
| | 曲线编辑器 | | 图解视图 |
| | 材质编辑器 | | Slate 材质编辑器 |
| | 渲染设置 | | 渲染帧窗口 |
| | 快速渲染（产品级） | | 快速渲染（Active Shade） |

📖 小技巧

主工具栏中的按钮较多，部分按钮未能在界面中显示出来，可以将光标放在主工具栏的空白处，当光标变成手形形状后，可以左右拖动鼠标查看显示按钮。

### 1.2.3 命令面板

命令面板位于工作界面的右侧，在 3ds Max 的操作中，命令面板起着举足轻重的作用。通过命令面板可以使用 3ds Max 的大多数建模功能，以及一些动画功能、显示选择工具。调用命令、输入和修改参数等操作都需要在命令面板中进行。命令面板包括“创建”、“修改”、“层次”、“运动”、“显示”和“实用程序”6 个面板。3ds Max 每次只有一个面板可见，要显示不同的面板，单击命令面板顶部的选项卡即可。默认状态下显示的是“创建”面板，“创建”面板按照功能又分成“几何体”、“图形”、“灯光”、“摄影机”、“辅助对象”、“空间扭曲”和“系统”等子面板，如图 1-10a 所示。

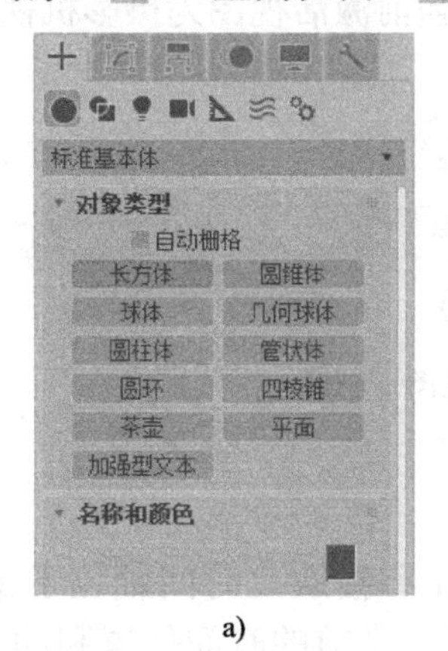


a)

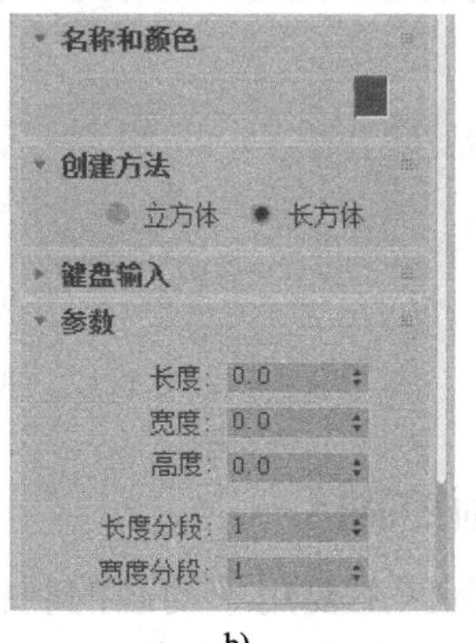


b)

图 1-10　命令面板

在命令面板的上部为功能按钮区，选择功能按钮后，在下面会出现多个参数卷展栏，将各种参数分类显示。单击卷展栏标题框左端的 （或 ）按钮可以展开（或卷起）该卷展栏，如图 1-10b 所示。

### 1.2.4 工作视图区

工作视图区是用户进行三维动画制作的主要工作和显示区域，它占据了工作界面的大部分空间。默认状态下，工作视图区由顶视图、前视图、左视图和透视图四个视图组成。它们分别显示三维模型的顶面、正面、左侧面和透视效果，如图 1-11 所示。通过视图的切换和操纵可以从任何不同角度来观察所建立的三维场景。工作视图区中的多个视图只有一个视图处于激活状态，该视图的外框以黄色显示。在每个视图的左上角都显示一组视口标签菜单。默认情况下，每个视图右上角显示 ViewCube（视图立方）。

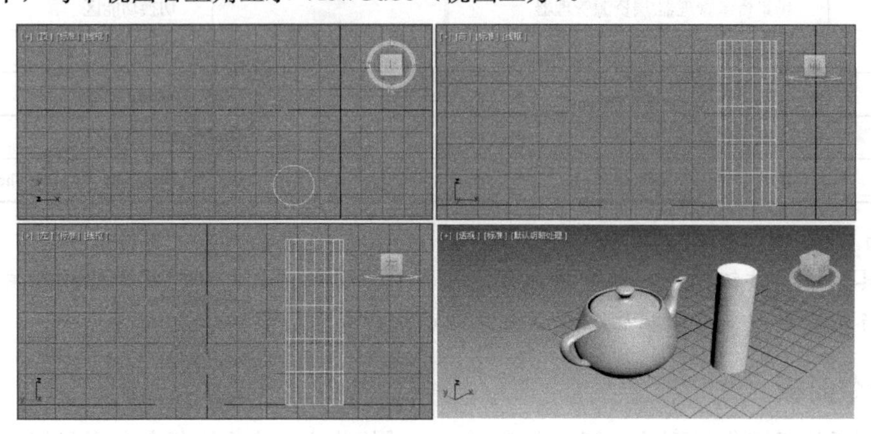

图 1-11　工作视图区

### 1.2.5 视图控制区

视图控制区位于界面的右下角，主要用于对工作视图区的各个视图进行灵活的显示控制。视图控制区中的按钮随视图区中当前激活视图的类型不同而不同。当前激活视图为顶视图、前视图或左视图等正交视图时，视图控制区的按钮如图 1-12a 所示；当前激活视图为透视图时，视图控制区的按钮如图 1-12b 所示；当前激活视图为摄影机视图时，视图控制区的按钮如图 1-12c 所示。

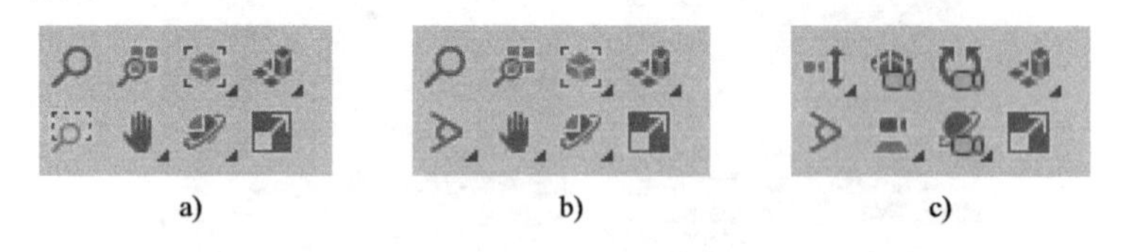

a)　b)　c)

图 1-12　视图控制区

### 1.2.6 时间轴和动画控制区

时间轴和动画控制区主要用于动画的制作和播放，时间轴位于工作视图区的下方，如图 1-13 所示，显示场景动画制作的总长度、当前的时间位置和动画关键帧的位置及状态。动画控制区位于界面右下方，如图 1-14 所示，提供了各种功能按钮，主要用于在制作动画时，进行选择动画帧、设置关键帧、播放动画以及控制动画时间等操作。

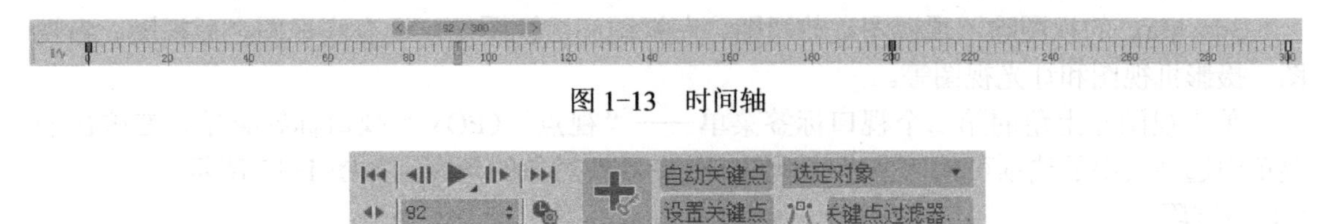


图 1-13　时间轴

图 1-14　动画控制区

### 1.2.7　状态栏和信息提示栏

状态栏和信息提示栏位于动画控制区的左侧，如图 1-15 所示。状态栏显示当前操作的状态，包括所选对象的数目、对象的锁定、鼠标的位置和栅格距离等信息。信息提示栏用来提示当前操作的状态。

图 1-15　状态栏和信息提示栏

## 1.3　视图操作

在默认情况下，3ds Max 采用四个等分视图的显示方式，分别是顶视图、前视图、左视图和透视图，它们代表了观察对象的不同角度。为了便于观察和制作，3ds Max 中视图的布局和视图中对象的显示方式等都是可以由用户自行设置的。

每个视图的左上角都有一组视口标签菜单，每个标签是一个可单击的快捷菜单，用于控制视口显示。默认情况下，ViewCube 显示在每个视口的右上角，提供了视图当前方向的视觉反馈，用户也可以单击或拖动鼠标来调整视图方向。单击视图左上角的第一个视口标签菜单——“常规”视口标签菜单[+]，在弹出的菜单中可以设置 ViewCube 的显示或隐藏，如图 1-16 所示。

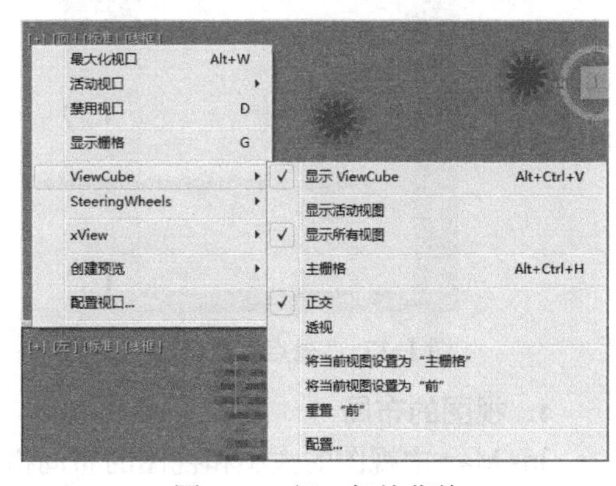


图 1-16　视口标签菜单

### 1.3.1　视图的选择与转换

**1. 视图的激活**

工作视图区的多个视图中，只有一个视图的四周有黄色的方框，表明该视图处于激活状态。只有被激活的视图才能进行场景对象的操作，其他视图只能显示对象操作的过程和结果。在任意视图上单击鼠标，就可以激活该视图，通常将激活的视图称为当前视图。

**小技巧**

默认状态下，作为辅助建模工具，每个视图中都显示有栅格线。在当前视图中按快捷键〈G〉可以切换栅格线的显示和隐藏状态。

**2. 视图的类型与转换**

3ds Max 的视图除了顶视图、前视图、左视图和透视图外，还有底视图、后视图、右视图、摄影机视图和灯光视图等。

单击视图左上角的第二个视口标签菜单——“视点”（POV）视口标签菜单，在弹出的菜单中选择其中的选项可以切换当前视图，改变观察对象的角度，如图 1-17 所示。

**🕮 小技巧**

使用快捷键转换视图。例如要将当前视图转换为前视图，只需按〈F〉键即可。各视图对应的快捷键有：〈T〉（顶视图）、〈F〉（前视图）、〈L〉（左视图）、〈P〉（透视图）、〈B〉（底视图）、〈C〉（摄影机视图）。

**3. 视图的模型显示方式**

三维模型在视图中有多种显示方式。默认情况下，在顶视图、前视图和左视图中三维模型以“线框”方式显示，透视图中三维模型以“默认明暗处理”方式显示。显示方式决定了三维模型的显示品质，同时也影响显示性能，显示品质提高则显示性能降低，因此显示方式应根据制作需要进行选择。

单击视口标签菜单组最右侧标签——“默认明暗处理”视口标签菜单，在弹出的菜单中可以选择对象在视图中的显示方式，如图 1-18 所示。

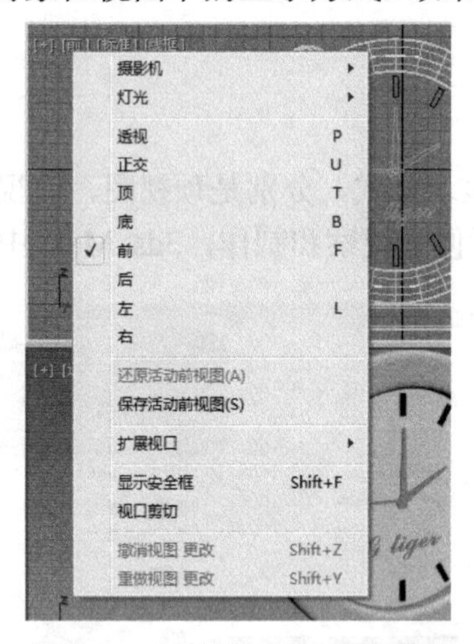


图 1-17 “视点”视口标签菜单

图 1-18 “默认明暗处理”视口标签菜单

**4. 视图的布局**

3ds Max 中视图的大小和视图的布局格式都是可以改变的。

将光标移动到两个视图之间的边界上，拖动变为双向箭头的光标就可以任意改变视图的大小；将光标移动到四个视图的交接中心，拖动变为四向箭头的光标就可以同时改变四个视图的大小；将光标移动到四个视图的交接中心，单击鼠标右键，在弹出的快捷菜单中选择“重置布局”命令可以将四个视图大小恢复到默认状态。

使用菜单命令可以改变视图的布局格式。单击视图左上角的“常规”视口标签菜单[+]，再选择“配置视口”命令；或者选择菜单栏中的“视图”→“视口配置”菜单命令，都可以打开“视口配置”的对话框，选择“布局”选项卡，单击预设的任一视图布局方案就可以改变视图的个数和排列位置，如图 1-19 所示。

在主工具栏空白处单击鼠标右键，在弹出的如图 1-20a 所示的快捷菜单中选择“视口布局选项卡”，在工作视图区左下方出现“视口布局”选项卡栏；单击如图 1-20b 所示的▶按钮也可以选择常用的标准视口布局，如图 1-20b 所示。

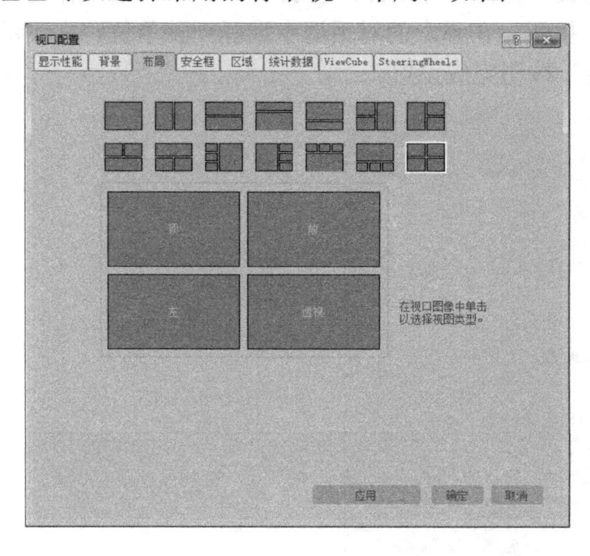


图 1-19 “视口配置”对话框

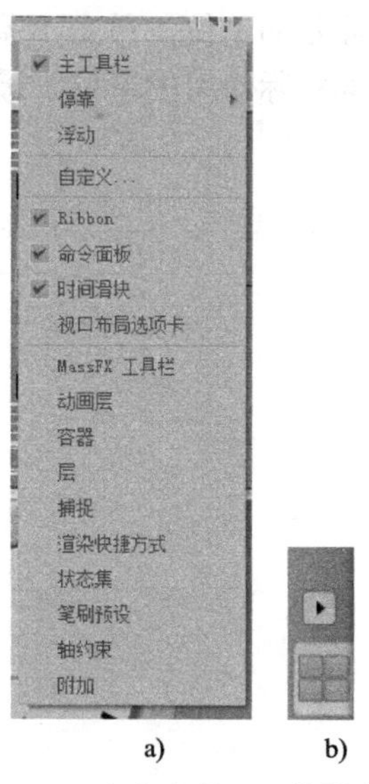


图 1-20 “自定义显示”快捷菜单

### 1.3.2 视图的控制

视图的控制由视图控制区中的按钮来实现，主要实现对视图中的场景进行缩放、移动和旋转等显示变化的操作。根据当前视图类型的不同，视图控制区中的控制按钮也会有所不同，如图 1-12 所示。常用的视图控制按钮及功能见表 1-2。

表 1-2 视图控制按钮及功能

| 按钮图标 | 按钮名称 | 功能简介 |
|---|---|---|
| | 缩放 | 上下拖动可以放大或缩小当前视图的显示 |
| | 缩放所有视图 | 上下拖动可以放大或缩小所有视图的显示 |
| | 最大化显示 | 在当前视图中以尽可能大的方式显示所有对象/选定对象 |
| | 所有视图最大化显示 | 在所有视图中以尽可能大的方式显示所有对象/选定对象 |
| | 缩放区域 | 在当前视图中框选局部区域，将它放大显示，快捷键为〈Ctrl+W〉 |
| | 平移视图 | 拖动鼠标，可以平移当前视图，快捷键为〈Ctrl+P〉 |
| | 最大化视口切换 | 单击可以在当前视图全屏显示和恢复所有视图正常显示之间切换 |
| | 环绕/环绕子对象 | 拖动鼠标，可以绕视图中心点/当前选定子对象的中心旋转视图 |
| | 视野 | 只对透视图起作用，在透视图中拖动鼠标，可将透视图拉近或推远 |

## 1.4 3ds Max 工作环境设置

3ds Max 允许用户根据制作需要和个人使用习惯来定制个性化的工作环境。

### 1.4.1 设置单位

在场景中创建对象时，有时为了便于衡量对象的实际大小，需要设置图形单位。选择菜单栏中的“自定义”→“单位设置”菜单命令，弹出“单位设置”对话框，如图 1-21 所示。选中“公制”单选按钮，并在下拉列表中选择一种单位，它表示 3ds Max 的工作区域中实际显示的单位。单击“系统单位设置”按钮，在弹出的对话框中选择一种单位，它表示系统内部实际使用的单位。最后单击“确定”按钮完成设置。

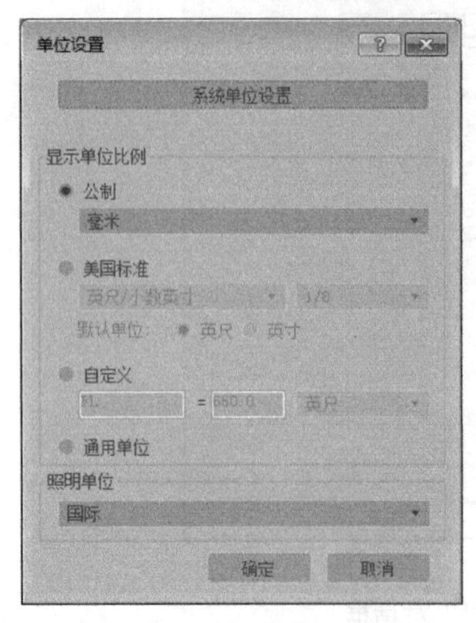


图 1-21 “单位设置”对话框

### 1.4.2 设置快捷键

在执行操作时，快捷键的使用能大大提高工作效率。3ds Max 已经为常用的命令分配了快捷键。除使用这些快捷键外，用户还可以根据实际需要和使用习惯来设置新的快捷键或改变已有的快捷键。

选择菜单栏中的“自定义”→“自定义用户界面”菜单命令，在打开的“自定义用户界面”对话框中可以完全自定义一个用户界面，包括“键盘”“鼠标”“工具栏”“四元菜单”“菜单”和“颜色”选项卡。选择“键盘”选项卡，在左边的列表框中选择要设置快捷键的命令，然后在“热键”文本框中输入快捷键字母，单击“指定”按钮即完成设置，如图 1-22 所示。

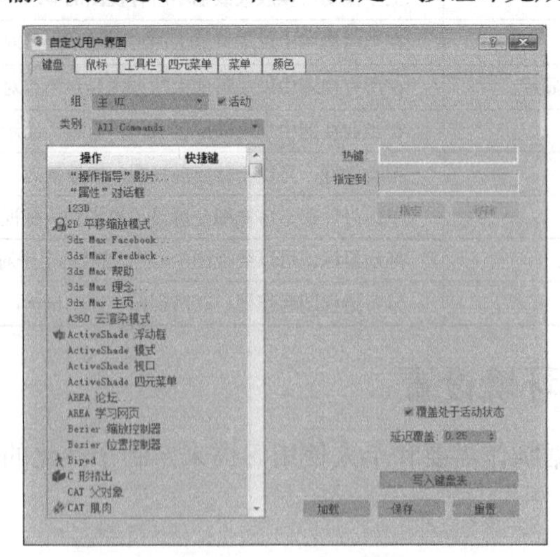


图 1-22 “自定义用户界面”对话框

### 1.4.3 设置工具栏

除主工具栏外，3ds Max 的工具栏还包括“轴约束”工具栏、“层”工具栏、“Reactor”（反应堆）工具栏、“附加”工具栏、“渲染快捷方式”工具栏、“捕捉”工具栏、“动画层”工具栏和“笔刷预设”工具栏等。若要显示或隐藏某个工具栏，只须在主工具栏的空白处单击鼠标右键，在弹出的快捷菜单中选择相应的工具栏，如图 1-23 所示。在弹出的快捷菜单中，前面带有“√”表示已显示的工具栏。

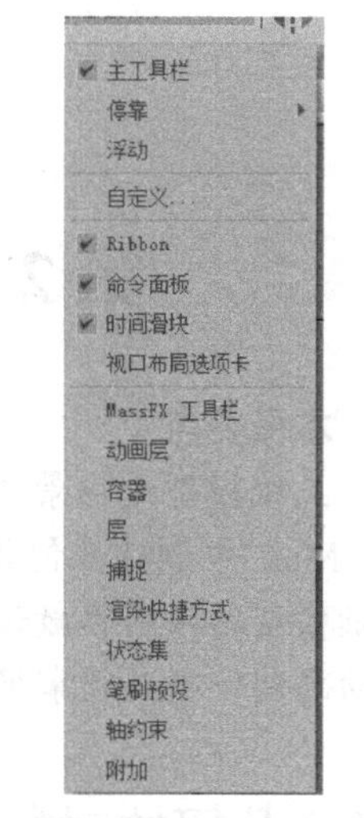


图 1-23 设置工具栏

### 1.4.4 加载和保存用户界面方案

用户根据个人操作习惯设置工作环境后，可以保存自己定义的用户界面方案并在需要时重新加载。选择菜单栏中的“自定义”→“保存自定义用户界面方案”或“加载自定义用户界面方案”菜单命令就可以实现上述操作，如图 1-24 所示。自定义用户界面方案以文件形式保存，文件扩展名为.ui。3ds Max 提供了预定义的用户界面，如前所述，3ds Max 2019 的工作界面默认以暗色显示，加载 3ds Max 预定义的用户界面方案文件“ame-light.ui”后，主界面变成以亮色显示。

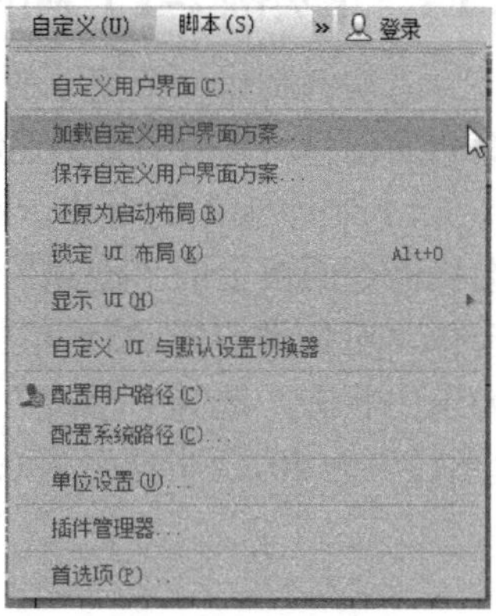

📖 小技巧

*用户界面方案文件“ame-light.ui”由 3ds Max 2019 的安装文件提供，在 3ds Max 2019 的安装文件夹的“zh-CN/UI”子文件夹中。*

图 1-24 加载或保存自定义用户界面方案

## 1.5 上机实训

### 1.5.1 【实训 1-1】定制 3ds Max 工作环境

定制 3ds Max 的工作环境，加载 3ds Max 预定义的用户界面方案“ame-dark.ui”，将系统单位设置为毫米，视图的背景颜色设置为白色并隐藏视图中的栅格线，显示“轴约束”和“附加”工具栏。

### 1.5.2 【实训 1-2】设置常用快捷键

按下列要求设置常用快捷键：“隐藏选定对象”设置为〈Alt+S〉组合键；“编辑多边形”修改器设置为〈P〉键；“挤出”修改器设置为〈U〉键；调用“显示变换 Gizmo”设置为〈X〉键。

# 第 2 章　基础建模与对象的基本操作

**本章要点**

三维模型是场景中的基本对象，而几何体对象的创建是三维建模的基础。本章主要介绍 3ds Max 中创建几何体对象和修改几何体对象参数的方法，以及标准基本体和扩展基本体等基础模型的常用参数设置。本章还介绍了场景中对象的移动、旋转、缩放、复制、镜像等三维动画制作中必须掌握的对象基本操作。

## 2.1　几何体对象的创建与编辑

实例 2-1

### 2.1.1 【实例 2-1】制作雪人模型

本实例制作一个简单的雪人模型，如图 2-1 所示。通过该模型的制作，学习 3ds Max 中对象的创建，修改对象的名称、颜色和参数等操作。

1）制作雪人的身体。选择“文件”→“重置”菜单命令重新设置场景。激活顶视图，选择命令面板上的“创建”面板 ，再单击“几何体”按钮 ，在“标准基本体”卷展栏中选择“对象类型”，然后单击“球体”按钮，在顶视图中拖动鼠标创建一个球体。保持球体为选中状态，选择“修改”面板 ，设置球体的名称为“身体”，在“参数”卷展栏中设置“半径”为 40，“半球”为 0.5，如图 2-2 所示。

图 2-1　雪人模型

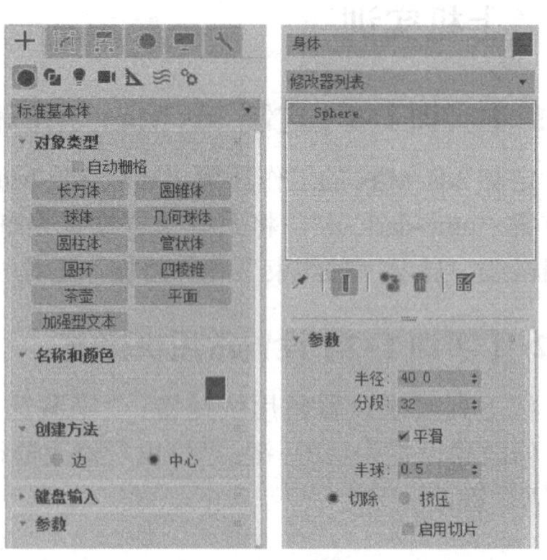


图 2-2　创建球体并修改参数

**小技巧**

修改球体参数后，如果球体显示过大或过小，可以使用右下角视图控制区中的 （最大化显示）或 （所有视图最大化显示）按钮调整球体在视图中的显示效果。充分利用视图控制区的按钮可以灵活地控制视图的显示效果，为建模和观察场景提供便利。

2）制作雪人的头。依次选择“创建”面板→“几何体”→“标准基本体”→“球体”，在顶视图中创建一个球体，选择球体，打开“修改”面板，设置球体的名称为“头”，“半径”为20。

3）单击主工具栏中的“选择并移动”按钮，移动对象“头”到如图2-3所示位置。

**小技巧**

*移动“头”对象时，可以先在顶视图中移至身体平面的中间，然后到前视图中将光标放到Y轴的移动控制轴上，沿Y轴方向移动到“身体”的上方。移动对象时可根据移动方向选择在适当的视图中沿移动控制轴轴向移动。*

4）制作雪人的眼睛。依次选择“创建”面板→“几何体”→“标准基本体”→“球体”，在前视图中创建一个球体。选择球体，打开“修改”面板，设置球体的名称为“眼睛”，颜色为黑色，“半径”为3。单击“选择并移动”按钮，移动对象“眼睛”到如图2-4所示位置。

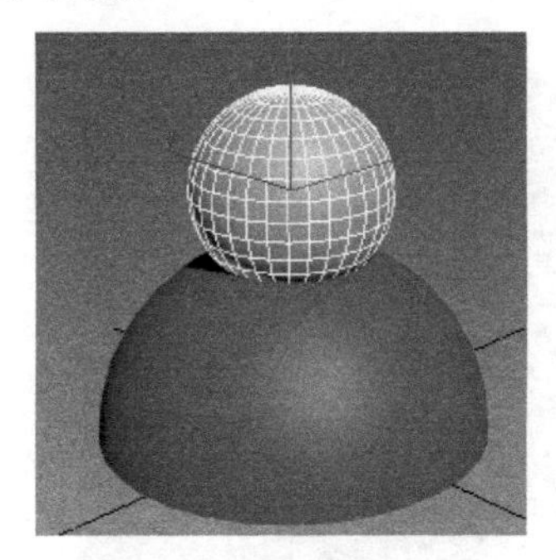

图2-3　移动头的位置

图2-4　创建并移动眼睛

5）复制雪人的眼睛。选择 “眼睛”，单击“选择并移动”按钮，按住〈Shift〉键，在前视图中沿X轴移动控制轴方向拖动到如图2-5所示位置，松开鼠标出现“克隆选项”对话框，在“对象”选项组中选中“实例”单选按钮，单击“确定”按钮。

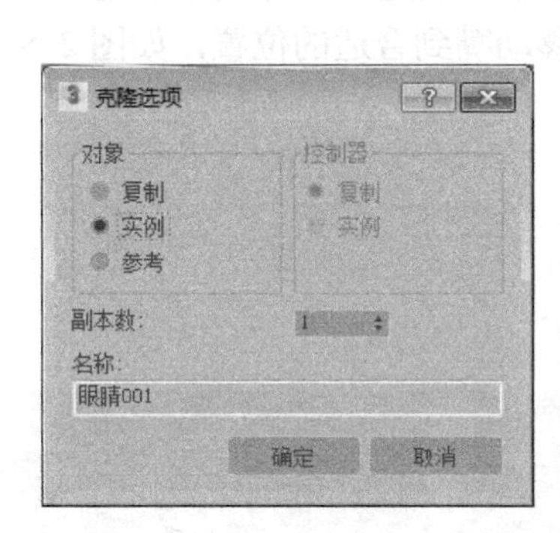


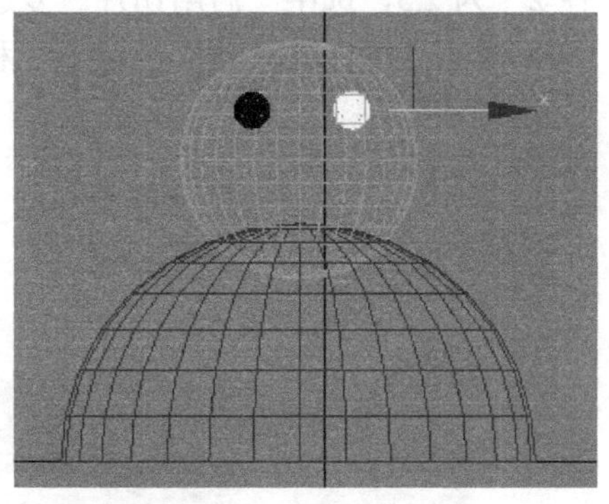

图2-5　移动复制眼睛

6）制作雪人的鼻子。依次选择“创建”面板→“几何体”→“标准基本体”→“圆锥体”，在前视图中创建一个圆锥体。选择“修改”面板，设置圆锥体的名称为“鼻子”，“半径1”为4，“半径2”为0，“高度”为20，如图2-6左图所示。单击“选择并移动”按钮，移动鼻子到图2-6右图所示位置。单击“选择并旋转”按钮，在左视图中绕Z轴旋转至图2-7所示位置。

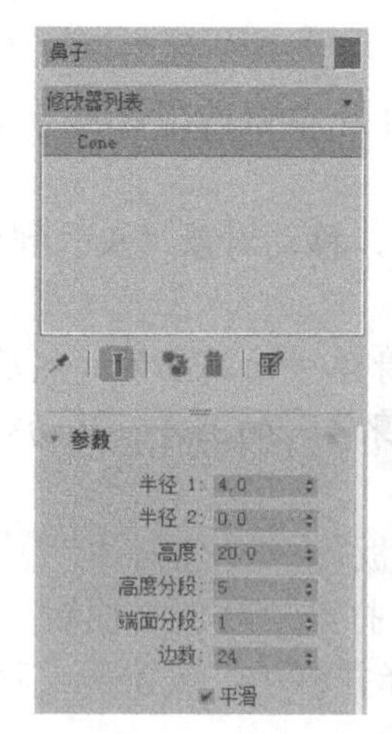

图 2-6　鼻子参数和位置

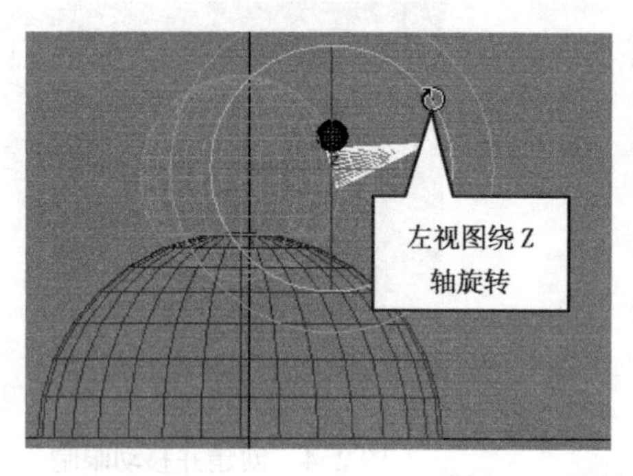

图 2-7　旋转鼻子

7）制作雪人的嘴巴。依次选择“创建”面板 →“几何体” →“标准基本体”→“圆环”，在顶视图中创建一个圆环。选择“修改”面板 ，设置圆环的名称为“嘴”，“半径 1”为 18，“半径 2”为 2.5，选中“启用切片”复选框，设置“切片起始位置”为 210，“切片结束位置”为 150。单击“选择并移动”按钮 ，移动嘴到合适的位置，如图 2-8 所示。

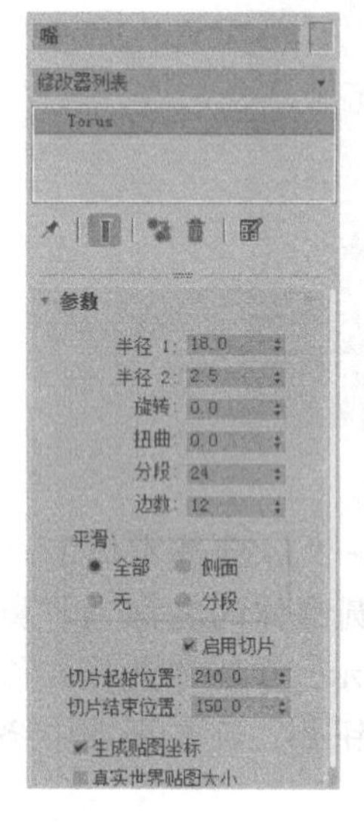

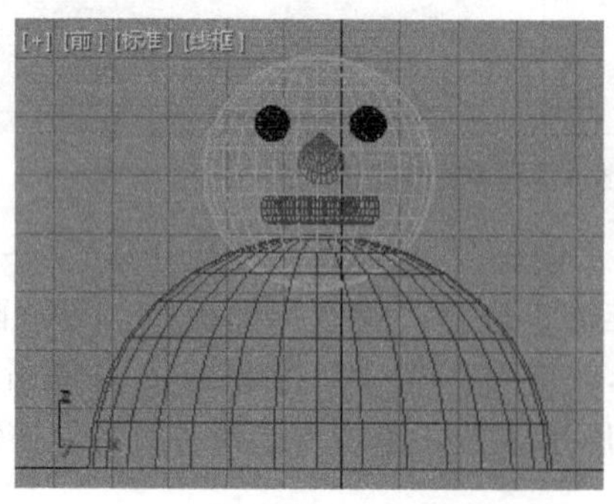

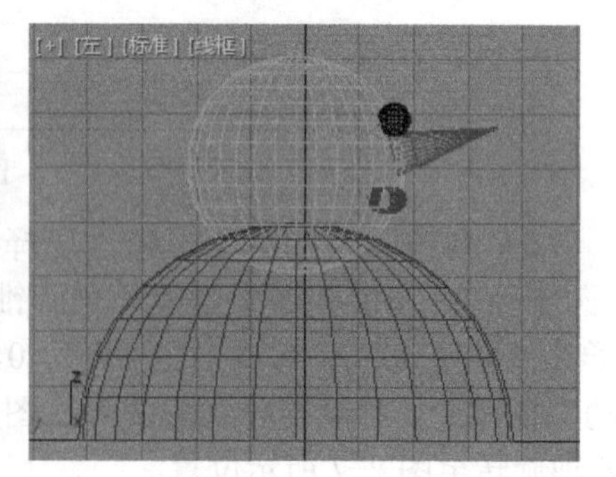


图 2-8　嘴参数与移动位置

📖 小技巧

场景制作过程中，不仅可以在视图中观察制作效果，还可以将场景进行渲染以观察最终输出效果。激活视图，按快捷键〈F9〉，即可快速渲染该视图。如果要改变渲染的视图，可按快捷键〈F10〉，打开“渲染场景”对话框，在“视点”视口标签菜单中选择视图名称，然后单击“渲染”按钮进行渲染。

至此，一个简单的雪人模型就完成了。本实例创建了球体、圆锥体和圆环等几何体对象，修改了几何体对象的名称、颜色以及形状参数，并对几何体对象进行了移动、旋转等基本操作。

### 2.1.2 几何体对象的创建

单击命令面板中的＋按钮就进入“创建”面板，如图 2-9 所示。“创建”面板是创建 3ds Max 场景中各类对象的核心区域。在“创建”面板中，可以创建七大类型的对象，包括“几何体”、“图形”、“灯光”、“摄影机”、“辅助对象”、“空间扭曲”和“系统”。

三维模型是场景中的基本对象，通过“创建”面板可以创建标准基本体和扩展基本体两大类多种参数化的几何基本体对象。几何体基本体对象的创建是三维建模的基础，3ds Max 提供了多种建模方式，场景中复杂模型的创建可以通过对几何体对象进行修改器编辑、面片建模、多边形建模等方法处理完成。

几何体对象的创建非常简单，常用的方法有两种。

方法一：在“创建”面板＋中单击“几何体”按钮，在几何体的次级分类项目下拉列表中选择适当的次级分类项目，在“对象类型”卷展栏中单击要创建的几何体类型按钮，然后在合适的视图中拖动鼠标即可完成。

方法二：在“创建”面板中选择要创建的几何体类型后，打开“键盘输入”卷展栏，输入几何体参数后，单击“创建”按钮即可在当前活动视图创建该对象。图 2-10 所示为创建圆锥体的“键盘输入”卷展栏。

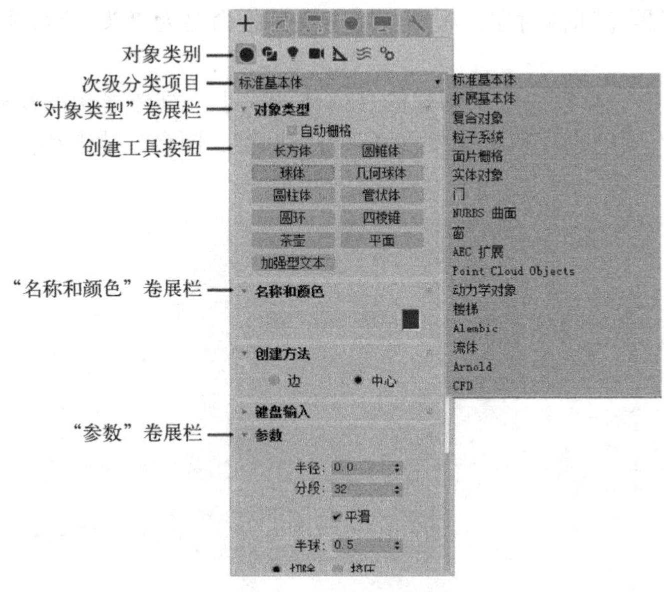


图 2-9 “创建”面板

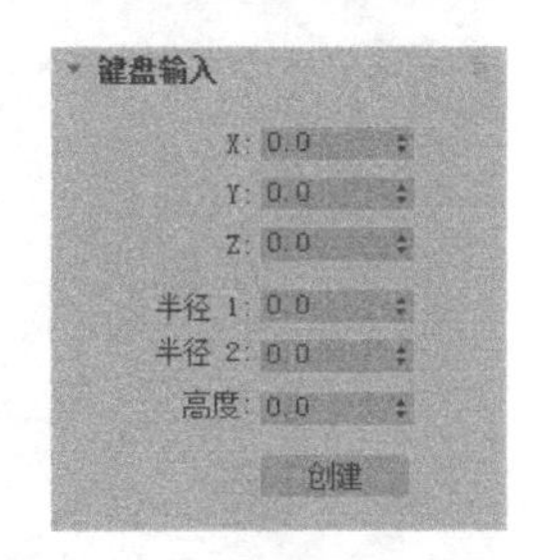


图 2-10 “键盘输入”卷展栏

上述方法二适用于有具体参数和位置信息的几何体创建。

创建几何体对象时，要根据几何体对象在场景中的空间位置选择创建对象的视图。不同的视图中创建的相同几何对象所处的空间位置不同，图 2-11 所示的三个圆柱体分别为在顶视图、前视图和左视图中创建的。

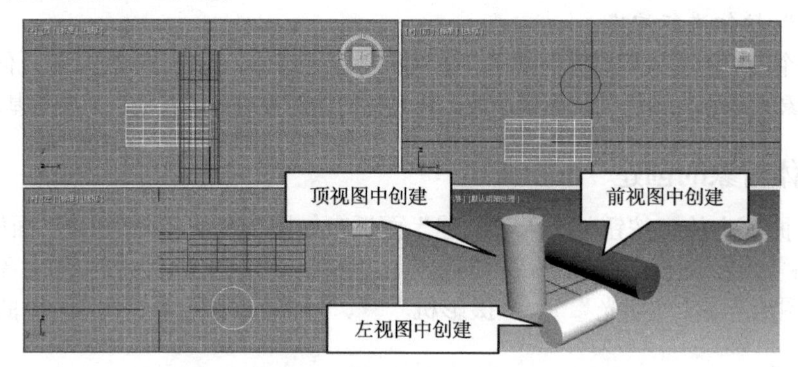


图 2-11　不同视图中创建圆柱体的空间位置

在场景中创建任意对象时，在“名称和颜色”卷展栏中，系统都会自动赋予一个表示自身类型的名称，如 Box01、Sphere01 等，同时为该对象随机指定一种颜色，这就是对象的名称和颜色，如图 2-9 所示。创建对象后，用户可以修改对象的名称和颜色。

### 2.1.3　对象的参数修改

场景中创建的任何对象都具有一些可调节的参数，这些参数分别放在不同的参数卷展栏中。对于这些参数，可以在创建对象后立即在“创建”面板中进行修改，也可以随时选择对象，在“修改”面板中打开相应的参数卷展栏进行修改。

场景中的对象都具有名称和颜色属性，用户可以在该对象的“名称和颜色”卷展栏中修改对象的名称和颜色。场景中的几何体对象最好定义一个具有实际意义的名称以便于快速查找。例如，【实例 2-1】中创建了四个球体对象，根据实际意义分别命名为“头”“身体”“眼睛”和“眼睛 01”。

几何体对象的“参数”卷展栏中的参数决定了创建的几何体的大小、具体形状以及精细度。例如，创建圆锥体时，设置不同的半径和边数参数可以得到圆锥、圆台、棱锥和棱台等几何形状，如图 2-12 所示。

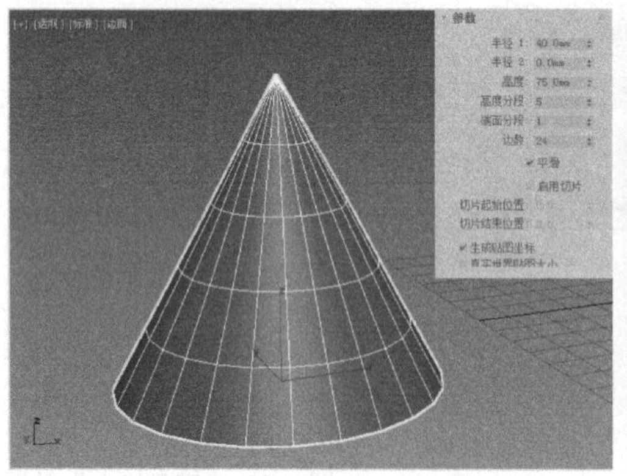

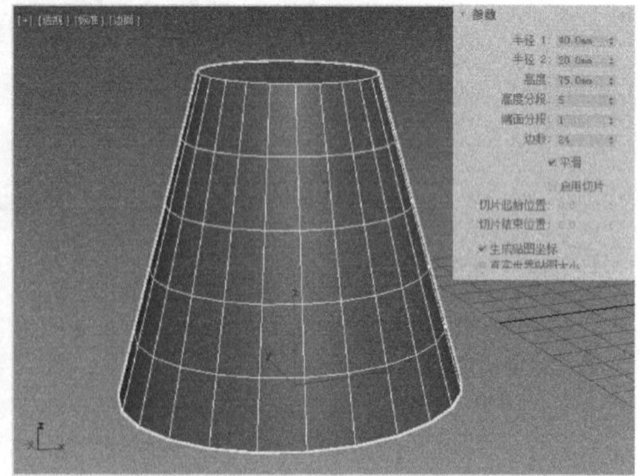

图 2-12　圆锥体参数与形状

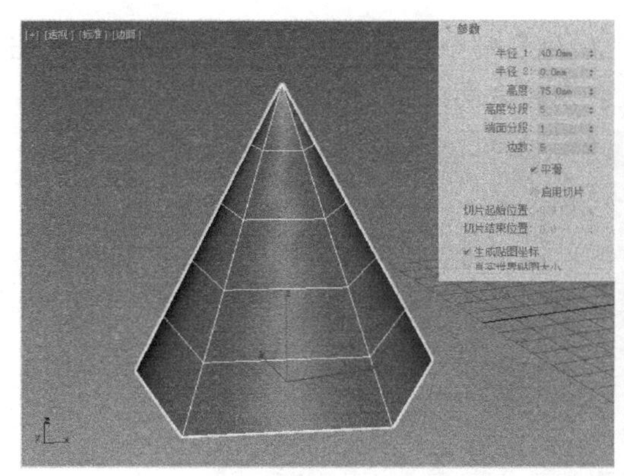

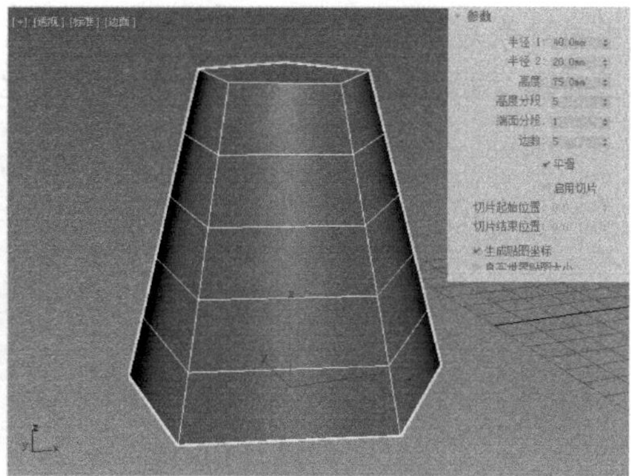


图 2-12　圆锥体参数与形状（续）

## 2.2　对象的基本操作

### 2.2.1 【实例 2-2】DNA 链的制作

实例 2-2

本实例制作一组 DNA 链的模型，如图 2-13 所示。通过模型的制作，学习对象的变换、复制、对齐等对象的基本操作。

1）选择“文件”→“重置”菜单命令重新设置场景。依次选择“创建”面板→“几何体”→“标准基本体”→“球体”，在前视图中拖动鼠标创建一个球体，并命名为“基因球”，在“参数”卷展栏中设置“半径”为 8，分段为 18，如图 2-14 所示。

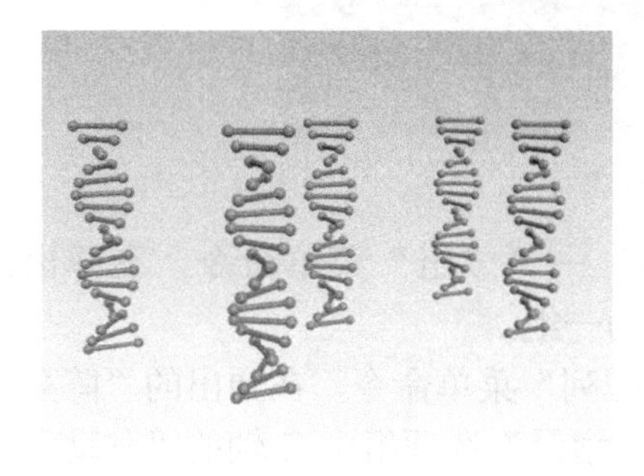

图 2-13　DNA 链模型

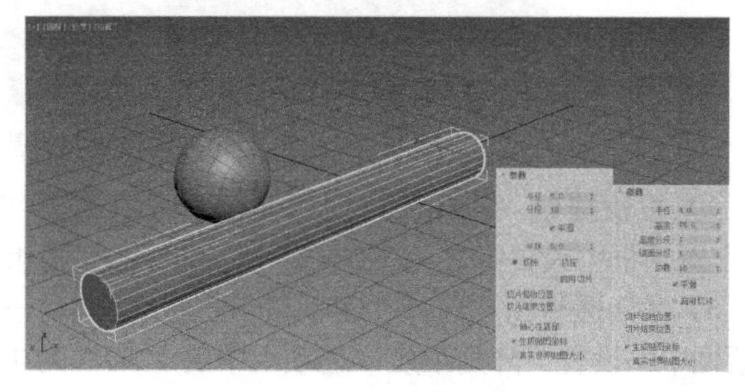

图 2-14　基因球和基因杆

2）依次选择“创建”面板→“几何体”→“标准基本体”→“圆柱体”，在左视图中拖动鼠标创建一个圆柱体，并命名为“基因杆”，在“参数”卷展栏中设置“半径”为 4，“高度”为 75，“高度分段”为 1，如图 2-14 所示。

3）确认“基因杆”处于选中状态，单击主工具栏中的“对齐”按钮，然后在透视图中选择“基因球”作为目标对象，在弹出的“对齐当前选择（Sphere 001）”对话框中，选择“Y 位置”和“Z 位置”，在“当前对象”和“目标对象”中选择“中心”，单击“应用”按钮，使“基因杆”的截面与“基因球”居中对齐。接着选择“X 位置”，在“当前对象”中选择“最小”，在“目标对象”中选择“中心”，单击“应用”按钮，使“基因杆”插入“基因球”中，单击“确定”按钮，“基因杆”与“基因球”的对齐效果如图 2-15 所示。

📖 小技巧

进行对象的对齐操作时，“对齐当前选择”对话框中，“X 位置”“Y 位置”“Z 位置”是指定当前对象与目标对象的对齐方向，X、Y、Z 代表哪个方向由当前活动视图决定，当前对象上的轴心坐标显示了对齐操作时 X、Y、Z 表示的方向。

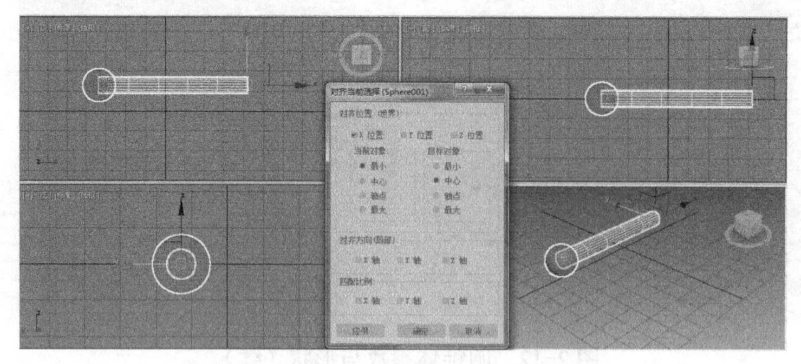

图 2-15　对齐“基因杆”和“基因球”

4）选择“基因球”，单击主工具栏中的“镜像”按钮，在弹出的“镜像：世界坐标”对话框中，设置“镜像轴”为“X”，“偏移”值为 75，并在“克隆当前选择”中选择“实例”单选按钮，单击“确定”按钮，完成一组基因的制作，效果如图 2-16 所示。

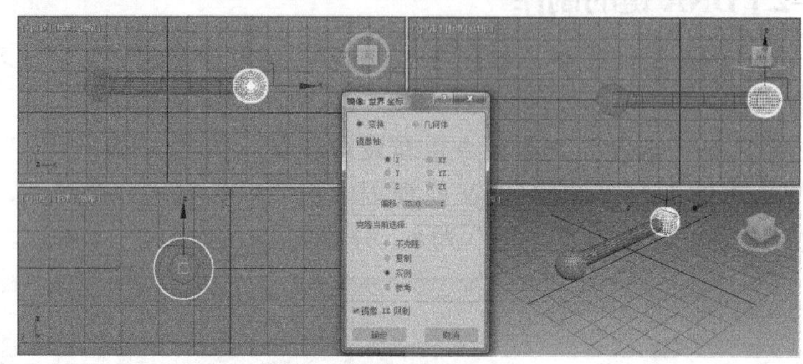

图 2-16　镜像复制“基因球”

5）按快捷键〈Ctrl+A〉选择全部对象，选择“组”→“成组”菜单命令，在弹出的“组”对话框中设置组名为“DNA”，将选择的对象组合为一组。

6）激活透视图。选择“DNA”，选择“工具”→“阵列”菜单命令，在弹出的“阵列”对话框中，设置“阵列维度”选项组中的“1D”为 18，“增量”选项组中 Z 轴的“移动”值为 20，Z 轴的“旋转”值为 30，如图 2-17 所示。单击“预览”按钮观察阵列效果，单击“确定”按钮，完成一条基因链的制作。单击视图控制区的“所有视图最大化显示”按钮等视图控制按钮，阵列效果如图 2-18 所示。

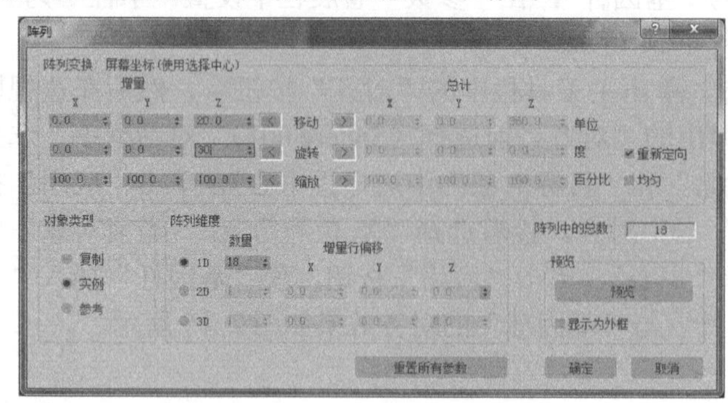


图 2-17　设置阵列参数

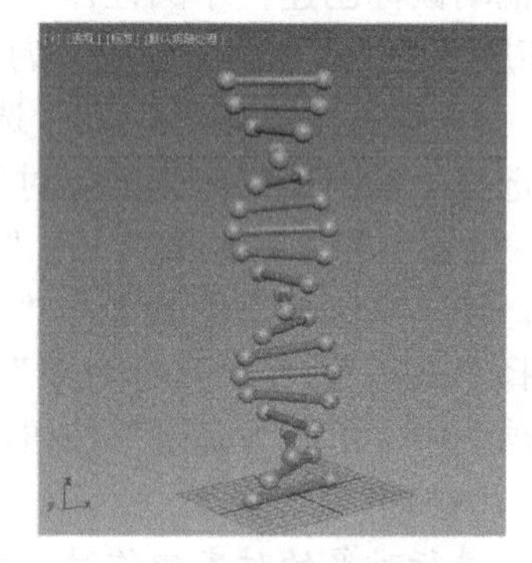

图 2-18　阵列效果

📖 小技巧

执行“阵列”命令时，当前活动视图不同，阵列参数设置所选择的增量轴可能会有所不同。设置参数后，可以单击“预览”按钮观察阵列效果，如果不是预期的效果，可改变阵列的增量轴，以期达到需要的结果。

7）按快捷键〈Ctrl+A〉选择全部对象，选择菜单栏中的“组”→“成组”命令，在弹出的“组”对话框中设置组名为“DNA 链”，将选择的对象组合为一组。

8）激活顶视图，单击视图控制区的“缩放”按钮和“平移视图”按钮，拖动鼠标缩小“基因链”的显示。依次选择“创建”面板→“图形”→“线”，在顶视图中拖动绘制一条曲线，如图 2-19 所示。

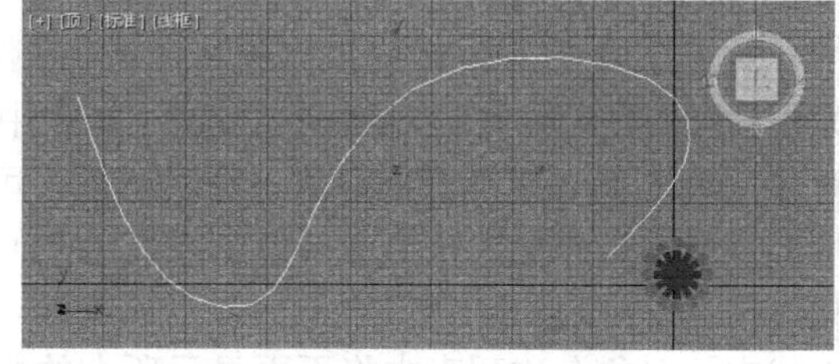

图 2-19　绘制间隔路径线条

📖 小技巧

绘制线时，拖动鼠标可以绘制曲线并调整曲线的弯曲度。单击鼠标右键结束线条的绘制。

9）选择“DNA 链”，选择“工具”→“对齐”→“间隔工具”菜单命令，打开“间隔工具”对话框，如图 2-20 所示。单击“拾取路径”按钮，并在视图中拾取绘制的间隔线条，将“计数”设置为 5，并在“对象类型”中选择“实例”单选按钮，单击“应用”按钮，完成沿路径的复制，单击“关闭”按钮。选择并删除“DNA 链”对象，完成一组 5 个 DNA 链模型的制作，效果如图 2-21 所示。

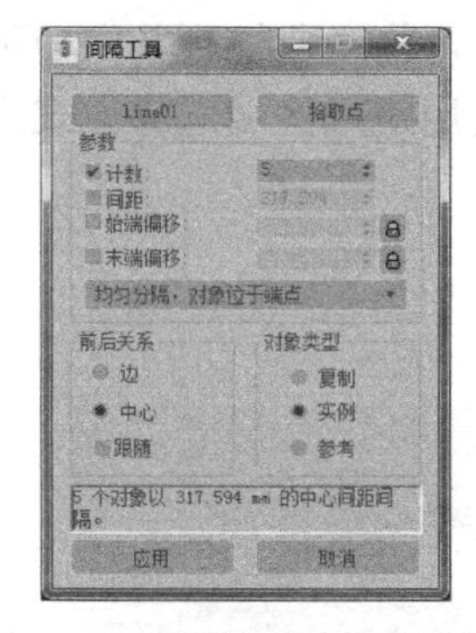


图 2-20 “间隔工具”对话框

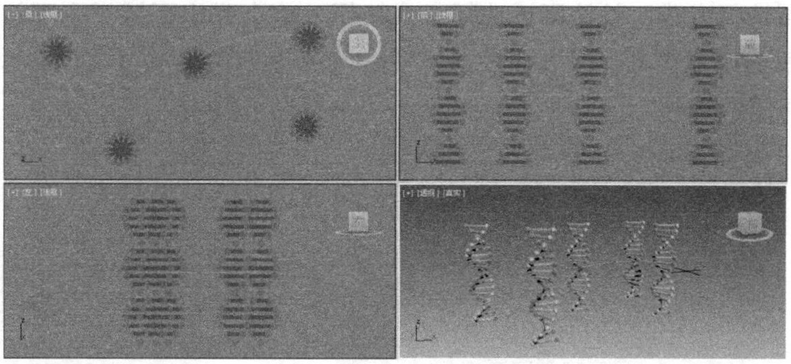

图 2-21　间隔复制效果

本实例的制作过程中运用了对象选择、对齐及镜像、阵列等操作，这些操作是创建 3ds Max 场景时对场景对象进行的基本操作，也是 3ds Max 三维动画制作中经常使用的操作。

## 2.2.2　对象的选择

3ds Max 中的操作基本上都是针对场景中的对象进行的。在大多数情况下，在对象上执行某个操作或者设置场景中的对象之前，必须在视图中选中要操作的对象，然后才能进行各种操作。因此，选择操作是建模和动画制作的基础。3ds Max 提供了多种选择对象的方法，可以根据选择对象的不同，采用合适的方法快速地选择需要的对象。

**1. 直接选择**

直接选择就是指用鼠标单击对象的方式来选择对象，这是一种最简单、最常用的方法。

单击主工具栏中的“选择对象”按钮或按〈Q〉键，在视图中直接用鼠标单击要选择的对象。在任一视图中，将光标移到要选择的对象上，当光标位于可选择对象上时，它会变成十字形状。对象被选中后，将以白色线框方式显示。主工具栏中的“选择并移动”按钮、“选择并旋转”按钮和“选择并均匀缩放”按钮等选择并操作类按钮也具有选择对象的功能。

**2．按名称选择**

按名称选择是指可以根据对象的类型和名称灵活地选择对象。按名称选择的前提是必须清楚选择对象的名称。

单击工具栏中的“按名称选择”按钮或按〈H〉键，弹出“从场景选择”对话框，如图 2-22 所示。在该对话框中显示了场景中所有对象的名称，对象名称左侧显示的为组对象，单击可以展开组对象。在对话框中可以采用多种方式进行对象的选择。在对话框的顶部“显示”类型按钮组中，单击“显示几何体”“显示图形”“显示灯光”等按钮，可以控制对象名称列表中该类型对象的显示或隐藏。例如，单击“显示灯光”按钮取消按钮的选中状态，对象名称列表中将不再显示所有的灯光对象。此外，该对话框中还提供场景中对象的查找、筛选和排序等功能。

在对象名称列表中进行选择时，按住〈Ctrl〉键可以选择多个对象；选中一个对象后按住〈Shift〉键，再选择另一个对象，可以连续选择多个对象。单击“选择”按钮，即可选中列表中选择的对象。

**3．区域选择**

区域选择就是用鼠标拖动出一个区域，选择该区域内的对象。区域选择工具中提供了矩形、圆形、围栏、套索和绘制五种区域选择方式。“矩形选择区域”是默认的区域选择方式，长按区域选择方式按钮，将会弹出区域类型下拉列表，拖动鼠标到其中一种区域选择方式上，即可切换到该种区域选择方式。图 2-23 所示为使用矩形区域选择方式进行对象的选择。

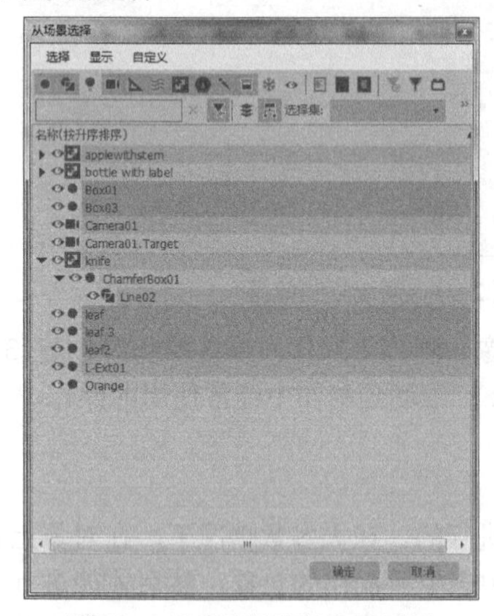


图 2-22 “从场景选择”对话框

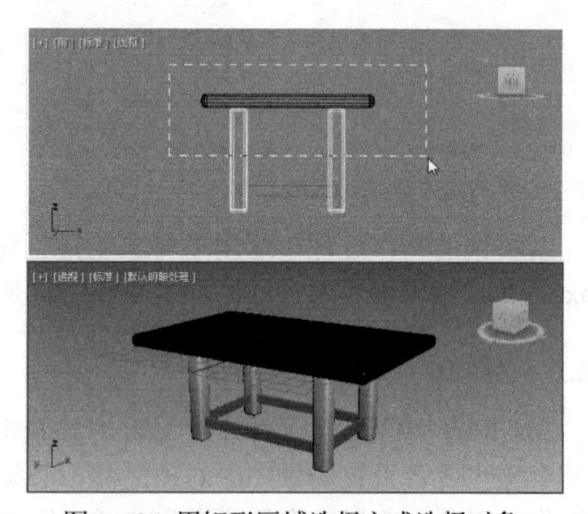

图 2-23 用矩形区域选择方式选择对象

采用区域选择方式选择对象时，区域内的对象是否被选中还与选择模式有关。选择模式为交叉模式时，只要对象的一部分位于选择区域内，该对象即可被选中；选择模式为窗口模式时，对象必须全部位于选择区域内才可以被选中。例如，图 2-23 中，如果是在交叉模式下，则同时选中桌面和四条桌腿，而如果是在窗口模式下，则仅选中桌面。交叉模式为默认的选择模式，单击选择模式按钮，可以在交叉模式和窗口模式之间切换。

**4．增加 / 减去对象**

按住〈Ctrl〉键，在视图中选择对象，可以加入选中的对象。

按住〈Alt〉键，在视图中选择对象，可以从已选中的对象中减去选中的对象。

此外，“编辑”菜单里也提供了多种选择对象的功能，例如，选择全部对象、按对象颜色选择等。

## 2.2.3 对象的变换

选择对象后，就可以进行编辑操作了。对象的变换指的是在三维空间内对象的移动、旋转和缩放等操作。对象的变换可以使用主工具栏上的按钮来实现，选择对象后单击鼠标右键，在弹出的四元菜单中也可以选择相应的变换操作选项，下面主要介绍使用工具栏进行对象的变换操作。

**1．对象的移动**

对象的移动是指将对象沿着指定的轴或指定的平面进行的移动。在选择对象后，单击“选择并移动”按钮或按〈W〉键，在对象上会出现以红、绿、蓝三色显示的 X、Y、Z 三条移动轴，通常把它称作移动 Gizmo。将光标放在移动 Gizmo 的任意轴上，该轴呈黄色高亮显示，拖动鼠标即可控制对象沿该轴方向移动，如图 2-24 所示。将光标放在移动 Gizmo 两条轴之间，两条轴都呈黄色高亮显示，拖动鼠标即可控制对象在两条轴所确定的平面上任意移动，如图 2-25 所示。

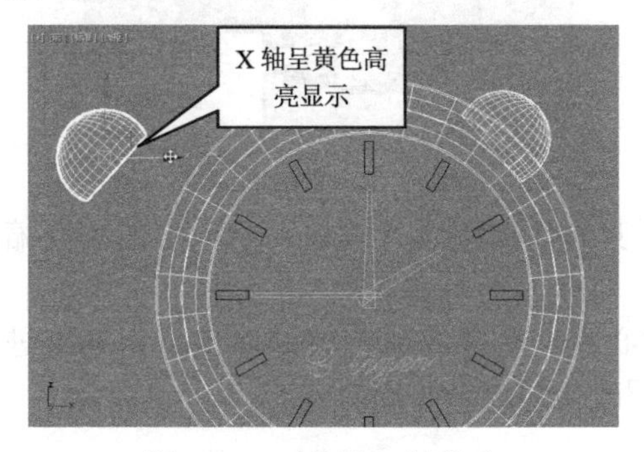


图 2-24　对象沿 X 轴移动

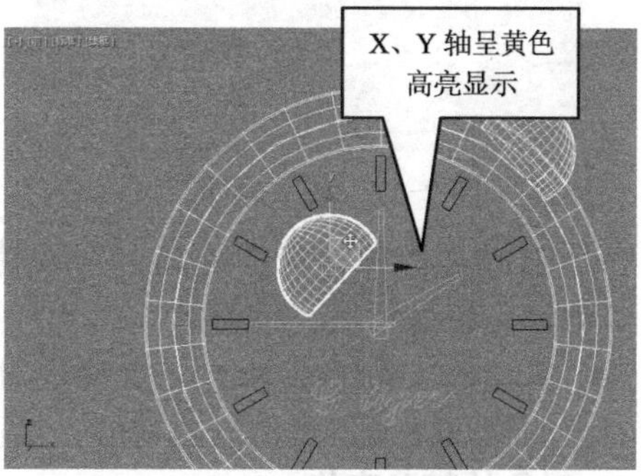

图 2-25　对象在 XY 平面上移动

**2．对象的旋转**

对象的旋转是指对象在三维空间内绕指定的轴心点旋转。在选择了对象后，单击“选择并旋转”按钮或按〈E〉键，对象上会出现红、绿、蓝三色显示的圆或轴，分别代表 X、Y、Z 三条旋转轴，通常把它称作旋转 Gizmo。将光标放在旋转 Gizmo 的任意轴上，该轴呈黄色高亮显示，拖动鼠标即可控制对象绕该轴旋转，同时动态显示旋转的角度值，如图 2-26 所示。将光标放在旋转 Gizmo 的轴间，拖动鼠标即可控制对象在三维空间同时绕 X、Y、Z 三条旋转轴任意旋转。

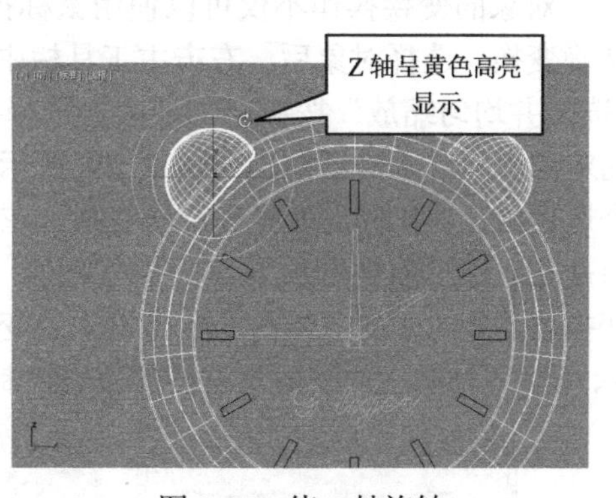


图 2-26　绕 Z 轴旋转

📖 小技巧

旋转对象时，为了更好地控制对象的旋转方向，最好选择绕固定轴进行旋转，否则对象会在三维空间内同时绕 X、Y 轴任意旋转，不容易控制对象的空间方向。

X、Y、Z 三条旋转轴的交点就是对象的轴心点，对象旋转时就是绕该点进行的。对象的旋转轴心点是可以改变的，后面将介绍改变旋转轴心点的方法。

**3．对象的缩放**

对象的缩放有三种方式，分别是“选择并均匀缩放”、“选择并非均匀缩放”和“选择并挤压”。在选择了对象后，单击“选择并均匀缩放”按钮或按〈R〉键，在对象上 X、Y、Z 三条缩放轴分别以红、绿、蓝三色显示，通常把它称作缩放 Gizmo。将光标放在缩放 Gizmo 的任意轴上，该轴呈黄色高亮显示，拖动鼠标即可控制对象沿该轴方向缩放，如图 2-27 所示。将光标放在缩放 Gizmo 的两条轴之间，两条轴呈黄色高亮显示，拖动鼠标即可控制对象同时沿两条轴缩放。将光标放在缩放 Gizmo 的三条轴中间，三条轴都呈黄色高亮显示，拖动鼠标即可控制对象在三维空间内等比例缩放，如图 2-28 所示。进行缩放操作时，等比例缩放的缩放光标为闭合的三角形，非等比缩放的缩放光标为断开的三角形。

图 2-27　沿 Y 轴缩放

图 2-28　等比例缩放

挤压缩放是一种特殊的缩放，在保持体积不变的前提下进行缩放，沿指定的轴向缩放时，其他轴向将进行反比例缩放。

X、Y、Z 三条缩放轴的交点就是对象的轴心点，对象缩放时就是以该点为基准进行的。对象的缩放轴心点是可以改变的，后面将介绍改变缩放轴心点的方法。

**4．对象的精确变换**

对象的变换操作不仅可以使用鼠标拖动完成，还可以通过键盘输入具体的变换值来实现精确变换。选择对象后，右击主工具栏中的“选择并移动”按钮、“选择并旋转”按钮或“选择并均匀缩放”按钮，或者在选择了、或按钮后，按〈F12〉键，即可弹出各自的对象变换输入对话框，如图 2-29 所示，在其中输入数值完成精确变换。每个对话框内有两个选项组，对于移动变换和旋转变换，左侧的“绝对世界”选项组表示绝对坐标，输入的变换值是相对于当前坐标系原点发生的变化，右侧的“偏移：世界”选项组表示相对坐标，输入的变换值是相对于对象当前的状态发生的变换；对于缩放变换，左侧的数值可以分别控制对象在 X、Y、Z 轴向上的缩放，右侧的数值控制该对象的等比例缩放。

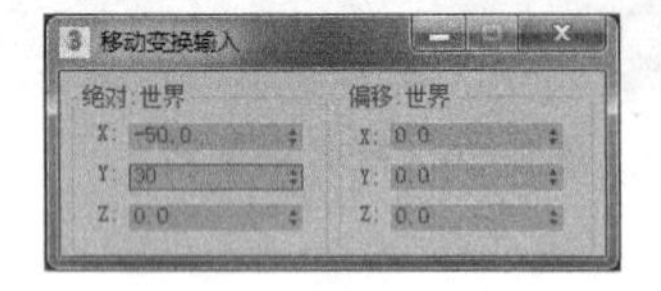




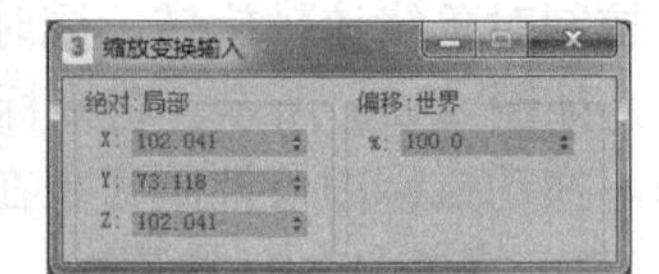


图 2-29　对象变换输入对话框

对象进行旋转和缩放变换操作时，利用主工具栏上的“捕捉”工具组也可以进行精确控制。开启“角度捕捉切换”按钮后，拖动对象进行旋转，对象旋转角度将按固定的增量增加，在默认状态下，旋转角度以 5° 递增。开启“百分比捕捉切换”按钮后，拖动对象进行缩放，对象缩放比例将按固定的间隔变换，在默认状态下，缩放比例以 10%的间隔变换。

拖动对象进行变换操作时，对象的具体变换值在状态栏和信息提示栏上都会实时显示出来。例如，开启“角度捕捉切换”按钮，将选择的对象绕 Z 轴旋转-25°，拖动旋转时状态栏和信息提示栏就会显示目前旋转的角度，用户也可在状态栏和信息提示栏中输入旋转的角度值，如图 2-30 所示。

**5. 对象的对齐**

有时需要基于其他对象确定场景中某个对象的位置，主工具栏上的“对齐”按钮就可以实现这样的操作。先选择要进行对齐的对象，再单击“对齐”按钮，然后选择目标对象，弹出“对齐当前选择”对话框，如图 2-31 所示。在“对齐位置（世界）”选项组中设置对齐的轴向、当前对象和目标对象的对齐控制点，单击“确定”或“应用”按钮，即可参照目标对象的边界框移动当前对象，达到对齐的目的。单击“应用”按钮，完成一次对齐操作后，还可以重新设置“对齐位置（世界）”选项组，再次进行对齐操作。在“对齐位置（世界）”选项组中，设置当前对象与目标对象的对齐控制点和对齐的轴向，当前对象和目标对象可以设置不同的控制点。

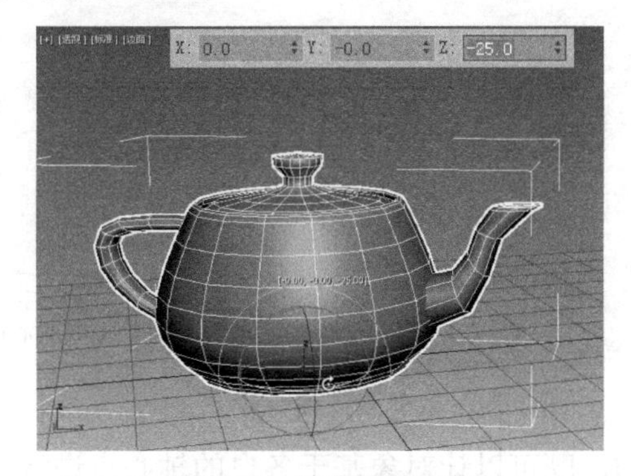

图 2-30　精确旋转对象

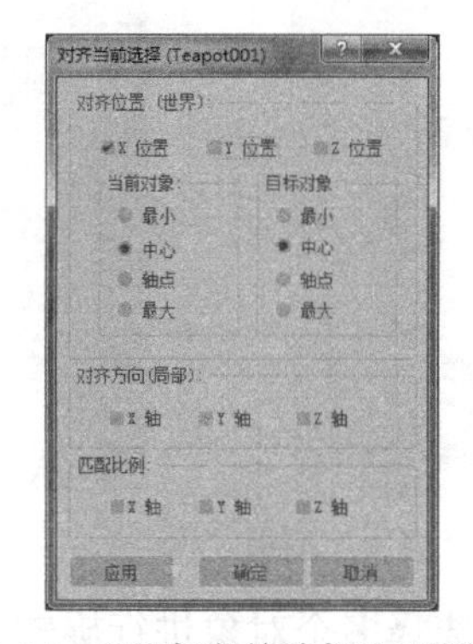

图 2-31　“对齐当前选择”对话框

以【实例 2-2】中对齐基因球和基因杆为例，如图 2-32a 所示，如果要将基因球对齐到基因杆，选择基因球作为当前对象后，单击“对齐”按钮，再选择基因杆作为目标对象，进行两次对齐操作。先在对话框中设置将基因球的 YZ 轴的轴心点对齐到基因杆的轴心点，单击“应用”按钮，对齐效果如图 2-32b 所示。再设置将基因球 X 轴的轴心点对齐到基因杆 X 轴的最小值，单击“应用”按钮，对齐效果如图 2-32c 所示，单击“确定”按钮退出。

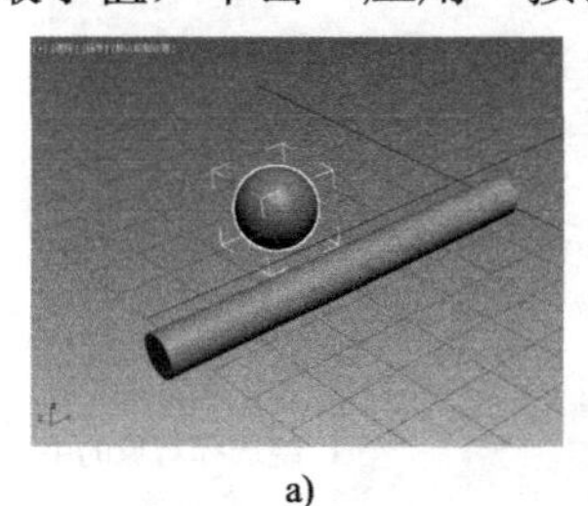
a)

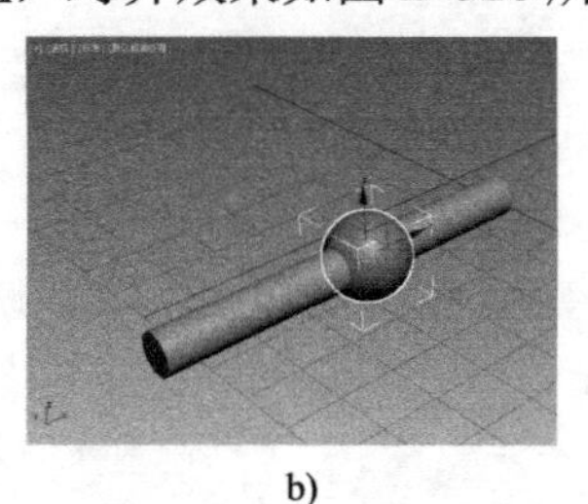
b)

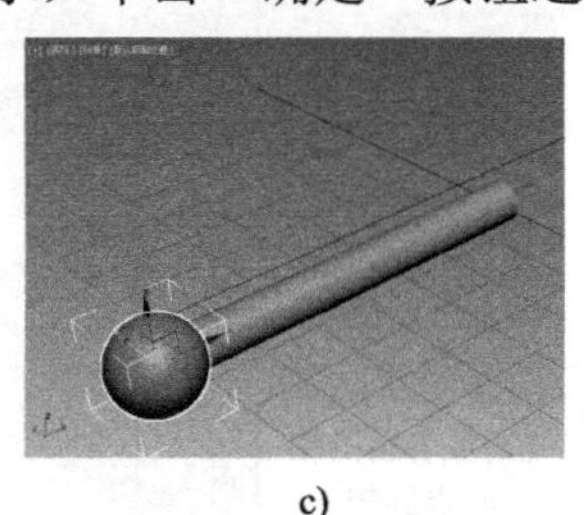
c)

图 2-32　基因球对齐到基因杆效果

a)“基因球”和“基因杆”对象 b) 第一次对齐　c) 第二次对齐

对齐的控制点有下列几种。

- 最大 / 最小：对象边界框上 X、Y 或 Z 轴的最大值或最小值。
- 中心：对象边界框的中点 X、Y 或 Z 轴的值。
- 轴点：对象的轴心点 X、Y 或 Z 轴的值

**6. 改变对象的轴心点**

场景中的对象都有各自的轴心点，轴心点的位置在创建对象时由系统自动确定，对象的旋转、缩放等变换操作都是基于轴心点进行的。根据对象旋转或缩放的需要，对象的轴心点是可以改变的。

使用"层次"面板可以改变轴心点的位置。选择对象后，选择"层次"面板，在"调整轴"卷展栏中单击"仅影响轴"按钮，如图 2-33 所示，对象的轴心点就会在视图中显示出来。使用移动、旋转或对齐等工具改变轴心点的位置，然后单击"仅影响轴"按钮，此时对象的轴心点就改变到新的位置，对象的旋转或缩放就会基于新设置的轴心点进行。例如，如图 2-34 所示，可以通过旋转操作复制表盘上的刻度，但默认刻度旋转轴心点是刻度自身的中心点，使用"层次"面板将刻度的轴心点对齐到表盘的中心点，就可以实现刻度绕表盘中心旋转的效果。

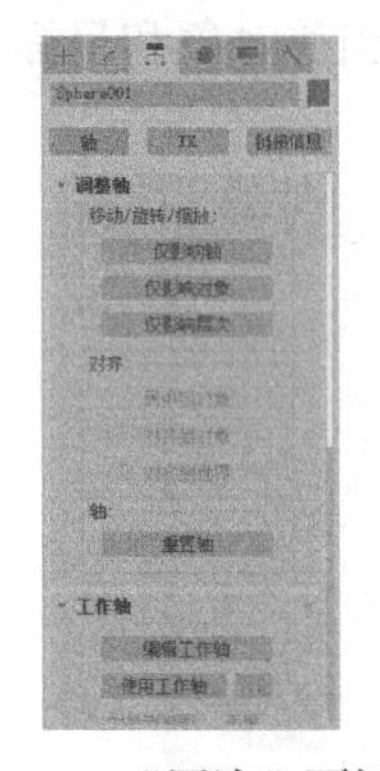

图 2-33 "层次"面板

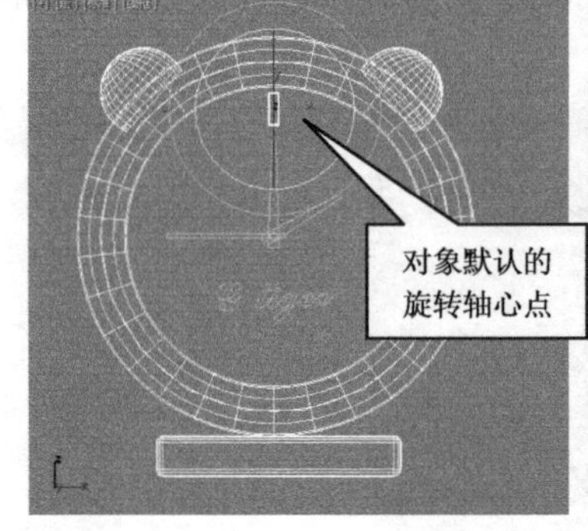


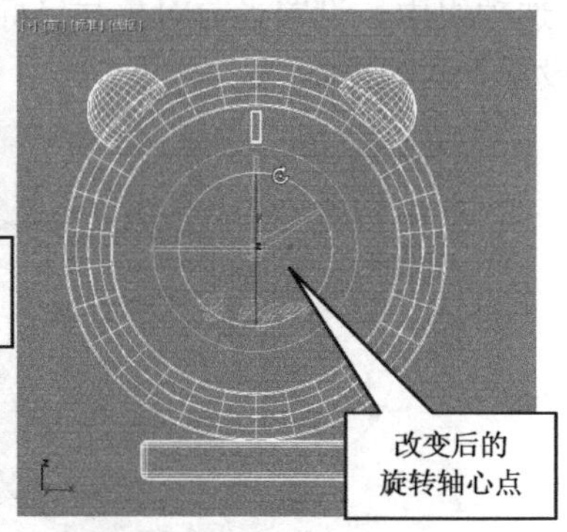


图 2-34 改变旋转轴心点

如果选择多个对象进行旋转或缩放操作，既可以让对象基于各自的轴心点进行，也可以让对象基于选择多个对象的公共中心点进行，或者基于变换坐标的中心点。默认状态下，多个对象的旋转或缩放变换是基于各自的轴心点。选择对象后，在旋转或缩放前，在主工具栏上长按"使用轴点中心"按钮，在弹出的下拉列表中，可以选择"使用选择中心"或者选择"使用变换坐标中心"改变旋转或缩放的基准点，如图 2-35 所示。

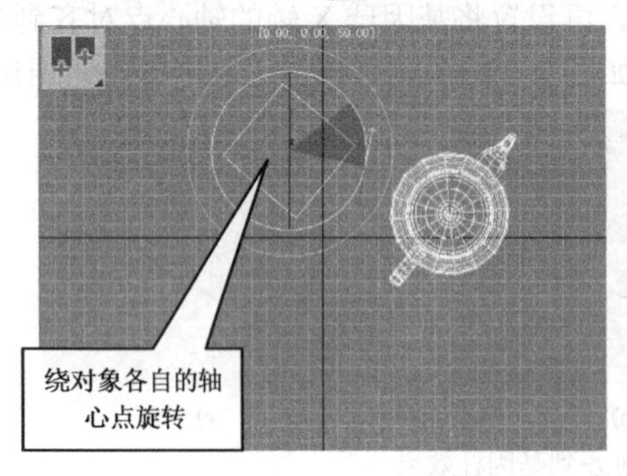


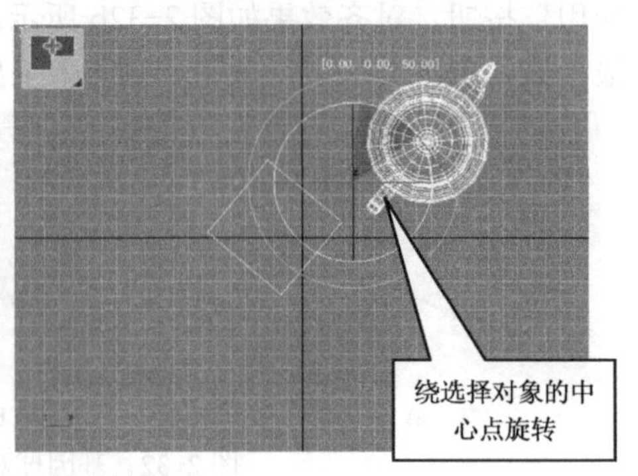


图 2-35 多个对象的旋转

### 2.2.4 对象的复制

在创建场景时，往往需要创建许多相同或相似的对象，对象的各种复制操作就提供了快速创建的方法。

3ds Max 不仅提供了多种复制对象的方法，在进行对象的复制操作时，还提供了 3 种对象的复制方式，复制方式选项组在所有复制对象操作打开的对话框内均有显示，如图 2-36 所示。复制方式规定了复制对象与源对象之间的关系。

- 复制：复制的对象继承了源对象的属性，但与源对象完全独立，对复制对象的修改不会影响源对象，反之亦然。
- 实例：以源对象为模板进行复制，复制对象与源对象之间相互关联，改变其中一个对象，另一个对象也会发生同样的变化。
- 参考：以单向实例方式对原始对象进行复制，复制对象与源对象之间存在单向关联，改变源对象，复制对象发生相应变化，反之不变化。

**1．使用变换操作复制对象**

在对选择对象进行移动、旋转或缩放等变换操作时，可以实现对象的复制。移动、旋转或缩放时复制对象的操作方法相同，下面以移动操作时复制对象为例介绍操作方法。

选择需要复制的对象，单击“选择并移动”按钮，按住〈Shift〉键，拖动对象，释放鼠标后打开“克隆选项”对话框，如图 2-36 所示，在“对象”选项组中设定复制方式，在“副本数”中设定复制对象的数量，在“名称”文本框中设置复制对象的名称，然后单击“确定”按钮，即可按拖动方向和给定的间距均匀地复制指定数量的对象，复制效果如图 2-37 所示。

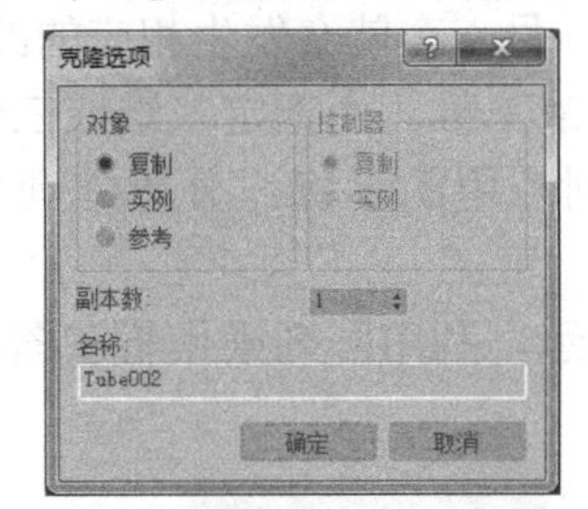


图 2-36 “克隆选项”对话框

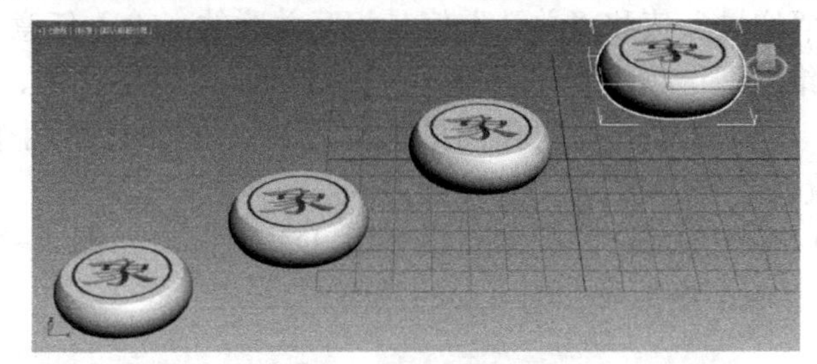

图 2-37 移动复制对象

**2．使用镜像操作复制对象**

使用镜像操作复制对象将创建一个与源对象轴对称的复制对象。选择要镜像的对象后，单击主工具栏上的“镜像”工具按钮或者选择“工具”→“镜像”菜单命令，弹出“镜像：世界坐标”对话框。在“镜像轴”选项组中指定镜像的轴向以及在复制轴向上原始对象与复制对象之间的距离；在“克隆当前选择”选项组中设置是否复制和复制对象的方式，然后单击“确定”按钮实现镜像复制，如图 2-38 所示。

**3．使用“克隆”命令复制对象**

使用“克隆”命令复制对象是指在源对象的位置复制一个与源对象完全重叠的对象。选择需要复制的对象后，选择“编辑”→“克隆”菜单命令或按〈Ctrl+V〉组合键，打开“克隆选项”对话框，设置参数后单击“确定”按钮实现克隆复制。

📖 小技巧

克隆复制与移动复制打开的对话框相同，如图 2-36 所示，克隆复制完成后，复制对象与源对象重叠在同一位置，因此在场景中看不到变化，但实际已经创建了新对象。

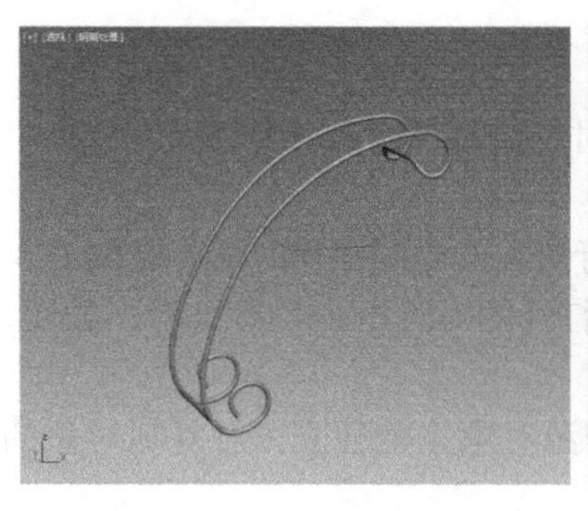
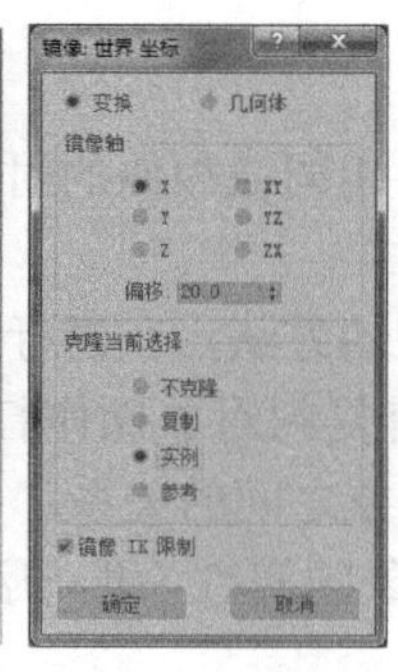

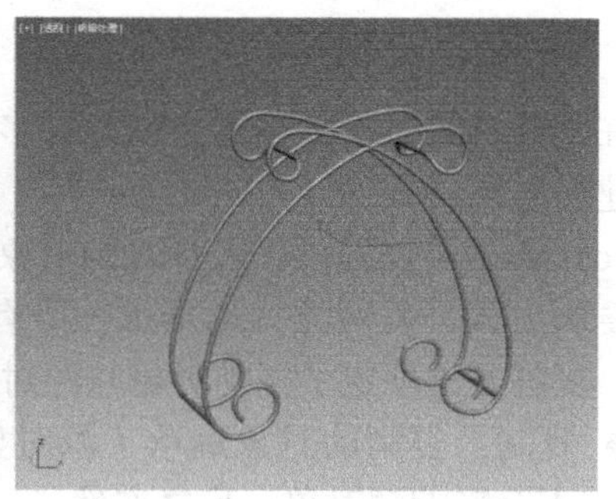

图 2-38　镜像复制对象

### 4. 使用“阵列”命令复制对象

使用“阵列”命令复制对象是一种比较复杂的复制对象方法，使用阵列命令可以一次性复制出多个对象，并使对象以某种形式和顺序进行排列。阵列复制包括一维阵列、二维阵列和三维阵列，在执行阵列的过程中还可以对对象应用旋转、缩放等变换。

选择需要阵列的对象后，选择“工具”→“阵列”菜单命令，或者在主工具栏的空白处单击鼠标右键，在弹出的快捷菜单中打开“附加”工具栏，单击“附加”工具栏中的“阵列”按钮，弹出“阵列”对话框，如图 2-40 所示，设置阵列的参数后，单击“预览”按钮观察阵列效果，满意后单击“确定”按钮完成阵列操作。

“阵列”对话框中，当“阵列变换”选项组用来设置一维阵列时，阵列对象的间隔距离、旋转角度和缩放比例等变换值，左侧是以“增量”值输入，右侧是以变换的“总计”值输入。“增量”值和“总计”值是相互关联的，输入任意一个，另一个就会发生相应的改变。“阵列维度”选项组用来设置阵列的维度，可以是一维、二维或三维。当指定二维或三维阵列时，需要设置阵列对象间的间隔距离。下面介绍两个阵列应用的示例，分析阵列参数的设置。

- 单个 DNA 阵列复制成多组 DNA 链，如图 2-39 所示，利用阵列操作将左图单个 DNA 复制成右图所示的效果。

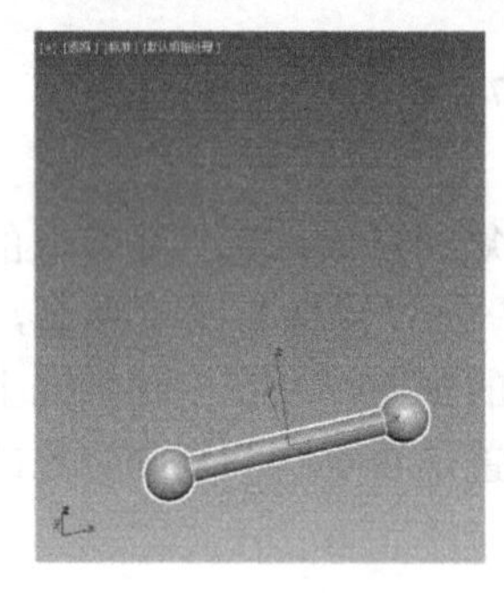
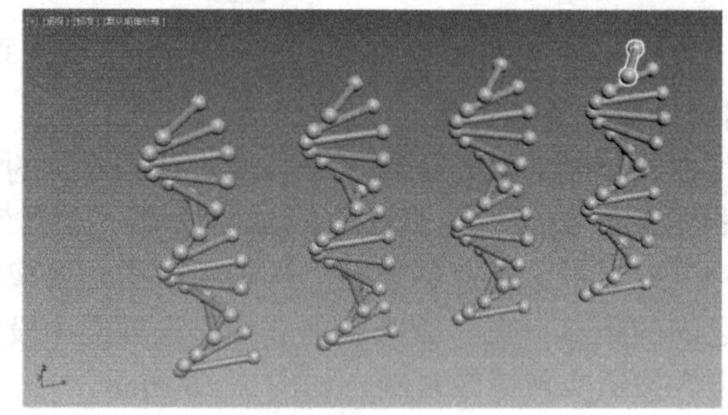

图 2-39　DNA 链的阵列复制

在透视图中，选择单个 DNA 执行阵列命令，在“阵列”对话框中设置参数，如图 2-40 所示。首先，一个完整的 DNA 链是由 15 个单个 DNA 旋转扭曲向上间隔组成，因此，1D“数量”为 15，Z 轴的旋转“增量”设为 30，Z 轴的移动“增量”设为 20，形成一个完整 DNA 链；接着，在二维阵列上复制出 4 个 DNA 链（含原始对象），在“阵列维度”选项组中设置 2D“数量”为4，X 轴“增量行偏移”为150，使每个DNA 链在 X 轴上间隔为150。

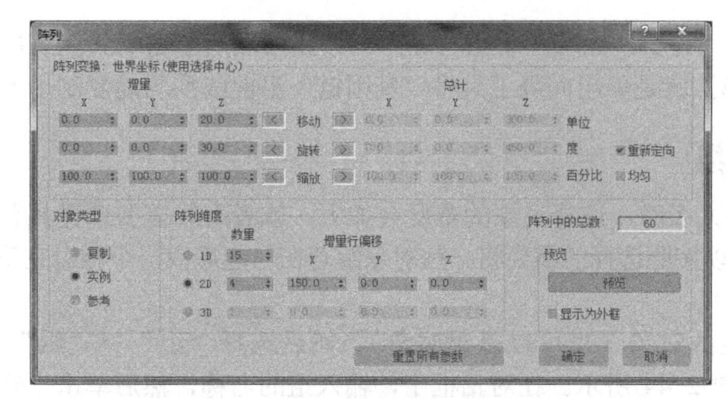


图 2-40　DNA 链阵列复制参数设置

- 闹钟表盘上时间刻度的阵列复制，如图 2-41 所示。

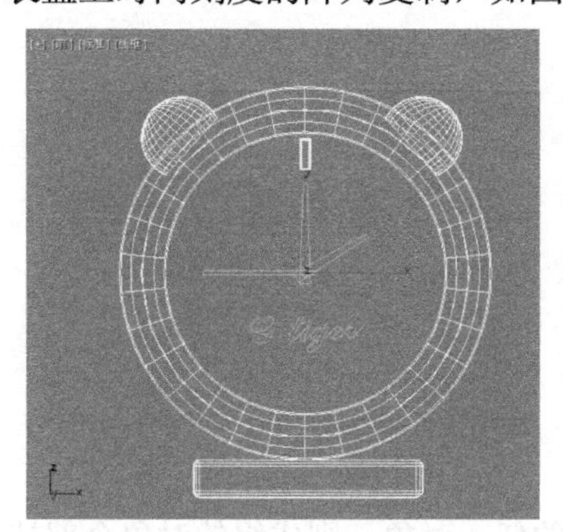
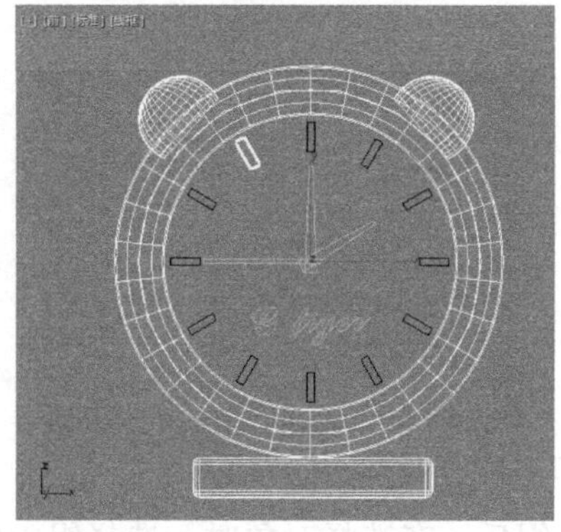

图 2-41　时间刻度的阵列复制

本示例先要改变刻度的旋转轴心，使刻度绕表盘中心旋转，具体方法可参见第 2.2.3 节中“6. 改变对象的轴心点”。设置好旋转轴心点后，就可以使用阵列命令，实现表盘刻度的旋转阵列，具体参数设置如图 2-42 所示。

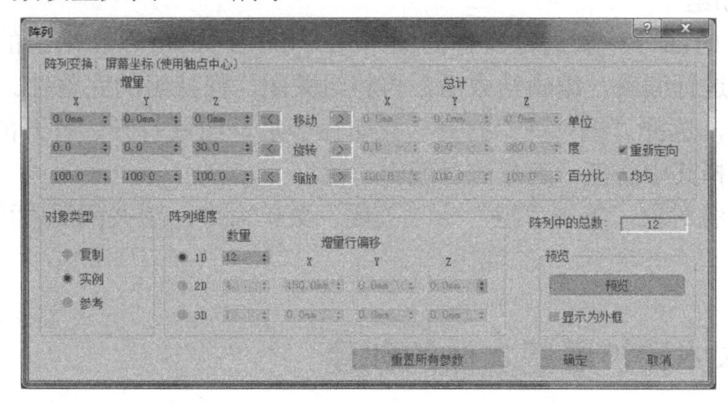


图 2-42　表盘时间刻度阵列参数

**5. 使用“间隔工具”复制对象**

间隔工具可以复制多个对象，并将复制对象沿指定的路径均匀地分布。选择需要复制的对象后，选择“工具”→“间隔工具”菜单命令，或者长按“附加”工具栏中的“阵列”按钮，在弹出的下拉列表中选择“间隔工具”，弹出“间隔工具”对话框，如图 2-43 所示。在对话框中，单击“拾取路径”按钮，在视图中选取复制对象排列的路径，选择“计数”复选框，设置“计数”为 5，单击“应用”按钮，然后单击“关闭”按钮结束间隔工具的操作。【实例 2-3】就是采用间隔工具将“基因链”沿曲线均匀地复制了 5 组。

### 2.2.5 对象的成组

当场景中对象太多时，选择对象的难度会加大，或者有时需要选择具有共同特性的对象进行操作，此时可以按照选择的需要将一些对象组合在一起形成一个相对完整的几何体组合。

**1．创建组**

选择需要成组的对象（也可以是组对象），然后选择“组”→“组”菜单命令，弹出“组”对话框，如图 2-44 所示。在对话框中，输入组的名称，然后单击“确定”按钮完成组的创建操作。

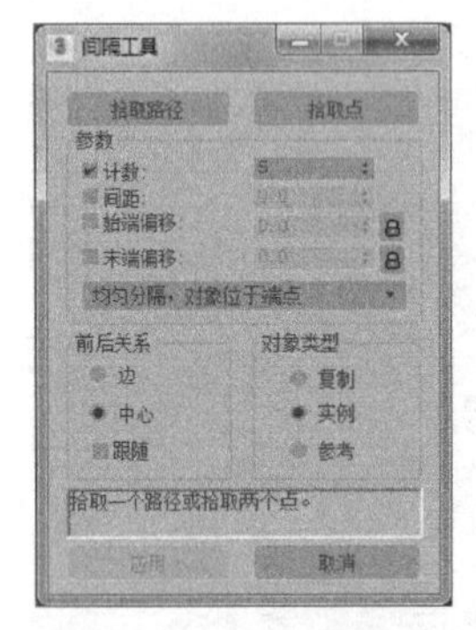


图 2-43 “间隔工具”对话框

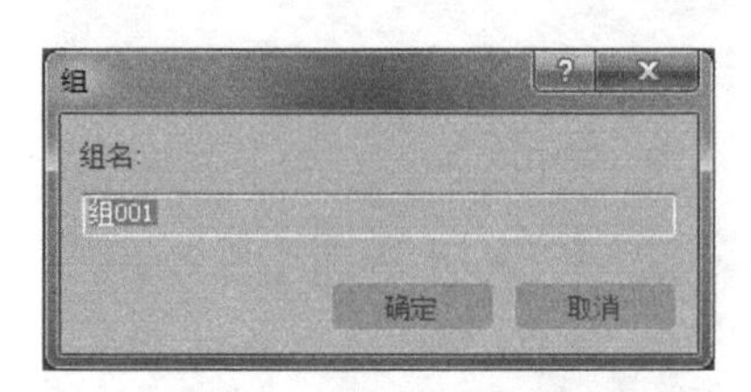


图 2-44 “组”对话框

当对象成组后，在选择对象时，选择组中的任一对象，则成组的对象全部被选中。

**2．分解组**

成组的对象也可以重新分解成单独的对象。选择成组的对象，然后选择“组”→“解组”菜单命令，完成组的分解操作。

**3．打开 / 关闭组**

当需要对组中的部分对象进行操作而又不想分解组时，可以利用组的打开命令，打开组，选择部分对象进行编辑，编辑结束后，再将组关闭，保持组的完整性。

选择成组对象，选择“组”→“打开”菜单命令后，组就打开，打开的组会有粉色的边界框显示，可以选择其中的任一对象进行编辑。

选择打开的成组对象，单击“组”→“关闭”菜单命令，组关闭后就可以作为整体被选择和编辑。

## 2.3 标准基本体和扩展基本体的创建

实例 2-3

### 2.3.1 【实例 2-3】玻璃餐桌的制作

本实例制作一张餐桌的模型，如图 2-45 所示。通过模型的制作，学习标准基本体和扩展基本体的形状和参数的设置。

1）选择“文件”→“重置”菜单命令重新设置场景。选择“自定义”→“单位设置”菜单命令，打开“单位设置”对话框，单击“系统单位设置”按钮，设置 1 单位为 1.0 毫米，并设置显示单位为“公制”“毫米”，如图 2-46 所示。

图 2-45　餐桌模型

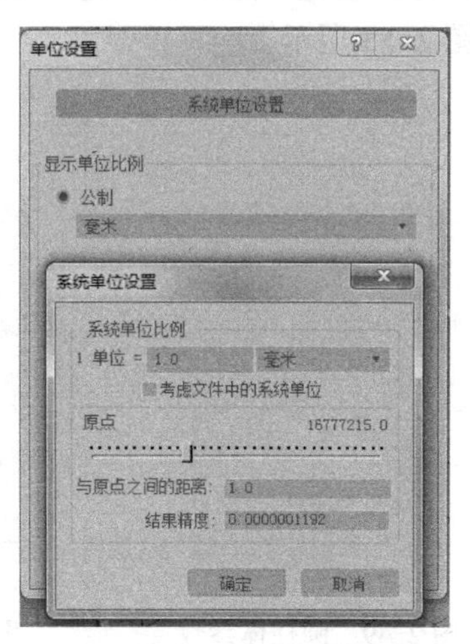


图 2-46　设置场景单位

2）依次选择“创建”面板 → “几何体” → “扩展基本体” → “切角长方体”，在顶视图中拖动创建一个切角长方体，将其命名为“桌面”，在“参数”卷展栏中设置“长度”为 750，“宽度”为 750，“高度”为 15，“圆角”为 3，“圆角分段”为 2，如图 2-47 所示。

3）选择“桌面”，右击工具栏中的“移动”按钮，在弹出的“移动变换输入”对话框中输入坐标参数，如图 2-48 所示，关闭对话框，将桌面移动到坐标原点。

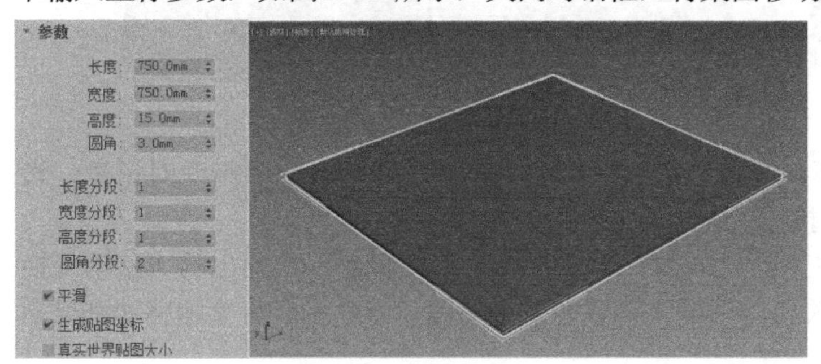


图 2-47　创建桌面

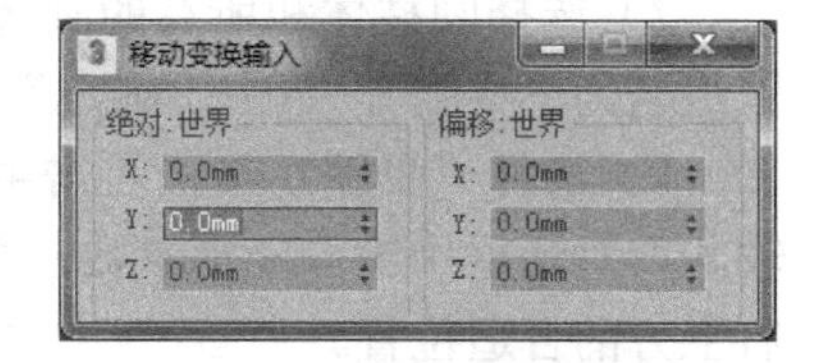


图 2-48　移动到坐标原点

### 小技巧

*将桌面移动到坐标原点是为了方便后面创建的桌腿等对象的定位。*

4）依次选择“创建”面板 → “几何体” → “标准基本体” → “圆柱体”，在顶视图中拖动创建一个圆柱体，在“参数”卷展栏中设置“半径”为 30，“高度”为-450，如图 2-49 所示。用同样的方法，在顶视图中创建一个圆环，在“参数”卷展栏中设置“半径 1”为 30，“半径 2”为 12，如图 2-50 所示。

5）选择圆环，单击主工具栏上的“对齐”按钮，在顶视图中选择圆柱体，弹出“对齐当前选择（桌腿）”对话框，设置的对齐参数如图 2-51 所示，单击“确定”按钮使圆环与圆柱体在顶视图中居中对齐。在前视图中选择圆环，单击“选择并移动”按钮，沿 Y 轴拖动圆环到适当位置，效果如图 2-52 所示。

6）在前视图中选择圆环，单击“选择并移动”按钮，按住〈Shift〉键，沿 Y 轴向下拖动圆环，使复制的圆环上边界与原来的圆环下边界对齐，松开〈Shift〉键，弹出“克隆选项”对话框，设置“副本数”为 4，选择“实例”单选按钮后，单击“确定”按钮，参数和效果如图 2-53 所示。

图 2-49　圆柱体参数

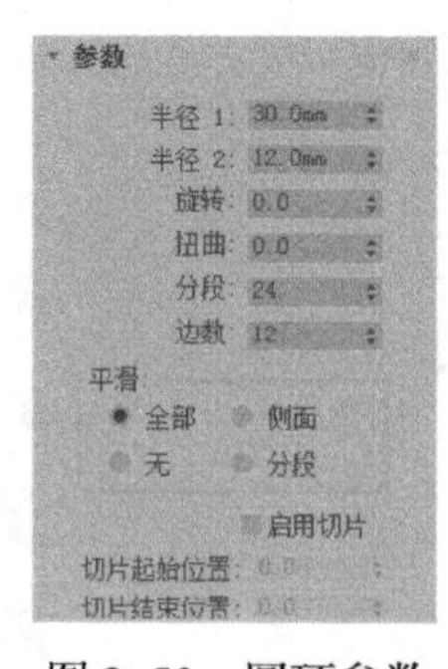


图 2-50　圆环参数

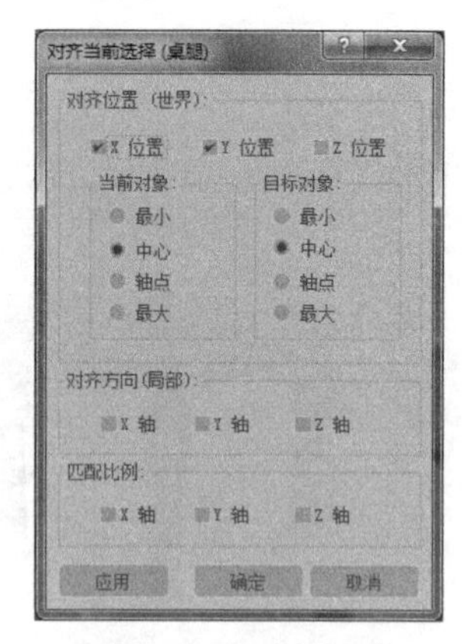


图 2-51　对齐参数

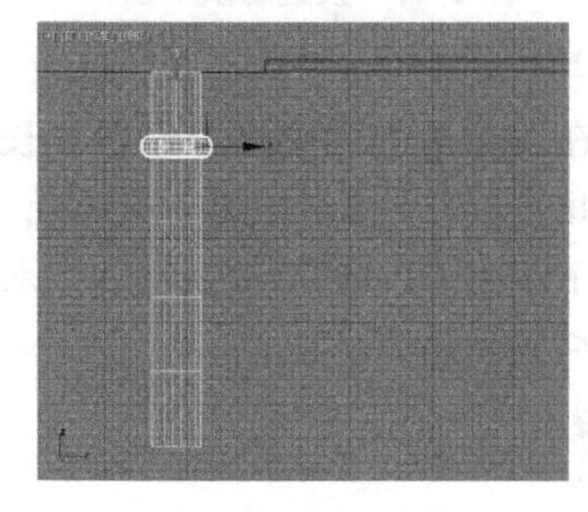

图 2-52　对齐对象

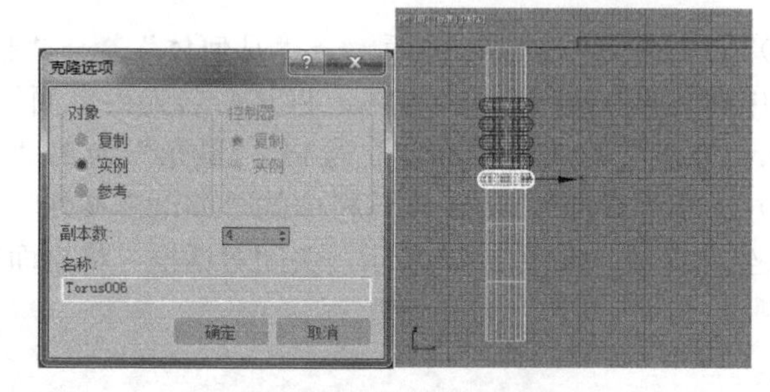


图 2-53　移动复制对象

7）选择圆柱体和所有的圆环，选择“组”→“组”菜单命令，弹出“组”对话框，设置组名为“桌腿”，单击“确定”按钮，使所有的桌腿对象成组。

8）选择“桌腿”组，右击主工具栏中的“选择并移动”按钮 ，在弹出的“移动变换输入”对话框中输入坐标参数，关闭对话框，参数和效果如图 2-54 示，将桌腿移动到桌面右上方的合适位置。

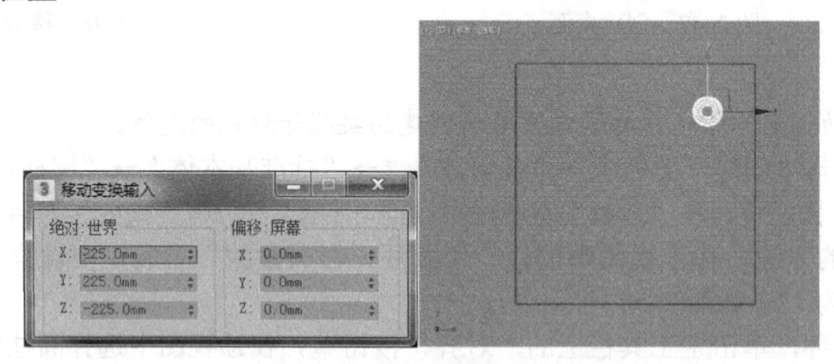


图 2-54　移动桌腿到合适位置

9）在顶视图中选择“桌腿”组，选择“工具”→“阵列”菜单命令，弹出“阵列”对话框，设置阵列的参数，单击“预览”按钮观察效果，参数和效果如图 2-55 所示，单击“确定”按钮，完成四条桌腿的阵列操作。

10）依次选择“创建”面板 →“几何体” →“标准基本体”→“长方体”，在顶视图中拖动创建一个长方体，将其命名为“撑板”，在“参数”卷展栏中设置“长度”为 15，“宽度”为 450，“高度”为 60，如图 2-56 所示。

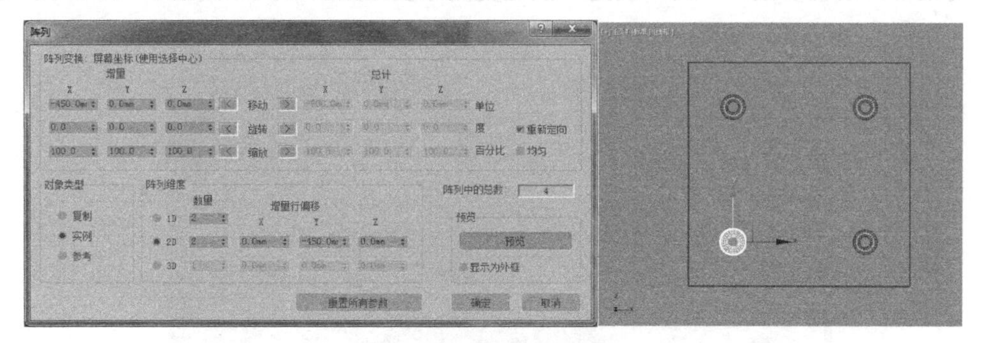

图 2-55　阵列复制桌腿

11）选择“撑板”，单击主工具栏上的“对齐”按钮，在前视图中选择“桌面”，弹出“对齐当前选择（桌面）”对话框，设置对齐参数，单击“应用”按钮，再次设置对齐参数，单击“确定”按钮，对齐参数如图 2-57 所示。保持选择“撑板”，单击主工具栏上的“对齐”按钮，在顶视图中选择“桌腿”，弹出“对齐当前选择（桌面）”对话框，设置的对齐参数如图 2-58 所示，单击“确定”按钮。对齐撑板和桌腿后的效果如图 2-58 所示。

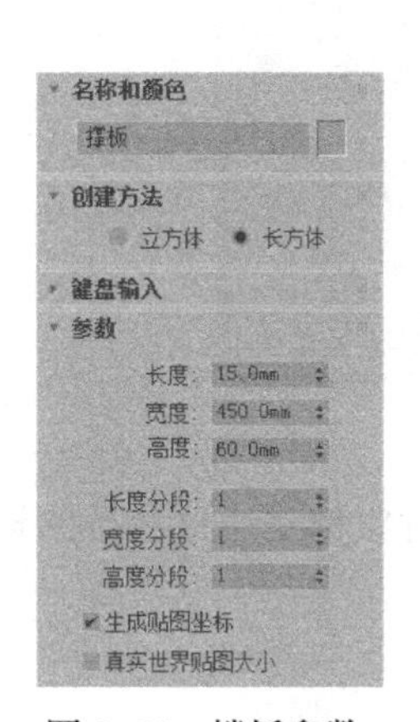


图 2-56　撑板参数

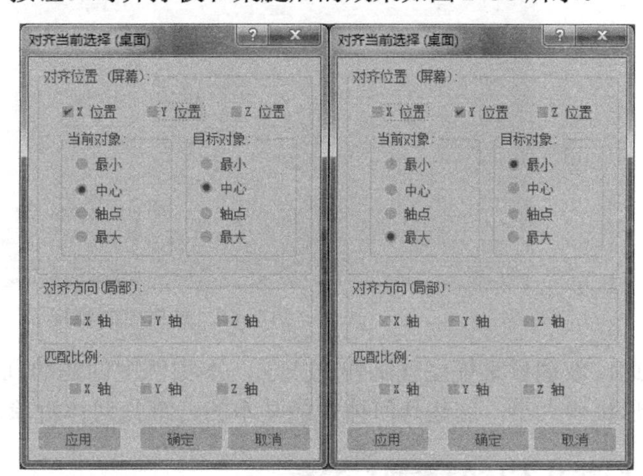


图 2-57　对齐撑板和桌面

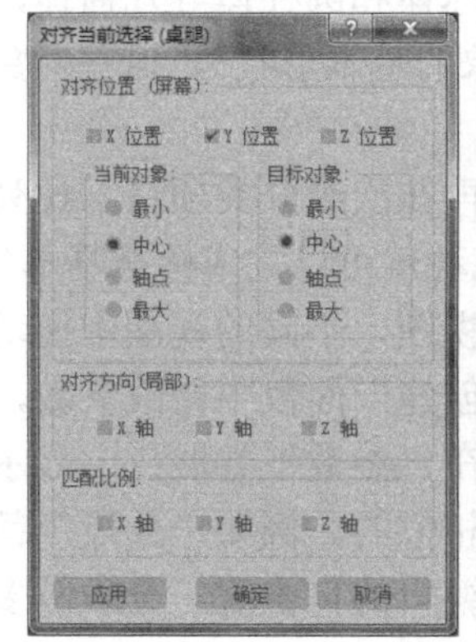


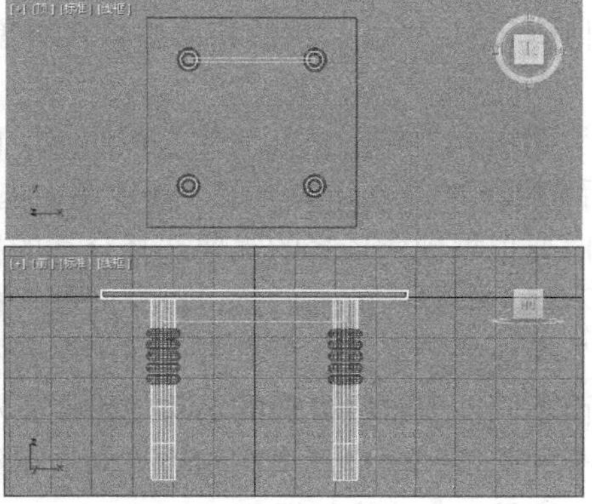

图 2-58　对齐撑板和桌腿

12）在顶视图中选择“撑板”，单击主工具栏上的“镜像”按钮，弹出“镜像：屏幕坐标”对话框，设置参数，单击“确定”按钮复制撑板，如图 2-59 所示。

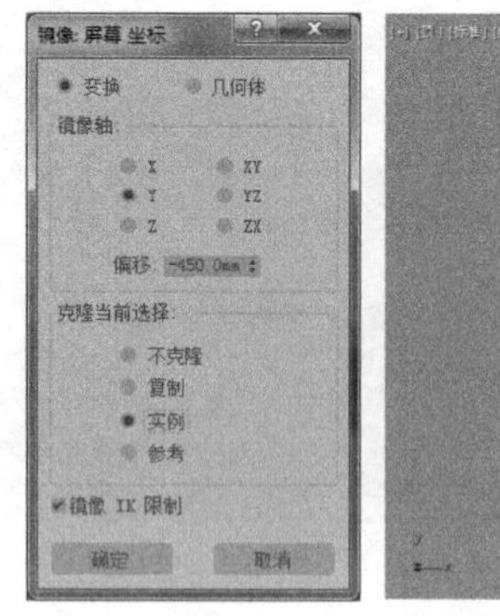

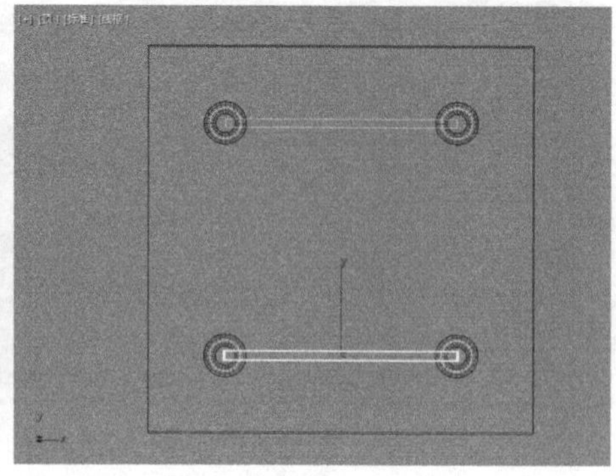

图 2-59　镜像复制撑板

13）在顶视图中选择两个撑板，单击“选择并旋转”按钮，打开主工具栏上的“角度捕捉切换”按钮，选择“使用选择中心”按钮，按住〈Shift〉键，拖动绕 Z 轴旋转 90° 复制撑板，松开〈Shift〉键，弹出“克隆选项”对话框，如图 2-60 所示，单击“确定”按钮。

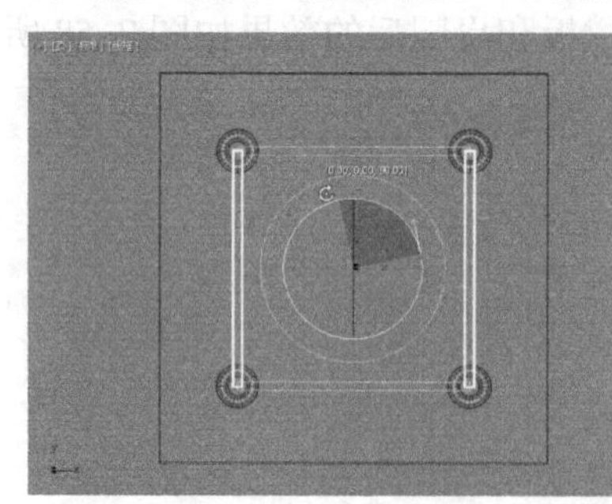
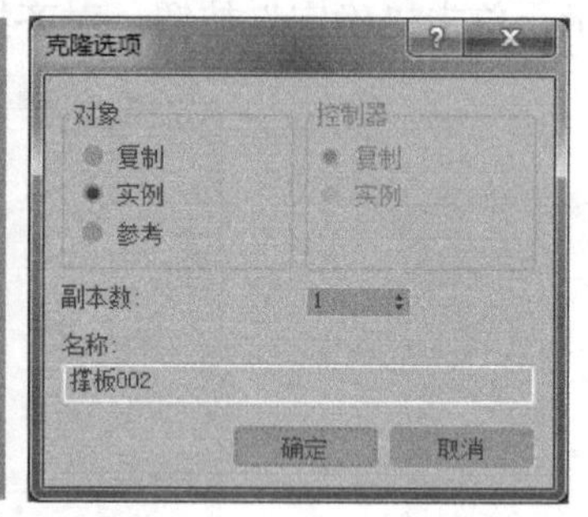


图 2-60　旋转复制撑板

至此，玻璃餐桌模型就制作完成了，本实例中创建的几何体对象都是通过参数的设置来决定其形状和大小，这些几何体是最基本的三维几何体对象。

## 2.3.2　标准基本体的类型与参数

标准基本体是指基本的三维对象，包括长方体、球体和圆柱体等几何体，它们和扩展基本体都是参量几何体（3ds Max 提供的作为参数化对象的基本形状），这些对象的形状由一组参数描述。

先在“创建”面板中单击“几何体”按钮，再在次级分类项目下拉列表中选择“标准基本体”，然后选择标准基本体的类型，在视图中拖动就可以完成标准基本体的创建。

创建几何体时要根据创建场景的需要选择合适的视图，不同的视图中拖动创建的几何体的空间位置也会不同。创建后的几何体可以立即在“创建”面板中修改参数，也可以随时选择，进入“修改”面板修改参数。参量几何体的参数在“参数”卷展栏中显示，参数项因几何体类型的不同而不同，但有些参数的名称或作用是相似的。例如“分段”都是设置对应一个方向上片段划分的数量，决定对象在相应方向上可编辑的自由度。分段越多，模型表面越光滑，但模型复杂度越高，渲染越慢。

标准基本体的类型及形状如图 2-61 所示。下面介绍各种标准基本体主要参数的功能，各标准基本体相同的参数仅介绍一次，不重复介绍。

**1．长方体**

长方体的“参数”卷展栏中的主要参数及其功能如下。

- 长度/宽度/高度：设置长方体的长、宽、高的值，当前视图中竖直方向的值为长度，水平方向的值为宽度，垂直于该平面的方向值为高度。
- 长度分段/宽度分段/高度分段：设置长、宽、高三边的片段划分数。分段数控制对象的复杂度，同时影响修改器对对象的作用，分段数越大，修改器作用越平滑。设置时既要考虑修改器对对象的作用，又要尽量降低对象的复杂度。

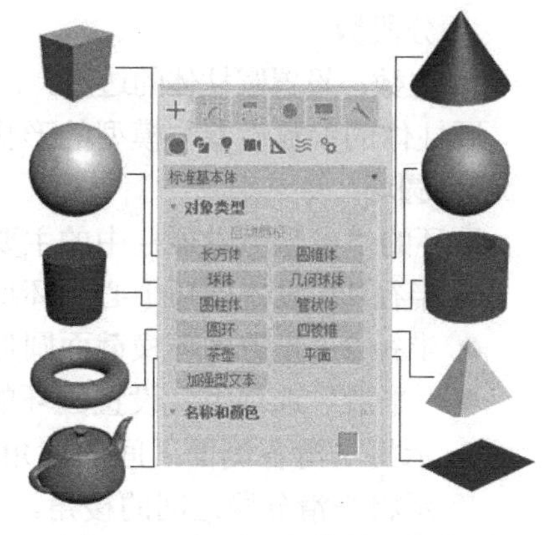

图 2-61　标准几何体的对象类型

长方体的参数设置与模型的形状如图 2-62 所示。

**2．球体**

球体的“参数”卷展栏中的主要参数及其功能如下。

- 半径：设置球体的半径。
- 分段：设置球体表面的分段数。值越大，表面越光滑，对象复杂度也越高。
- 平滑：设置是否对球体表面做平滑处理。默认为开启状态。
- 半球：设置球体在垂直方向的完整程度。取值范围为 0～1，值为 0 时，创建完整的球体；值为 0.5 时，创建半球；值为 1 时，创建空球（只有球体的名称，但看不到球体的大小）。
- 启用切片：设置是否对球体进行纵向切割。
- 切片起始位置/切片结束位置：设置切割的起始角度和终止角度。选择“启用切片”复选框后，该组参数可用。
- 轴心在底部：设置球体的轴心点在球体的底部。默认状态下球体轴心点位于球体的中心。

球体的参数设置与模型的形状如图 2-63 所示。

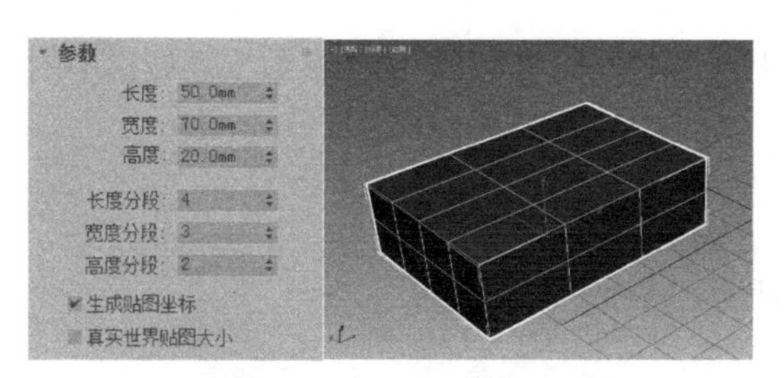

图 2-62　长方体的参数及形状

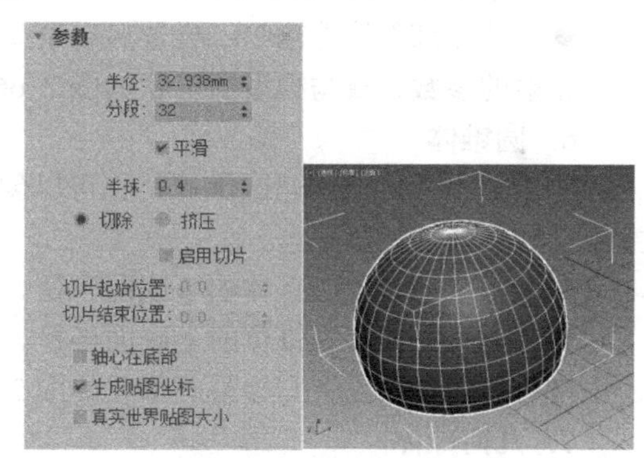

图 2-63　球体的参数及形状

**3．圆柱体**

圆柱体的“参数”卷展栏中的主要参数及其功能如下。

- 半径：设置圆柱体底面的半径。

- 高度：设置圆柱体的高度。
- 端面分段：设置圆柱体底面的分段数。该分段数指圆柱体两个底面从圆心到圆周的分段数。
- 边数：设置圆柱体的边数。该边数指圆柱体圆周上的边数，值越大，圆柱体越平滑。

圆柱体的参数设置与模型的形状如图 2-64 所示。

**4. 圆环**

圆环的“参数”卷展栏中的主要参数及其功能如下。

- 半径 1：设置圆环中心到环形中心的距离。
- 半径 2：设置圆环横截面圆形的半径。
- “平滑”选项组：设置圆环的平滑程度。“全部”表示将平滑所有的棱角；“侧面”表示将平滑各侧面之间的棱角；“无”表示将所有的棱角都不做平滑处理；“分段”表示将平滑分段之间的棱角。

圆环的参数设置与模型的形状如图 2-65 所示。

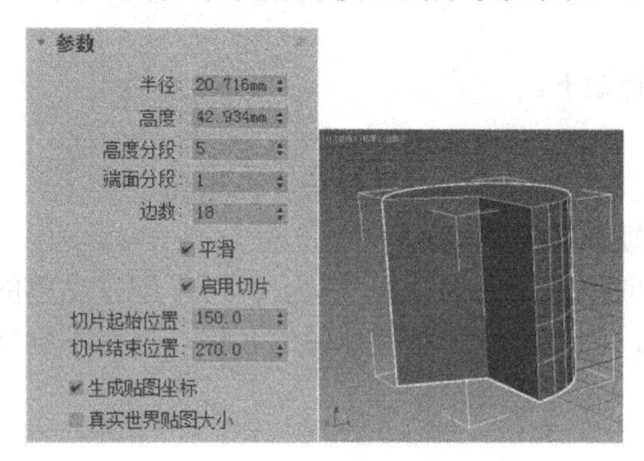


图 2-64　圆柱体的参数及形状

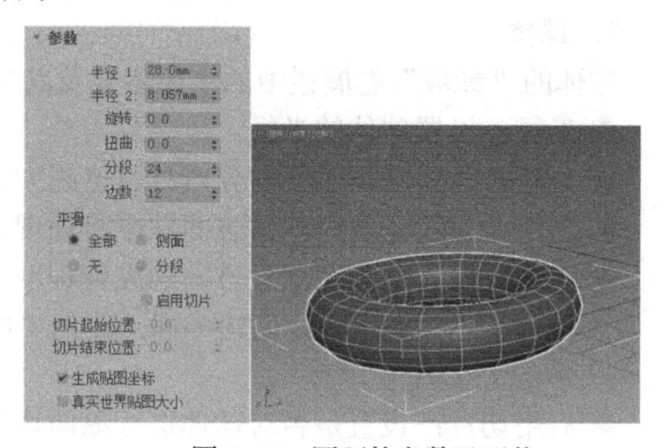


图 2-65　圆环的参数及形状

**5. 茶壶**

茶壶是比较特殊的几何体，它是计算机图形中的经典示例，它的“参数”卷展栏中的主要参数及其功能如下。

- 半径：设置茶壶的大小。
- “茶壶部件”选项组：设置启动茶壶的哪些组件。默认状态下启用所有的组件。

茶壶的参数设置与模型的形状如图 2-66 所示。

**6. 圆锥体**

圆锥体不仅可以创建圆锥体，也可以创建圆台或圆柱体。圆锥体的“参数”卷展栏中的主要参数及其功能如下。

- 半径 1：设置圆锥体的下底面半径。
- 半径 2：设置圆锥体的上底面半径。

圆锥体的参数设置与模型的形状如图 2-67 所示。

**7. 几何球体**

几何球体和球体的表面构成不同，球体的表面由四边形构成，几何球体的表面由三角形构成。几何球体的参数中多了“基点面类型”选项组，如图 2-68 所示，通过选择不同的单选按钮，可以产生不同的形状。

几何球体的参数设置与模型的形状如图 2-68 所示。

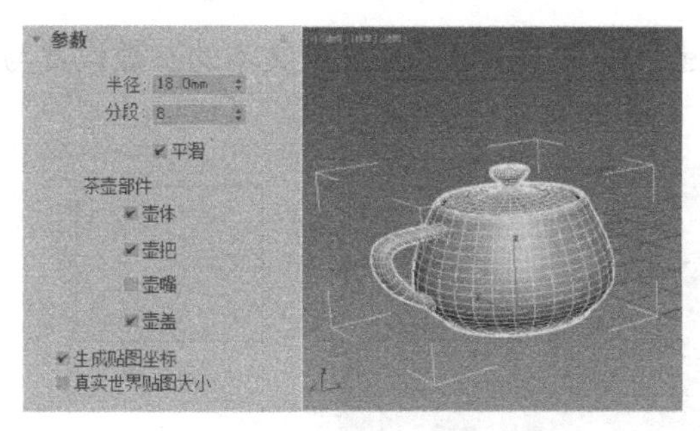


图 2-66　茶壶的参数及形状

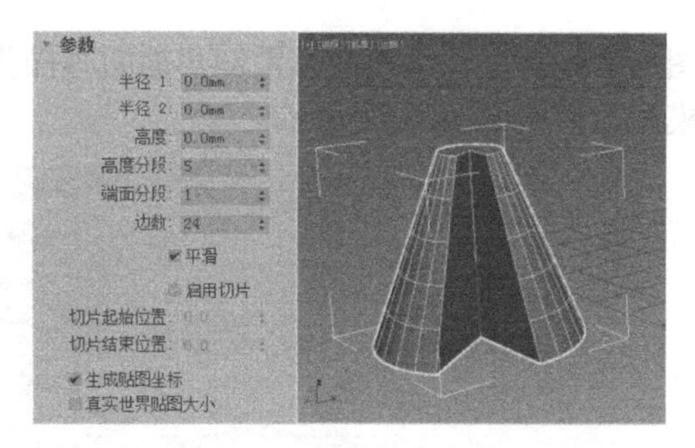


图 2-67　圆锥体的参数及形状

**8．管状体**

管状体的“参数”卷展栏中的主要参数及其功能如下。

● 半径 1/半径 2：分别设置圆管的外径和内径的大小。

管状体的参数设置与模型的形状如图 2-69 所示。

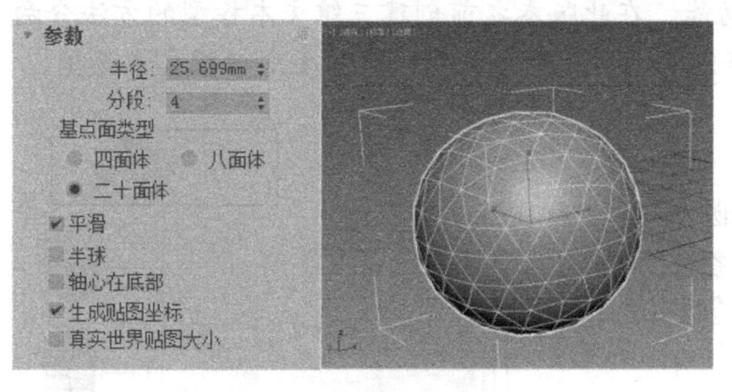


图 2-68　几何球体的参数及形状

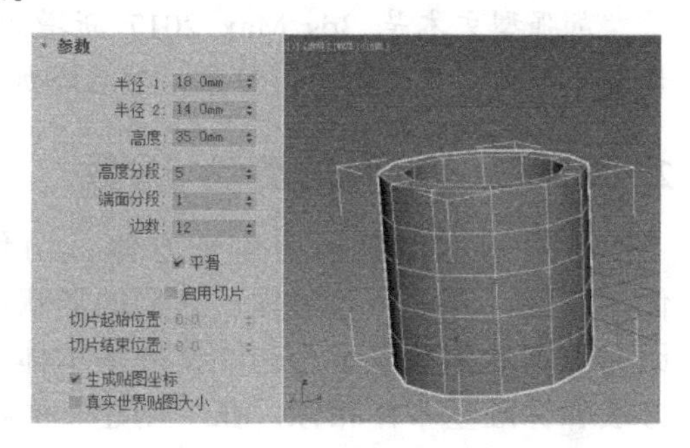


图 2-69　管状体的参数及形状

**9．四棱锥**

四棱锥是底面为长方形的锥体，其“参数”卷展栏中的主要参数及其功能如下。

● 宽度/深度：设置四棱锥底面的宽度和深度。

● 高度：设置四棱锥顶点到底面的高度。

四棱锥的参数设置与模型的形状如图 2-70 所示。

**10．平面**

平面是只有正面的单面对象，其参数功能与其他标准基本体相似。

平面的参数设置与模型的形状如图 2-71 所示。

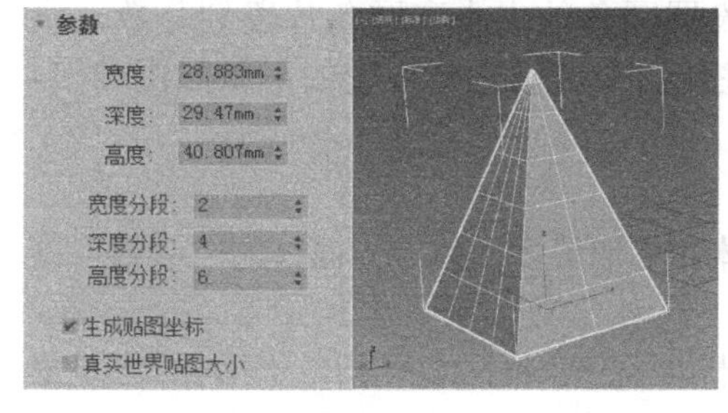


图 2-70　四棱锥的参数及形状

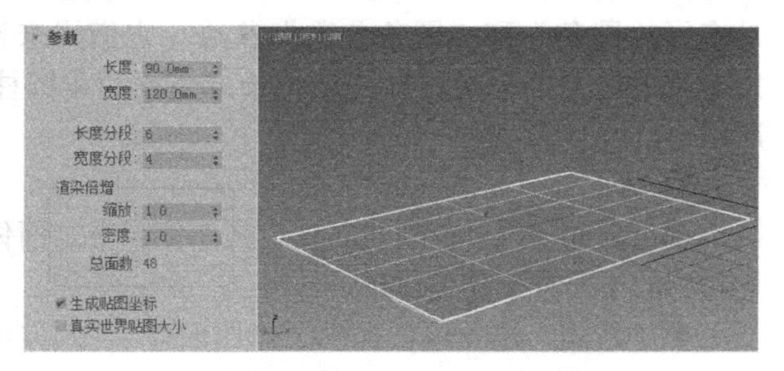


图 2-71　平面的参数及形状

**11．加强型文本**

加强型文本提供了内置文本对象。可以通过在“几何体”卷展栏中设置参数对二维文本图形实施挤出、倒角或设置倒角剖面等操作来创建三维文本模型。加强型文本的参数设置与模型的形状如图 2-72 所示。

图 2-72　加强型文本的参数及形状

📖 小技巧

*加强型文本是 3ds Max 2017 新增的功能，在此版本之前创建三维文本模型的方法分两步，先创建二维文本图形对象，然后添加挤出或倒角或倒角剖面修改器生成三维文本模型。*

### 2.3.3　扩展基本体的类型与参数

扩展基本体包括切角长方体、切角圆柱体、胶囊、异面体等形体，它们的形状和参数比标准基本体要复杂一些。扩展基本体的创建方法和标准基本体相似，在“创建”面板 + 中选择“几何体” ●，在次级分类项目下拉列表中选择“扩展基本体”，然后选择扩展基本体的类型，在视图中拖动就可以完成扩展基本体的创建。

扩展基本体的类型及形状如图 2-73 所示。

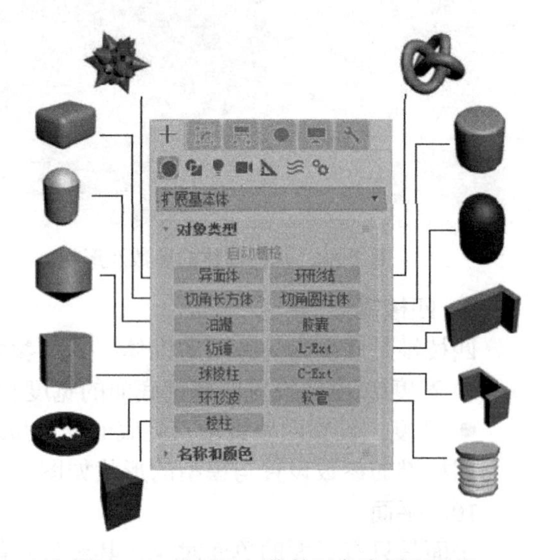


图 2-73　扩展几何体的对象类型及形状

**1．切角长方体和切角圆柱体**

切角长方体和切角圆柱体是可以进行圆角控制的长方体和圆柱体。切角长方体和切角圆柱体的参数与长方体和圆柱体的基本相同，只是多了“圆角”和“圆角分段”参数。它们用来设置圆角的大小和圆角片段划分数，决定对象的边角的平滑程度。切角长方体和切角圆柱体的参数设置与模型的形状如图 2-74 所示。

**2．异面体**

利用异面体可以创建四面体、八面体、十二面体和星形等多面体。异面体的“参数”卷展栏中的主要参数及其功能如下。

- “系列”选项组：提供了“四面体”“六方体/八面体”“十二面体/二十面体”“星形 1”“星形 2”5 种异面体的表面形状。
- “系列参数”选项组：设置异面体的点与面相互转换的两个关联参数。

异面体的参数设置与模型的形状如图 2-75 所示。

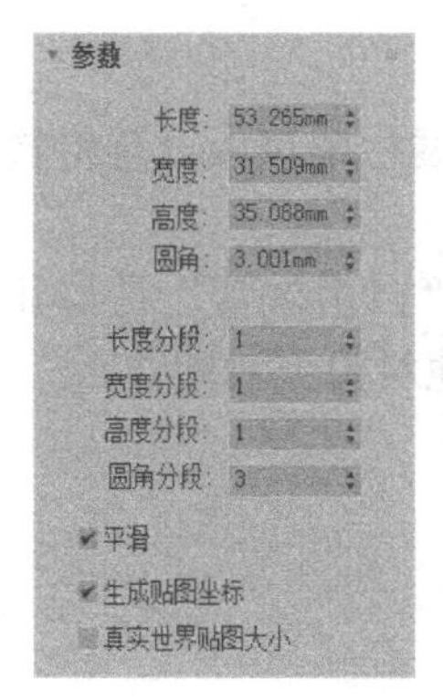


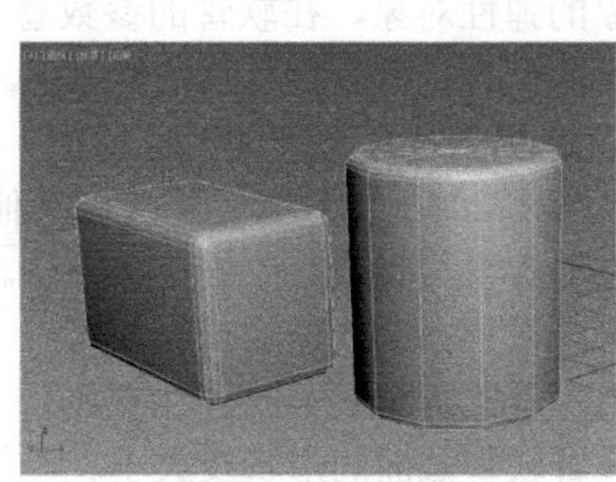

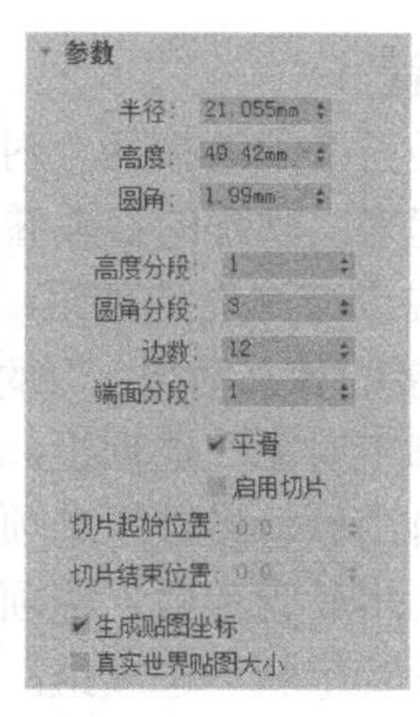


图 2-74　切角长方体和切角圆柱体的参数及形状

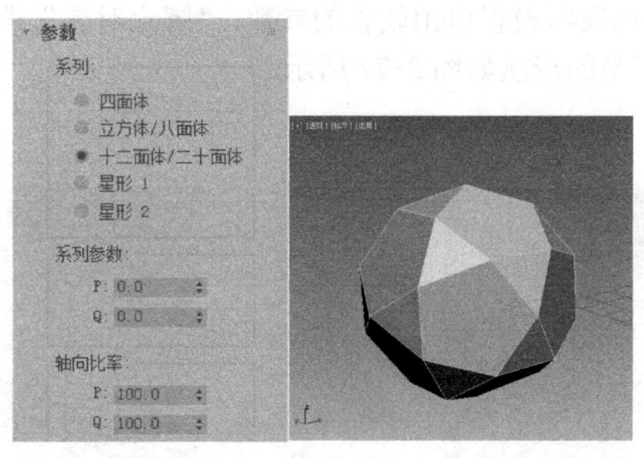


图 2-75　异面体的参数及形状

### 3．环形波

环形波是一种比较特殊的几何体，它本身就是一个动画元素。环形波常用于创建简单的齿轮或发出光芒的太阳。它由两个圆组成，并且圆的边可以设置成波浪形。环形波创建后就可以形成动画效果，单击动画控制区中的播放按钮，就可以看到环形波的波形在不断变化。环形波的“参数”卷展栏中的主要参数及其功能如下。

- “环形波大小”选项组：设置环形波的基本参数。“半径”用来设置环形波的外半径；“径向分段”用来设置内圆与外圆之间的分段数；“环形宽度”用来设置从外半径到内半径宽度的平均值。
- “外边波折”选项组：设置环形波外边缘的形状及动画。
- “内边波折”选项组：设置环形波内部波纹的形状及动画。

环形波的参数设置与模型的形状如图 2-76 所示。

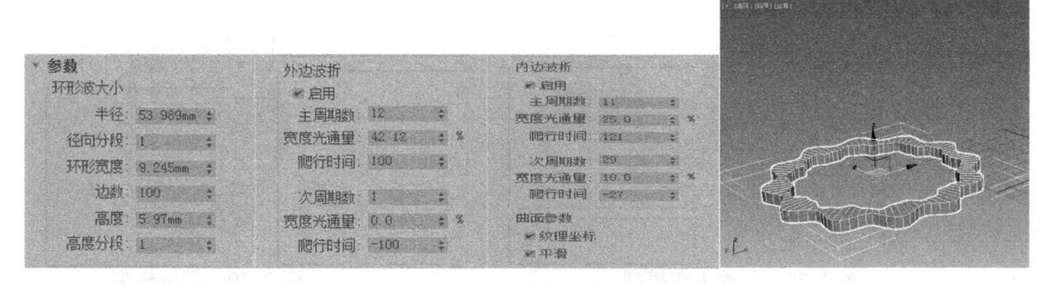


图 2-76　环形波的参数及形状

### 4. 软管

软管是一个能连接两个对象的弹性对象，在软管的参数卷展栏中可以设置将软管与其他对象连接起来。软管的参数卷展栏中的主要参数及其功能如下。

- “端点方法”选项组：设置软管是否与其他对象连接。“自由软管”是与其他对象无连接的独立对象；“绑定到对象轴”的软管是连接到其他对象上的软管。
- “绑定对象”选项组：设置软管与其他对象的连接方法。
- “自由软管参数”选项组：设置自由软管的长度。
- “公用软管参数”选项组：设置两类软管的公共参数。
- “软管形状”选项组：设置软管截面的形状及大小。

软管有两种类型，“公共软管参数”“软管形状”选项组设置软管的形状和复杂度等相同参数，“自由软管参数”选项组设置自由软管的参数，“绑定对象”选项组设置绑定软管的参数。软管的参数设置与模型的形状如图 2-77 所示。

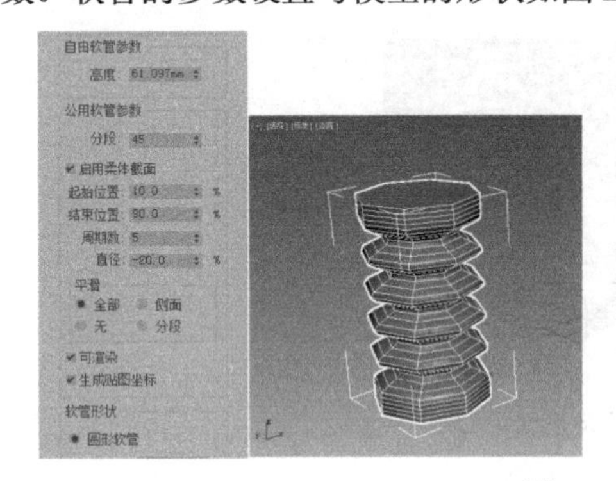


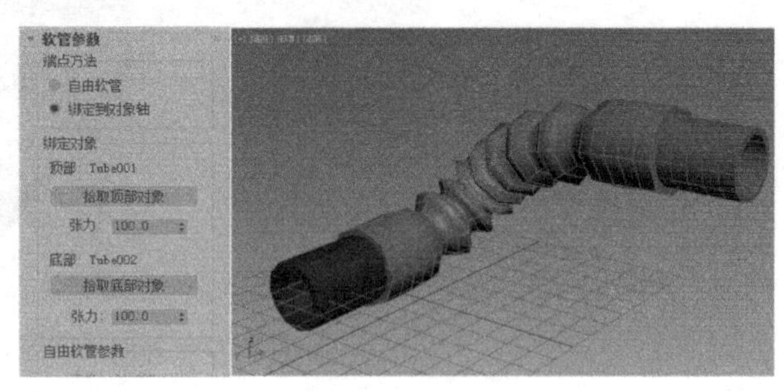


图 2-77　软管的参数及形状

## 2.4 上机实训

### 2.4.1 【实训 2-1】制作积木火车模型

制作如图 2-78 所示的积木火车的模型。通过本实训，练习并掌握几何体对象的创建，对象的成组、旋转、复制等基本操作。

### 2.4.2 【实训 2-2】 制作闹钟模型

制作如图 2-79 所示的闹钟模型。通过本实训，练习并掌握标准基本体和扩展基本体对象的创建以及镜像、阵列、对齐等对象的基本操作。

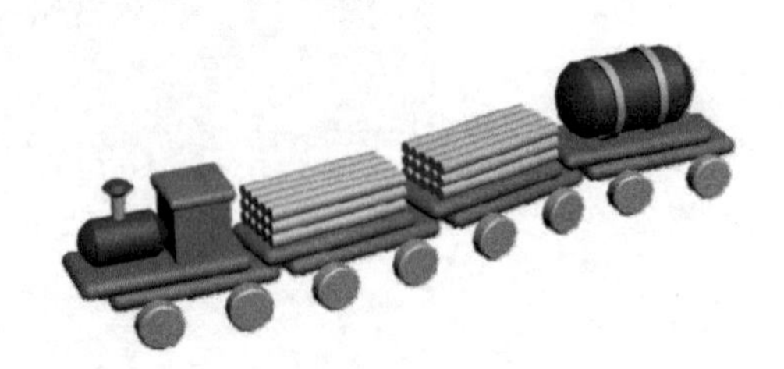

图 2-78　积木火车模型

图 2-79　闹钟模型

# 第3章　二维图形与二维图形建模

**本章要点**

二维图形是指一条或多条样条线组成的对象。二维图形在3ds Max中应用非常广泛，既可用于创建三维模型，也可以用作动画制作的运动路径曲线。本章主要介绍二维图形的创建和编辑方法，以及在二维图形上添加修改器创建三维模型的建模方法。

## 3.1　二维图形的创建

实例3-1

### 3.1.1 【实例3-1】中式镂空窗的制作

本实例制作中国古典园林中常用的镂空窗，如图3-1所示。通过该模型的制作，学习3ds Max中二维图形的创建和编辑方法。

1）选择“文件”→“重置”菜单命令重新设置场景。依次选择“创建”面板＋→“几何体”●→“标准基本体”→“平面”按钮，在前视图中拖动创建一个平面，在“参数”卷展栏中设置“长度”为360，“宽度”为600。打开配套资源中的“素材文件\园林花窗.jpg”文件，拖动该文件到前视图新建的平面对象上。单击前视图左上角的视口标签菜单组最右侧的标签菜单，单击“默认明暗处理”选项，如图3-2所示。

图3-1　中式园林花窗效果

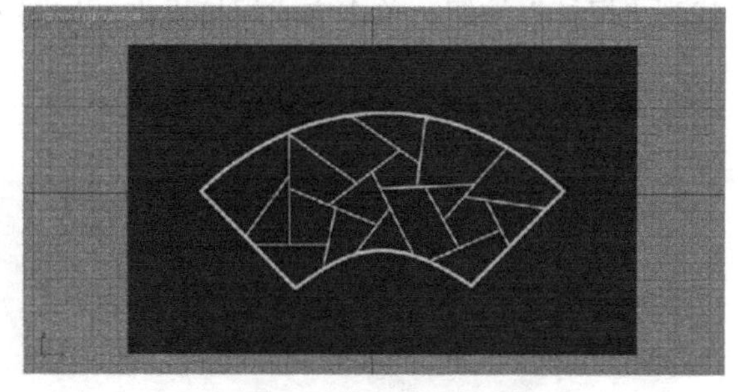
图3-2　显示园林花窗图片

2）依次选择“创建”面板＋→“图形”→“样条线”→“线”，在前视图中，按花窗图片通过指定起点和终点绘制一条直线作为窗格线条，单击右键结束线条绘制，在“名称和颜色”卷展栏中将其命名为“窗格”。在命令面板中取消“开始新图形”复选框的选中状态，按照花窗图片绘制其余窗格线条。

📖 小技巧

在绘制“线”对象时，单击鼠标右键可以结束线的绘制；取消“开始新图形”复选框的选中状态后，绘制的“线”图形成为“窗格”对象的组成部分，而不再产生一个新的图形对象。

3）依次选择“创建”面板＋→“图形”→“样条线”→“弧”，在前视图中，单击花窗图片左上角圆弧起点，拖动鼠标到右上角圆弧终点，松开鼠标按键，拖动鼠标在圆弧上单击，完成上部圆弧的绘制，在“名称和颜色”卷展栏中将其命名为“窗框”。在命令面板中取消“开始新图形”复选框的选中状态，使用同样的方法，绘制出花窗下部圆弧。选择平面对象，删除该对象，结果如图 3-3 所示。

4）右击主工具栏上的“捕捉开关”按钮，在打开的“栅格和捕捉设置”对话框中只选择“顶点”复选框，如图 3-4 所示，再单击选取“三维捕捉开关”按钮。选择“窗框”对象，保持选中状态，依次选择“创建”面板→“图形”→“样条线”→“线”，取消“开始新图形”复选框的选中状态，在前视图中，将鼠标移至左下方弧线起点上，当光标变成黄色十字时单击，再移至左上方弧线的起点，当鼠标光标变成黄色十字时单击，再单击鼠标右键，完成两条弧线左侧的连接。用同样的方法，完成两条弧线右侧的连接，如图 3-5 所示。

图 3-3　线和弧绘制效果

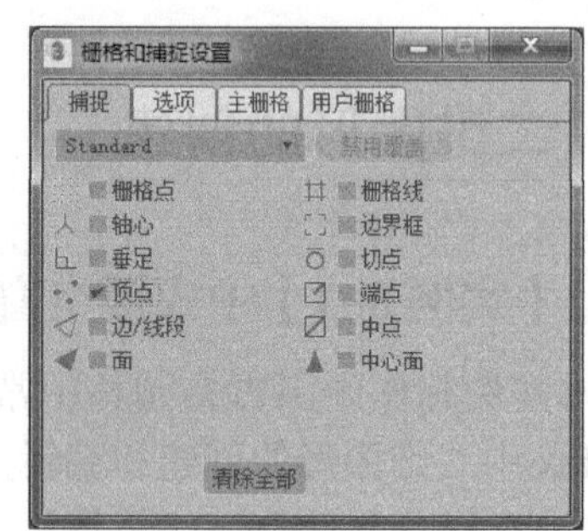


图 3-4　“栅格和捕捉设置”对话框

5）保持“窗框”对象的选中状态，选择“修改”面板，单击“可编辑样条线”左侧的，在展开的子对象中，单击“顶点”选项，在前视图中，按住〈Ctrl〉键，用矩形框选择两条弧线的四个端点。在“修改”面板中，单击“几何体”卷展栏左侧的，展开卷展栏，找到“焊接”按钮，单击完成焊接操作，如图 3-6 所示。

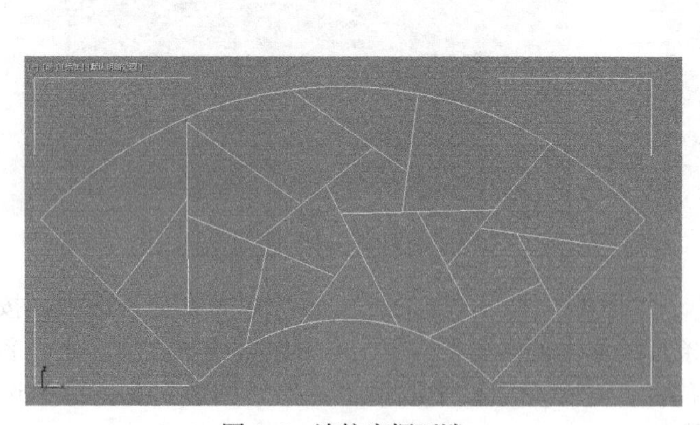

图 3-5　连接窗框两端

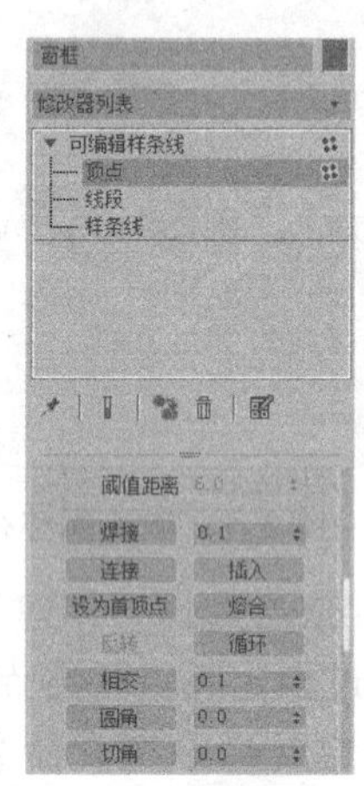


图 3-6　焊接窗框端点

## 小技巧

必须使用矩形框框选端点，不能使用单击的方式选择端点。按住〈Ctrl〉键选择对象时，可以将选择的对象添加到已选择对象集合里。

6）继续保持“窗框”对象的选中状态，选择“编辑”→“克隆”菜单命令，在弹出的对话框中，选择“复制”单选按钮，单击“确定”按钮，复制一个名称为“窗框 001”的对象，选择“修改”面板，将对象名称更改为“院墙”。

7）保持“院墙”对象的选中状态，激活前视图，使用视图控制区中的“缩放”按钮和“平移”按钮，调整视图显示效果。依次选择“创建”面板→“图形”→“样条线”→“矩形”，取消“开始新图形”复选框的选中状态，在窗框的外部绘制一个较大的矩形作为院墙，如图 3-7 所示。

8）选择“窗格”对象，选择“修改”面板，展开“渲染”卷展栏，选择“在渲染中启用”和“在视口中启用”复选框，选择“矩形”单选按钮，并设置“长度”为 10，“宽度”值为 6，如图 3-8 所示。选择“窗框”对象，在“渲染”卷展栏中做相同的修改，设置“长度”为 15，“宽度”为 10。修改后的效果如图 3-9 所示。

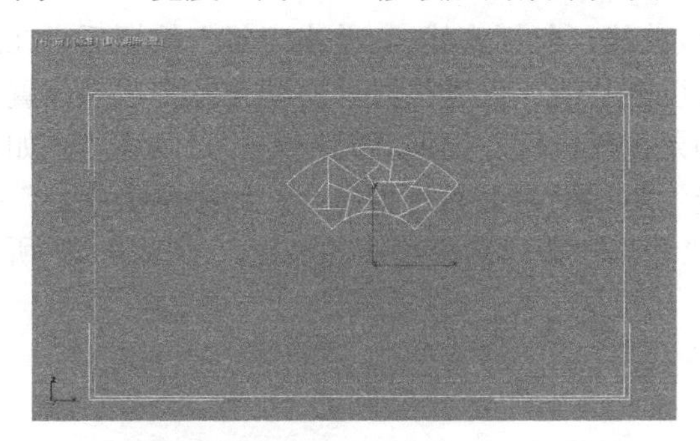

图 3-7　绘制院墙

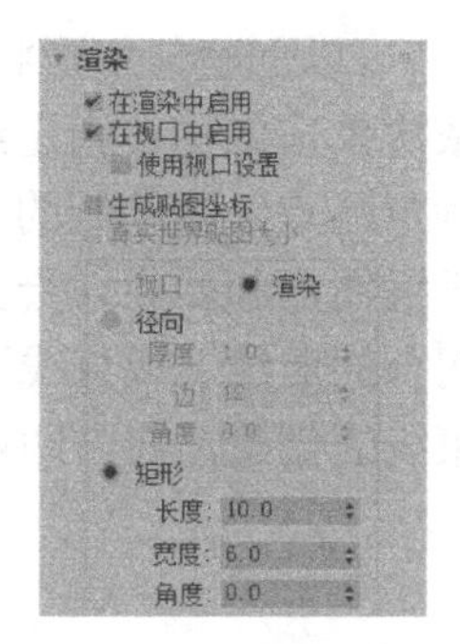


图 3-8　设置渲染属性

9）选择“院墙”对象，在“修改”面板中，在“修改器列表”下拉列表中选择“挤出”修改器，在“参数”卷展栏中设置“数量”为-5，如图 3-10 所示。

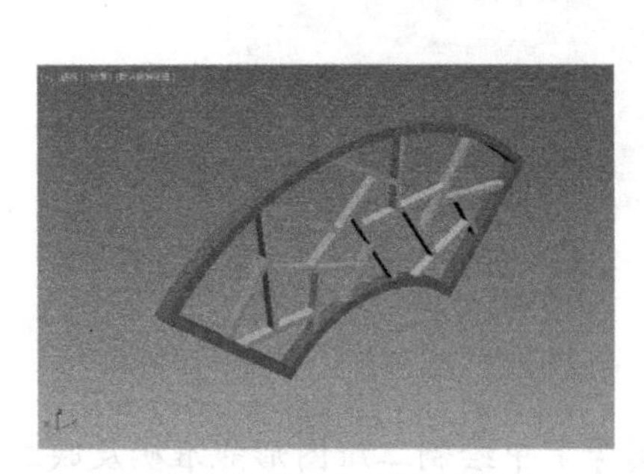

图 3-9　设置渲染属性的花窗

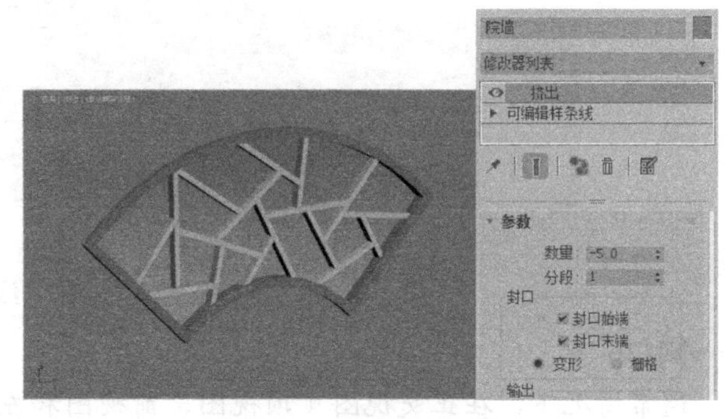


图 3-10　院墙挤出厚度

为场景中的墙体和镂空窗指定合适的材质，并设置环境贴图后，渲染输出得到如图 3-1 所示效果。通过本实例的制作，可以掌握 3ds Max 绘制线条、圆弧、矩形等基本二维图形的功能。通过编辑样条线的操作可以将基本图形转化为复杂的样条线，修改图形的渲染属性或施加二维图形修改器可以产生三维模型。

### 3.1.2　二维图形的类型与参数

在 3ds Max 的建模和动画制作中，二维图形起着非常重要的作用。二维图形既可以通过施加修改器或进行放样产生三维模型，也可以在动画制作中作为对象的运动轨迹，使对象沿它进行运动。

二维图形是由一条或多条曲线组成的平面图形，3ds Max 中二维图形的创建由“创建”

面板中的“图形”命令实现。在“创建”面板+中单击“图形”按钮，在次级分类项目下拉列表中选择“样条线”，然后选择样条线的类型，在视图中拖动就可以完成二维图形的创建。

“对象类型”卷展栏中的“开始新图形”复选框用来确定新建图形是否是一个新的图形对象，如果当前已选择一个图形对象，并且取消“开始新图形”复选框的选择，那么新建的图形将不再是一个独立的图形对象，而是当前选择图形对象的一个子对象。【实例 3-1】中创建窗格和窗框对象时均取消“开始新图形”复选框的选择，目的就是为了让多条样条线组成一个完整的图形对象。

下面介绍各种常用的二维图形的类型和主要参数的作用。

**1. 线**

“线”可以创建任何形状的封闭或开放曲线（包括直线）。单击“线”按钮后，在适当的视图中依次单击鼠标，指定线的端点就可以创建线。创建线时，移动光标到适当位置后，单击鼠标确定端点，则绘制的是直线段，如果按住鼠标左键拖动则绘制的是曲线段。如果指定的端点靠近线的起始点，会弹出“样条线”对话框，询问是否闭合，如果单击“是”按钮，则创建闭合的曲线（或直线）；如果单击“否”按钮，则继续线的创建，如图 3-11 所示。如果要结束线的创建，右击即可。

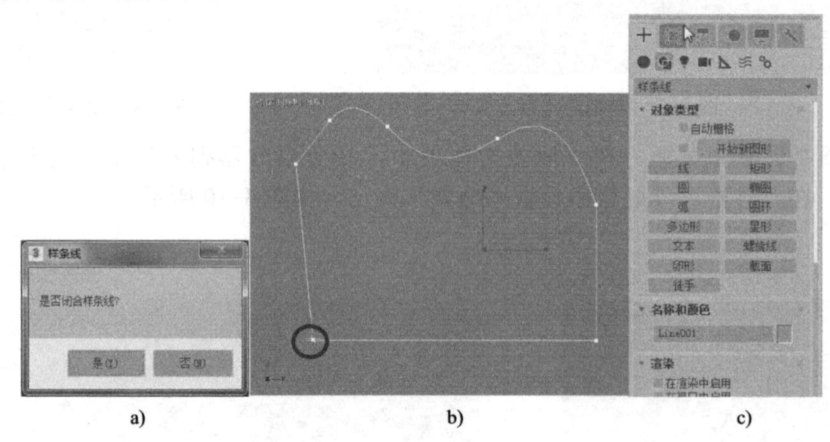


图 3-11　绘制“线”

**小技巧**

通常情况下，在正交视图（顶视图、前视图和左视图等）中绘制二维图形能准确反映二维图形的形状。绘制线时按住〈Shift〉键可以绘制水平或垂直的线段。

**2. 矩形**

“矩形”可以创建矩形或正方形，如果设置“角半径”参数，还可以创建圆角矩形。矩形的“参数”卷展栏中的主要参数及其功能如下。

- 长度/宽度：设置矩形的长和宽的值。
- 角半径：设置矩形四角的圆弧半径，值为 0 时，创建直角矩形。

**3. 圆**

“圆”用来创建圆形，该工具的参数比较简单，“半径”值用来设置圆的半径。

**4. 椭圆**

“椭圆”可以创建椭圆。椭圆的参数如下。

- 长度：用来指定椭圆的长轴半径。

● 宽度：用来指定椭圆的短轴半径。

**5. 弧**

“弧”用来创建圆弧。默认状态下，创建圆弧时，依次指定圆弧的起点、终点和圆弧的中间点。选择“创建方法”卷展栏中的“中间-端点-端点”单选按钮可以通过指定圆弧的圆心、起点和终点的方法绘制圆弧。弧的“参数”卷展栏中的主要参数及其功能如下。

● 半径：设置圆弧的半径。

● 从/到：设置圆弧的起始角度和终止角度。

● 饼形切片：选中后，在圆弧的基础上形成扇形。

● 反转：调换弧的起始点和终止点的位置。

**6. 圆环**

“圆环”用来创建同心圆环。该工具的参数比较简单，“半径 1”和“半径 2”的值用来设置圆环的两个半径。

**7. 多边形**

“多边形”可以创建任意边数的正多边形，如图 3-12 所示。默认状态下，绘制的是正六边形。多边形的“参数”卷展栏中的主要参数及其功能如下。

● 半径：设置多边形所参考圆的半径。

● 内接/外接：绘制内接圆或者外切圆的多边形。

● 边数：设置多边形的边数。

● 角半径：设置多边形圆角的半径。

**8. 星形**

“星形”可以创建多角星形，通过星形参数的变化可以产生各种星形图形效果，如图 3-13 所示。星形的“参数”卷展栏中的主要参数及其功能如下。

● 半径 1/半径 2：设置星形顶点的内外圆的半径。

● 点：设置星形的尖角个数。

● 扭曲：设置尖角的扭曲度。

● 圆角半径 1/圆角半径 2：设置尖角的内外倒角圆半径。

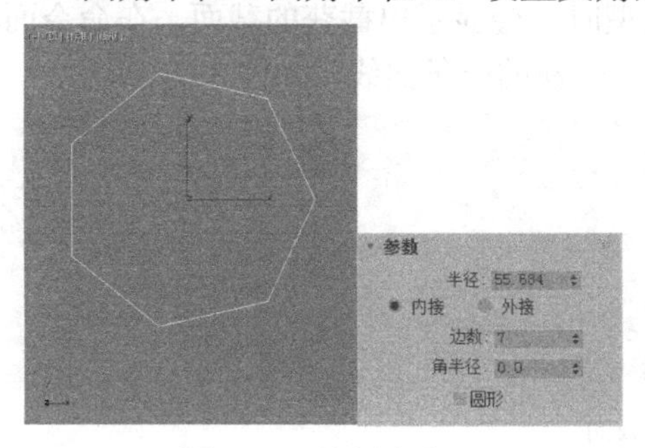


图 3-12　绘制多边形

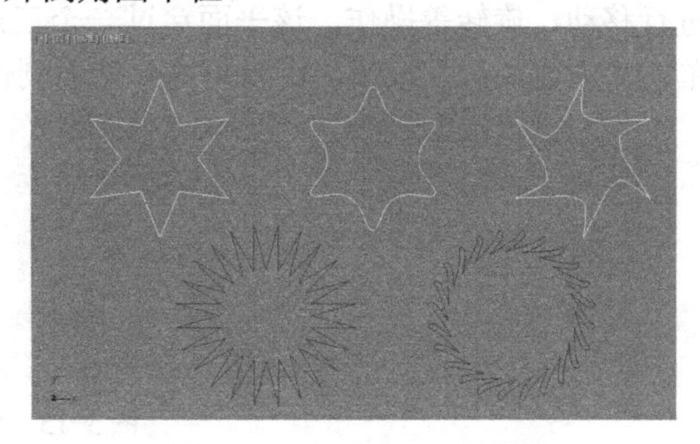

图 3-13　各种星形形状效果

**9. 文本**

“文本”用来创建二维文字图形。文本的“参数”卷展栏中的主要参数及其功能如下。

● 大小：设置文本的尺寸。

● 字间距：设置文字之间的间隔距离。

● 行间距：设置多行文本行与行之间的间隔距离。

● 文本：输入文本的内容。

此外，“参数”卷展栏中，有可以选择文本使用字体的字体下拉列表框，以及设置文本的对齐方式、倾斜和下画线等文字效果的按钮。

**10．螺旋线**

“螺旋线”可以创建 3ds Max 中比较特殊的图形——螺旋线，它是可以不在同一平面上的图形，如图 3-14 所示。螺旋线的“参数”卷展栏中的主要参数及其功能如下。

● 半径 1/半径 2：设置螺旋线的内外半径。
● 高度：设置螺旋线的高度，数值为 0 时，创建一个平面螺旋线。
● 圈数：设置螺旋线旋转的圈数。
● 偏移：设置在螺旋线高度上，螺旋圈数的偏向强度。
● 顺时针/逆时针：设置螺旋线的旋转方向。

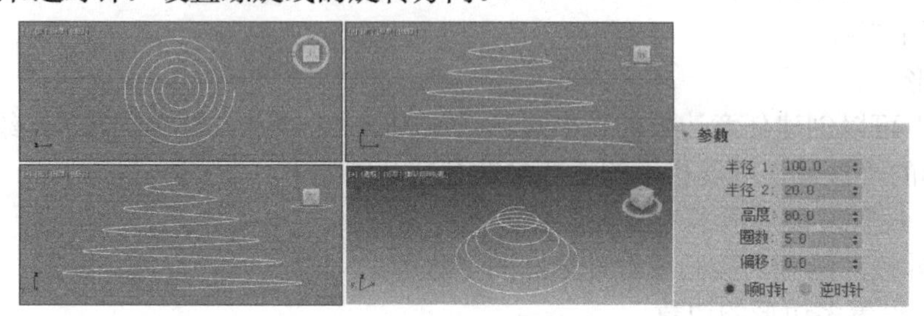


图 3-14　创建螺旋线

**11．卵形**

“卵形”可创建卵形图形，卵形图形是只有一条对称轴的椭圆形。在视图中，垂直拖动鼠标可以设定卵形的初始尺寸，水平拖动鼠标可以更改卵形的方向（其角度）。如果在开始创建卵形之前禁用了“轮廓”，那么到此即完成了卵形图形的创建，否则再次拖动以设定轮廓的初始位置，然后单击即完成卵形的创建。

**12．截面**

“截面”用来通过截取三维模型的截面来获取二维图形。使用此工具创建一个平面，对其进行移动、旋转等操作，该平面穿过一个三维模型时，会显示出截获的截面，在命令面板中单击“创建图形”按钮，可以将这个截面制作成一个新的样条曲线，如图 3-15 所示。

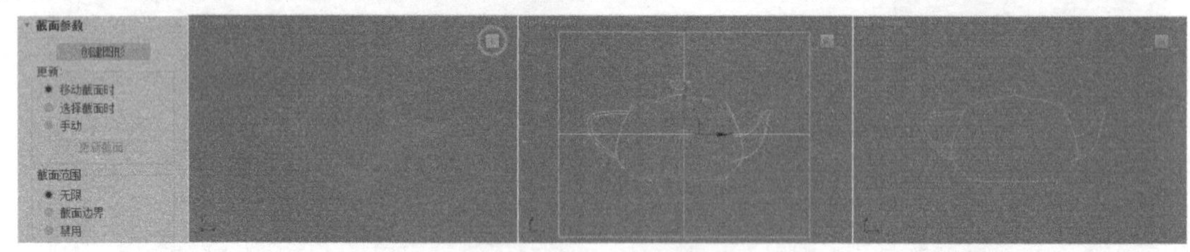


图 3-15　创建截面

**13．徒手**

使用“徒手”在视图中直接创建手绘样条线，可以使用鼠标或其他定点设备创建手绘样条线。可以将样条线约束为仅在场景中选定的对象上绘制，之后样条线会自动跟随其轮廓。

## 3.1.3　渲染二维图形

绘制的二维图形虽然可以在场景中看到，但是图形与三维几何体不同，在渲染输出时，二维图形不能渲染输出，因此在渲染结果中看不到二维图形。如果希望绘制的二维图形在场景中像三维几何体一样能够渲染输出，那么可以通过二维图形的“渲染”卷展栏中参数的设置来实现。【实例 3-1】中“窗框”和“窗格”图形对象就是设置“渲染”卷展栏中的参数后作为三维网格对象渲染输出的。

绘制二维图形时，所创建图形的参数栏都有“渲染”卷展栏，如图 3-16 所示。选择“渲染”卷展栏中的“在渲染中启用”复选框后，将二维图形当作三维几何体对象渲染输出；选择“在视口中启用”复选框后，将二维图形作为三维几何体对象显示在视口中。

选中“径向”单选按钮后，将二维图形当作具有圆形横截面的三维几何体对象渲染输出，如图 3-17 所示，“厚度”的值决定圆形横截面的直径，“边”的值决定形成圆形横截面的边数。

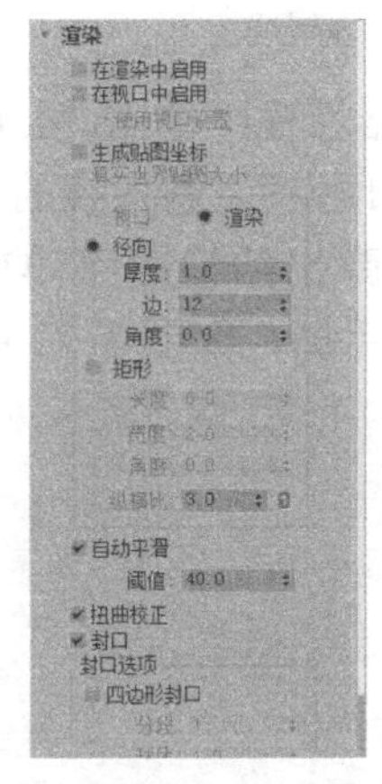


图 3-16 “渲染”卷展栏

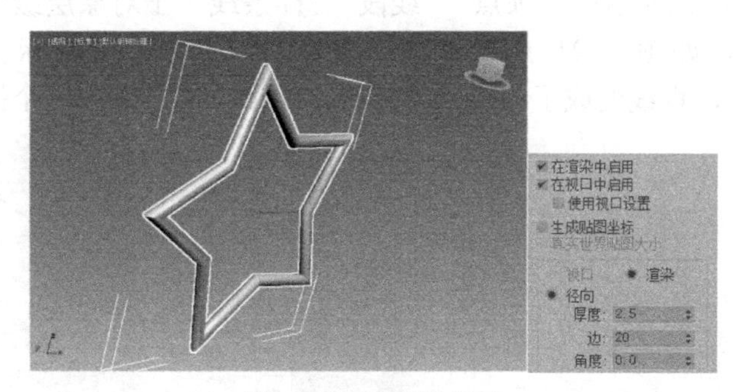


图 3-17 圆形横截面

选中“矩形”单选按钮后，将二维图形当作具有矩形横截面的三维网格对象渲染输出，如图 3-18 所示，“长度”和“宽度”的值分别决定矩形横截面的长和宽。

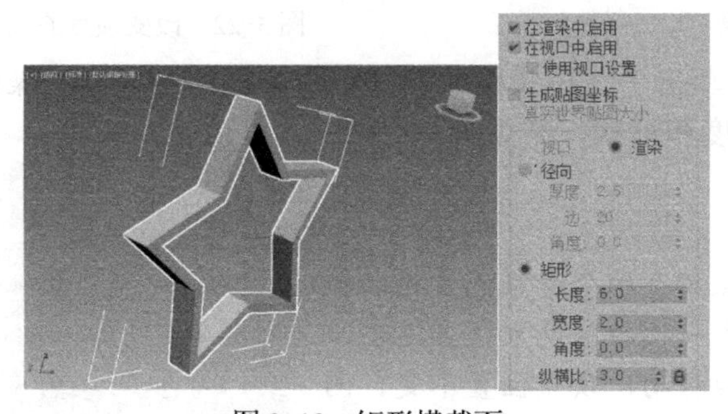


图 3-18 矩形横截面

## 3.2 样条线的编辑

实例 3-2

### 3.2.1 【实例 3-2】铁艺酒架的制作

本实例制作铁艺酒架，如图 3-19 所示。通过该模型的制作，学习 3ds Max 中样条线分层级编辑的方法。

1）选择“文件”→“重置”菜单命令重新设置场景。依次选择“创建”面板→“图形”→“样条线”→“线”，在前视图中绘制线条如图 3-20 所示，将其命名为“酒架”。

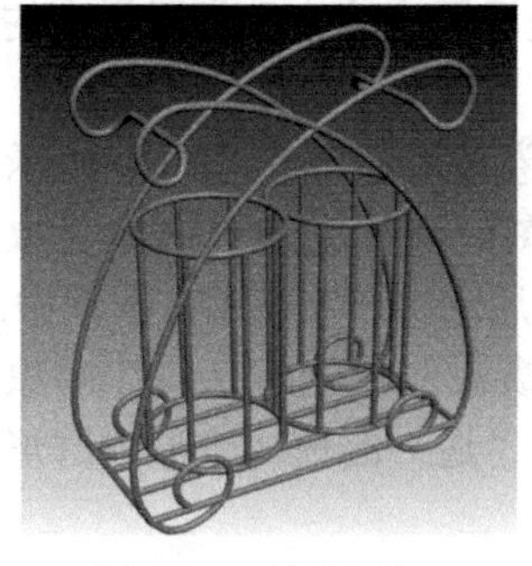

图 3-19　铁艺酒架

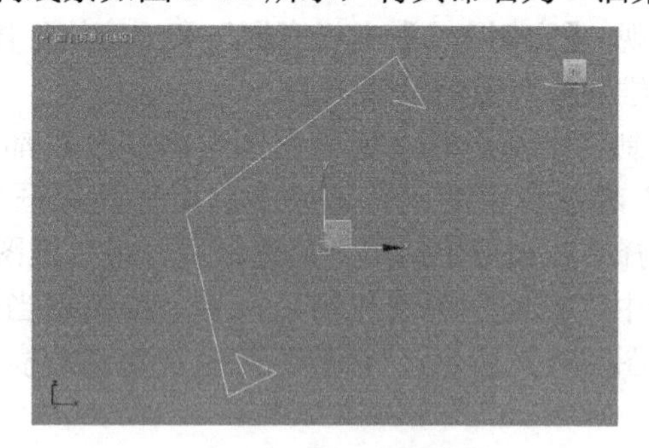

图 3-20　绘制线

2）保持“酒架”的选中状态，选择“修改”面板，在修改器堆栈中单击“Line”左侧的，在显示的“顶点”“线段”“样条线”子对象层级中选择“顶点”，进入线的顶点编辑状态，如图 3-21 所示。选择所有的顶点，单击鼠标右键，在弹出的快捷菜单中选择“Bezier”，直线变成了曲线，并且所有的顶点都显示出两个操作控制手柄，如图 3-22 所示。

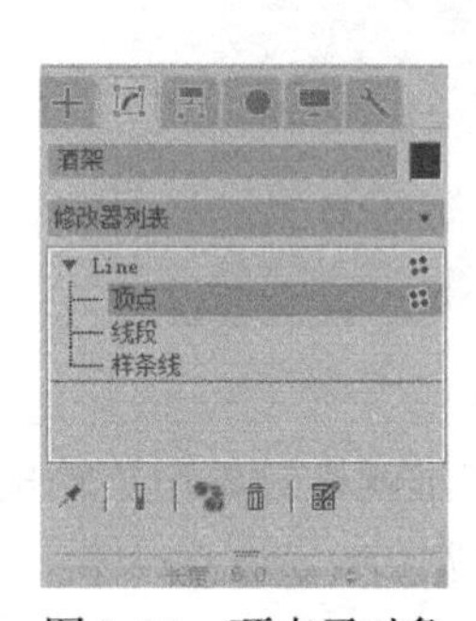


图 3-21　顶点子对象

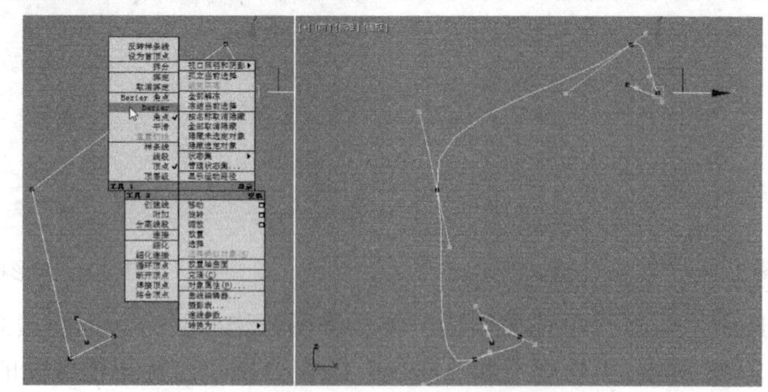

图 3-22　改变顶点的类型

3）依次选顶点，单击“选择并移动”按钮，拖动各顶点上操作控制手柄的绿色方框，调整曲线的平滑度和形状，结果如图 3-23 所示。

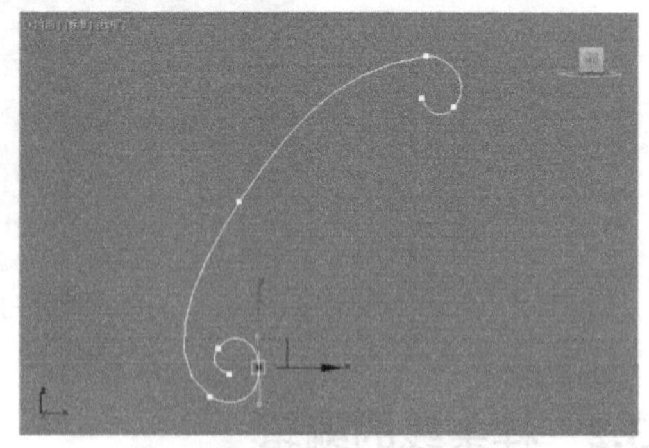

图 3-23　调整曲线的平滑度和形状

## 🕮 小技巧

Bezier 类型的顶点都有两个带绿色方框的操作控制手柄，单击顶点一侧的绿色方框并拖动，另一侧的手柄也相应地移动，顶点位置不变，两侧的曲线弧度均发生变化。如要移动顶点，可以拖动红色的顶点。拖动顶点和控制手柄时，同样可以利用移动控制轴，将移动控制在黄色高亮显示的移动轴或移动平面上。

4）在修改器堆栈中，选择“样条线”子对象层级，进入线的样条线编辑状态，选择变为曲线的样条线，在“几何体”卷展栏中，选择“镜像”按钮下面的“复制”复选框，然后再单击“镜像”按钮，镜像复制样条线，如图 3-24 所示。如果需要，可以选中镜像复制的样条线，沿 X 轴移动到适当位置。

## 📖 小技巧

在样条线子对象层级上进行样条线的镜像复制，可以保证复制的样条线与原样条线属于同一对象的两个子对象，而不是两个独立的对象。

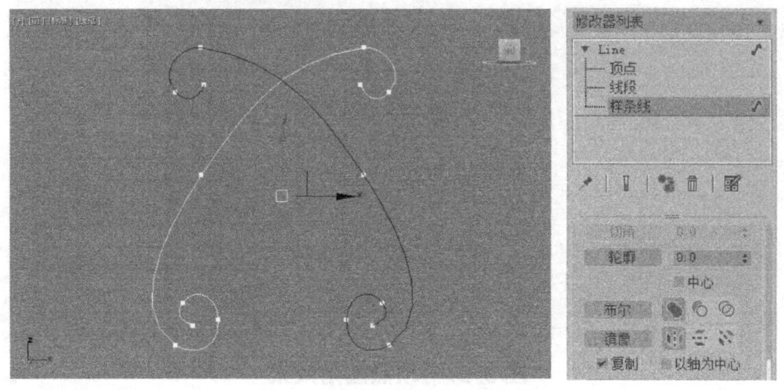


图 3-24　镜像复制样条线子对象

5）确定“样条线”子对象层级处于选择状态。选择已制作的两条样条线，在顶视图中，单击“选择并移动”按钮，按住〈Shift〉键，拖动样条线沿 Y 轴复制到如图 3-25 所示位置。

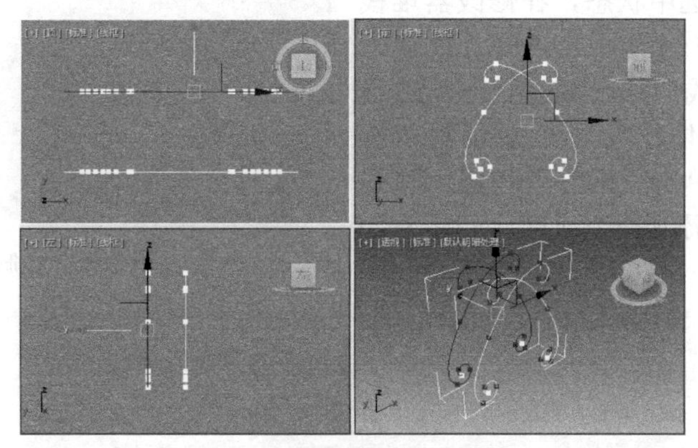

图 3-25　移动复制样条线

6）在修改器堆栈中，选择“顶点”子对象层级，进入线的顶点编辑状态。在“几何体”卷展栏中单击“连接”按钮，在透视图中，单击并拖动，连接样条线顶点，效果如图 3-26 所示。再单击“连接”按钮，取消按钮的选中状态。

图 3-26　连接样条线顶点

7）在顶点子对象层级，选择刚完成连接的四个顶点，在“几何体”卷展栏中设置“圆角”的参数为8，单击“圆角”按钮，对连接的顶点进行圆角操作，如图3-27所示。

图3-27 顶点圆角效果

8）依次选择“创建”→“图形”→“样条线”→“线”，在顶视图中绘制垂直线段（按住〈Shift〉键），并使用“选择并移动”按钮调整线段到如图3-28所示位置。

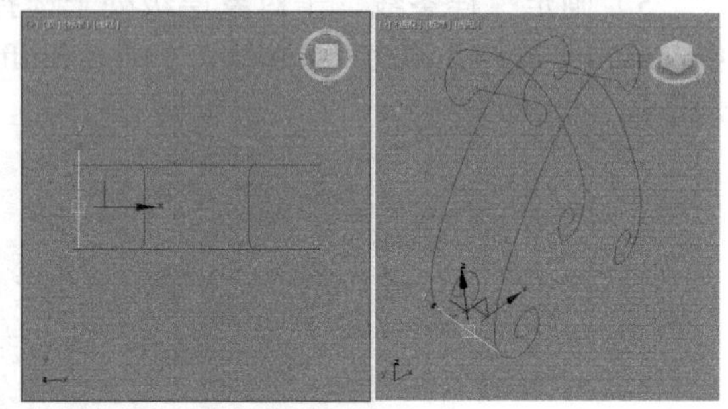

图3-28 绘制“线”

9）保持线段的选中状态，在修改器堆栈中，单击“Line”左侧的，选择“线段”子对象层级，进入线的线段编辑状态。选择线段后，在“几何体”卷展栏中设置“拆分”的参数为2，单击“拆分”按钮，将线段拆分两次，等距离添加两个顶点，如图3-29所示。

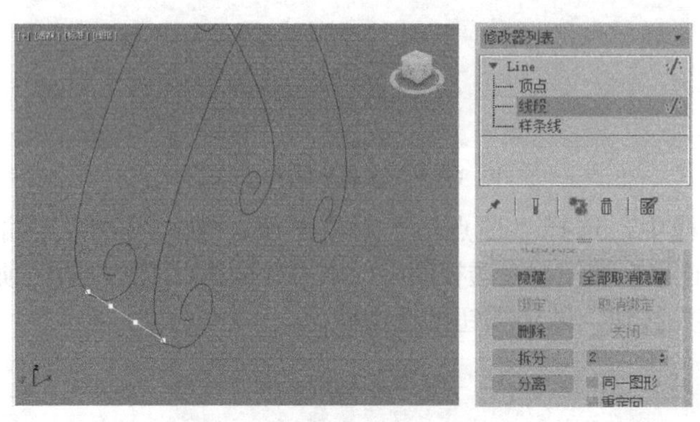


图3-29 拆分线段

10）选择“样条线”子对象层级，进入线的样条线编辑状态，选择拆分后的样条线，在顶视图中，按住〈Shift〉键沿X轴拖动样条线至如图3-30所示位置。

11）在“几何体”卷展栏中单击“横截面”按钮，依次单击两条直线段，在两条线段的对应顶点间产生连线，结果如图3-31所示。

12）依次选择“创建”→“图形”→“样条线”→“圆”，在顶视图中绘制适当大小的圆，单击“选择并移动”按钮，在透视图中，沿Z轴移动至如图3-32所示位置。

13）保持圆对象的选中状态，单击“选择并移动”按钮，按住〈Shift〉键，在顶视图中沿 X 轴以“复制”方式复制一个圆。选中两个圆对象，在透视图中，按住〈Shift〉键，沿 Z 轴以“复制”方式再复制一个圆，效果如图 3-33 所示。

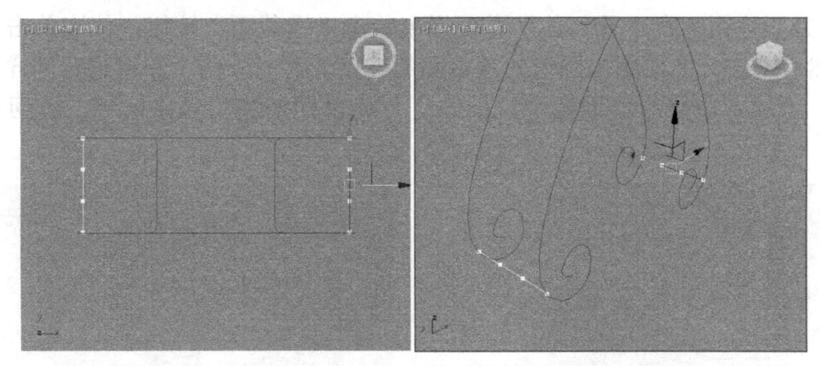

图 3-30　复制样条线子对象

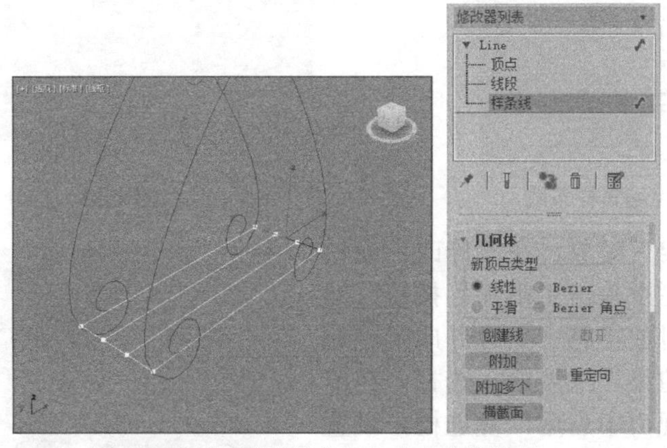


图 3-31　用“横截面”命令连接线段

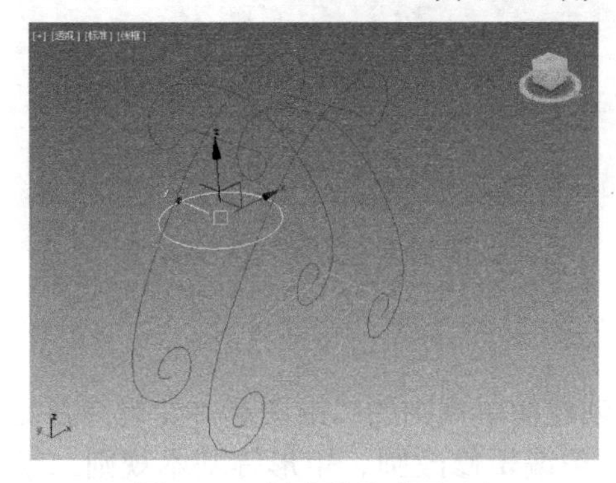

图 3-32　创建并移动圆对象

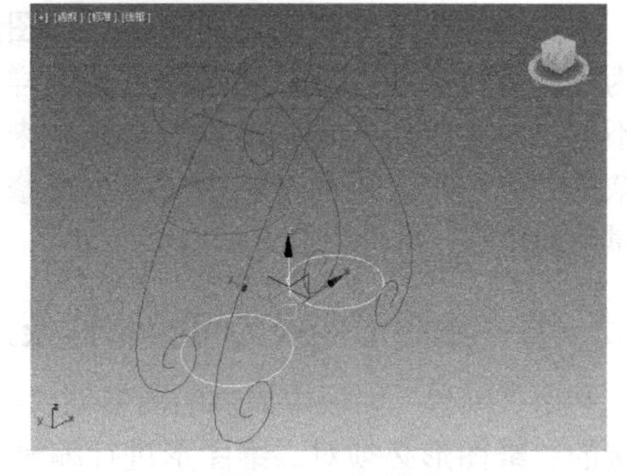

图 3-33　复制圆

## 🕮 小技巧

进行圆对象复制时，必须选择“复制”方式，不能选择“实例”方式，否则后面的操作不能正常进行。

14）选择任意一个圆，单击鼠标右键，在弹出的快捷菜单中，选择“转换为”→“转换为可编辑样条线”，如图 3-34 所示。选择“修改”面板，修改器堆栈中的对象“圆”已变成了“可编辑样条线”。在“修改”面板的“几何体”卷展栏中单击“附加”按钮，依次选择其余的三个圆，将它们合并成一个可编辑样条线，再次单击“附加”按钮，停止“附加”命令的执行。

15）在修改器堆栈中，单击“可编辑样条线”左侧的▶，选择“线段”子对象层级，进入线的线段编辑状态，选择所有的线段后，在“几何体”卷展栏中设置“拆分”的参数为1，单击“拆分”按钮。在“几何体”卷展栏中单击“横截面”按钮，依次单击上下对应的两个圆形，然后右击，完成两个圆形的横截面的连接。对另外两个圆形进行同样的操作，结果如图 3-35 所示。在修改器堆栈中，单击“可编辑样条线”对象层级，返回到对象编辑状态。

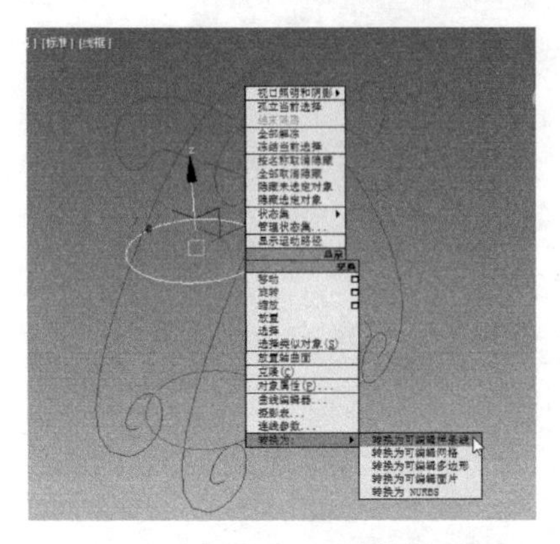

图 3-34　转换为可编辑样条线

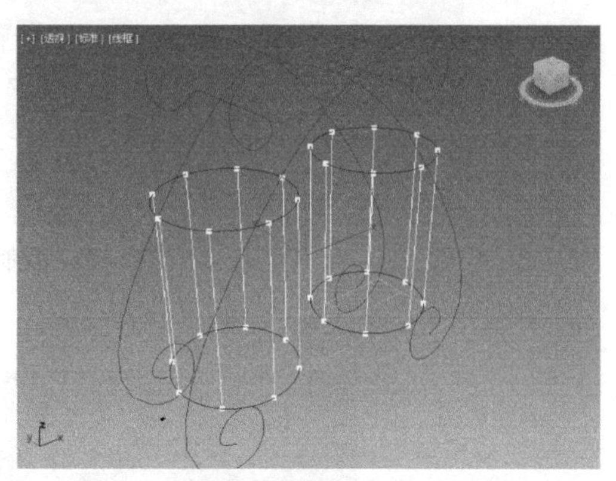

图 3-35　拆分并连接圆

16）选择“酒架”对象，在“修改”面板的“几何体”卷展栏中单击“附加”按钮，然后单击圆对象和线对象，将它们合并成一个完整的对象。打开“渲染”卷展栏，选择“在渲染中启用”和“在视口中启用”复选框，设置“厚度”为 2，效果如图 3-36 所示。

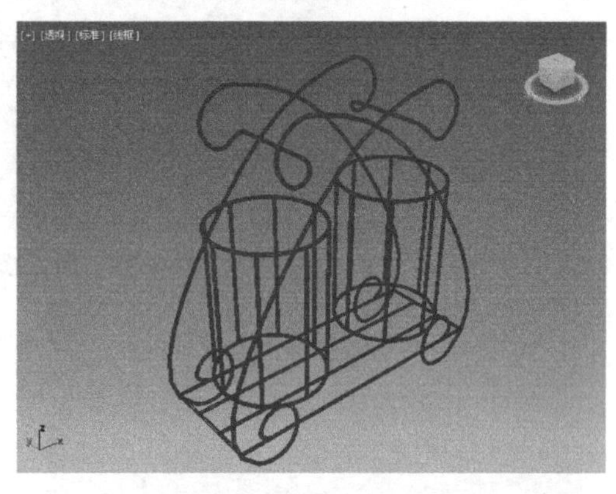

图 3-36　酒架完成效果

本实例主要介绍将创建的简单二维图形转换为可编辑样条线，然后通过对可编辑样条线在不同子对象层级上进行多种编辑操作来产生复杂的二维图形，进而产生由二维图形修改渲染属性创建的三维模型的方法。

### 3.2.2　将二维图形变换为可编辑样条线

利用“创建”面板中提供的图形创建按钮只能创建简单规则的二维图形，要想得到复杂形状的二维图形必须对二维图形进行编辑。如果希望编辑修改圆、矩形等基本规则二维图形，需要先将其变换成可编辑样条线。

变换成可编辑样条线的方法有两种。方法一是选择基本二维图形后，单击鼠标右键，在弹出的快捷菜单中选择“转换为”→“转换为可编辑样条线”命令，【实例 3-2】中就是采用该方法将圆变换为可编辑样条线的；方法二是选择基本二维图形后，打开“修改”面板，在“修改器列表”下拉列表中选择“编辑样条线”修改器。

图 3-37 所示为采用两种方法转换为可编辑样条线后，修改器堆栈中的记录情况。方法一直接将图形转换为一个可编辑样条线对象，无法再看到原始图形对象的类型和参数，方法二仍保留原始图形对象，必要时还可以修改原始图形对象的参数。在动画制作时，方法一可

以直接在子对象层级设置动画，而方法二不能对子对象设置动画。下面以可编辑样条线为例，介绍编辑样条线的常用命令和操作。

📖 小技巧

对用“线”工具绘制的图形进行编辑时，不必将其转换为可编辑样条线，因为它本身就具备与编辑样条线相同的参数和命令，可以直接进行编辑。

选择可编辑样条线对象后，在“修改”面板“几何体”卷展栏中有多个工具按钮处于可用状态，如图 3-38 所示，使用这些工具对可编辑样条线进行整体编辑。常用的工具按钮及其功能如下。

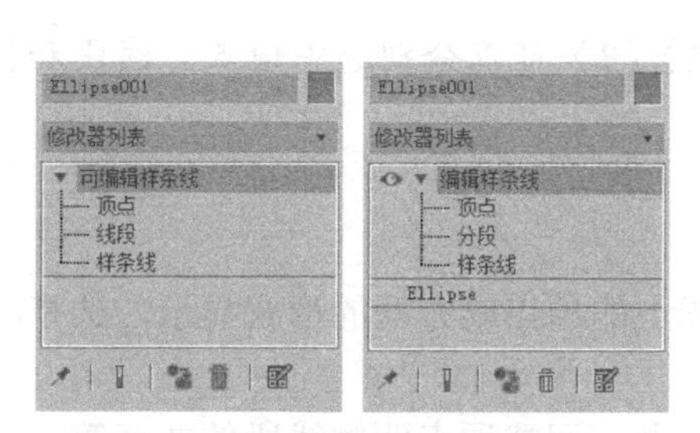


图 3-37　变换为可编辑的样条线

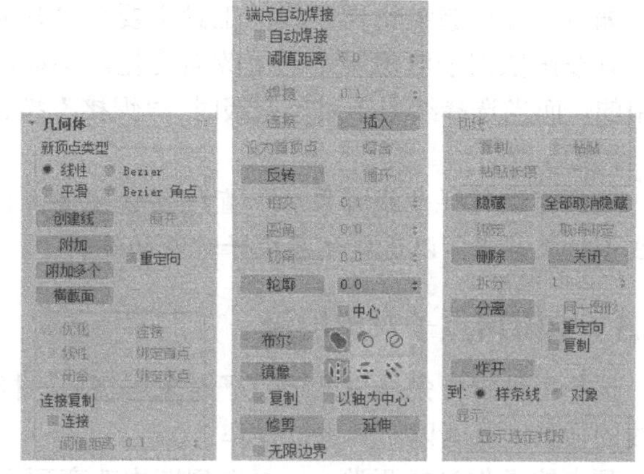


图 3-38　“几何体”卷展栏

- 附加丨附加多个：将一个或多个二维图形合并到当前的可编辑样条线中，成为可编辑样条线的组成部分。操作时，先单击工具按钮，再选择要添加的图形，之后再次单击工具按钮，退出附加操作。
- 横截面：连接可编辑样条线的样条线子对象的各顶点，在样条线子对象之间形成横截面。如图 3-39a 所示，当前可编辑样条线由一个矩形和一个圆形组成，单击“横截面”按钮，选中其中一个图形并将其拖动到另一个图形上释放鼠标，效果如图 3-39b 所示。

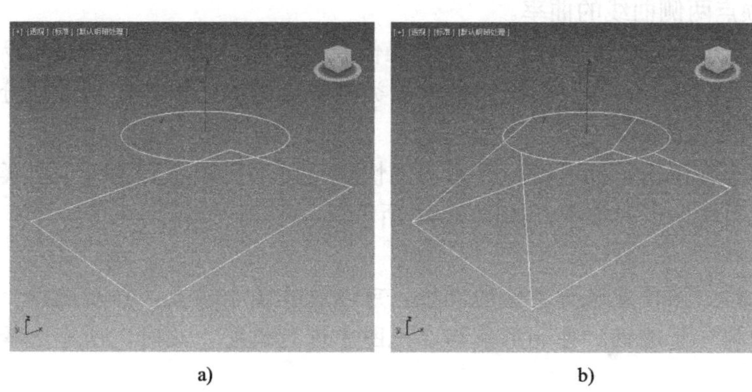

a)　　b)

图 3-39　“横截面”命令

a) 可编辑样条　b) 横截面效果

📖 小技巧

观察会发现图 3-39 中连接矩形和圆的横截面线段是扭曲的，原因是执行“横截面”命令时，是从子对象的首顶点开始依次连接对应顶点的，本图中矩形和圆的首顶点不在同一方位上。下面介绍首顶点的操作。

可编辑样条线对象具有顶点、线段和样条线三个子对象层级。选择可编辑样条线后，在修改器堆栈中单击可编辑样条线左侧的▸，堆栈中显示出可编辑样条线包含的子对象层级——“顶点”“线段”“样条线”。其中，顶点用于定义点和曲线切线，两个顶点之间的连线为线段；样条线是一个或多个相连的线段的组合。对可编辑样条线的编辑就是调整顶点、线段及改变曲线的曲率等操作。

展开可编辑样条线的子对象层级后，单击选中某个子对象层级，就可以对该子对象层级进行编辑，分层级编辑样条线的工具主要在“几何体”卷展栏中，“几何体”卷展栏可使用的工具按钮依据子对象层级的更改而变化。例如，选择顶点子对象层级时，“焊接”按钮是可用的，而当选择线段子对象层级时，“焊接”按钮不可用。

🕮 **小技巧**

选择可编辑样条线对象后，直接按数字键〈1〉〈2〉〈3〉可以分别选中顶点、线段和样条线子对象层级，以进行该层次子对象的编辑。

### 3.2.3 编辑顶点子对象层级

选择可编辑样条线进入顶点子对象层级后，样条线上的顶点以方框的形式显示，选择样条线的顶点，就可以对其进行操作。

顶点的操作包括两类，一是在视图中改变顶点的类型、调整顶点两侧线段的曲率等；二是使用“修改”面板上“几何体”卷展栏中的工具按钮进行编辑。

**1. 改变顶点的类型**

可编辑样条线的顶点有四种类型，顶点的类型决定了与顶点相连的两条线段的曲率，如图 3-40 所示。

- 平滑：顶点两侧的线段为圆滑的曲线。
- 角点：顶点两侧的线段曲率为直线，两侧的线段之间呈尖锐的夹角。
- Bezier：该类型的顶点上有一对操作控制手柄，调整任意一侧的操作控制手柄可以同时改变顶点两侧曲线的曲率。
- Bezier 角点：该类型的顶点上有一对操作控制手柄，调整操作控制手柄可以改变曲线的曲率。与 Bezier 顶点不同的是，该类型顶点两侧的操作控制手柄分别单独用于调整两侧的曲线曲率。

在选择的顶点上单击鼠标右键，在弹出的快捷菜单中可以看到四种顶点类型，通过此快捷菜单可以改变当前顶点的类型，如图 3-41 所示。

🕮 **小技巧**

如果要同时对一组顶点进行类似的调整，可以选择多个顶点，然后选择“选择”卷展栏中的“锁定控制柄”复选框，再利用鼠标在视图中进行调整，此时，所有选择的顶点都会发生相应的变化。

**2. 使用“几何体”卷展栏中的工具**

在顶点子对象层级下，“几何体”卷展栏中常用的工具按钮及其功能如下。

- 优化：在样条线上增加顶点，但不改变样条线的曲率。
- 插入：在样条线上增加顶点，与“优化”工具不同的是，“插入”不仅可以添加顶点，还可以通过拖动新顶点直接改变样条线的造型。

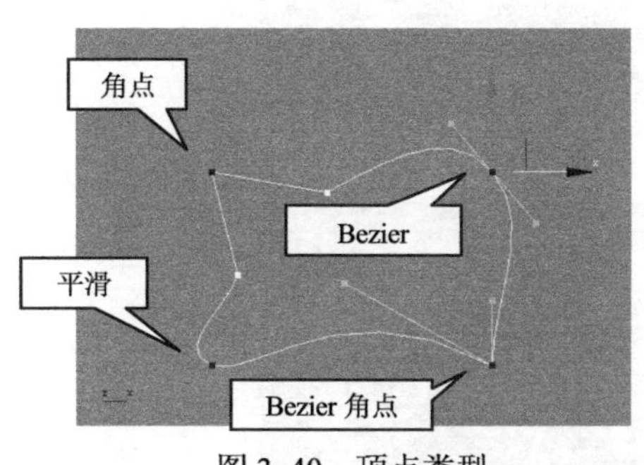

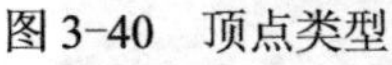

图 3-40　顶点类型

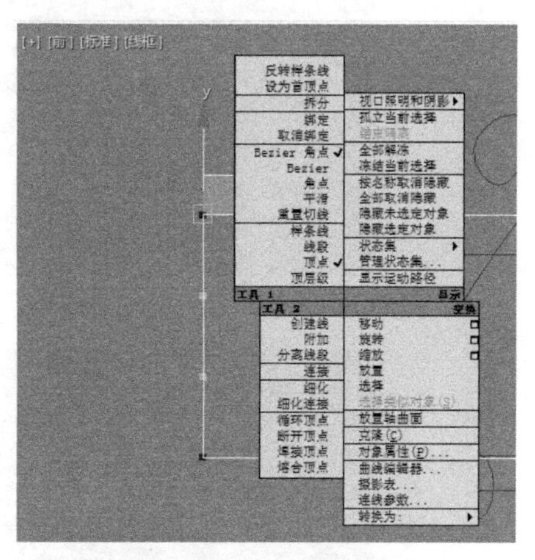


图 3-41　改变顶点类型

- 连接：连接样条线上两个开放的顶点，如图 3-42 所示。

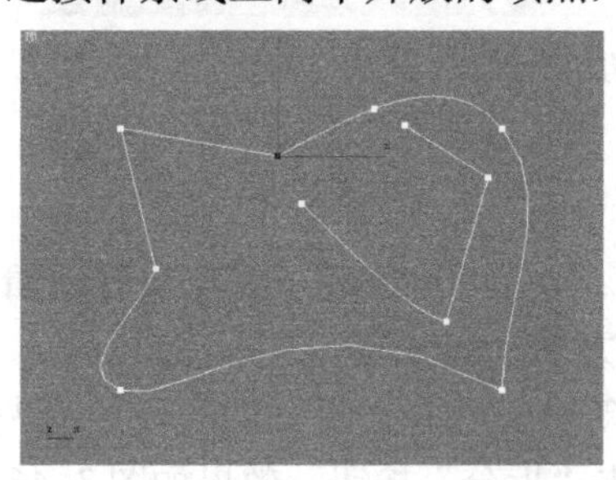
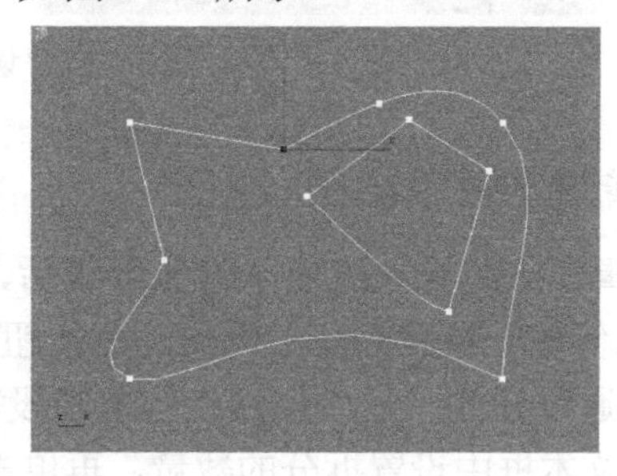

图 3-42　“连接”顶点

- 断开：将选择的顶点分裂成两个顶点，顶点两侧的线段被打断。
- 焊接：将选中的多个顶点合并为一个顶点，如图 3-43 所示。选择的顶点是否能合并为一个顶点由“焊接”按钮后的文本框中设置的焊接距离决定。

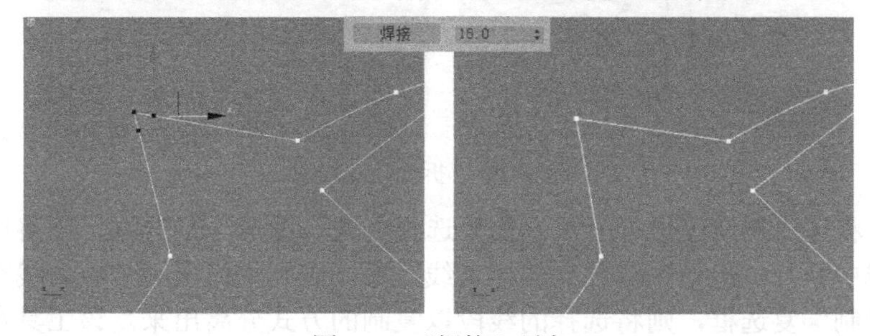


图 3-43　“焊接”顶点

- 圆角：在选择的顶点上添加圆角，如图 3-44 所示。选择顶点进行圆角处理时，可以单击“圆角”按钮后，在视图中直接拖动形成圆角，也可以在“圆角”按钮右侧输入圆角半径的值，再单击“圆角”按钮。
- 切角：在选择的顶点上添加切角的操作与添加圆角相似，如图 3-45 所示。
- 设为首顶点：将选择的顶点设置为样条线的起始顶点。起始顶点在视图中以黄色方框显示。

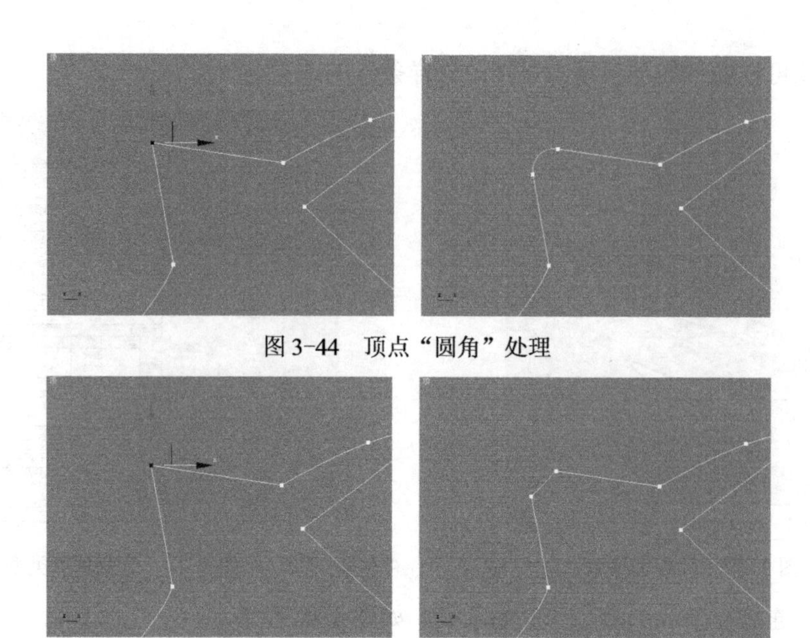

图 3-44　顶点“圆角”处理

图 3-45　“切角”效果

### 3.2.4　编辑线段子对象层级

选择可编辑样条线进入线段子对象层级后，就可以对线段子对象进行编辑。在线段子对象层级下，“几何体”卷展栏中常用的工具按钮及其功能如下。

- 拆分：通过在线段上增加顶点实现线段等分。选择要拆分的线段后，先在“拆分”按钮后的文本框中设置拆分的数量，再单击“拆分”按钮，效果如图 3-46 所示。

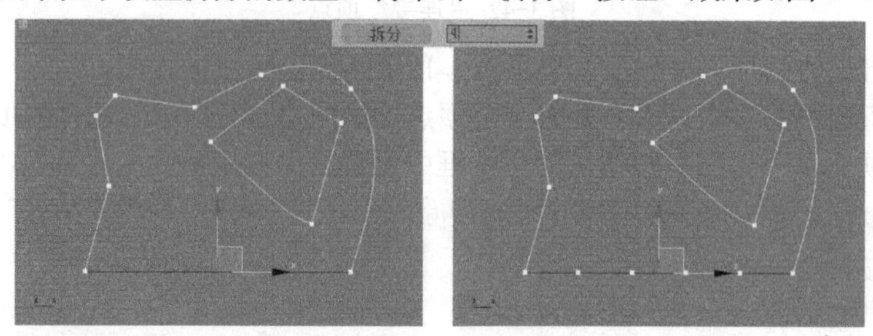


图 3-46　“拆分”线段

- 分离：将选择的线段进行分离。如果选择“同一图形”复选框，则将选择的线段在样条线中断开，但不生成独立的样条线对象，否则生成单独的样条线对象；如果选择“复制”复选框，则将选择的线段以复制的方式分离出来。该工具在样条线子对象层级下也同样可以使用。

### 3.2.5　编辑样条线子对象层级

选择可编辑样条线进入样条线子对象层级后，就可以对样条线子对象进行编辑。由相互连接的多条线段组成一个样条线子对象，可编辑样条线对象可以由一条或多条样条线子对象组成。在样条线子对象层级下，“几何体”卷展栏中常用的工具按钮及其功能如下。

- 轮廓：给选择的样条线制作一条轮廓线，轮廓线的偏移距离由“轮廓”按钮后的文本框设置，如图 3-47 所示。给选择的样条线添加轮廓线时，“轮廓”工具和“圆角”工具一样，可以采用动态拖动鼠标或者输入精确数值两种方法实现。

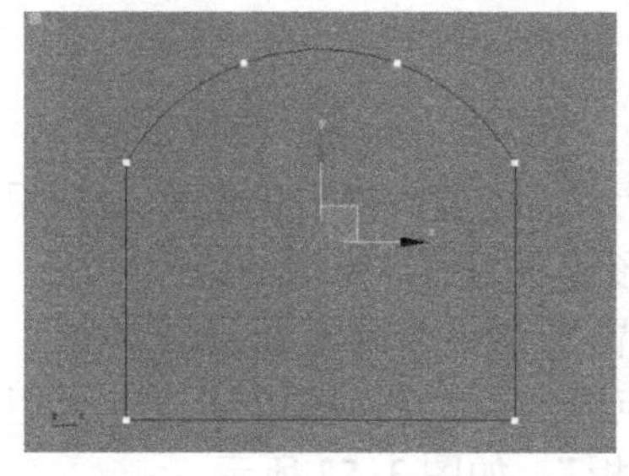
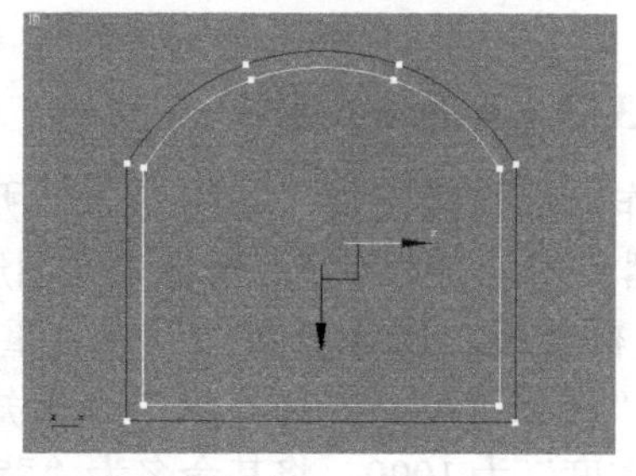

图 3-47 “轮廓”效果

● 镜像：将选定的样条线进行镜像复制操作，如果选择“复制”复选框，则将选择的样条线以复制的方式进行镜像，如图 3-48 所示。在进行镜像操作时，可以选择镜像的对称轴。

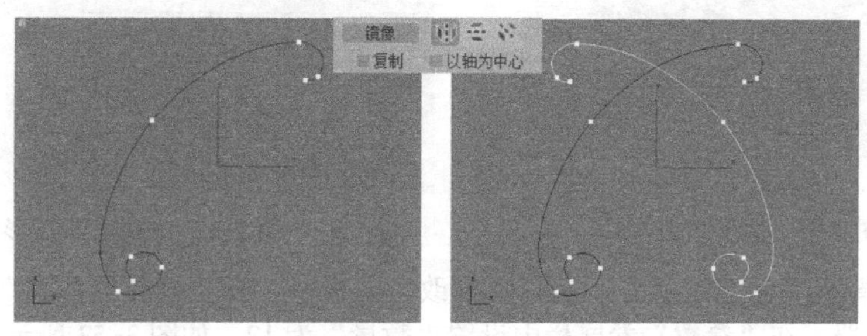


图 3-48 “镜像”效果

● 修剪：删除样条线上选择的交叉的曲线部分，如图 3-49 所示。

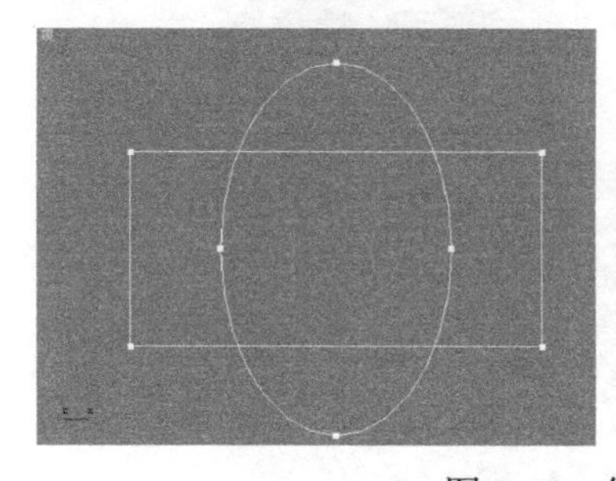
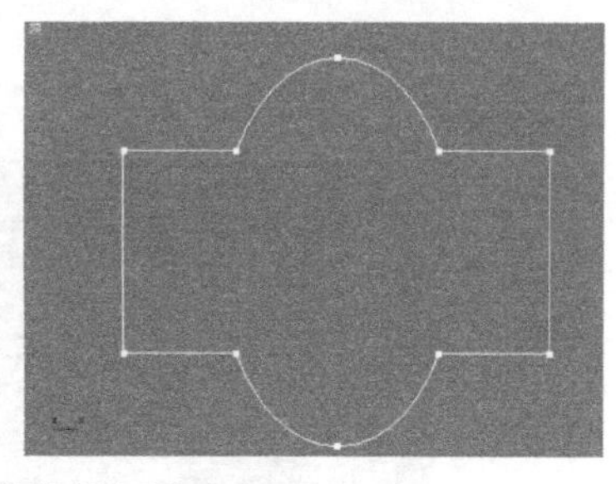

图 3-49 修剪样条线

● 延伸：将选择的开放的样条线延伸至与前方的样条线相接，如图 3-50 所示。

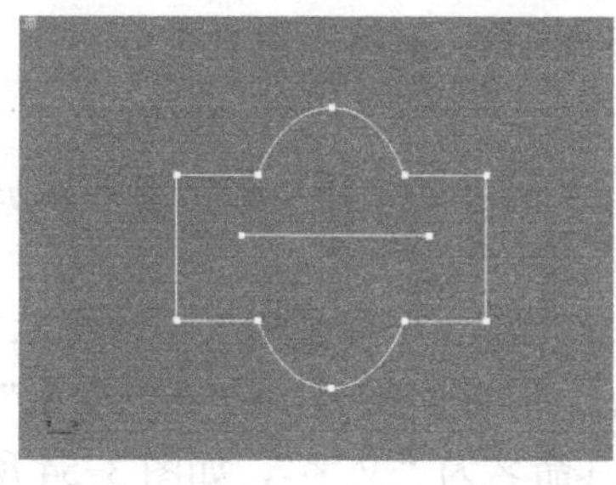
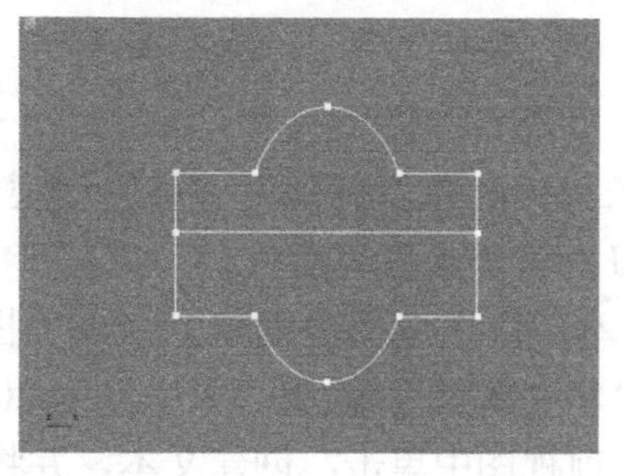

图 3-50 延伸样条线

## 3.3 挤出、倒角和倒角剖面修改器

实例 3-3

### 3.3.1 【实例 3-3】匾额的制作

本实例制作一幅匾额模型，如图 3-51 所示。通过该模型的制作，学习使用挤出修改器、倒角修改器和倒角剖面等修改器将二维图形转换为三维模型的建模方法。

1）创建匾额背板。选择“文件”→“重置”菜单命令重新设置场景。依次选择“创建”面板→“图形”→“样条线”→“矩形”，在前视图中创建一个矩形，设置“长度”为 400，“宽度”为 1000，将其命名为“背板”，如图 3-52 所示。

图 3-51　匾额效果

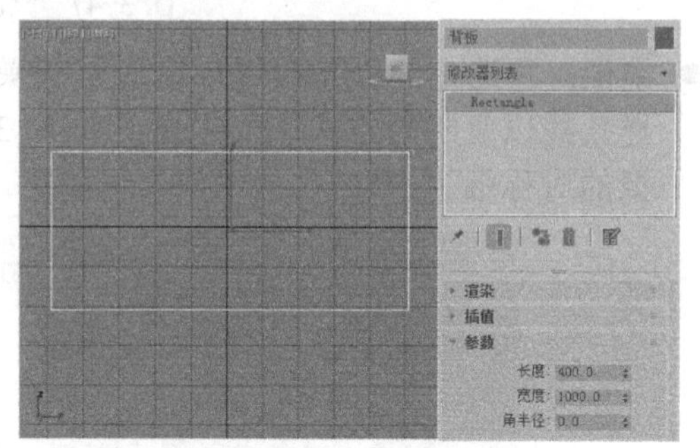


图 3-52　创建背板图形

2）确定“背板”为选定状态，选择“修改”面板，在“修改器列表”下拉列表中选择“挤出”修改器，在“参数”卷展栏中设置“数量”为 12，如图 3-53 所示。

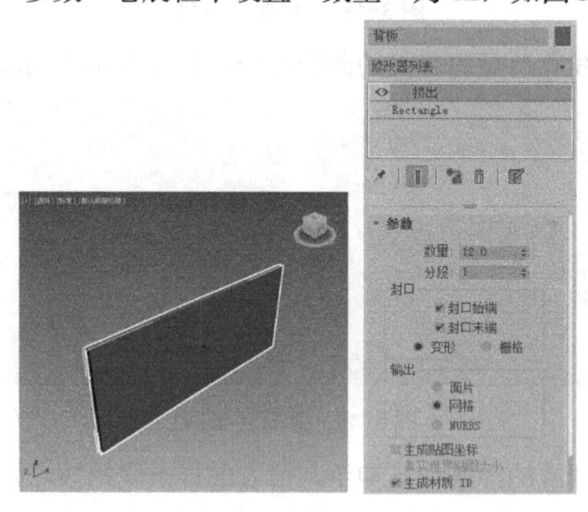


图 3-53　挤出背板

📖 小技巧

直接使用长方体也可以制作“背板”模型，本例通过对“矩形”图形施加挤出修改器制作长方体，学习挤出修改器的用法。

3）创建文本。依次选择“创建”→“图形”→“样条线”→“文本”，在“参数”卷展栏中选择“华文新魏”，设置“大小”为 200，“字间距”为 10，在“文本”文本框中输入“宁静致远”，在前视图中单击，创建文本，并将其命名为“文字”，如图 3-54 所示。单击工具栏上的“对齐”按钮，然后选择“背板”，在弹出的对话框中设置参数，如图 3-55 所示。

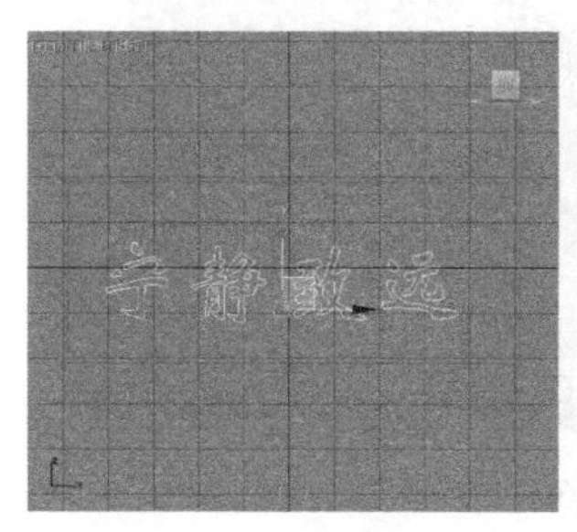

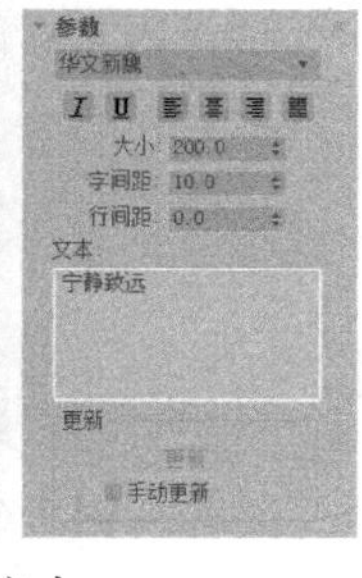



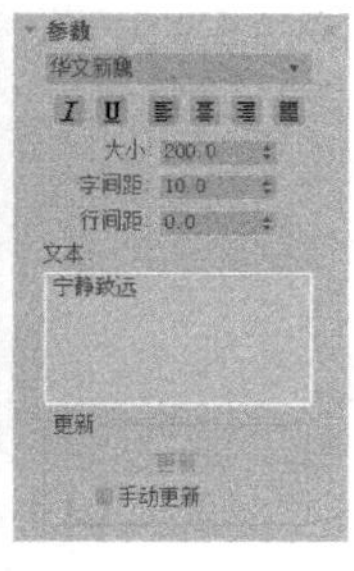

图 3-54　创建文本

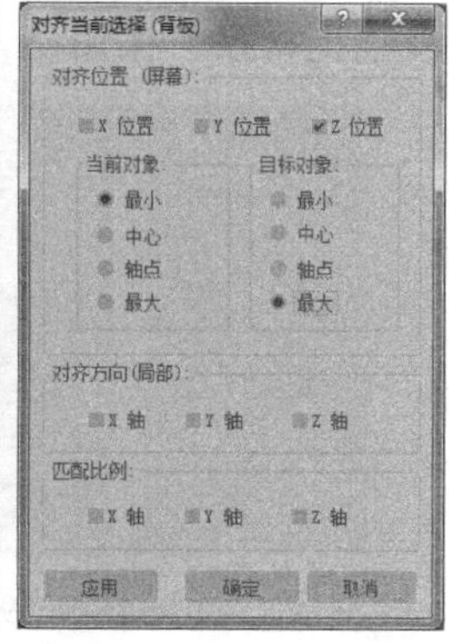



图 3-55　对齐背板

4）倒角文本。确定“文字”为选定状态，选择“修改”面板，在“修改器列表”下拉列表中选择“倒角”修改器，在“倒角值”卷展栏中设置倒角参数，如图 3-56 所示。

5）创建匾额边框倒角路径。选择“背板”对象，按〈Ctrl+V〉组合键，在弹出的对话框中选择“复制”单选按钮，在“名称”文本框中输入“外框”，单击“确定”按钮。选择“修改”面板，在“修改器列表”下拉列表中选择“挤出”修改器，单击下面的按钮，将挤出修改器删除，如图 3-57 所示，仅保留原来创建的矩形图形。

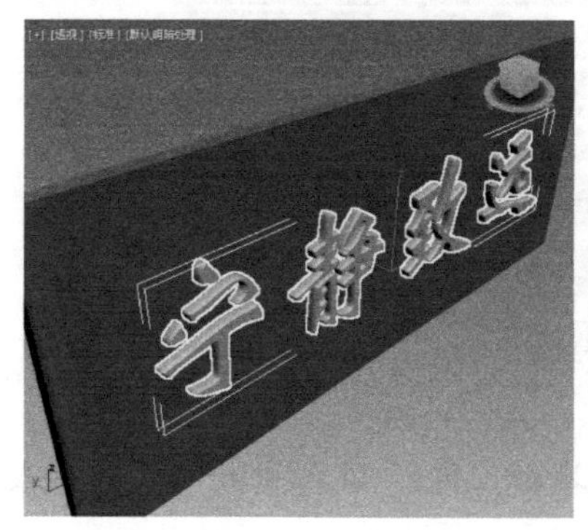

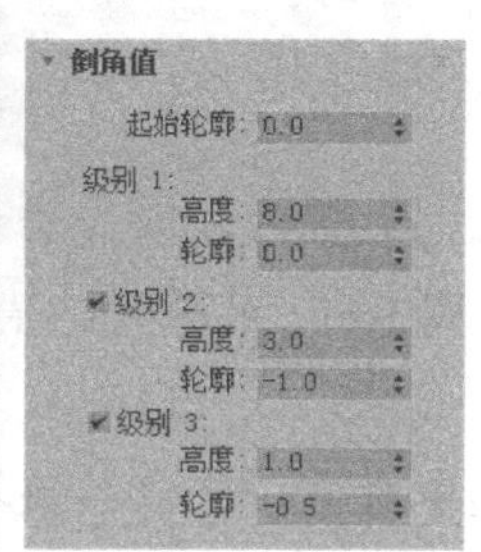



图 3-56　倒角文字

图 3-57　删除挤出修改器

6）依次选择“创建”面板→“图形”→“样条线”→“矩形”，在左视图中创建一个“长度”为 30，“宽度”为 20 的矩形，将其命名为“剖面”。选择“修改”面板，按数字键〈1〉，进入顶点子对象层级，单击“几何体”卷展栏中的“优化”按钮，在样条线上单击添加三个顶点，再单击“优化”按钮，退出优化操作，在左视图中调整顶点的位置和曲率，如图 3-58 所示。

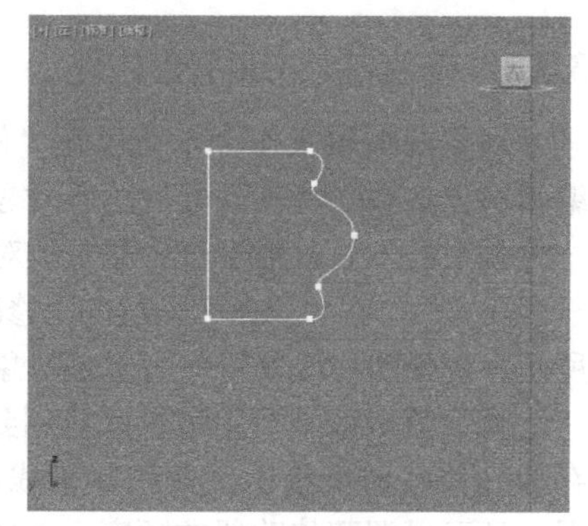

图 3-58　绘制剖面

7）创建匾额外框。选择“外框”对象，选择“修改”面板，在“修改器列表”下拉列表中选择“倒角剖面”修改器，选择“参数”卷展栏中的“经典”单选按钮，在“经典”卷展栏中，单击“拾取剖面”按钮，在视图中选择“剖面”对象，效果如图 3-59 所示。单击修改器堆栈中“倒角剖面”左侧的，选择“剖面 Gizmo”，单击“选择并旋转”按钮，单击工具栏上

“角度捕捉切换”按钮，在左视图中绕Y轴旋转-90°，如图3-60所示。

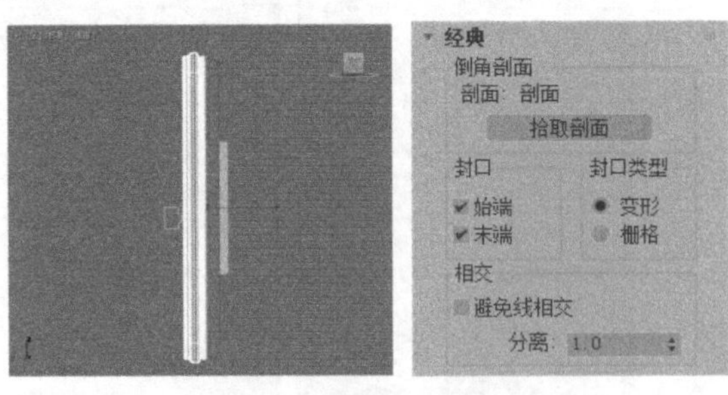

图3-59 倒角剖面修改器

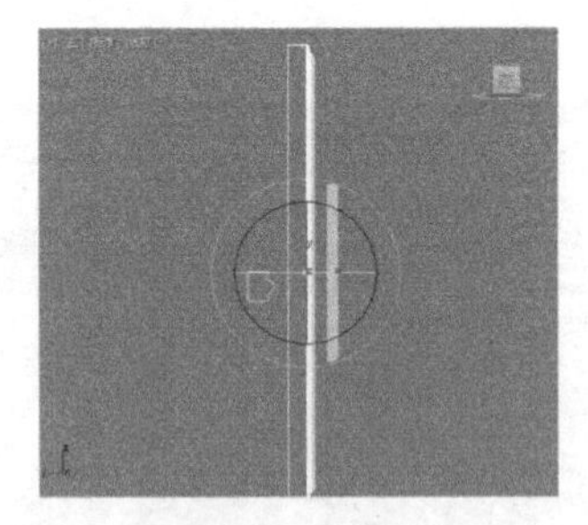
图3-60 旋转“剖面Gizmo”

8）确定“外框”对象处于选择状态，单击“对齐”按钮，在左视图中选择“背板”对象，在弹出的对话框中，设置参数如图3-61所示。

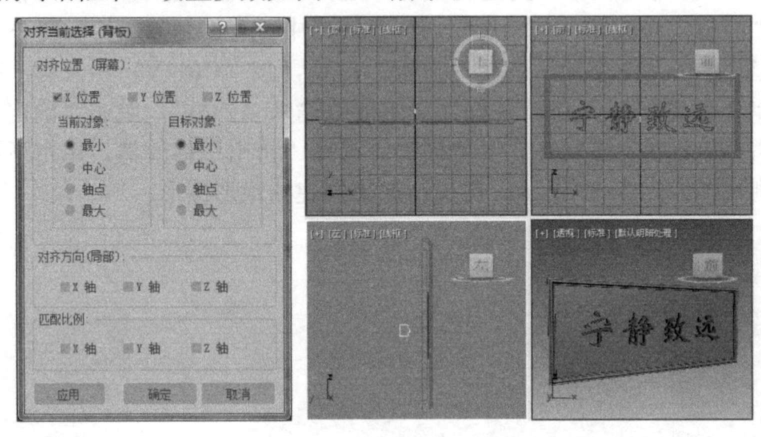

图3-61 对齐外框与背板

📖 小技巧

如果在视图中单击鼠标不易选中对象，可以按快捷键〈H〉，在弹出的“选择对象”对话框中按名称选择对象。

本实例主要介绍三个二维图形修改器——挤出修改器、倒角修改器和倒角剖面修改器的具体应用。通过实例可以知道，给二维图形应用挤出、倒角修改器或倒角剖面修改器后，使二维图形挤出一定的厚度形成三维模型。

### 3.3.2 修改器堆栈的使用

对象的编辑操作基本可以在“修改”面板中实现。“修改”面板提供了许多控件，支持编辑对象参数、将修改器应用于对象并调整修改器设置。此外，它还包含修改器堆栈，这是一种强大的工具，用于查看和更改对象的编辑历史记录。“修改”面板如图3-62所示，选择一个对象后，在“修改”面板的“修改器列表”下拉列表中就会显示出可用修改器，如图3-63所示，选择的修改器将作用于该对象上，并在修改器堆栈中列于最上层。

修改器堆栈主要用来管理应用到对象上的各类修改器，应用到对象上的修改器都会依次存放在修改器堆栈中。修改器堆栈的功能相当强大，在堆栈中，不仅可以添加或删除修改器，还可以调整修改器的顺序、关闭修改器的作用等。此外，作用在一个对象上的修改可以通过复制、粘贴的方式以相同的参数运用到另一个对象上。

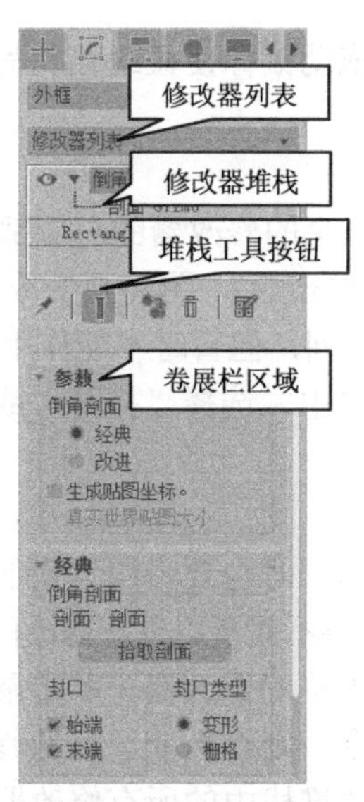


图 3-62 “修改”面板

图 3-63 可用修改器

**1. 添加和删除修改器**

添加修改器的操作比较简单，选择要添加修改器的对象后，选择“修改”面板，在修改器堆栈中选择一个已有修改器，打开“修改器列表”下拉列表，选择相应的修改器。然后在“修改”面板的卷展栏中设置相应的参数即可在选定的修改器上面添加一个新的修改器。对象上添加的修改器，按照添加的顺序在堆栈中从下到上依次排列，并按照同样的顺序依次作用到对象上。

要删除作用于对象上的修改器，选择对象后，切换到“修改”面板，选择要删除的修改器，然后单击修改器堆栈下面的工具按钮“从堆栈中移除修改器” 即可，或者在选择的修改器上单击鼠标右键，在弹出的快捷菜单中选择“删除”命令。

**小技巧**

选择修改器后按键盘上的〈Delete〉键，实现的是删除对象的操作。位于修改器堆栈底部的是对象的第一个修改器，这是对象的最初状态，是不能被删除的。

**2. 调整修改器的顺序**

对象上修改器的排列顺序对造型结果有很大的影响，同样的修改器按不同的顺序排列将产生不同的效果。如图 3-64 所示，圆柱体对象应用参数设置完全相同的弯曲和锥化两个修改器，不同的修改器顺序，生成的三维模型会有很大的差别。

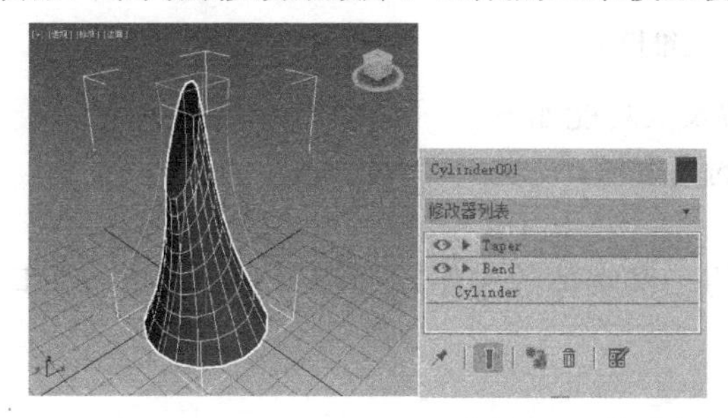


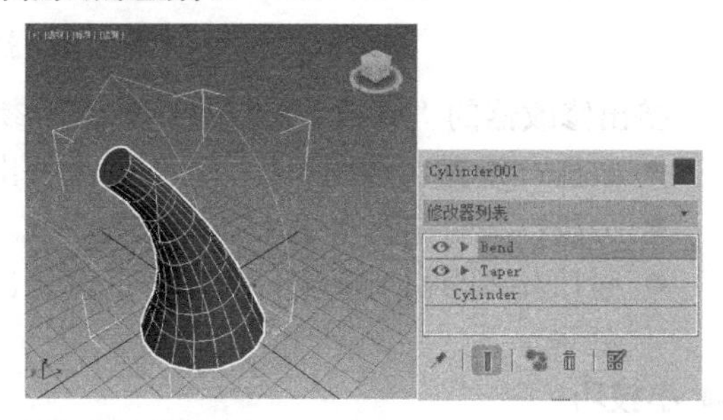


图 3-64 修改器顺序对模型造型的影响

调整修改器顺序的方法是：在修改器堆栈中选择要调整顺序的修改器，按住鼠标左键，拖动鼠标，此时出现一条蓝线表示该修改器的位置，拖动鼠标使蓝线移到另一个修改器的上面或下面，松开鼠标即可。

**3．打开或关闭修改器**

在修改器堆栈中，除了位于最底层的修改器外，其余的修改器的左侧都有一个图标，表示该修改器目前是打开状态，正常作用于对象上。单击，图标则变成，表示该修改器变成关闭状态，该修改器虽然依旧在修改器堆栈中排列，但暂时不能作用到对象上。

选择修改器后，单击鼠标右键，在弹出的快捷菜单中，选择“打开”或“关闭”也可以切换修改器的开关状态。

**4．塌陷修改器堆栈**

修改器堆栈的功能十分强大，操作也非常灵活，但同时也要占用大量的系统资源，降低计算机的处理速度。为了提高计算机的处理性能，可以将不需要再进行修改的堆栈进行塌陷。

塌陷堆栈的方法是：在修改器堆栈中，选择需要塌陷的修改器，单击鼠标右键，在弹出的快捷菜单中选择塌陷类型。如果选择“塌陷到”命令，则将当前选择的修改器以下的修改器进行塌陷；如果选择“塌陷全部”命令，则将修改器堆栈中的所有修改器进行塌陷。塌陷操作完成后，原来对象应用一系列修改器形成的三维模型转换成一个“可编辑网格”对象。

📖 小技巧

进行塌陷操作时一定要慎重，因为塌陷后的堆栈是不能恢复的。通常，塌陷操作是在建模完成，并不再需要修改时执行。

## 3.3.3 挤出修改器

挤出修改器通过在二维图形的垂直方向上增加厚度而生成三维实体。图 3-65 所示是二维图形运用挤出修改器生成三维模型的效果和“参数”卷展栏的设置。

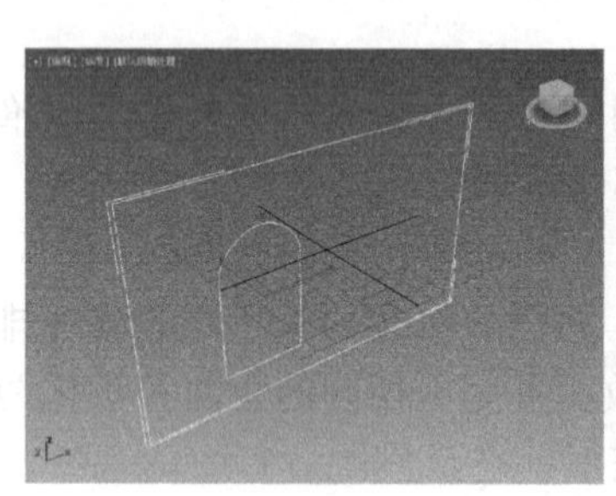

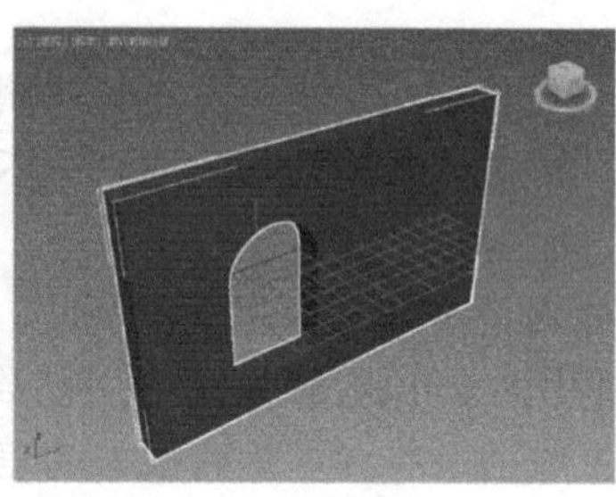

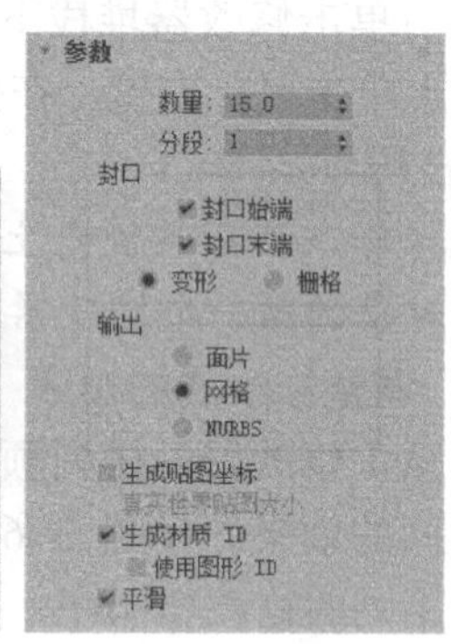


图 3-65　挤出三维模型

挤出修改器的“参数”卷展栏中的常用参数及其功能如下。

- 数量：设置二维图形在垂直方向上挤出的高度值。
- 分段：设置挤出高度上的分段数。
- 封口始端/封口末端：设置是否对挤出的三维实体的起始端面和终止端面进行封口处理。

📖 小技巧

如果挤出的对象还要进一步编辑，例如添加弯曲、噪波等变形修改器，则需要设置较高的分段数，提高对象的复杂度。

如果应用挤出修改器的二维图形不是闭合的样条线，挤出效果如图 3-66 所示。要得到正确挤出的三维模型，必须保证样条线是闭合的。

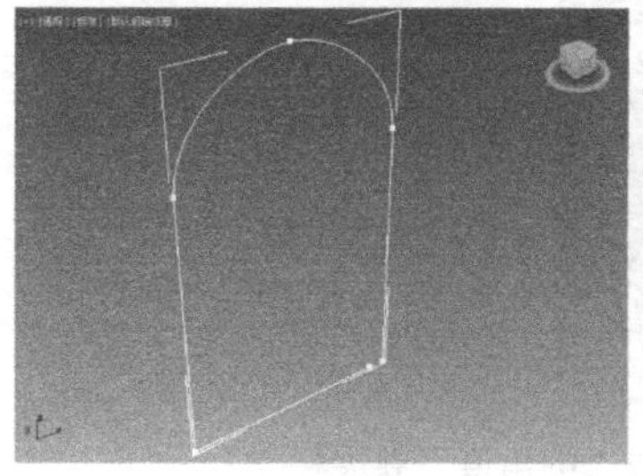
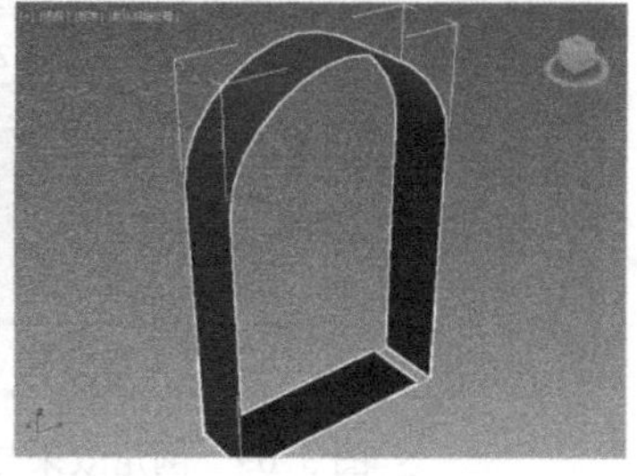

图 3-66 开放图形挤出效果

### 3.3.4 倒角修改器

倒角修改器是用来制作二维图形倒角的工具。它与挤出修改器的功能相似，但倒角修改器功能更强大，拉伸二维图形的高度时，产生对象的边缘更富于变化。倒角修改器在拉伸二维图形的高度生成三维对象时，可以将拉伸高度分为 3 个层次调整拉伸截面的大小，使边界产生直线或圆形倒角，如图 3-67 所示。

倒角修改器的参数如图 3-68 所示，常用参数的功能如下。

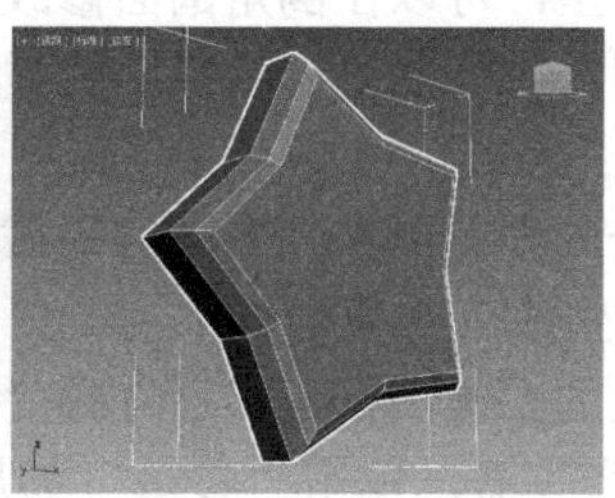

图 3-67 倒角三维模型

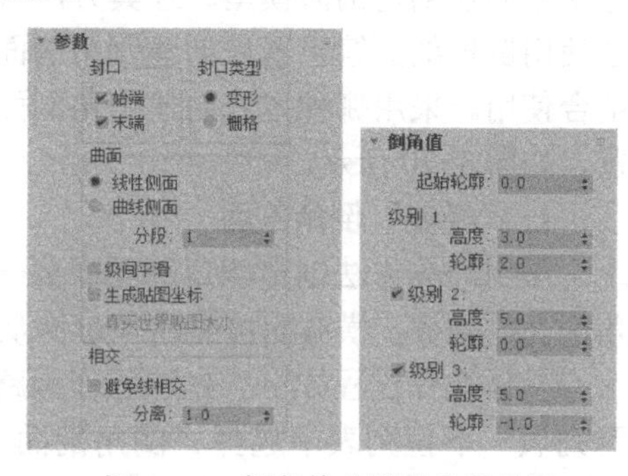


图 3-68 倒角修改器的参数设置

**1. “参数”卷展栏**

- “封口”选项组：用于设置模型起始和终止两个端面是否封口。
- “曲面”选项组：用于控制侧面的曲率、光滑度和指定贴图坐标。“线性侧面”设置倒角内部片段划分为直线；“曲线侧面”设置倒角内部片段划分为曲线线；“分段”设置倒角内部分段的段数；“级间平滑”设置层间的交叉面进行平滑处理。
- “相交”选项组：用于在生成倒角时，改进因尖锐的折角而产生的突出变形。选中“避免线相交”复选框可以防止尖锐折角产生的突出变形。

**2. “倒角值”卷展栏**

该卷展栏用于设置倒角对象的倒角值。倒角值由三层参数组成，每层都有 “高度”和“轮廓”两个参数，如图 3-69 所示。

- 起始轮廓：用于设置原始二维图形轮廓线的扩展量。
- 高度：用于设置图形在该层上的拉伸高度。
- 轮廓：用于设置顶面轮廓线的扩展量。

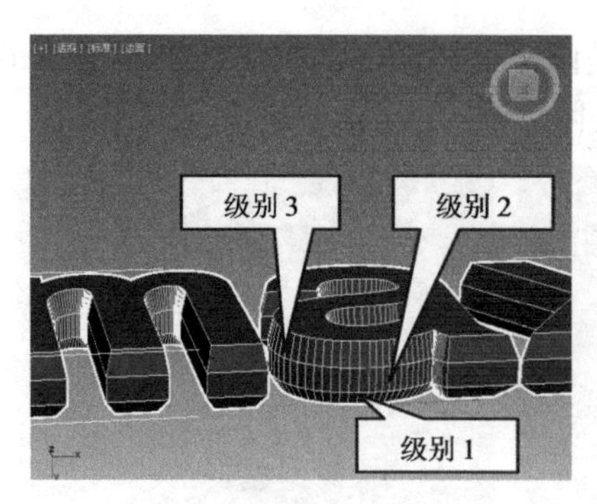


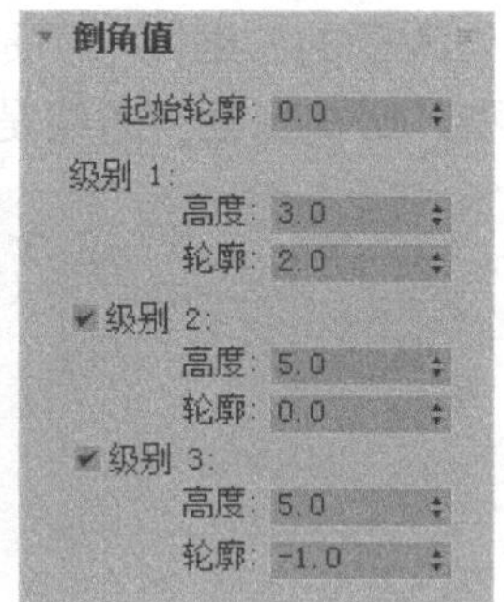


图 3-69 倒角效果与“倒角值”卷展栏

**小技巧**

“轮廓”值为 0 时，在该层上轮廓线不扩展；“轮廓”值小于 0 时，在该层上轮廓线向内收缩；“轮廓”值大于 0 时，在该层上轮廓线向外扩张。

## 3.3.5 倒角剖面修改器

倒角剖面修改器也是一种用二维样条线来生成三维对象的重要方式。倒角剖面修改器使用一个图形作为路径、另一个图形作为剖面图形来挤出三维模型。倒角剖面修改器提供两种方法来创建倒角剖面模型。经典方法采用传统的将样条线用作剖面的创建对象方法，改进方法使用倒角剖面编辑器来创建倒角剖面模型。后者还可以与创建几何体中的“加强型文本”结合使用。采用哪种方式创建倒角剖面模型，可以在倒角剖面修改器的“参数”卷展栏中设置，如图 3-70 所示。

**1. “经典”倒角剖面**

采用经典方法创建倒角剖面需要一个二维图形作为剖面的横截面，一个二维图形作为倒角剖面的路径，横截面按照路径延伸从而生成三维模型。

具体执行过程如下。先选择作为路径的二维图形，然后选择“修改”面板，在“修改器列表”下拉列表中选择“倒角剖面”修改器，单击“参数”卷展栏中的“经典”单选按钮，如图 3-71 所示，在“经典”卷展栏中，单击“拾取剖面”按钮，在视图中选择作为剖面的横截面图形，完成倒角剖面三维模型的创建。图 3-72 所示为倒角剖面的效果。

图 3-70 “参数”卷展栏

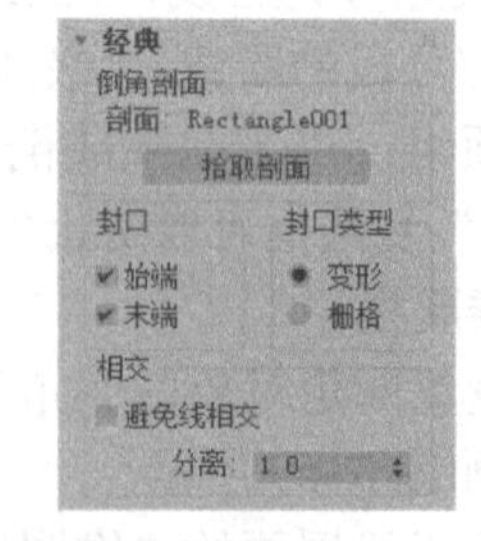


图 3-71 “经典”卷展栏

“经典”卷展栏中参数的设置比较简单，除“拾取剖面”按钮外，“封口”和“相交”参数与“倒角”修改器类似，可以参考“倒角”修改器的介绍。

如果使用倒角剖面修改器创建的三维模型的横截面与需要的方向相反，可以展开倒角剖面修改器，单击“剖面 Gizmo”层级，利用“选择并旋转”按钮改变横截面沿路径放置的方向，【实例 3-3】中倒角剖面对象“外框”的横截面就进行了上述的旋转操作。

📖 **小技巧**

倒角剖面制作完成后，作为横截面的二维图形不能删除，而且当编辑该图形时，倒角模型的横截面会发生相应的改变。

**2. “改进”倒角剖面**

在“参数”卷展栏中选中“改进”单选按钮后，打开“改进”卷展栏，如图 3-73 所示。使用改进方法创建三维模型可以实现类似于挤出修改器的挤出三维模型的简单效果；可以选择预设的倒角剖面生成三维模型；也可以打开倒角剖面编辑器，自定义倒角剖面生产三维模型。

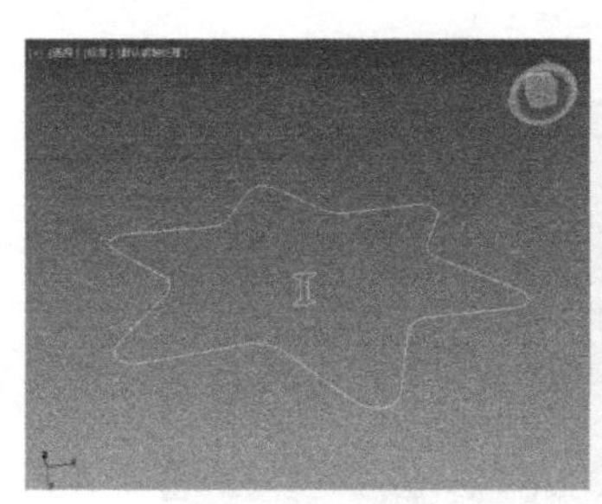
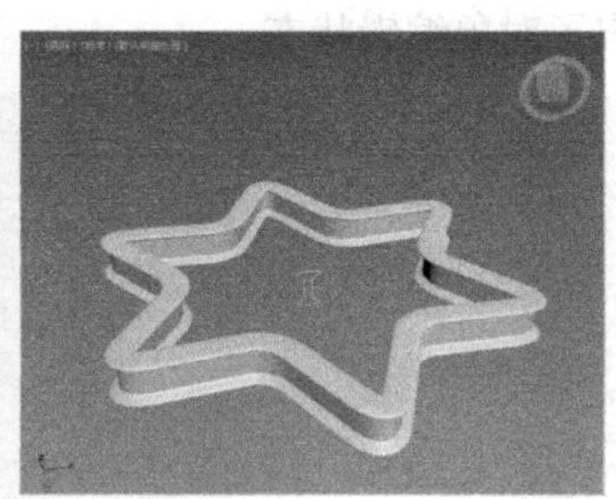

图 3-72　倒角剖面效果

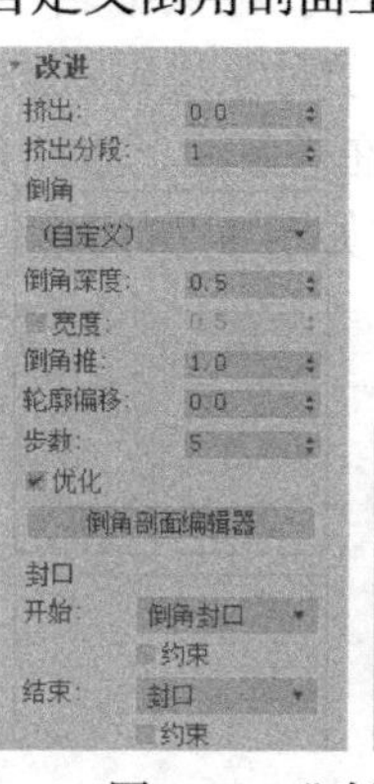

图 3-73　“改进”卷展栏

## 3.4　车削修改器的应用

实例 3-4

### 3.4.1 【实例 3-4】台灯的制作

本实例制作台灯模型，如图 3-74 所示。通过该模型的制作，学习利用车削修改器创建三维模型的方法。

1）选择“文件”→“重置”菜单命令重新设置场景。依次选择“创建”面板→“图形”→“样条线”→“矩形”，在前视图中创建一个矩形，设置“长度”为 400，“宽度”为 200。再单击“线”按钮，在前视图中绘制样条线作为灯架原始线条，将其命名为“灯架”，如图 3-75 所示。删除用来参考定位的矩形对象。

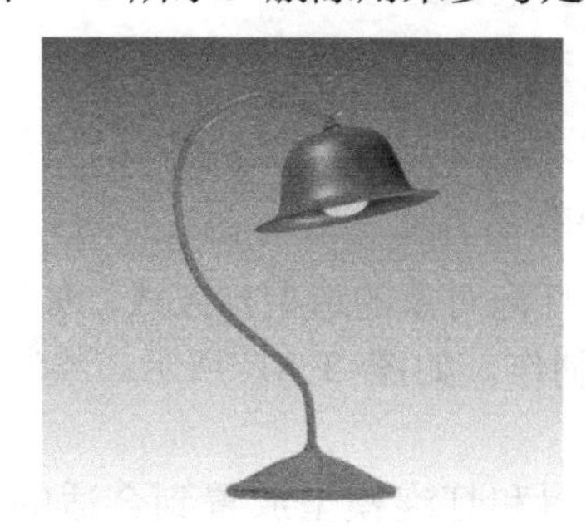

图 3-74　台灯模型

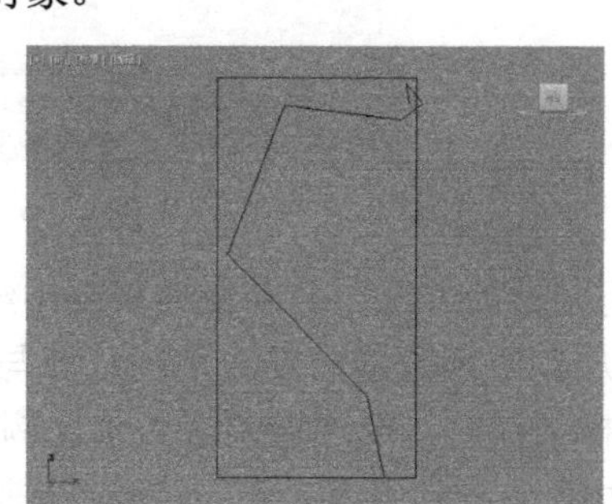

图 3-75　灯架原始线条

2）保持灯架对象的选中状态，选择“修改”面板，采用【实例 3-2】制作酒架对象的方法，调整灯架形状，在“渲染”卷展栏中，选择“在渲染中启用”和“在视口中启用”复选框，设置径向“厚度”为8，结果如图 3-76 所示。

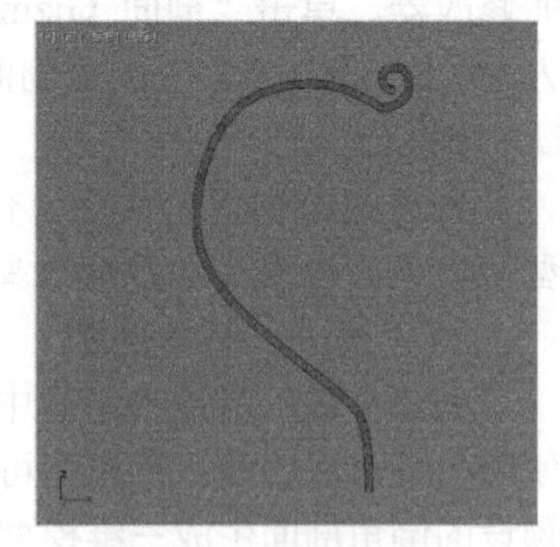

图 3-76 调整灯架形状

3）依次选择“创建”→“图形”→“样条线”→“矩形”，在前视图中创建一个矩形，设置“长度”为 42，“宽度”为 75，将其命名为“灯座”。单击鼠标右键，在弹出的快捷菜单中选择“转换为”→“转换为可编辑样条线”命令，将其转换为可编辑样条线。选择“修改”面板，按数字键〈2〉，进入灯座对象线段子对象编辑状态，删除左侧线段。按数字键〈1〉，进入顶点子对象编辑状态，在“几何体”卷展栏中，单击“优化”按钮，在样条线上添加几个顶点，如图 3-77 所示。然后更改顶点类型、调整曲率和位置，编辑样条线如图 3-78 所示，退出子对象编辑状态。

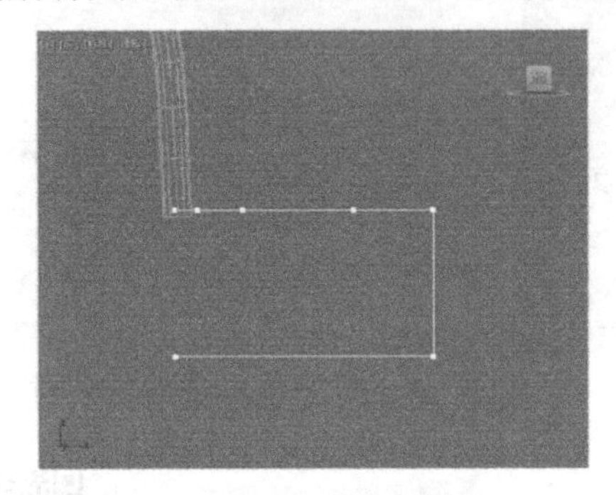

图 3-77 样条线添加顶点

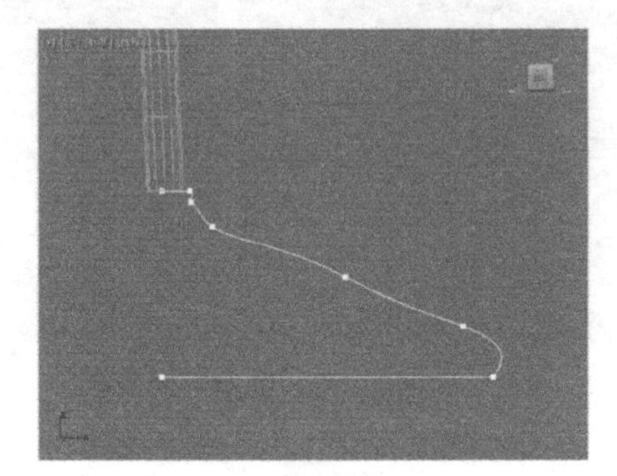

图 3-78 编辑样条线形状

4）保持灯座对象的选中状态，在“修改器列表”下拉列表中选择“车削”修改器，在“参数”卷展栏中，单击“方向”选项组中的“Y”按钮和“对齐”选项组中的“最小”按钮，完成灯座模型制作，如图 3-79 所示。

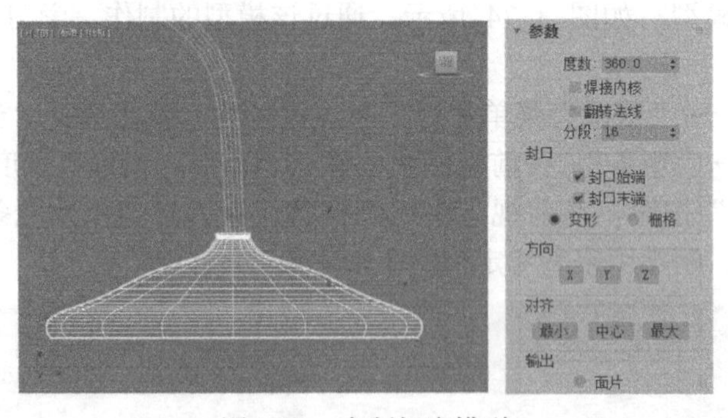


图 3-79 车削灯座模型

5）采用同样的方法，分别在前视图中绘制灯罩和灯泡对象的造型样条线，如图 3-80 所示，然后添加车削修改器，完成车削灯罩与灯泡模型制作，如图 3-81 所示。绘制灯罩和灯泡的造型线样条线时，要注意两者大小比例协调。

6）使用移动工具和旋转工具在视图中把灯罩和灯泡模型放置到合适的位置，效果如图 3-82 所示。

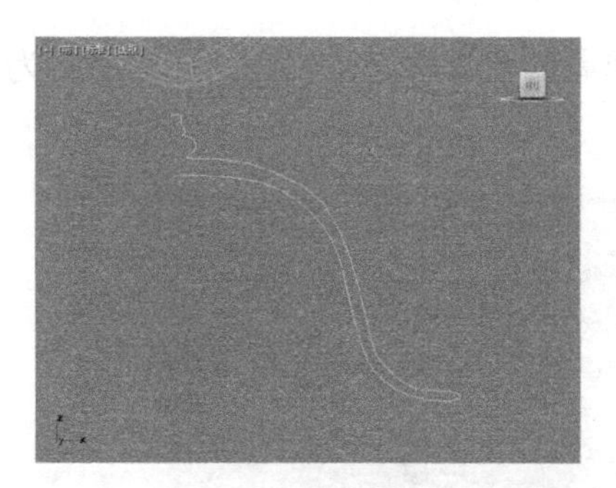
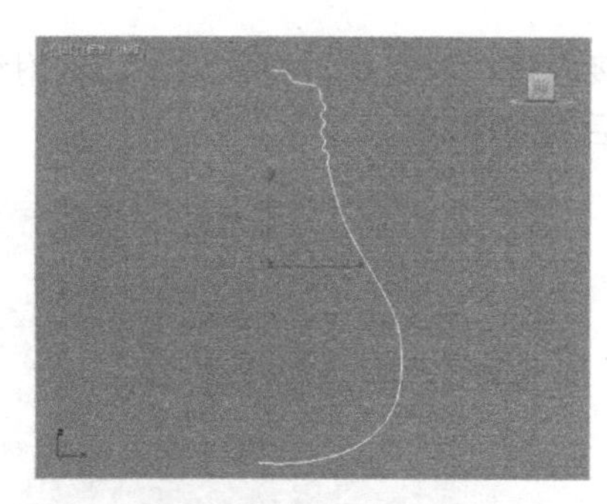

图 3-80　灯罩和灯泡对象的造型样条线

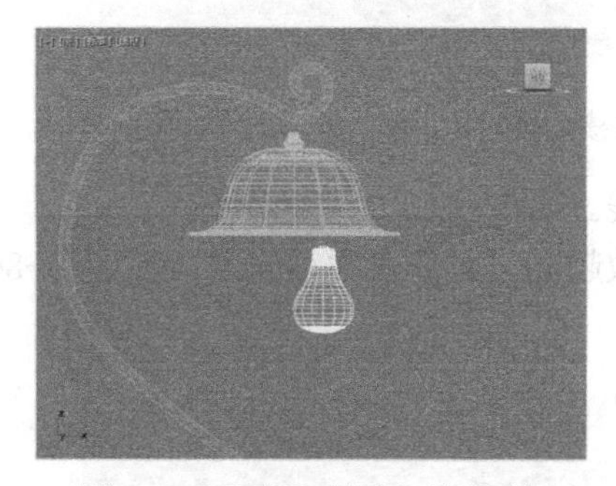

图 3-81　车削灯罩和灯泡模型

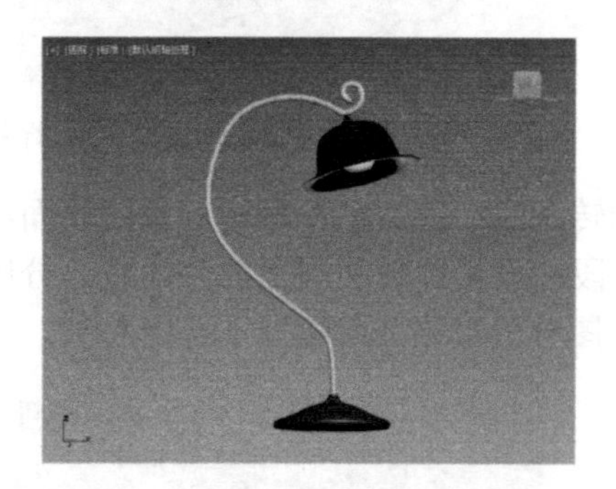

图 3-82　台灯效果

通过本实例的制作可以看出，车削修改器适用于中心轴对称的物体，例如花瓶、酒杯和机器零件等。

### 3.4.2　车削修改器

车削修改器通过绕一个轴旋转二维截面图形来产生三维模型，这是创建具有旋转对称特点模型非常有用的修改器。使用车削修改器创建三维模型时，先在视图中创建用于旋转的截面图形，然后在“修改器列表”下拉列表中选择“车削”修改器，最后在“参数”卷展栏中调整旋转参数即可。

车削修改器的参数如图 3-83 所示，常用参数的功能如下。

- 度数：设置截面图形绕轴旋转的角度。默认值为 360，产生闭合的三维模型。若度数值小于 360，则旋转成不完整的扇形，如图 3-84 所示，设置旋转角度值为 150。

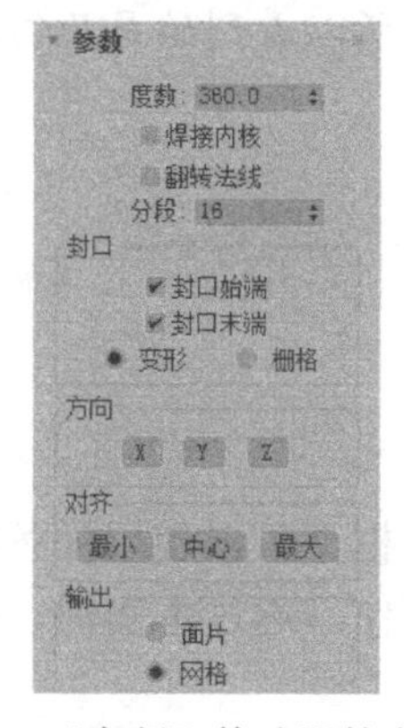


图 3-83　“车削”修改器的参数

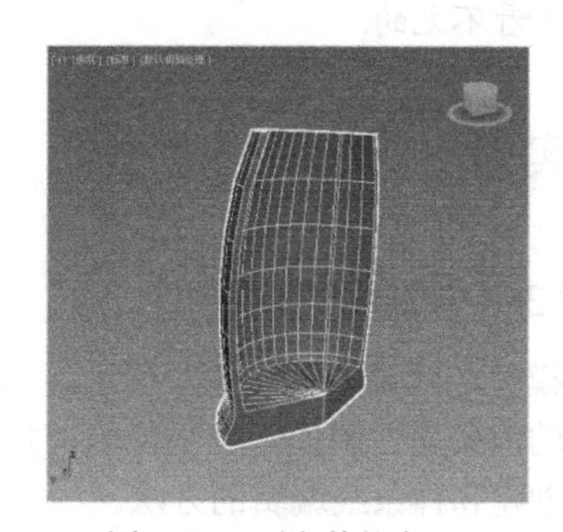

图 3-84　不完整的扇形

● 焊接内核：决定是否将模型中心轴附近重叠的点焊接起来。图 3-85 所示为焊接内核前后的对比。

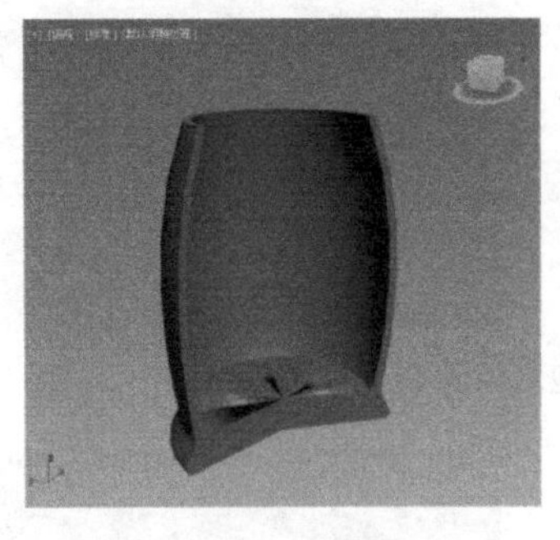
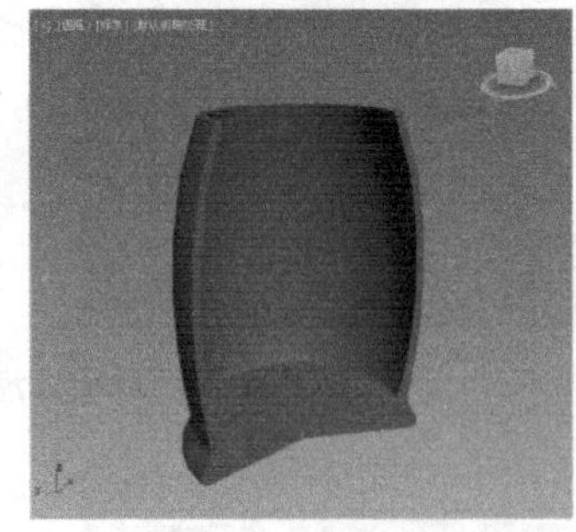

图 3-85　焊接内核效果对比

● 翻转法线：决定是否翻转对象的表面法线。
● 分段：设置旋转圆周上的分段数。分段数越高，对象表面越光滑，如图 3-86 所示，左图分段数为 8，右图分段数为 32。

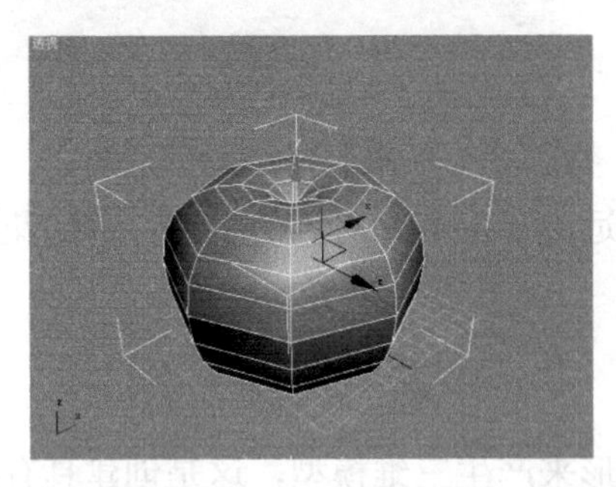
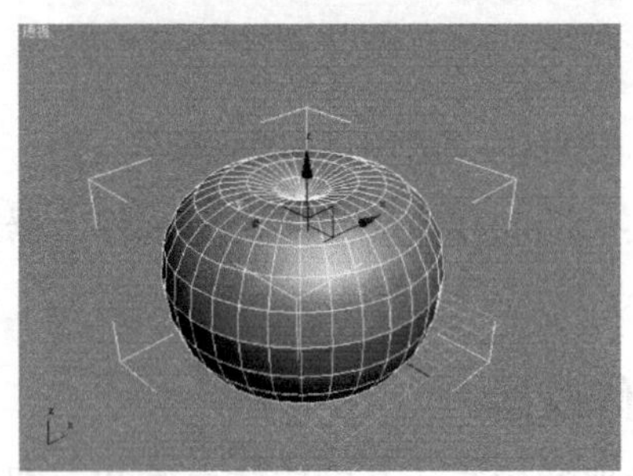

图 3-86　分段数与模型精度

● “方向”选项组：用于设置截面图形的旋转轴。
● “对齐”选项组：用于设置旋转轴的位置。该选项组有“最小”“中心”“最大”三个选项，旋转轴分别定位在截面图形的最小边、中心点和最大边上。

📖 小技巧

法线是与对象表面垂直的线，在 3ds Max 中，只有沿着对象表面法线方向才能够看见对象。通过标准几何体创建的几何体的法线方向都是向外的，所以看到的是几何体的外表面，而几何体内部是看不见的。

## 3.5　上机实训

### 3.5.1 【实训 3-1】制作吧椅模型

制作吧椅模型，效果如图 3-87 所示。本实训中，吧椅框架可以使用样条线的编辑操作并设置样条线的渲染属性制作，坐垫使用切角长方体工具制作。通过本实训，重点练习和掌握二维图形的创建和样条线编辑的方法。

### 3.5.2 【实训 3-2】制作相框

制作相框模型，效果如图 3-88 所示。本实训中，相框通过为矩形路径指定剖面图形并利用倒角剖面修改器制作完成，支架和相片则是先绘制平面图形再利用挤出修改器制作。通过本实训，练习和掌握二维图形的创建和样条线编辑的方法，以及挤出和倒角剖面等二维图形修改器的应用。

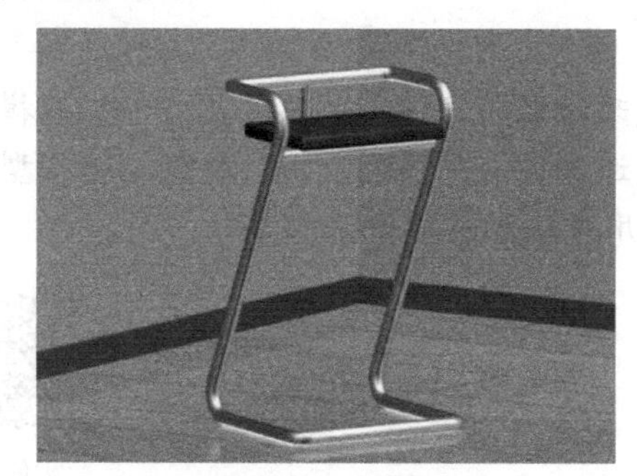

图 3-87 吧椅模型

图 3-88 相框模型

### 3.5.3 【实训 3-3】制作酒杯模型

制作酒杯模型，效果如图 3-89 所示。绘制酒杯的截面图形后，利用车削修改器制作完成酒杯模型。本实训主要练习和掌握样条线的编辑和车削修改器的应用。

图 3-89 酒杯模型

# 第4章　常用三维模型修改器

**本章要点**

使用修改器可以塑形和编辑对象。它们可以更改对象的几何形状及其属性。三维模型修改器是对三维模型进行进一步加工制作的工具，通过这类修改器的应用，达到三维模型变形的效果。本章主要介绍常用的三维模型修改器的使用方法和参数设置。

## 4.1　扭曲和锥化修改器

实例 4-1

### 4.1.1 【实例 4-1】冰激凌的制作

本实例制作冰激凌模型，如图 4-1 所示。通过该模型的制作，学习扭曲修改器和锥化修改器的应用。

1）选择“文件”→“重置”菜单命令重新设置场景。依次选择“创建”面板 →“图形” →“样条线”→“星形”，在顶视图中绘制星形，将其命名为“雪糕”，效果及参数设置如图 4-2 所示。

图 4-1　冰激凌效果

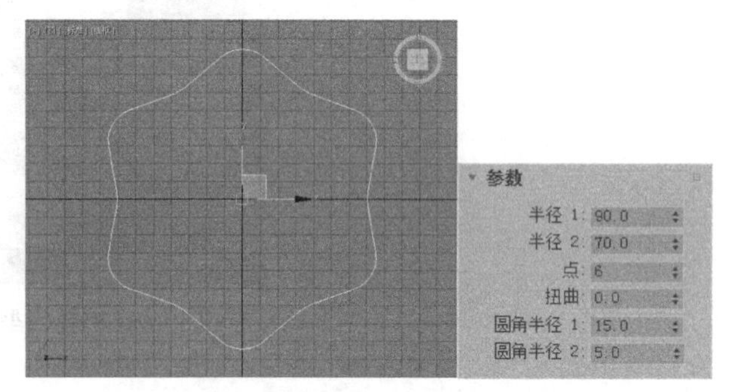


图 4-2　雪糕星形截面效果及参数

2）确定“雪糕”处于选中状态，选择“修改”面板 ，在“修改器列表”下拉列表中选择“挤出”修改器，在“参数”卷展栏中设置“数量”为 160，“分段”为 16，效果如图 4-3 所示。

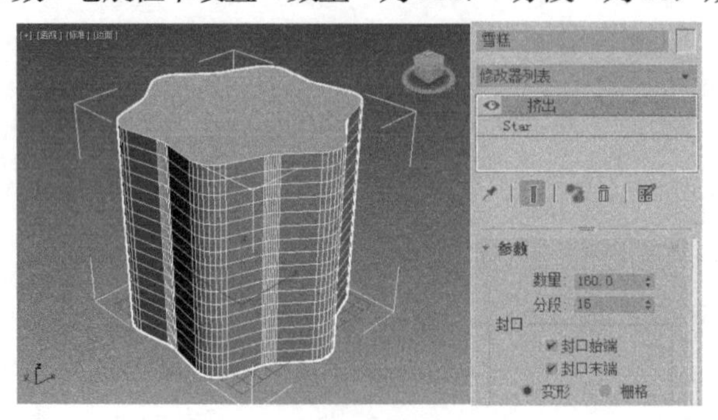


图 4-3　雪糕挤出效果与参数

📖 小技巧

“分段”数值设置为 16，增加了模型的复杂程度，以便后面添加扭曲修改器以到达预期的效果。分段值设置得越大，扭曲的效果越平滑。

3）保持“雪糕”的选中状态，展开“修改器列表”下拉列表，选择“扭曲”修改器，在“参数”卷展栏中设置“角度”为 180，“偏移”为 50，效果如图 4-4 所示。

4）继续保持“雪糕”的选中状态，展开“修改器列表”下拉列表，选择“锥化”修改器，在“参数”卷展栏中设置“数量”为-1，“曲线”为 1，效果如图 4-5 所示。

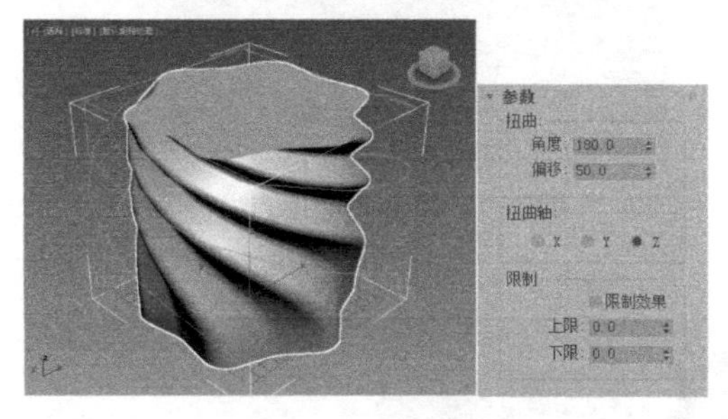


图 4-4　扭曲效果

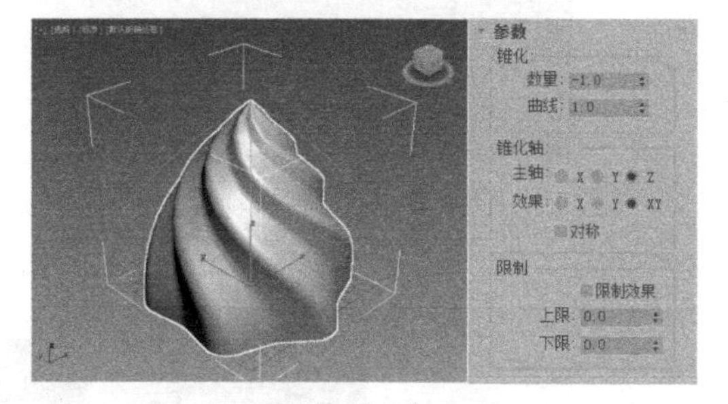


图 4-5　锥化效果

5）激活前视图，单击“最大化视口切换”按钮，将前视图最大化显示，依次选择“创建”面板 → “图形” → “样条线” → “线”，在前视图中创建一条直线，将其命名为“蛋筒”，如图 4-6 所示。

📖 小技巧

灵活地使用右下角视图控制区的“缩放”和“平移视图”等按钮，缩放冰激凌模型的显示比例，移动冰激凌的位置，调整到前视图的显示效果。

6）保持“蛋筒”的选中状态，选择“修改”面板，按数字键〈3〉，进入样条线子对象编辑状态，在“几何体”卷展栏中“轮廓”按钮右侧的文本框中输入“-4”，然后按〈Enter〉键，效果如图 4-7 所示。

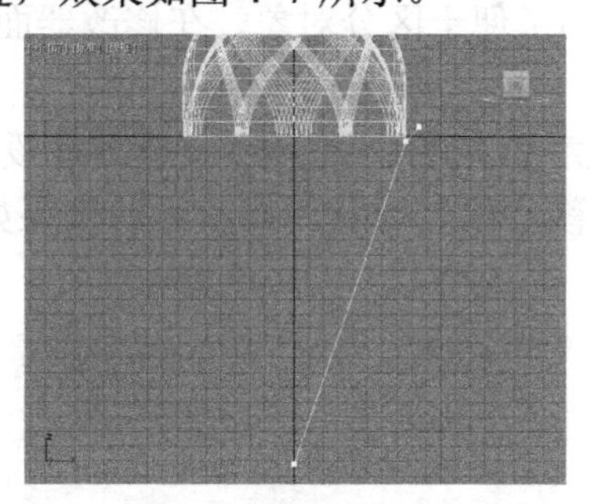

图 4-6　绘制直线

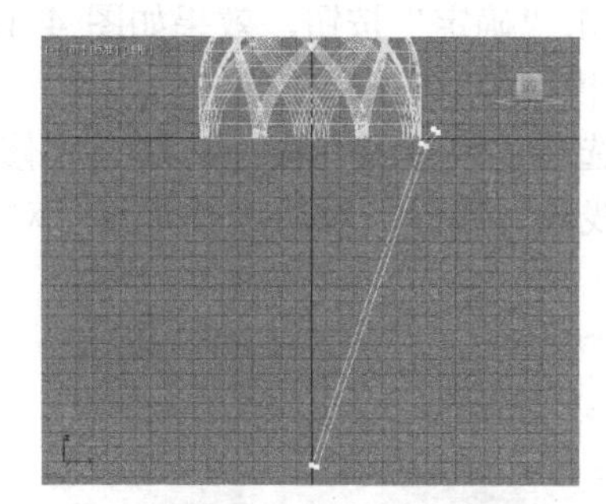

图 4-7　样条线轮廓

7）保持“蛋筒”的选中状态，按数字键〈1〉，进入顶点子对象编辑状态，选择顶端的顶点，转换顶点类型、调整顶端顶点，如图 4-8 所示。选择左下方的底部顶点，调整顶点，如图 4-9 所示。

📖 小技巧

可以观察现实中冰激凌蛋筒的外观，调整出更符合真实效果的截面形状。

8）单击修改器堆栈中的“Line”，退出子对象层级，展开“修改器列表”下拉列表，选择“车削”修改器，在“参数”卷展栏中设置“分段”为 32，单击“对齐”选项组中的“最小”按钮，在视图中观察模型，如果出现模型有破损，可选择“焊接内核”复选框，最终效果如图 4-10 所示。

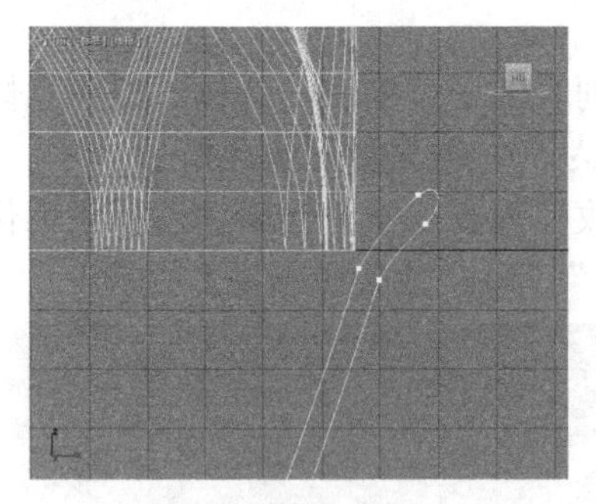
图 4-8　调整顶端顶点

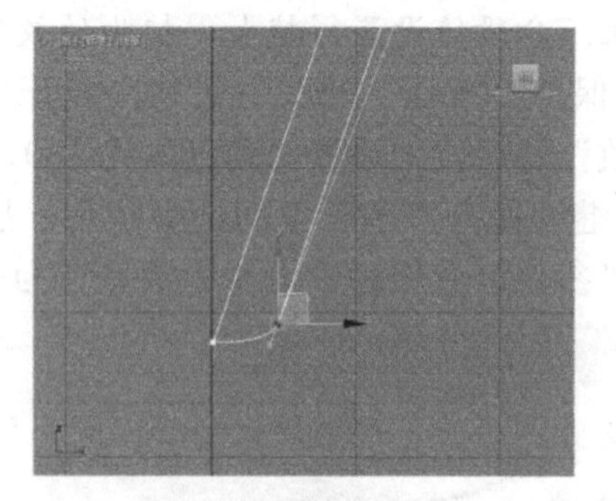
图 4-9　调整底部顶点

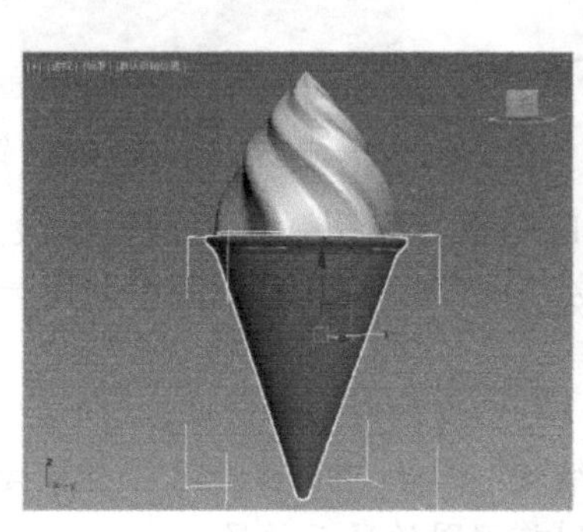

图 4-10　车削效果及参数

9）选择“蛋筒”模型，按住〈Shift〉键，在前视图中，沿 Y 轴向下拖动一段距离，在随后弹出的“克隆选项”对话框中，选择“复制”单选按钮，在“名称”文本框中输入“包装纸”，单击“确定”按钮，效果如图 4-11 所示。为了便于区分对象，在修改器面板中修改“包装纸”模型的颜色。

10）选择“包装纸”模型，选择“修改”面板，按数字键〈2〉，选择线段子对象层级，选择线段并删除，然后选择顶点子对象层级，移动顶点位置，修改后的效果如图 4-12 所示。

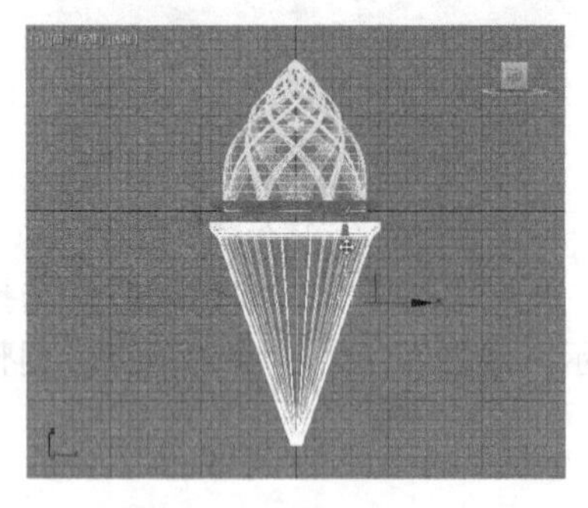
图 4-11　复制对象

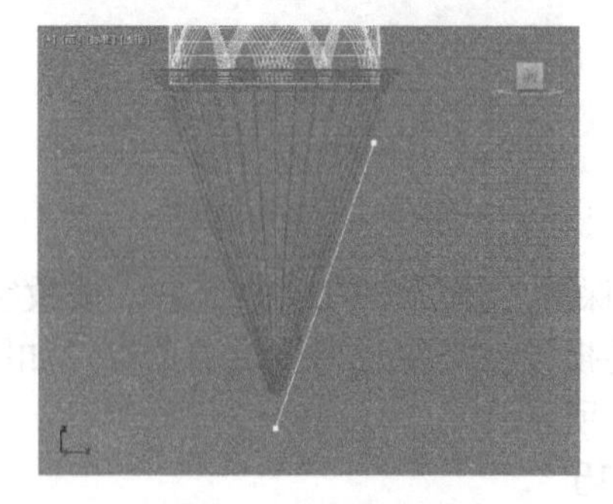
图 4-12　修改样条线

11）保持“包装纸”的选中状态，在“修改器列表”下拉列表中选择“壳”修改器，在“参数”卷展栏中设置“内部量”和“外部量”均为 0.5，效果如图 4-13 所示。

12）选择所有的模型，选择“组”→“成组”菜单命令，在弹出的“组”对话框中输入“冰激凌”，将组成冰激凌的三个模型成组。保持“冰激凌”的选中状态，单击主工具栏中“角度捕捉切换”按钮，在前视图中绕 Z 轴旋转 30°。然后以实例的方式镜像复制一个冰激凌并移动到合适位置，效果如图 4-14 所示。

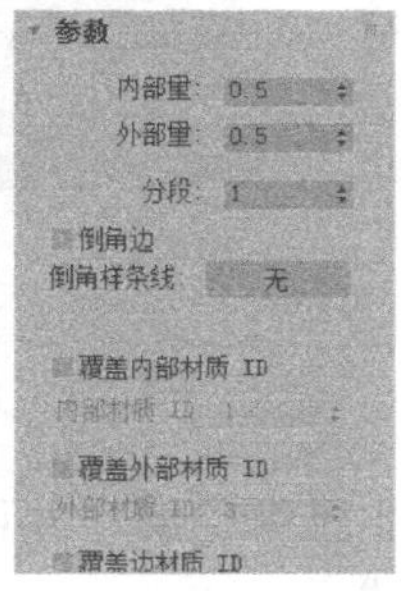


图 4-13　壳修改器

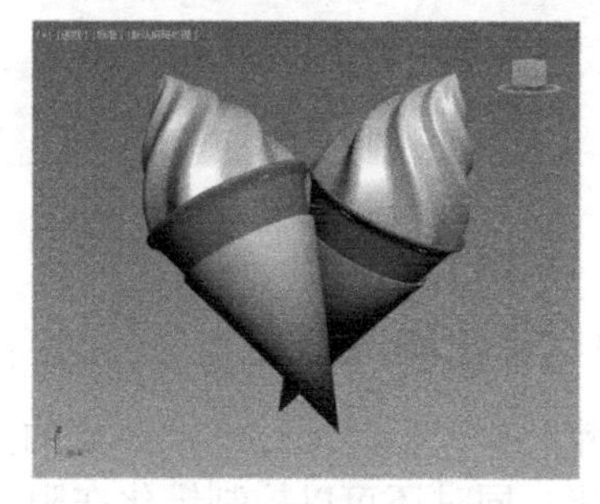

图 4-14　镜像复制效果

至此一对冰激凌模型制作完成，给冰激凌模型指定材质后，就可以渲染出具有真实质感的冰激凌效果。在本实例中，蛋筒和包装纸模型的制作运用的是第 3 章介绍的车削修改器，雪糕模型的制作是使用扭曲修改器和锥化修改器两个三维模型修改器完成的，另外为了给包装纸模型增加厚度还使用了壳修改器。

### 4.1.2　扭曲修改器

扭曲修改器能够使对象按指定的坐标轴产生扭曲效果，并可以控制扭曲产生的区域，允许限制对象的局部受到扭曲作用。

下面以四棱锥为例介绍扭曲修改器常用参数的作用，四棱锥的参数如图 4-15 所示，其中高度的分段数将影响扭曲的效果。

- 角度：设置扭曲的角度值，如图 4-16 所示。

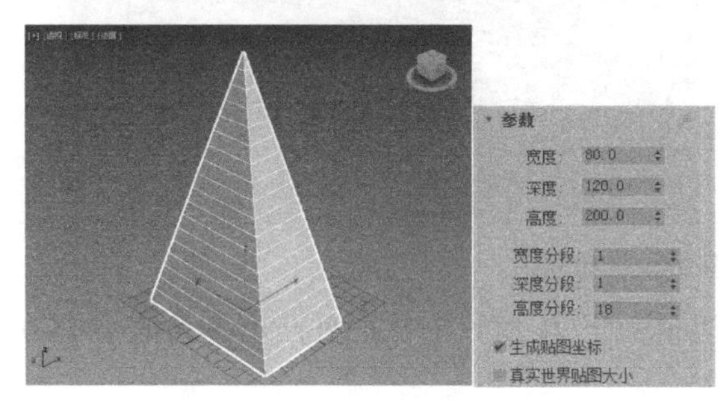


图 4-15　四棱锥参数

图 4-16　扭曲效果

- 偏移：设置产生扭曲向上或向下的偏向距离，如图 4-17 所示。
- “扭曲轴”选项组：用于设置对象产生扭曲效果的坐标轴方向。
- “限制”选项组：选择“限制效果”复选框后，可以在“上限”和“下限”数值框中设置扭曲产生的区域，扭曲仅在上限和下限之间的区域内产生，如图 4-18 所示。

观察扭曲效果可以发现，扭曲轴上对象的分段数会影响扭曲的效果，分段数越多，扭曲越平滑。

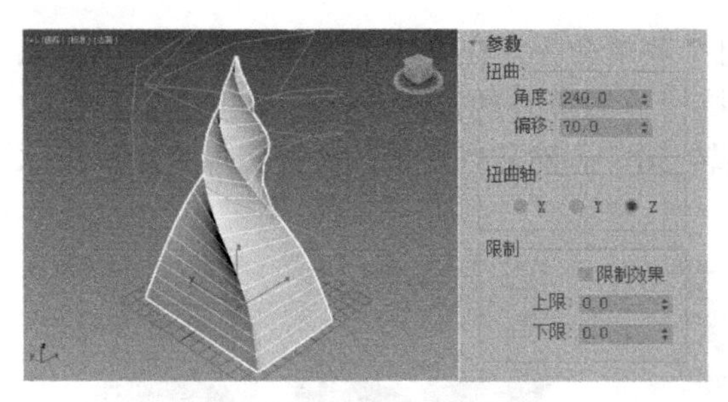


图 4-17　偏移扭曲效果

图 4-18　限制扭曲效果

### 4.1.3　锥化修改器

锥化修改器是通过缩放对象的两端产生锥形轮廓，并可以控制以光滑的曲线变形产生锥化效果，同时还可以控制锥化在限定的区域内产生。

锥化修改器的参数设置与扭曲修改器非常相似，下面以长方体为例，介绍常用参数的作用。长方体参数如图 4-19 所示。

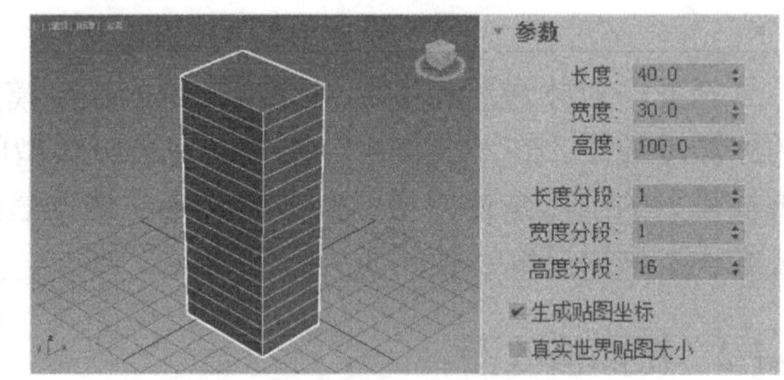


图 4-19　长方体参数

- 数量：设置对象产生锥形轮廓的强弱程度。当值小于 0 时，对象的顶端缩小；当值为-1 时，对象的顶端形成尖角锥形；当值小于-1 时，对象产生交叉锥化效果；当值大于 0 时，对象顶端变大，如图 4-20 所示。

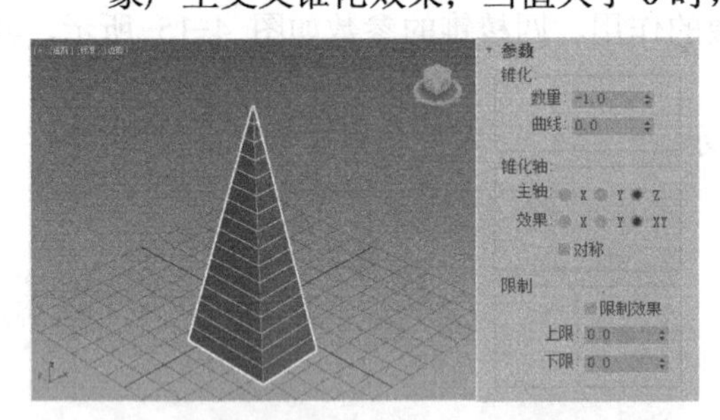


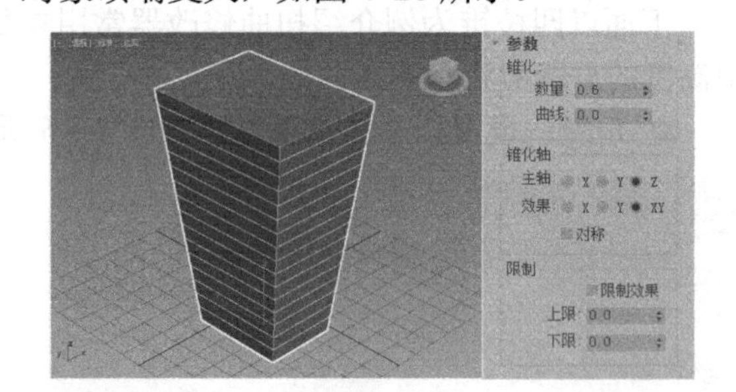


图 4-20　“数量”参数设置与效果

- 曲线：设置对象表面向外弯曲的程度。当值大于 0 时，对象向外凸出；当值小于 0 时，对象向内凹陷，如图 4-21 所示。

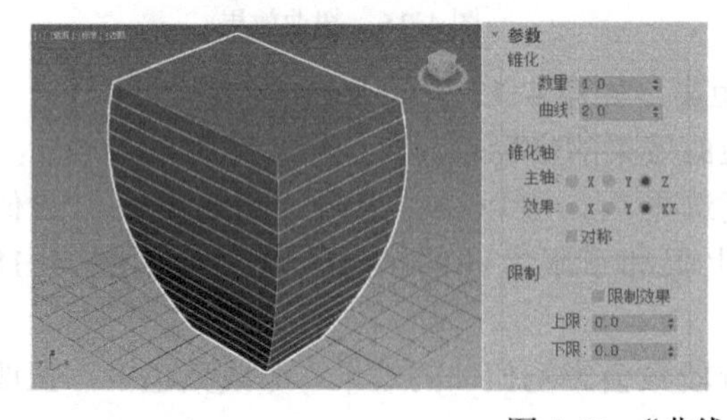


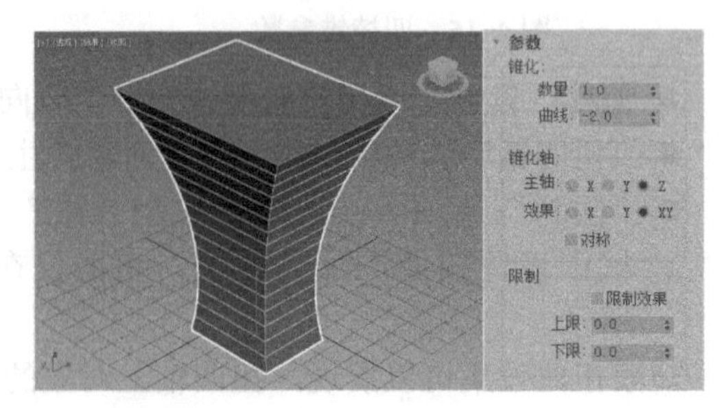


图 4-21　“曲线”参数设置与效果

- “锥化轴”选项组：设置锥化效果影响的坐标轴向。其中“主轴”设置锥化的基本轴向；“效果”设置影响效果的轴向，一般选择 XY、YZ 或 XZ 轴向以产生匀称锥化。
- “限制”选项组：与扭曲修改器的限制相似，选择“限制效果”复选框后，可以在“上限”和“下限”数值框中设置锥化产生的区域，锥化仅产生在上下限之间的区域内。

### 4.1.4 壳修改器

壳修改器用来为对象增加厚度。壳修改器的参数如图 4-22 所示，常用参数的作用如下。

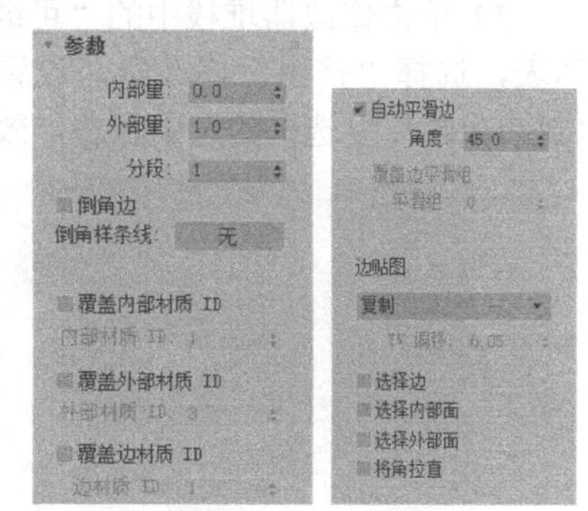


图 4-22 “壳”修改器

- 内部量：向内挤压的厚度。
- 外部量：向外挤压的厚度。
- 分段：壳厚度上边的细分值。
- 倒角边：启用该选项并指定“倒角样条线”后，使用样条线定义边的剖面和分辨率。

## 4.2 弯曲、噪波和晶格修改器

实例 4-2

### 4.2.1 【实例 4-2】洞穴的制作

本实例制作游戏场景中的洞穴模型，如图 4-23 所示。通过该模型的制作，学习弯曲修改器、噪波修改器和晶格修改器的应用。

1）选择“文件”→“重置”菜单命令重新设置场景。依次选择“创建”面板 + →“图形” →“样条线”→“圆”，在前视图中绘制圆形，设置半径为 60，将其命名为“洞壁”。在视图中单击鼠标右键，在弹出的快捷菜单中选择“转换为可编辑样条线”命令，将圆形转换成可编辑样条线对象，如图 4-24 所示。

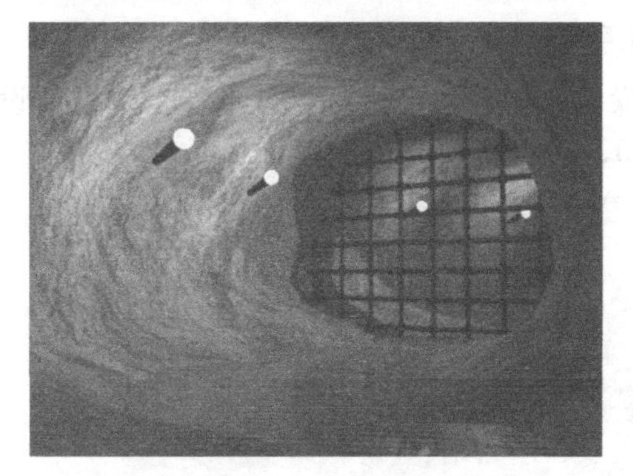

图 4-23　洞穴效果

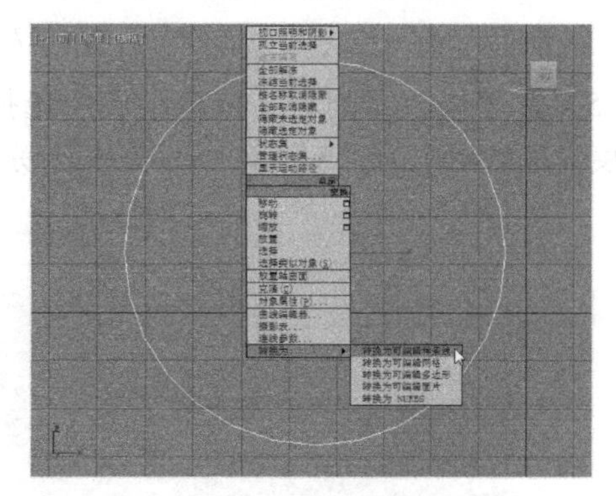

图 4-24　转换为可编辑样条线

**小技巧**

将圆形转换成可编辑样条线后，将丢失圆形的创建参数。如果想保留圆形的创建参数，可以对圆形应用编辑样条线修改器。

2）确定“洞壁”处于选中状态，选择“修改”面板，按数字键〈1〉，选择顶点子对象层级，在前视图中选择并删除圆形下部的顶点，效果如图 4-25 所示。

3）单击修改器堆栈中的“可编辑样条线”，退出子对象层级，展开“修改器列表”下拉列表，选择“挤出”修改器，设置“数量”为 220，“分段”为 20，取消“封口始端”和“封口末端”复选框的选中状态，效果如图 4-26 所示。

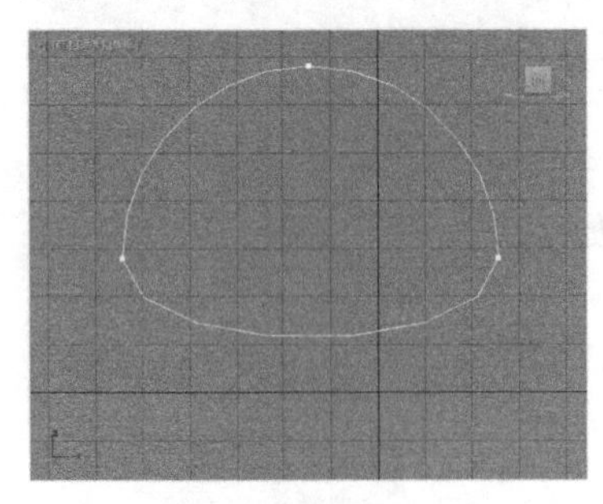

图 4-25 删除顶点

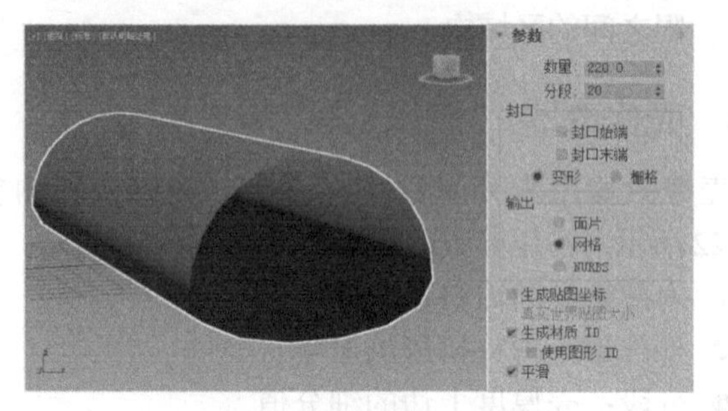


图 4-26 洞壁挤出效果

4）在“修改器列表”下拉列表中选择“弯曲”修改器，设置“角度”为-50，效果如图 4-27 所示。

**🕮 小技巧**

为了更好地观察场景的效果，可以在透视图中运用视图控制区中的“弧形旋转”按钮和“视野”按钮来旋转视图和调整视野范围。

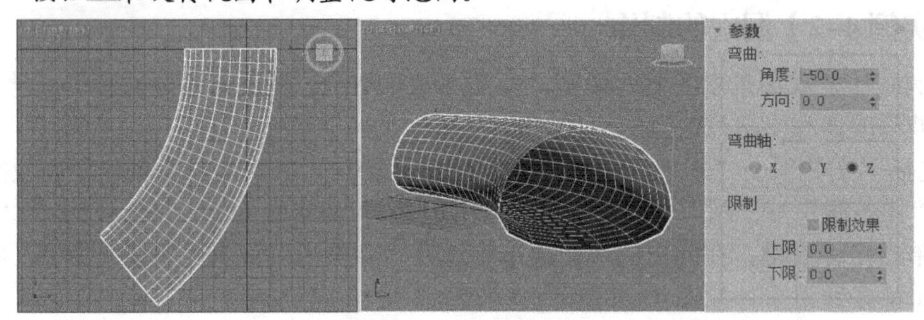


图 4-27 洞壁弯曲效果

5）在“修改器列表”下拉列表中选择“噪波”修改器，选择“分形”复选框，设置“强度”选项组中的“X”和“Y”的值分别为 20、30，效果如图 4-28 所示。

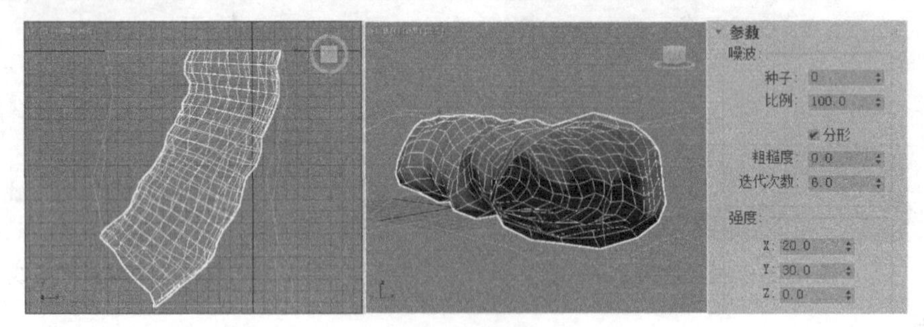


图 4-28 洞壁噪波效果

6）依次选择“创建”面板→“摄影机”→“目标”，在顶视图中单击并拖动创建摄影机，使用“选择并移动”按钮在各视图中移动摄影机和摄影机目标点的位置，单击透视图视口左上角的视点标签菜单，在弹出的菜单中单击“摄影机”→“Camera01”，将透视图转换为摄影机视图，如图 4-29 所示。

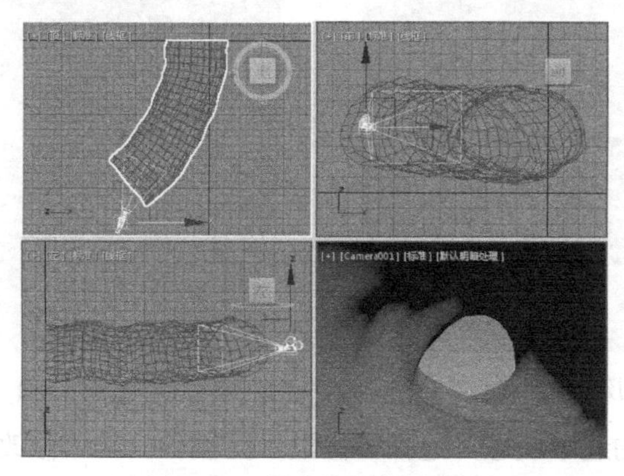

图 4-29　创建并调整摄影机

### 小技巧

创建摄影机会产生摄影机本身和摄影机目标点两个对象，例如，创建 Camera01 的同时会产生 Camera01.Target 对象，移动摄影机时，可以单独移动摄影机本身或摄影机目标点，也可以同时移动。

7）激活摄影机视图，按〈F9〉键进行快速渲染，发现渲染效果并不理想。选择“洞壁”对象，选择“修改”面板，在“修改器列表”下拉列表中选择“法线”修改器，选择“翻转法线”复选框。

8）选择“洞壁”对象，在“修改器列表”下拉列表中选择“对称”修改器，在“参数”卷展栏中选择“Z”单选按钮，得到洞壁对称效果如图 4-30 所示。

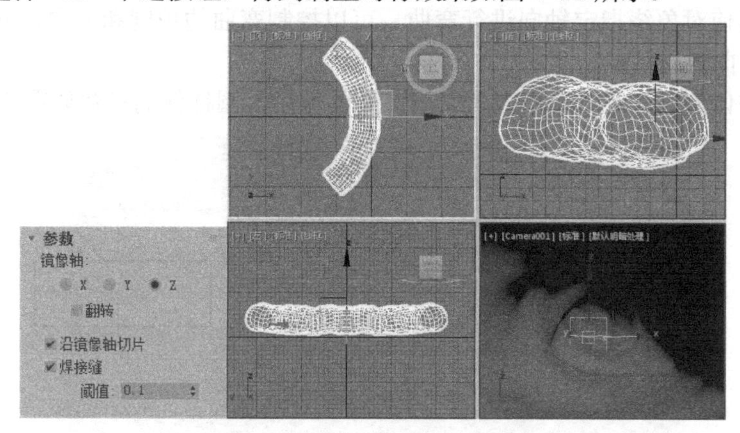


图 4-30　洞壁对称参数及效果

9）依次选择“创建”面板→“几何体”→“标准基本体”→“平面”，在顶视图中拖动绘制覆盖全部洞壁的平面，设置“长度分段”和“宽度分段”为 1，并命名为“水面”。在前视图中使用“选择并移动”按钮将“水面”移动至适当位置，如图 4-31 所示。

10）用同样的方法再在前视图中创建一个平面，设置“长度”为 110，“宽度”为 140，“长度分段”和“宽度分段”为 10，并命名为“栅栏”。使用“选择并移动”按钮将“栅栏”移动至适当位置，如图 4-32 所示。

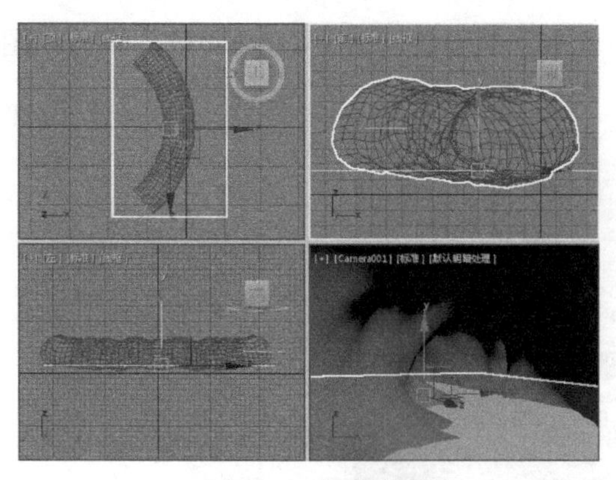

图 4-31　创建水面

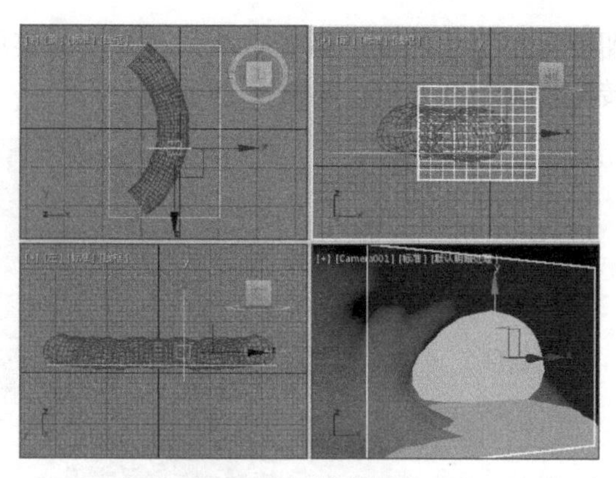

图 4-32　创建栅栏

11）保持“栅栏”的选中状态，选择“修改”面板，在“修改器列表”下拉列表中选择“晶格”修改器，设置“支柱”选项组中的“半径”为 1，选择“平滑”复选框，设置“节点”选项组中的“半径”为 3，效果如图 4-33 所示。

洞穴场景的模型制作基本完成，给场景中的对象指定适当的材质并创建灯光后，就可以进行场景渲染输出。有关该场景的材质和灯光的创建和编辑将在后面做详细讲解，下面介绍在本实例中运用到的几个常用三维模型修改器。

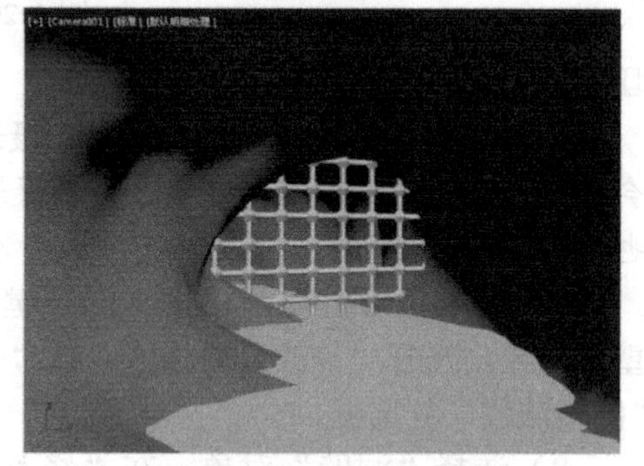

图 4-33　栅栏晶格效果

## 4.2.2　弯曲修改器

弯曲修改器使对象绕指定轴向进行弯曲，可以控制弯曲的角度和方向，并可以限制在局部区域内产生弯曲效果。

下面以圆柱体为例介绍弯曲修改器常用参数的作用，圆柱体的参数如图 4-34 所示。

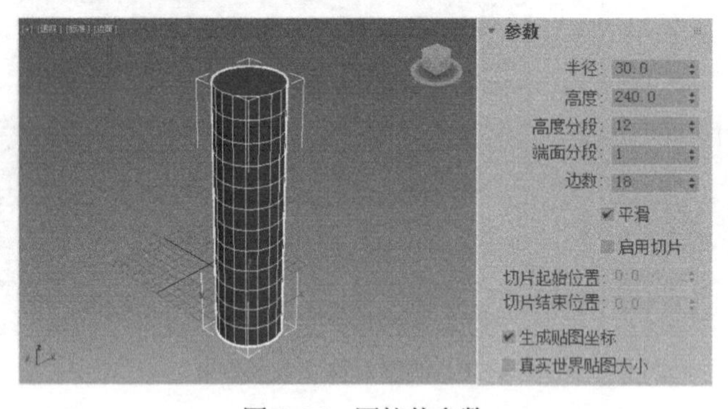


图 4-34　圆柱体参数

- 角度：设置对象弯曲的角度值，如图 4-35 所示。
- 方向：设置对象弯曲的水平方向，如图 4-35 所示。
- “弯曲轴”选项组：设置对象产生弯曲效果的坐标轴方向。
- “限制”选项组：选择“限制效果”复选框后，可以在“上限”和“下限”数值框中设置弯曲产生的区域，弯曲效果仅在上限和下限之间的区域内产生，如图 4-36 所示。

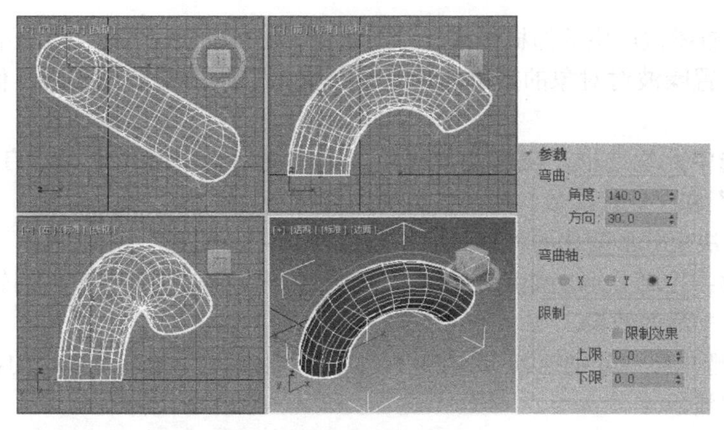


图 4-35　弯曲的角度与方向

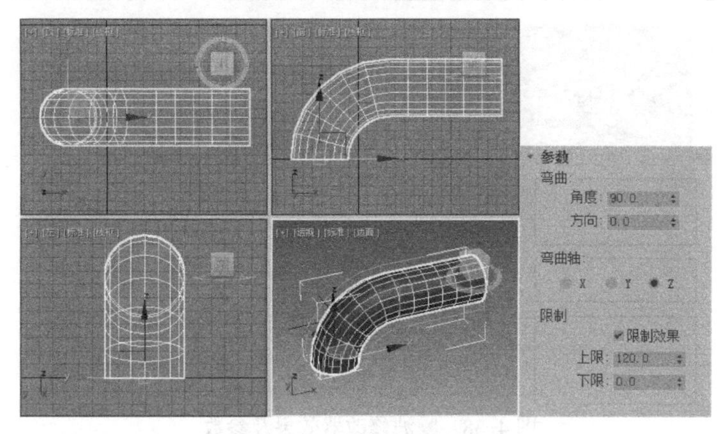


图 4-36　弯曲的限制效果

### 4.2.3　噪波修改器

噪波修改器是对对象表面的点进行随机变动，使对象表面产生不规则起伏的效果。噪波修改器一般用来制作地形、山脉、起伏的沙漠、水面等对象。噪波产生的效果与对象的复杂程度有关，对象越复杂，包含的点面越多，噪波的起伏效果越明显。

下面以平面为例介绍噪波修改器常用参数的作用，平面的参数如图 4-37 所示，应用噪波修改器的效果及参数设置如图 4-38 所示。通常情况下，采用对平面对象应用噪波修改器来制作起伏不平的地形和水面等模型。

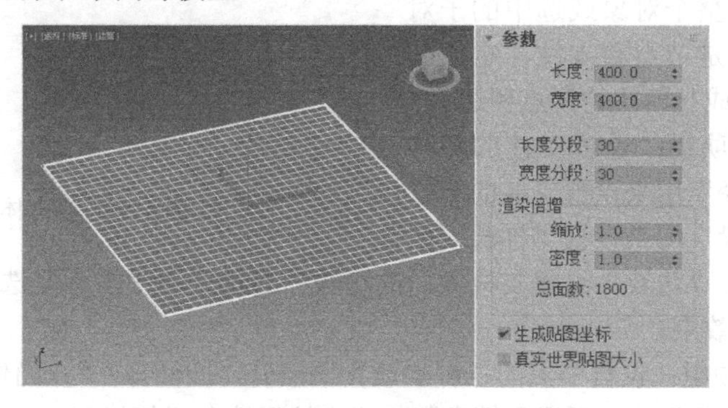


图 4-37　平面参数

- 种子：设置噪波产生的随机效果，相同设置下不同的种子数会产生不同的效果。
- 比例：设置噪波对对象的影响程度。值越大，产生的噪波越平缓；值越小，噪波越尖锐。
- 分形：选中此复选框，噪波的效果更复杂，更适合于制作地形。启用“分形”后，“粗糙度”和“迭代次数”两个参数变为可用。
- 粗糙度：决定分形变化的程度。取值范围为0～1，值越小越精细。
- 迭代次数：控制分形功能所使用的迭代数目。较小的迭代次数使用较少的分形能量并生成更平滑的效果。
- “强度”选项组：分别控制X、Y和Z轴三个轴向上对象产生起伏的程度，值越大，起伏越剧烈。
- “动画”选项组：通过为噪波图案叠加一个正弦波形，控制噪波效果的形状。

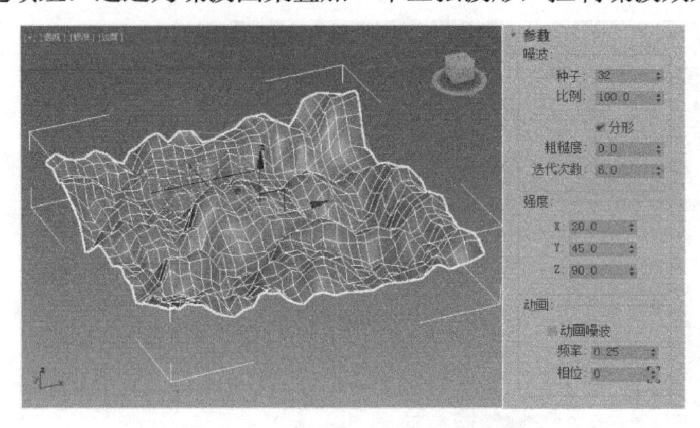


图4-38　噪波修改器效果及参数

### 4.2.4　晶格修改器

晶格修改器能够将网格对象表现为线框造型，线框转化为连接的支柱，交叉点转化为节点。晶格修改器一般用来制作框架结构的对象。

下面以立方体为例介绍晶格修改器常用参数的作用，立方体的参数如图4-39所示，长方体应用晶格修改器的效果及参数设置如图4-40所示。

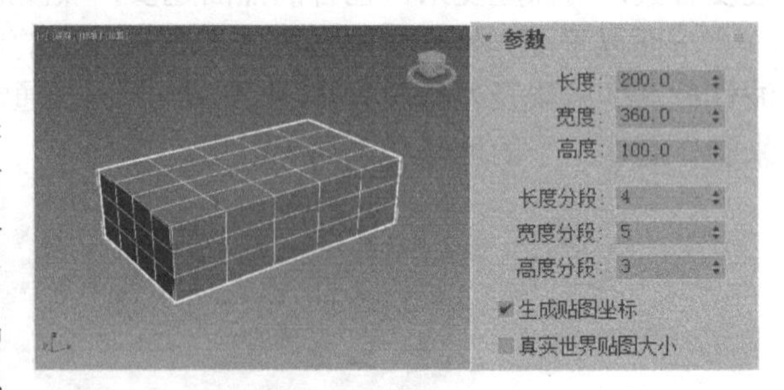


图4-39　立方体参数

- “几何体”选项组：设置晶格效果是否应用于整个对象或选中的子对象，子对象是节点和支柱，它们分别来自于构成几何体的顶点和边。
- “支柱”选项组：设置支柱的各种参数。“半径”用来设置支柱的半径大小；“分段”用来设置支柱长度上的分段数量；“边数”设置支柱截面的边数；若选中“平滑”复选框，则支柱具有光滑的圆柱体效果。
- “节点”选项组：设置节点的各种参数。节点有“四面体”“八面体”“二十面体”三种类型。“半径”和“平滑”等参数与“支柱”选项组相似。

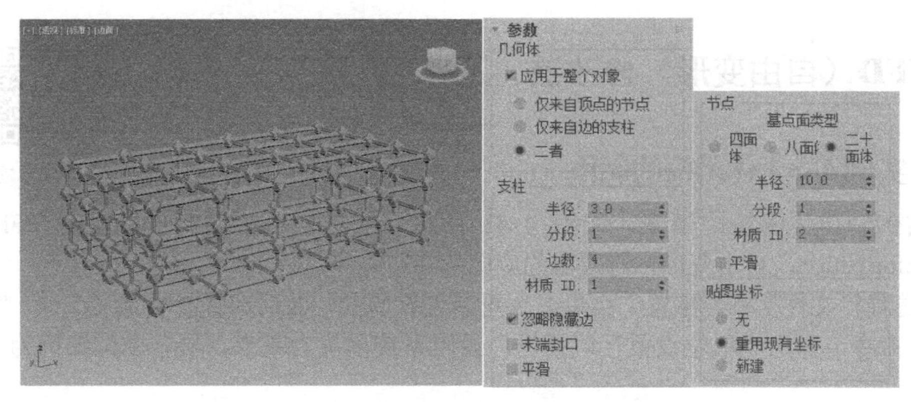


图 4-40　晶格修改器效果及参数设置

### 4.2.5　法线修改器

在 3ds Max 中，对象的各个面都是有方向性的，只有法线方向的面是可见的，而该面的背面在渲染时是不可见的。通常，创建的三维模型的法线方向是向外的，因而外面是可见的面。

法线修改器是用来改变对象的法线方向的。法线修改器的参数非常简单，若选中“统一法线”复选框，则统一对象的法线，使所有法线都指向同一方向，通常是向外；选择“翻转法线”则翻转选中对象的全部曲面法线的方向。

### 4.2.6　对称修改器

对称修改器用于镜像物体，它的参数面板如图 4-41 所示。对称修改器常用参数的作用如下。

- X/Y/Z：用于指定执行对称所围绕的镜像轴。可以在选中轴的同时在视口中观察效果。图 4-42 所示为使用不同镜像轴的对称效果。

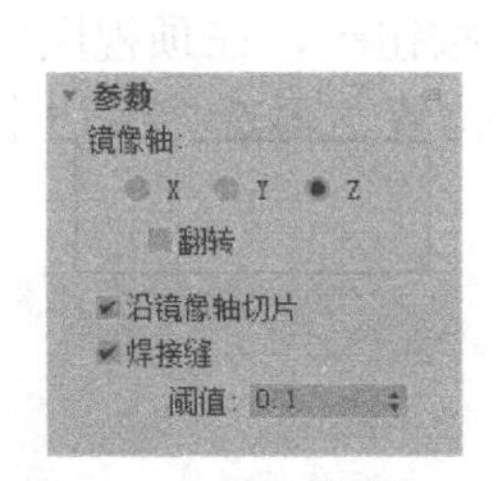


图 4-41　对称参数

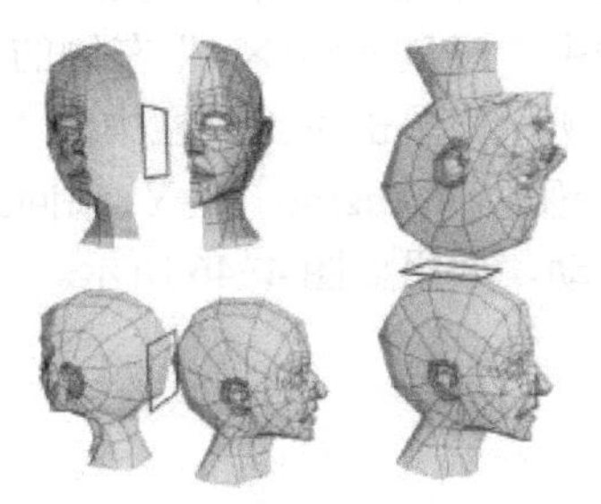

图 4-42　对称效果

- 翻转：用于设置是否翻转对称效果的方向。默认为禁用。
- 沿镜像轴切片：启用该复选框后，镜像 Gizmo 在定位于网格边界内部时作为一个切片平面。当 Gizmo 位于网格边界外部时，对称反射仍然作为原始网格的一部分来处理。如果选择禁用，对称反射会作为原始网格的单独元素来进行处理。默认设置为启用。
- 焊接缝：启用该复选框会确保沿镜像轴的顶点在阈值以内时自动焊接。默认设置为启用。
- 阈值：用来设置可以自动焊接顶点的距离。

## 4.3 FFD（自由变形）修改器

实例 4-3

### 4.3.1 【实例 4-3】休闲椅的制作

本实例制作休闲椅的模型，如图 4-43 所示。通过该模型的制作，学习 FFD（Free Form Deformation，自由变形）修改器的应用。

1）选择“文件”→“重置”菜单命令重新设置场景。然后选择“自定义”→“单位设置”菜单命令，弹出“单位设置”对话框，设置系统单位为毫米，显示单位比例为“公制”“毫米”。

2）依次选择“创建”面板→“几何体”→“扩展基本体”→“切角长方体”，在顶视图中创建一个切角长方体，设置“长度”为 360，“宽度”为 360，“高度”为 30，“圆角”为 8，“长度分段”和“宽度分段”为 10，“高度分段”为 2，“圆角分段”为 3，命名为“坐垫”，参数与效果如图 4-44 所示。

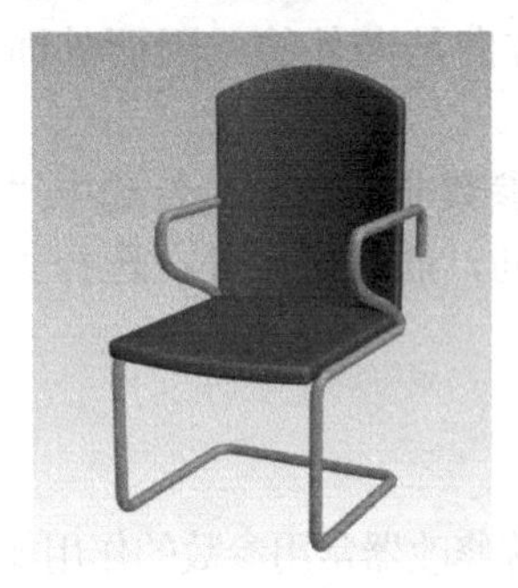

图 4-43　休闲椅模型

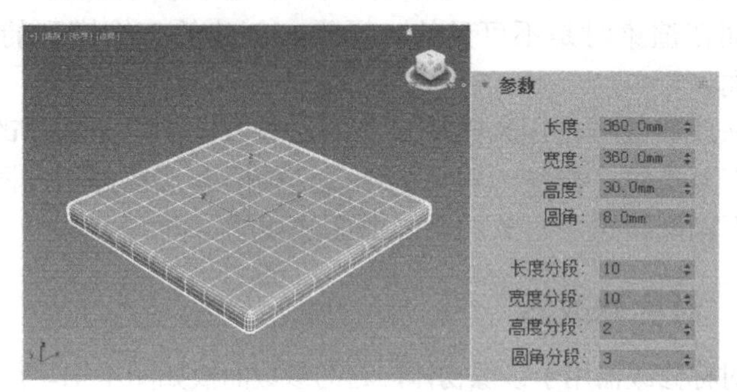


图 4-44　创建坐垫

3）选择“修改”面板，在“修改器列表”下拉列表中选择“FFD 4×4×4”修改器，单击修改器堆栈中“FFD 4×4×4”左侧的，在展开的子对象层级上单击“控制点”子对象，如图 4-45 所示。单击主工具栏中的“选择并移动”按钮，在顶视图中选择上边中间的两组控制点，沿移动 Gizmo 的 Y 轴向上移动至适当位置，再选择底边中间的两组控制点，沿反方向移动，效果如图 4-46 所示。

图 4-45　“控制点”子对象

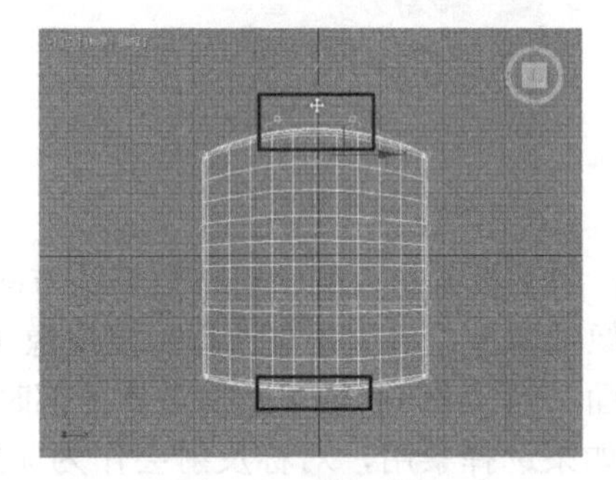

图 4-46　移动控制点

4）在顶视图中选择如图 4-47 所示控制点，单击“选择并移动”按钮后在左视图中沿移动 Gizmo 的 Y 轴向下移动至适当位置，形成坐垫中间凹陷的效果。返回顶视图并选择如图 4-48 所示控制点，在顶视图中沿移动 Gizmo 的 Y 轴向下移动，再转到左视图并沿移动

Gizmo 的 Y 轴向上移动控制点，形成坐垫前端的拱起效果。

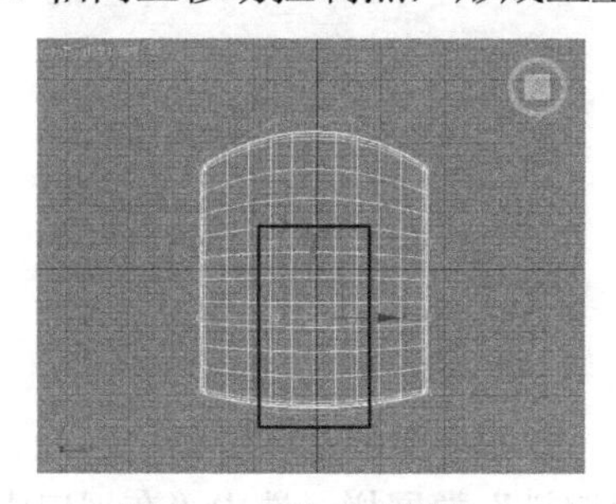

图 4-47　移动控制点

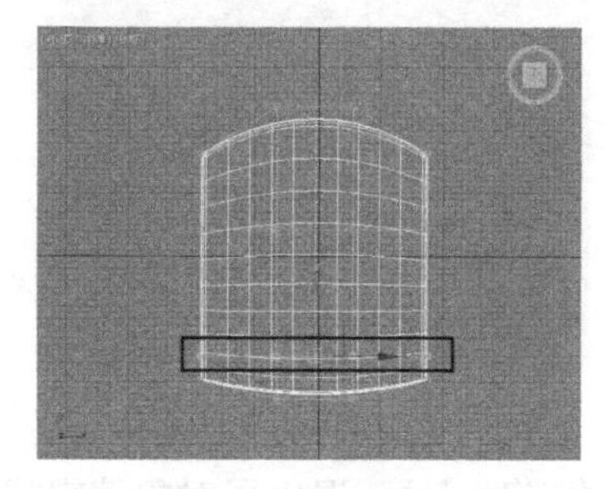

图 4-48　移动控制点

5）单击“切角长方体”按钮，在前视图中创建一个切角长方体，设置“长度”为 400，“宽度”为 360，“高度”为 30，“圆角”为 8，“长度分段”和“宽度分段”为 10，“高度分段”为 2，“圆角分段”为 3，命名为“靠背”。使用移动和对齐工具将“靠背”移动至如图 4-49 所示位置。

6）确定“靠背”处于选中状态，选择“修改”面板，在“修改器列表”下拉列表中选择“FFD 4×4×4”修改器，选择“控制点”子对象，在前视图中选择上边中间的两组控制点，移动到如图 4-50 所示位置。在顶视图中再选择如图 4-51 所示的控制点，转到左视图并沿移动 Gizmo 的 X 轴向左移动控制点形成靠背的弯曲弧度，效果如图 4-52 所示。移动靠背至合适的位置。

图 4-49　创建并对齐靠背

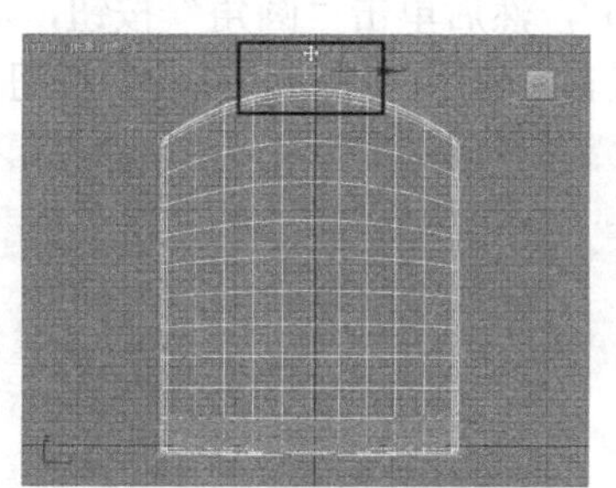

图 4-50　调整控制点

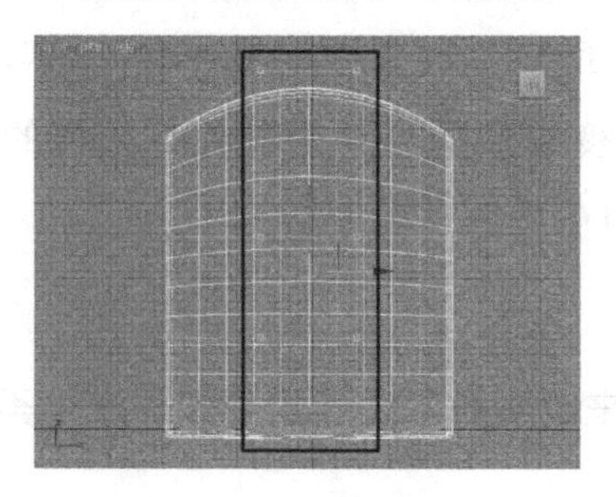

图 4-51　选择控制点

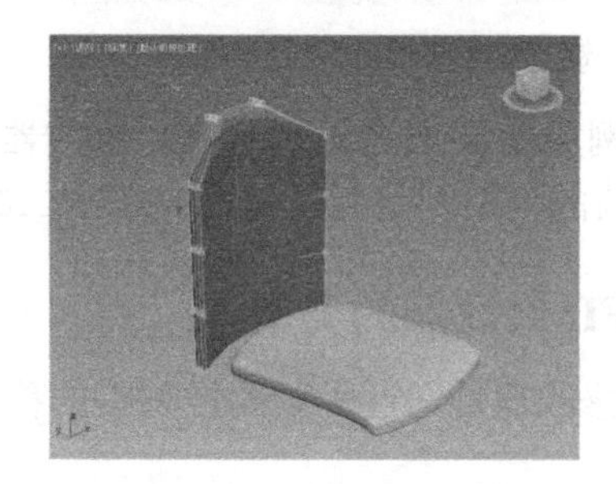

图 4-52　靠背弯曲效果

7）依次选择“创建”面板→“图形”→“样条线”→“线”，在左视图中绘制一条样条线，命名为“扶手”，形状如图 4-53 所示。

8）选择“修改”面板，按数字键〈1〉，选择顶点子对象层级，选择除起点和终点以外的所有顶点，在“几何体”卷展栏中“圆角”按钮后的文本框中输入“30”，然后单击“圆角”按钮，对选择的顶点进行圆角处理，如图 4-54 所示。

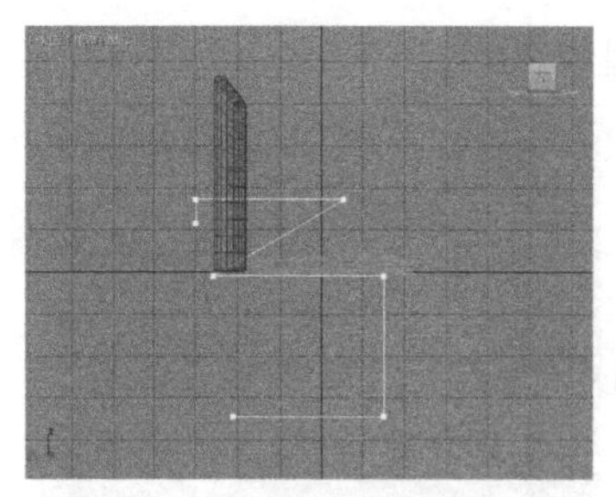

图 4-53　绘制扶手样条线

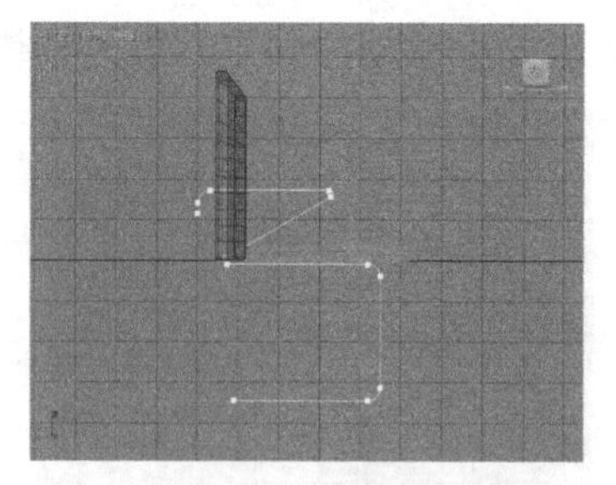

图 4-54　圆角顶点

9）按数字键〈1〉，退出子对象编辑状态，单击“渲染”卷展栏，选中“在视口中显示”和“在渲染中显示”复选框，设置“径向”选项组中的“厚度”为 15。确定“扶手”处于选中状态，选择顶视图，单击主工具栏中的“镜像”按钮，在弹出的对话框中选中“X”和“复制”单选按钮，在“偏移”文本框中输入 360，单击“确定”按钮，镜像复制后的效果如图 4-55 所示。

10）选择“扶手”，选择“修改”面板，在“几何体”卷展栏中单击“附加”按钮，在视图中选择镜像的另一半扶手，再单击“附加”按钮，关闭附加操作。按数字键〈1〉，选择顶点子对象层级，在“几何体”卷展栏中单击“连接”按钮，依次单击扶手对象底部的两个断开的顶点，将扶手连接成一体，再单击“连接”按钮，关闭连接操作，效果如图 4-56 所示。

11）在视图中选择刚连接的两个顶点，在“几何体”卷展栏中“圆角”按钮后的文本框中输入“30”，然后单击“圆角”按钮，对选择的顶点进行圆角处理。按数字键〈1〉，退出子对象编辑状态，使用“选择并移动”按钮，将扶手移动至适当位置，效果如图 4-57 所示。

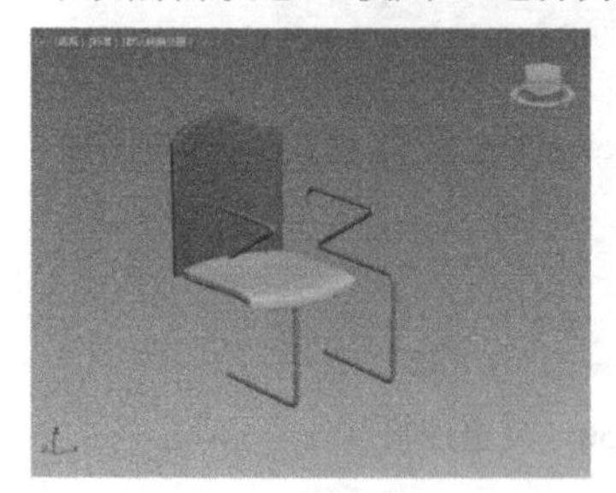

图 4-55　镜像复制扶手

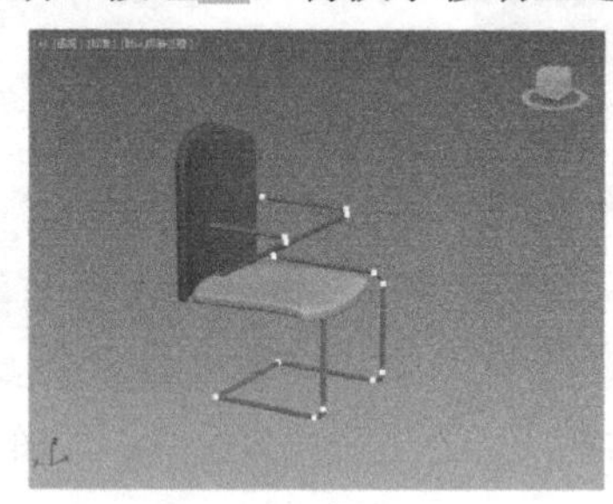

图 4-56　连接扶手

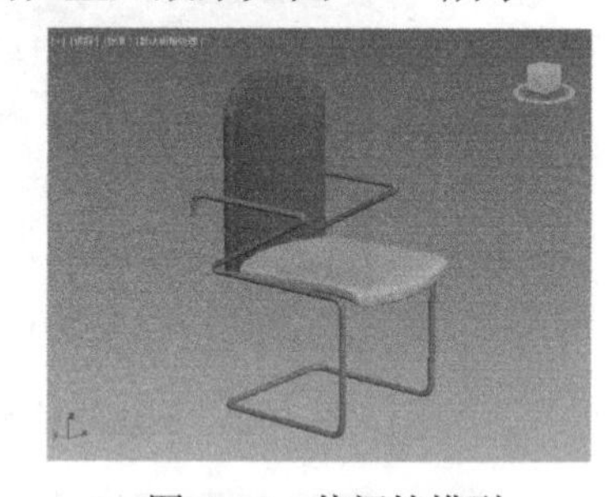

图 4-57　休闲椅模型

本实例中主要通过运用 FFD 修改器柔和地改变对象的外形来制作休闲椅的坐垫和靠背，休闲椅的框架则是利用前面介绍的二维图形的可渲染属性创建的。

### 4.3.2　FFD 修改器的类型

FFD 修改器是通过少量的控制点的移动等变换来改变对象表面的形状，产生柔和平滑的变形效果。

FFD 修改器包括 FFD 2×2×2、FFD 3×3×3、FFD 4×4×4、FFD（长方体）和 FFD（圆柱体）共五种类型。前四种类型都是长方体形状的控制晶格，前三种中的三个数字分别表示 X、Y、Z 轴向上控制点的数量，而 FFD（长方体）中 X、Y、Z 轴向上控制点的数量可以在修改面板中自行设置；FFD（圆柱体）是以圆柱的形式排列控制点，控制点的数量也可以自行设置。这组 FFD 修改器的功能和使用方法基本相同，在具体应用中可根据使用该修改器的对象的外形加以选择，前四种比较适合应用于近似于长方体形状的模型，而后者适合应用于近似于圆柱体形状的模型。

下面以 FFD（长方体）为例介绍 FFD 修改器的参数和使用方法。

### 4.3.3 FFD（长方体）修改器

FFD（长方体）修改器的参数卷展栏如图 4-58 所示，常用参数的作用如下。

- “尺寸”选项组：单击“设置点数”按钮，在弹出的“设置 FFD 尺寸”对话框中可以设置 FFD（长方体）长、宽、高方向的控制点数，如图 4-59 所示。

📖 小技巧

在“设置 FFD 尺寸”对话框中，若设置长、宽、高均为 3，则与 FFD 3×3×3 修改器一致。如果是 FFD（圆柱体）修改器，则在“设置 FFD 尺寸”对话框中设置边、半径和高方向上的控制点数。

- “变形”选项组：若选择“仅在体内”单选按钮，则对象在结构线框内的部分受到变形影响；若选择“所有顶点”单选按钮，则对象和全部节点都受到变形的影响。
- “选择”选项组：用于控制选择沿着 X、Y、Z 轴方向排列的所有控制点。
- “控制点”选项组：单击“重置”按钮可以将全部控制点恢复到初始状态。“与图形一致”按钮可以将所有控制点沿模型表面重新排列。

FFD（长方体）修改器有三个子对象层级：控制点、晶格和设置体积，如图 4-60 所示。对模型的修改是在控制点子对象层级下进行的，通过控制点位置的改变来柔和地影响对象的形状。

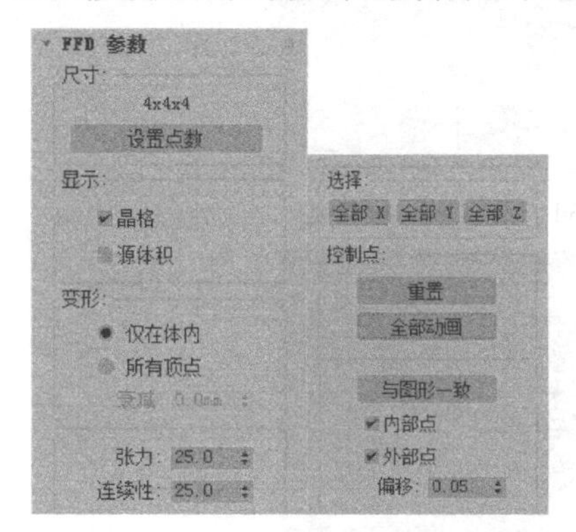


图 4-58 FFD（长方体）修改器的参数卷展栏

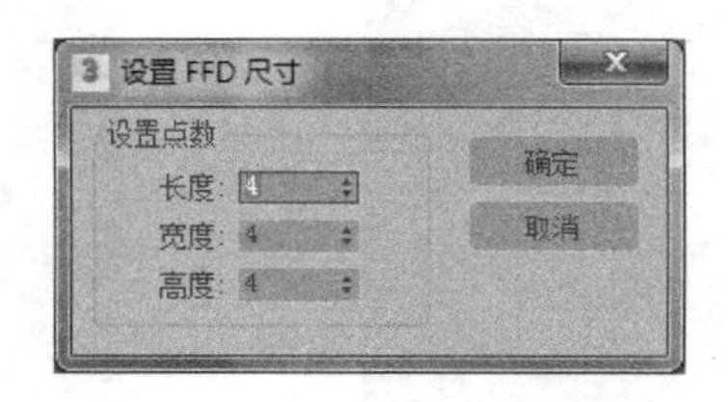


图 4-59 “设置 FFD 尺寸”对话框

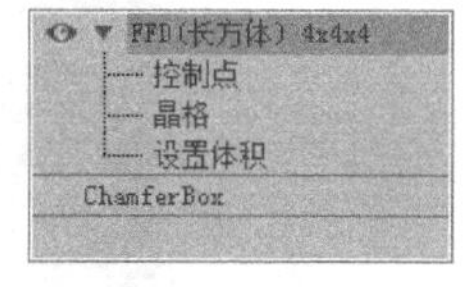


图 4-60 子对象层级

下面以哑铃模型的制作为例，具体介绍 FFD（长方体）修改器的应用。

1）依次选择“创建”面板 + →“几何体”→“扩展基本体”→“切角长方体”，在顶视图中创建切角长方体，如图 4-61 所示。

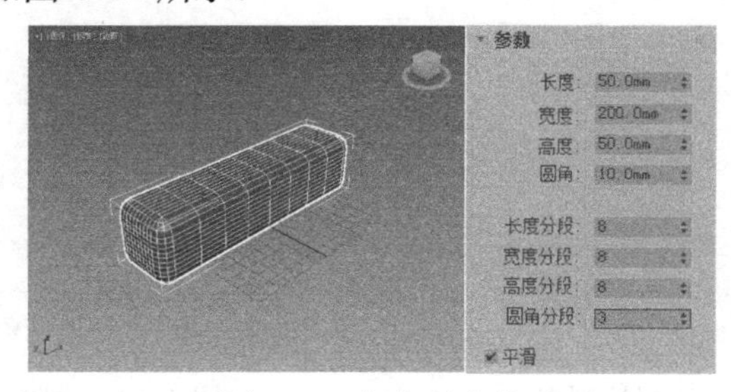


图 4-61 切角长方体

2）选择“修改”面板，在“修改器列表”下拉列表中选择“FFD（长方体）”修改器，单击“设置点数”按钮，在“设置 FFD 尺寸”的对话框中设置参数，参数值和效果如图 4-62 所示。

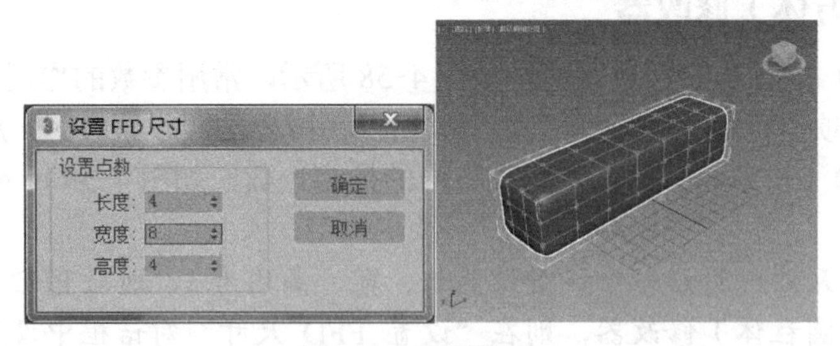


图 4-62　设置点数

3）在修改器堆栈中，单击“FFD（长方体）”修改器左側的，选择“控制点”子对象层级，在顶视图中选择中间四组控制点，如图 4-63 所示。切换到左视图，在主工具栏中单击“选择并均匀缩放”按钮，将缩放光标放置到如图 4-64 所示位置，在 XY 平面上缩小，再切换到前视图，如图 4-65 所示，沿 X 轴放大控制点，效果如图 4-66 所示。

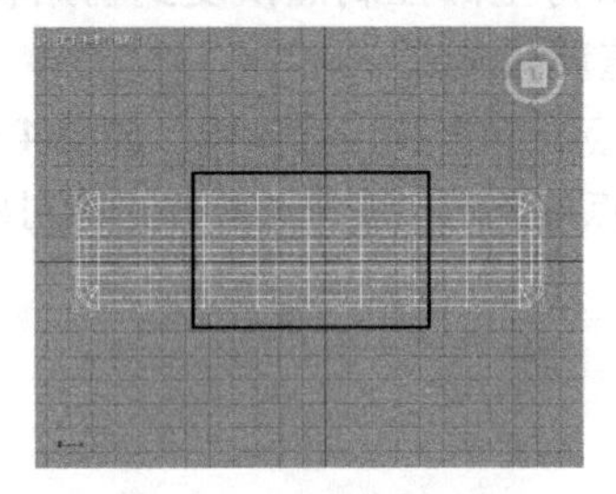

图 4-63　选择控制点

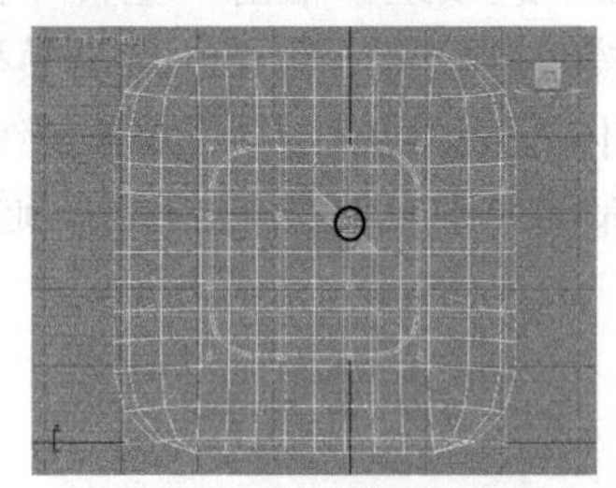

图 4-64　沿 XY 平面缩小

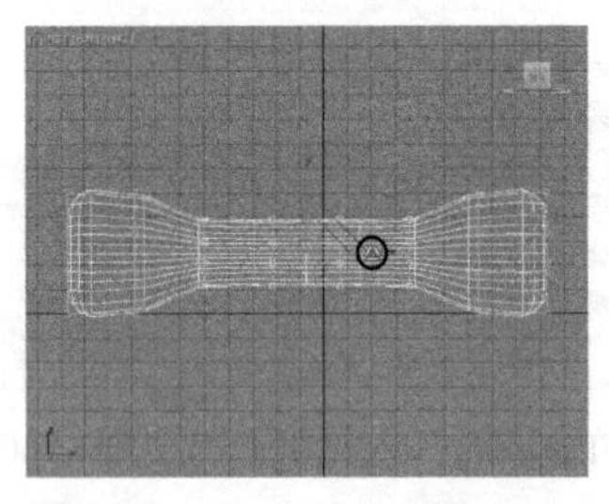

图 4-65　沿 X 轴放大控制点

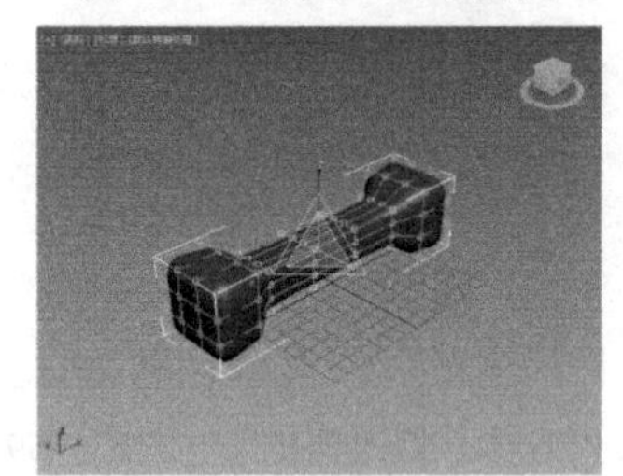

图 4-66　哑铃手柄效果

4）在前视图中按住〈Ctrl〉键选择如图 4-67 所示控制点，切换至左视图，按住〈Alt〉键去除如图 4-68 所示的控制点，完成哑铃两个端面中间控制点选择。再切换到前视图，沿 X 轴上放大控制点，效果如图 4-69 所示。

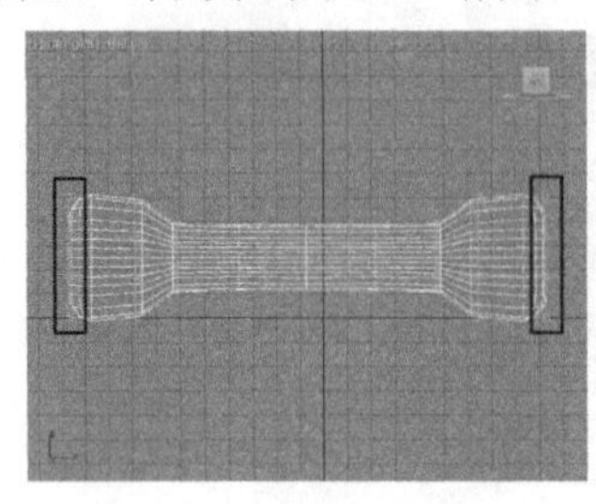

图 4-67　选择控制点

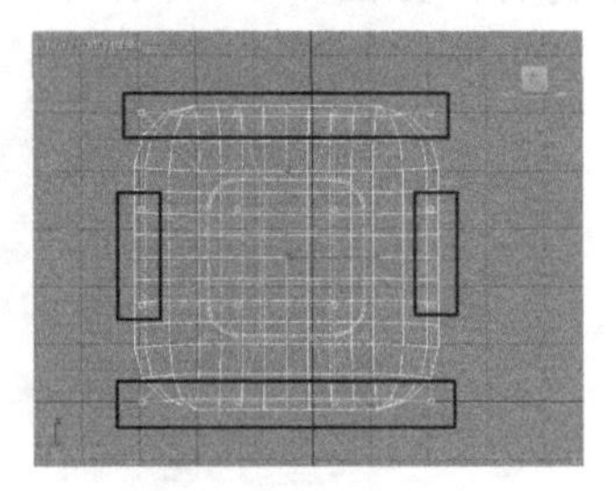

图 4-68　去除控制点

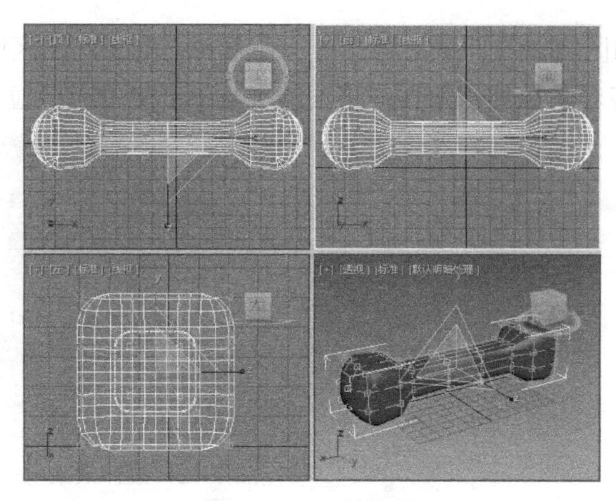

图 4-69　哑铃效果

📖 小技巧

在顶视图中选择控制点后，切换到另一视图时，右击要切换的视图，然后进行操作。如果单击要切换的视图，则已选择的控制点将被取消选择。在选择对象时，按住〈Ctrl〉键可以多选对象，按住〈Alt〉键可以去除已选择的对象。

在对几何体进行自由变形时，要适当增加几何体的分段数，如果几何体的分段数过低，自由变形的效果会比较生硬。为切角圆柱体对象应用相同的 FFD（圆柱体）修改器变形，图 4-70a 所示为高度分段数设置为 3 时的变形效果，图 4-70b 所示为高度分段数设置为 8 时的变形效果。

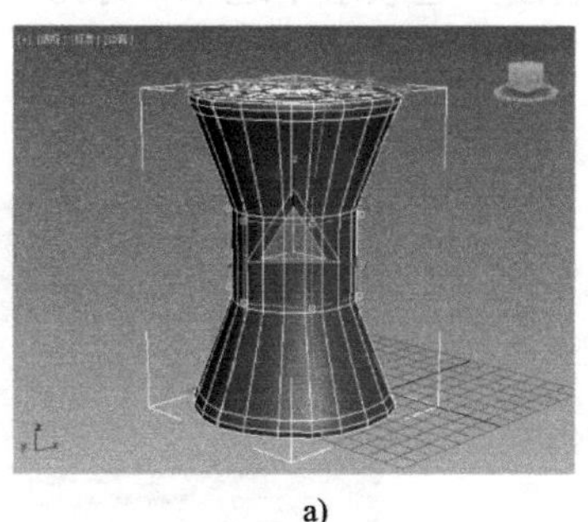

a)

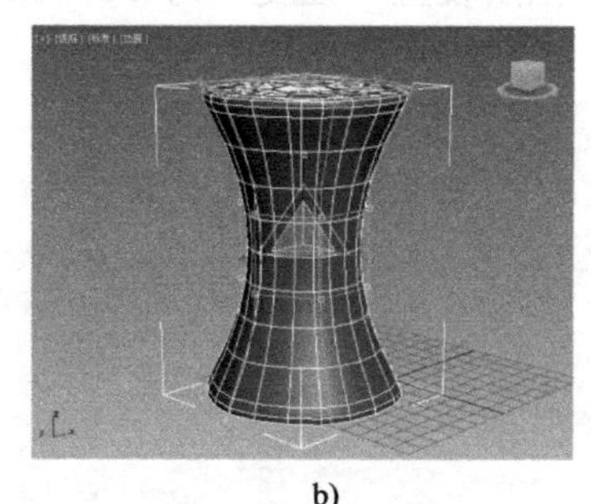

b)

图 4-70　几何体的分段数对自由变形的影响

## 4.4　其他常用修改器

### 4.4.1　拉伸修改器

拉伸修改器是在保持体积不变的前提下，将对象沿指定的轴向进行拉伸或挤压。

拉伸修改器的参数如图 4-71 所示，常用参数的作用如下。

- 拉伸：设置拉伸的强度大小。
- 放大：设置拉伸中部扩大变形的程度。
- “拉伸轴”选项组：设置拉伸依据的坐标轴。
- “限制”选项组：选择“限制效果”复选框后，可以在“上限”和“下限”数值框中设置拉伸产生的区域，拉伸效果将作用于上限和下限之间的区域内。

图 4-72 所示为茶壶对象拉伸修改器在不同的参数下产生的对应拉伸效果。

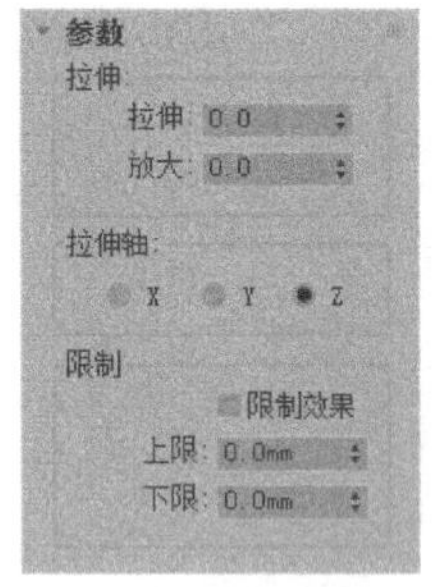


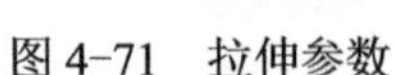

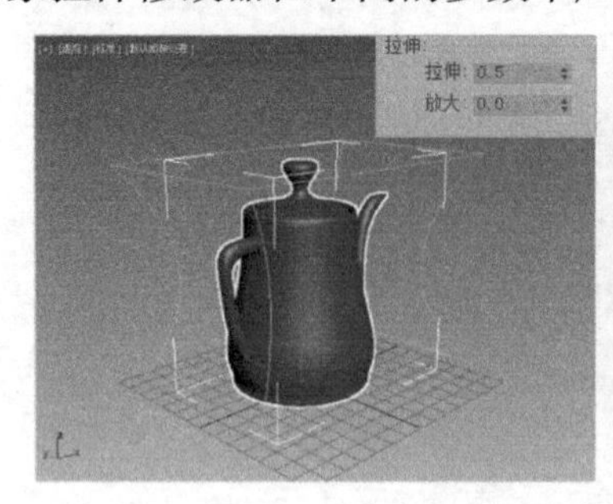

图 4-71　拉伸参数　　　　图 4-72　拉伸效果

## 4.4.2　置换修改器

置换修改器是利用图像的灰度变化来改变对象表面结构的，根据图像灰度值对表面进行凹凸处理。置换修改器的参数如图 4-73 所示。

置换所使用的贴图可以是一张位图图片，也可以是 3ds Max 提供的任意程序贴图。应用置换修改器的对象要有足够的面数，否则不能得到细腻柔和的变化效果。

图 4-74 所示是半径为 80、分段数为 100 的球体应用置换修改器后的效果。置换参数的设置如下，选择球体应用置换修改器后，单击“图像”选项组中位图下的“无”按钮，选择一张位图，然后设置“强度”为 50，在“贴图”选项组中选中“球形”单选按钮，如图 4-75 所示。

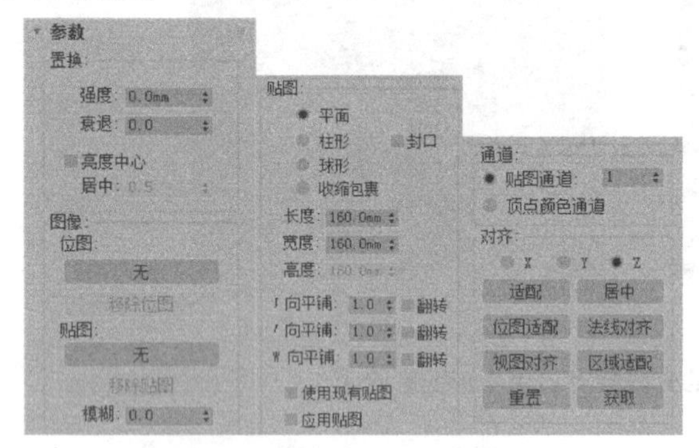


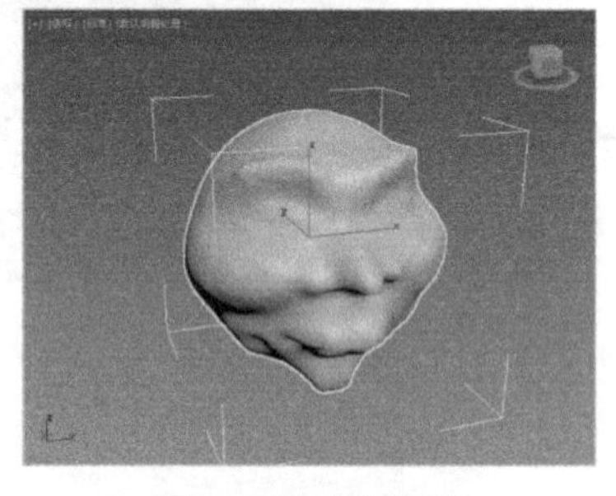

图 4-73　置换修改器参数　　　　图 4-74　置换效果

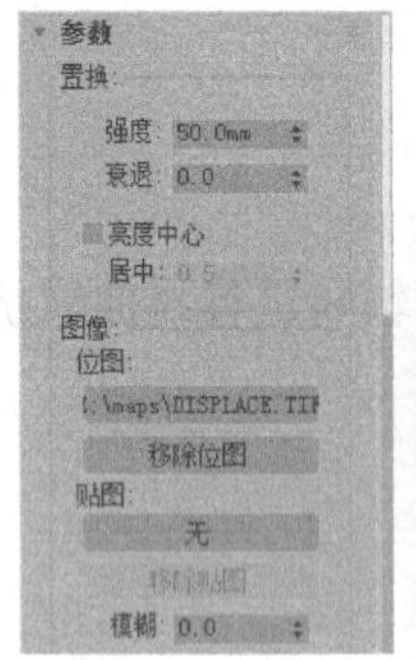


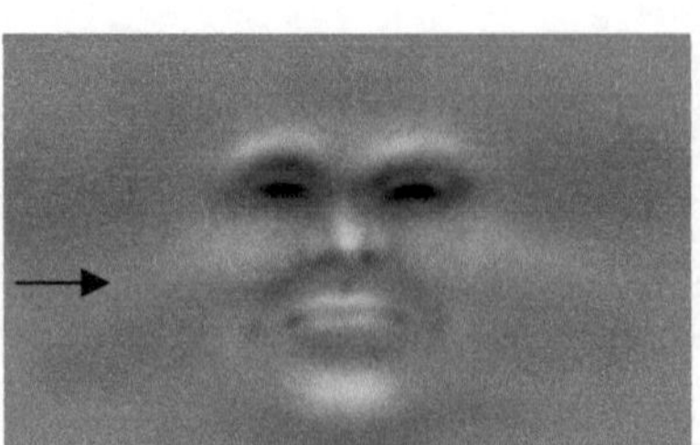



图 4-75　置换参数设置

### 4.4.3 波浪修改器和涟漪修改器

波浪修改器能够使对象表面产生波浪起伏的效果。涟漪修改器与波浪修改器功能相似，它可以在对象表面产生同心波纹的效果。

两个修改器的参数相同，如图 4-76 所示，常用参数的作用如下。

- 振幅 1：设置 X 轴方向上波浪（或涟漪）的振动幅度。
- 振幅 2：设置 Y 轴方向上波浪（或涟漪）的振动幅度。
- 波长：设置每个波浪（或涟漪）的长度。
- 相位：设置波浪（或涟漪）的动画时间。
- 衰退：设置波浪（或涟漪）振幅衰减的快慢。

平面对象参数设置如图 4-77 所示，采用相同参数分别应用波浪修改器和涟漪修改器产生的效果如图 4-78 所示。和很多变形修改器一样，为了得到更好的波浪或涟漪效果要适当增加平面的分段数。

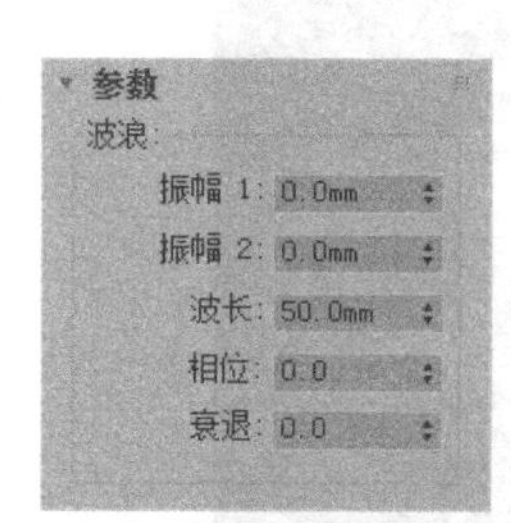


图 4-76　波浪参数

图 4-77　平面参数

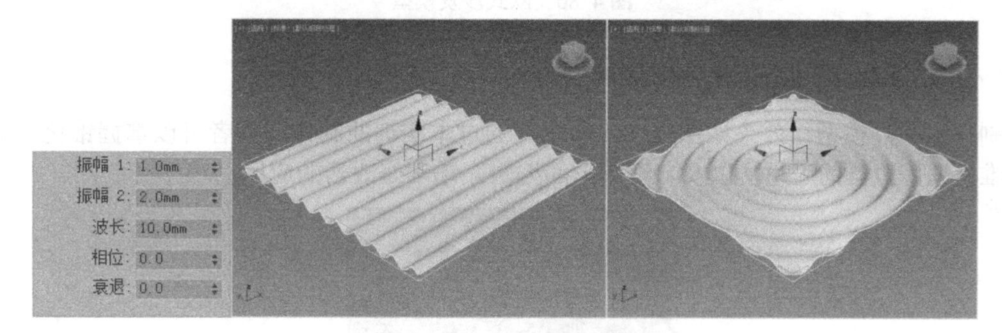


图 4-78　波浪和涟漪效果

## 4.5 上机实训

### 4.5.1 【实训 4-1】制作凳子模型

制作凳子模型，如图 4-79 所示，本实训中，通过对切角长方体运用弯曲修改器制作凳子腿，练习和掌握弯曲修改器的参数设置和应用。

图 4-79　凳子模型

### 4.5.2 【实训 4-2】制作欧式沙发模型

制作欧式沙发模型，效果如图 4-80 所示。在本实训中，使用 FFD 修改器制作沙发的靠背、坐垫和靠垫，使用倒角剖面修改器制作沙发扶手。通过本实训的制作，读者可以掌握倒角剖面修改器、FFD 修改器和网格平滑修改器的综合应用。

图 4-80　欧式沙发模型

### 4.5.3 【实训 4-3】制作水晶灯模型

制作水晶灯模型，效果如图 4-81 所示。通过本实训的制作，读者可以掌握锥化、晶格等三维模型修改器的应用，以及二维图形的编辑、车削修改器的应用。

图 4-81　水晶灯模型

# 第 5 章　复合建模与多边形建模

**本章要点**

复合建模和多边形建模是两种常用的建模方式。复合建模即创建复合对象，本章主要介绍复合对象中布尔对象和放样对象的创建方法；多边形建模是一种传统经典的建模方式，本章分别介绍以编辑多边形和编辑网格两种方式实现多边形建模。

## 5.1　布尔运算

实例 5-1

### 5.1.1 【实例 5-1】中国象棋棋子的制作

本实例将制作一颗中国象棋棋子的模型，如图 5-1 所示。通过该模型的制作，学习复合对象中布尔对象的创建方法。

1）选择“文件”→“重置”菜单命令重新设置场景。依次选择“创建”面板 →“几何体” →“扩展基本体”→“切角圆柱体”，在顶视图中创建切角圆柱体，命名为“棋子”，效果与参数如图 5-2 所示。

图 5-1　中国象棋棋子模型

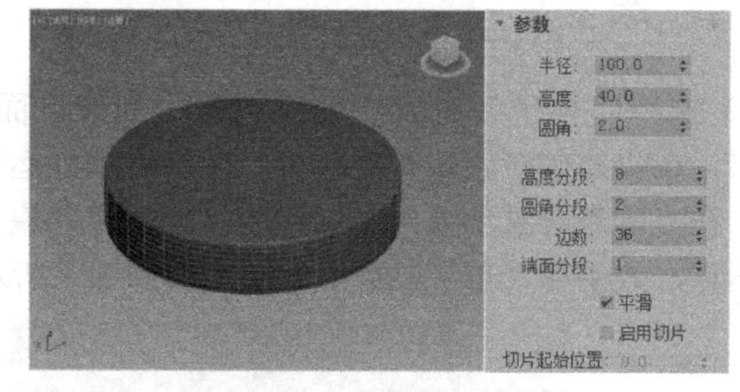


图 5-2　创建切角圆柱体

2）保持“棋子”的选中状态，选择“修改”面板 ，在“修改器列表”下拉列表中选择“锥化”修改器，在“参数”卷展栏中设置“曲线”为 0.4，效果如图 5-3 所示。

3）依次选择“创建”面板 →“几何体” →“标准基本体”→“管状体”，在顶视图中创建管状体，设置“半径 1”为 90，“半径 2”为 84，“高度”为 10，“边数”为 36。保持“管状体”的选中状态，单击“对齐”按钮 ，然后选择“棋子”，在弹出的“对齐当前选择（棋子）”对话框中先设置参数，如图 5-4 所示。单击“应用”按钮，再单击“确定”按钮，转到透视图，单击“选择并移动”按钮 ，沿 Z 轴向上适当移动“管状体”，效果如图 5-5 所示。

4）依次选择“创建”面板 →“图形” →“样条线”→“文本”，在“参数”卷展栏中设置参数如图 5-6 所示，在顶视图中创建文字“象”。选择“修改”面板 ，在“修改器列表”下拉列表中选择“挤出”修改器，在“参数”卷展栏中设置“数量”为 10。保持“象”对象的选中状态，采用与上步相同的方法将其移动到棋子中心偏上的位置，效果如图 5-7 所示。

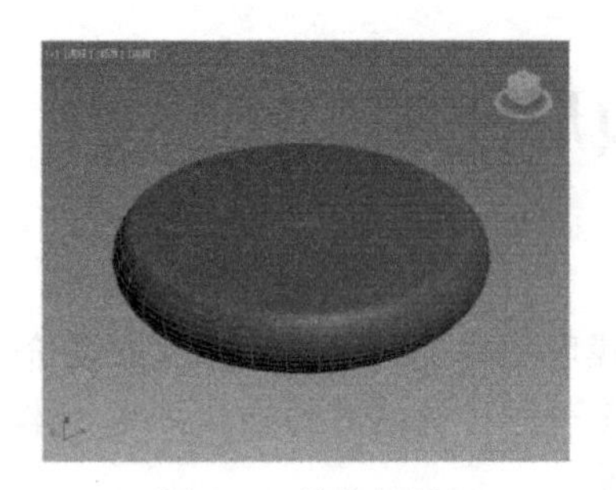

图 5-3　锥化效果

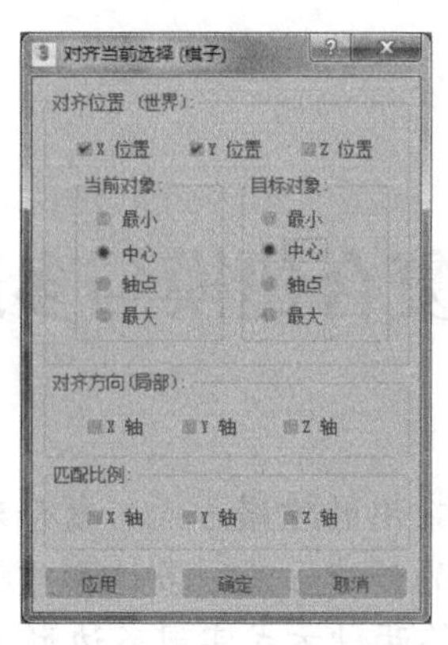


图 5-4　对齐到棋子

图 5-5　移动效果

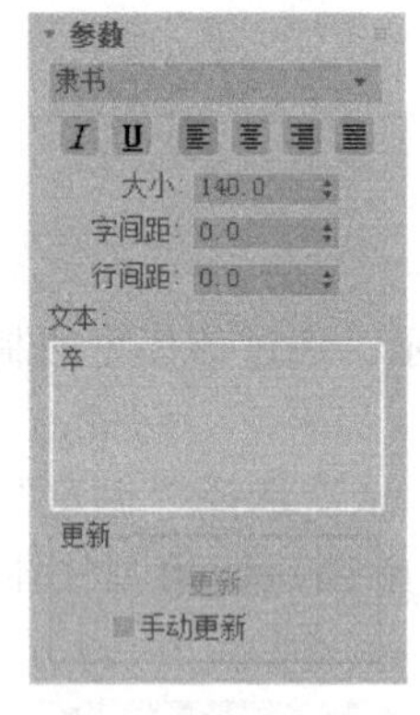


图 5-6　文字参数

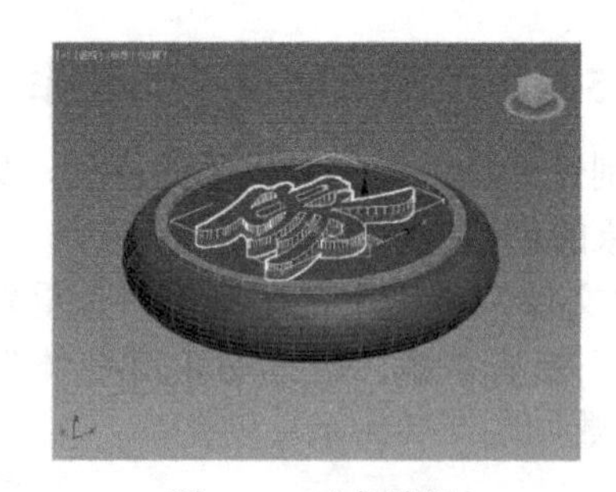

图 5-7　对齐效果

5）选择“棋子”对象，依次选择“创建”面板 + →“几何体” ● →“复合对象”→“布尔”，在“布尔对象”卷展栏中，单击“添加运算对象”按钮，在视图中选择“管状体”对象，在“运算对象参数”卷展栏中，单击“差集”按钮，再选择视图中的文字对象，完成布尔运算，效果和“布尔参数”卷展栏如图 5-8 所示。

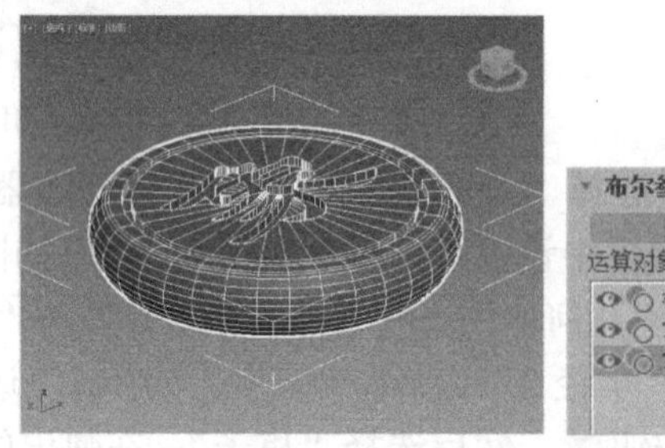

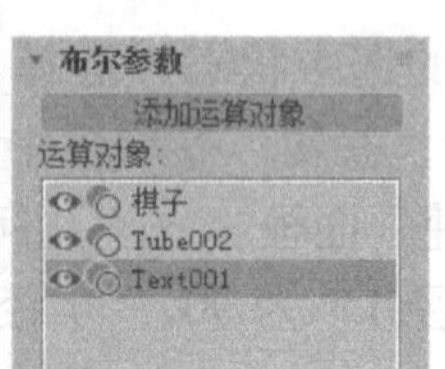


图 5-8　布尔运算效果与参数

通过布尔运算在切角圆柱体的棋子上抠出了一个环形凹槽和凹陷的文字，完成“棋子”建模后，赋予适当的材质，渲染后就可得到木质的象棋棋子的真实效果。

## 5.1.2　布尔对象

选择“创建”面板 + →“几何体” ●，在次级分类项目下拉列表中选择“复合对象”，可以选择创建多种类型复合对象，如图 5-9 所示。复合对象通常是将两个或多个现有对象组合成单个对象，本章主要介绍布尔对象和放样对象的创建。

布尔对象是指在两个或更多几何对象之间进行布尔运算，将它们合并成一个独立的网格对象。因此，创建布尔对象场景中必须有作为原始对象和操作对象的几何对象。

先选择原始几何对象，再依次选择“创建”面板 + →“几何体” ● →“复合对象”→“布尔”，该对象即变为布尔对象，命令面板中显示布尔对象设置参数，在“布尔参数”卷展栏中单击“添加运算对象”按钮，如图 5-10 所示，选择操作几何对象，在“运算对象参数”卷展栏中设置该对象的布尔运算类型，如图 5-11 所示，即可完成该对象与原始对象的布尔运算。

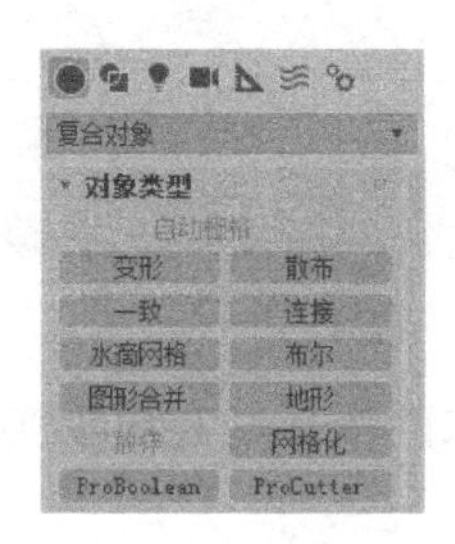

图 5-9 复合对象类型

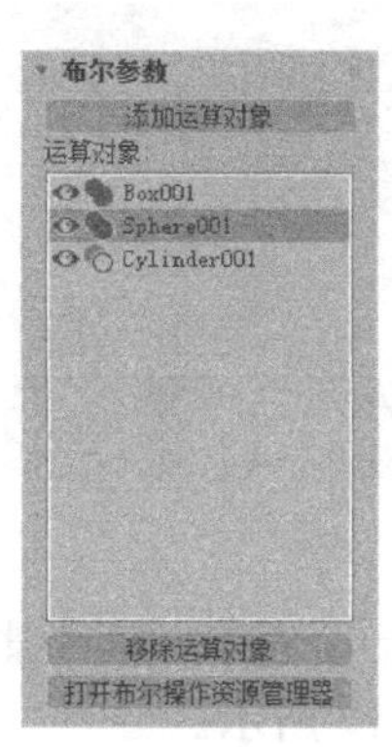

图 5-10 布尔参数

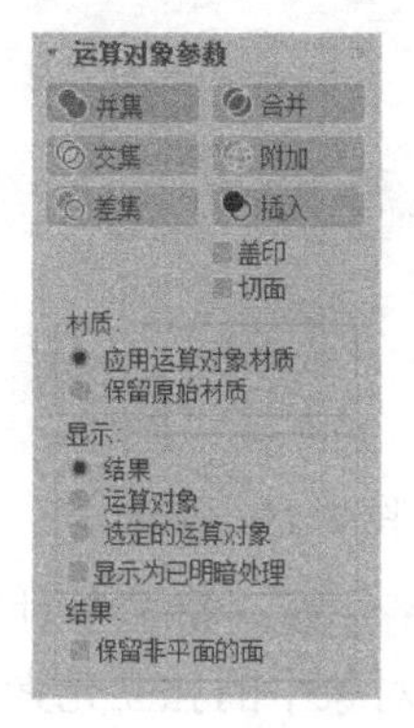

图 5-11 运算对象参数

在“布尔参数”卷展栏中，单击“添加运算对象”按钮可以实现添加操作对象；在“运算对象”列表中显示布尔运算的所有操作对象，并可以选择要修改的操作对象；单击“移除运算对象”按钮可以将操作对象从布尔运算中去除。可以选择多个操作对象并分别设置该对象与原始对象的布尔运算类型，图 5-12 所示为原始长方体对象分别与球体进行并集运算、圆柱体进行差集运算的效果。

图 5-12 多个操作对象设置不同布尔运算类型

“运算对象参数”卷展栏中布尔对象的运算方式有下列几种。

- 并集：结合两个几何体对象的体积，几何体多余的相交部分或重叠部分会被丢弃，如图 5-13 所示。
- 交集：保留两个几何体对象共同重叠体积，剩余不相交的几何体部分会被丢弃，如图 5-14 所示。
- 差集：从原始对象上减去相交的操作对象的体积，如图 5-15 所示。
- 合并：使两个几何体对象相交并组合，而不移除任何原始多边形，在相交对象的位置创建新边，如图 5-16 所示。

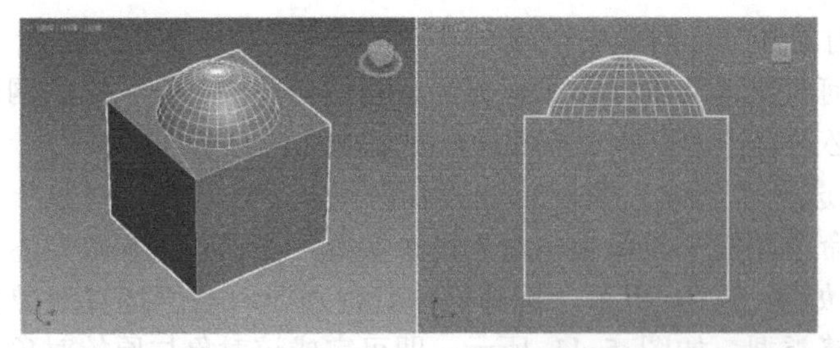

图 5-13　并集

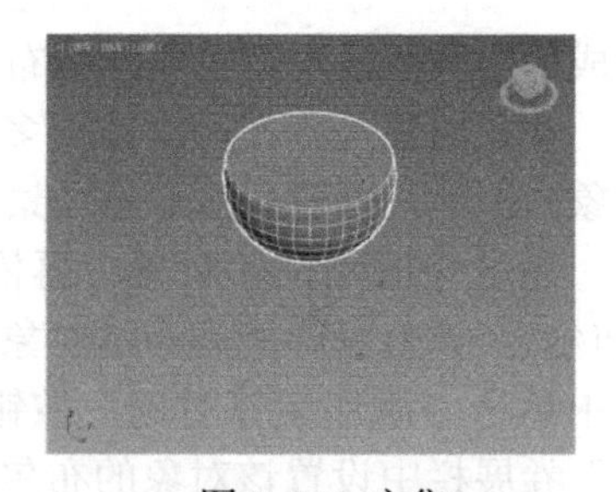

图 5-14　交集

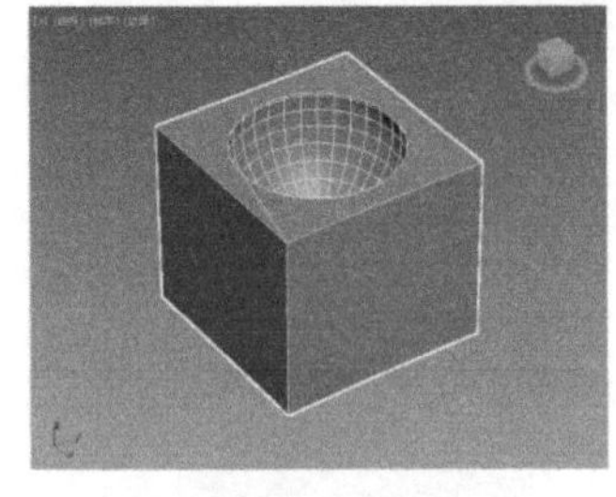

图 5-15　差集

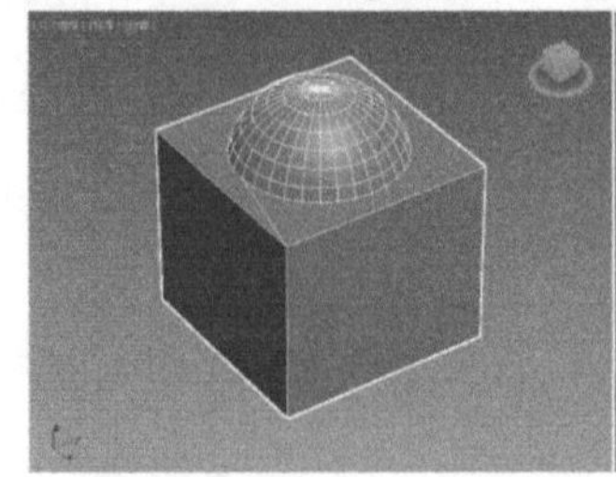

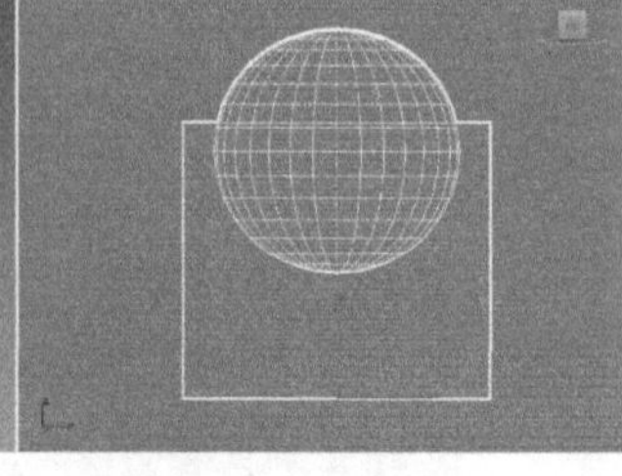

图 5-16　合并

- 附加：将多个对象合并成一个对象，而不影响各对象的拓扑，各对象实质上是复合对象中的独立元素，如图 5-17 所示。
- 插入：从操作对象 A（当前对象）中减去操作对象 B（新添加的操作对象）的边界图形，操作对象 B 的图形不受此操作的影响。
- “盖印”复选框：启用此选项可在操作对象与原始对象网格之间插入（盖印）相交边，而不移除或添加操作对象的面。“盖印”只分割面，并将新边添加到原始对象的网格中，如图 5-18 所示。
- “切面”复选框：启用此选项不会将操作对象的面添加到原始网格中，将原始对象网格沿与操作对象相交的边剪切一个洞，或获取原始对象网格在操作对象内部的部分，如图 5-19 所示。

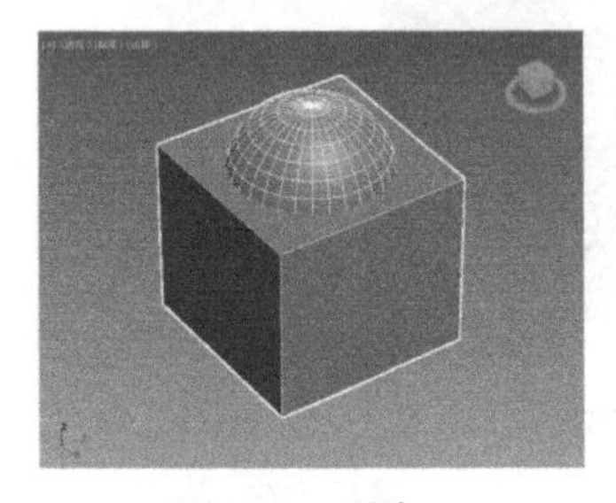

图 5-17　附加

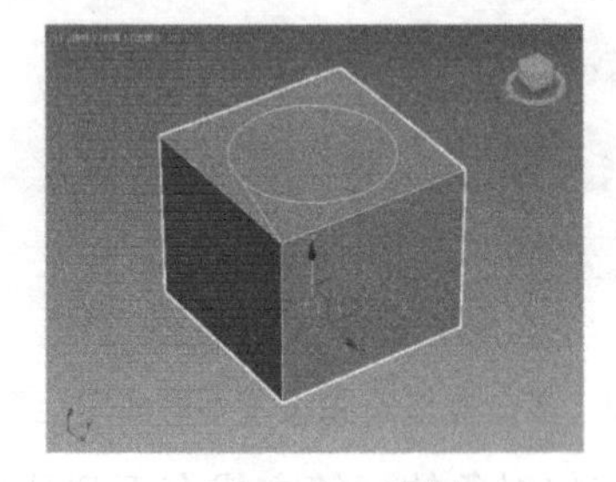

图 5-18　盖印

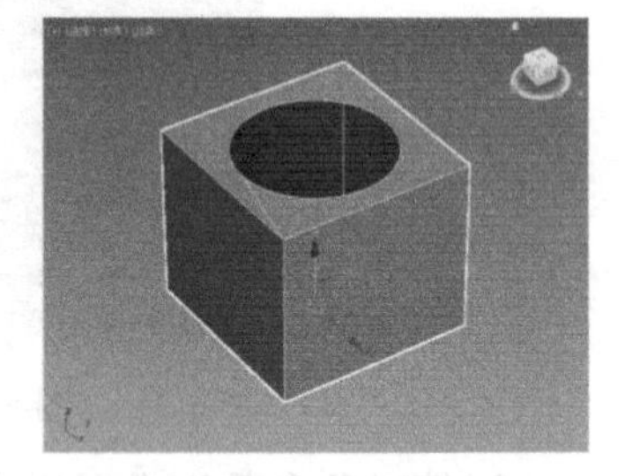

图 5-19　切面

📖 小技巧

在“布尔参数”卷展栏中，“运算对象”列表显示布尔运算的操作对象。左侧的彩色图标显示当前对象的布尔运算类型。单击左侧的眼睛图标可以打开和关闭每个操作对象的可见性。

### 5.1.3　ProBoolean

ProBoolean 是高级布尔运算对象，比布尔对象更加细腻灵活，它可以自动将布尔运算结果细分为四边形面，从而有助于网格平滑和涡轮平滑。

ProBoolean 对象的操作方法与布尔对象相同，“拾取布尔对象”和“参数”卷展栏的组成和操作与布尔对象类似，这里主要介绍“高级选项”卷展栏中常用参数的功能，如图 5-20 所示。

- “更新”选项组：用于确定在进行更改后，何时在布尔对象上执行更新操作。该选项组包含“始终”“手动”“仅限选定时”“仅限渲染时”四个单选按钮，选择其中之一后，单击“更新”按钮完成对布尔对象应用的更新。
- “四边形镶嵌”选项组：用于启动布尔对象的四边形镶嵌。选择“设为四边形”复选框后，会将布尔对象的镶嵌从三角形改为四边形。“四边形大小%”数值框用来确定四边形大小占总体布尔对象长度的百分比。图 5-21 所示为四边形大小为 10%的四边形镶嵌效果。

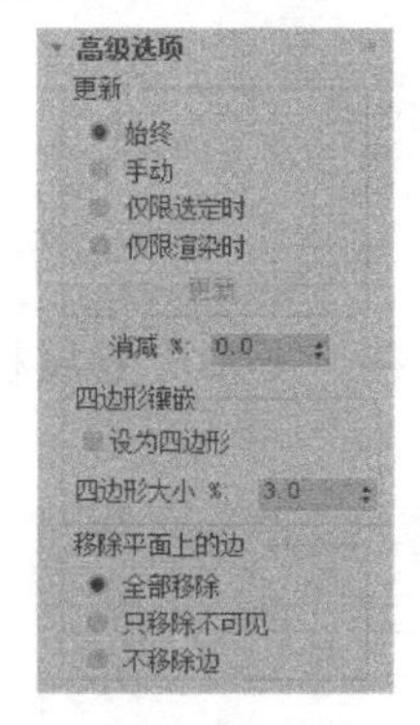


图 5-20 “高级选项”卷展栏

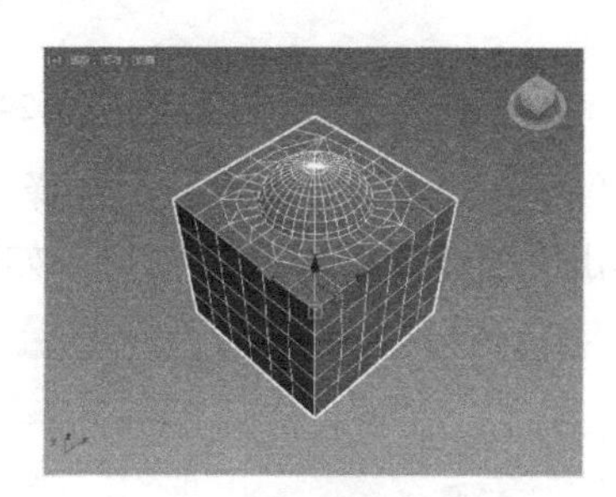

图 5-21 四边形镶嵌

## 5.2 放样建模

实例 5-2

### 5.2.1 【实例 5-2】香蕉模型的制作

本实例制作香蕉模型，如图 5-22 所示。通过该模型的制作，学习一种传统的二维图形建模方法——放样建模。

1）选择“文件”→“重置”菜单命令重新设置场景。依次选择“创建”面板 + →“图形” →“样条线”→“多边形”，在左视图中创建多边形，设置“边数”为 6，“半径”为 40，“角半径”为 10，并命名为“截面”。

2）依次选择“创建”面板 + →“图形” →“样条线”，在前视图中绘制线条，命名为“路径”，切换到“修改”面板，调整“路径”的形状，如图 5-23 所示。

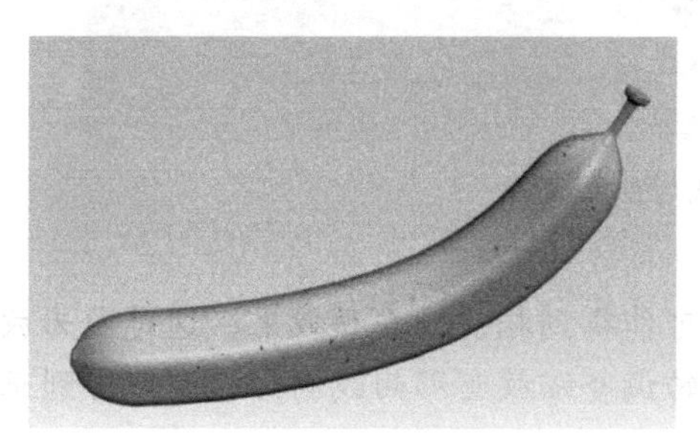

图 5-22 香蕉模型

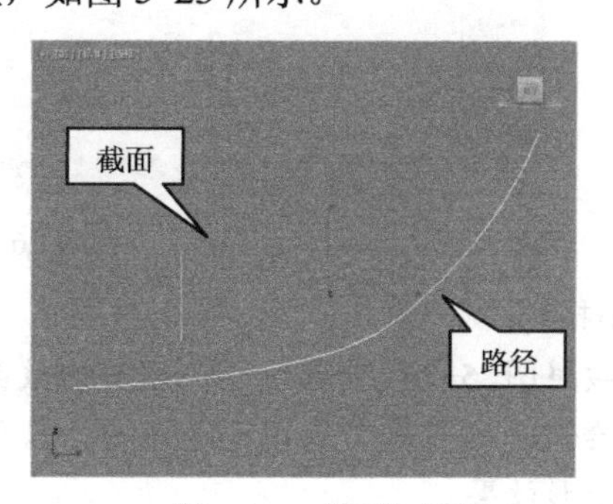


图 5-23 截面与路径

3）确定“路径”处于选择状态，依次选择“创建”面板 → “几何体” → “复合对象” → “放样”，在“创建方法”卷展栏中单击“获取图形”按钮，在视图中选择“截面”对象，得到放样对象，命名为“香蕉”，如图 5-24 所示。

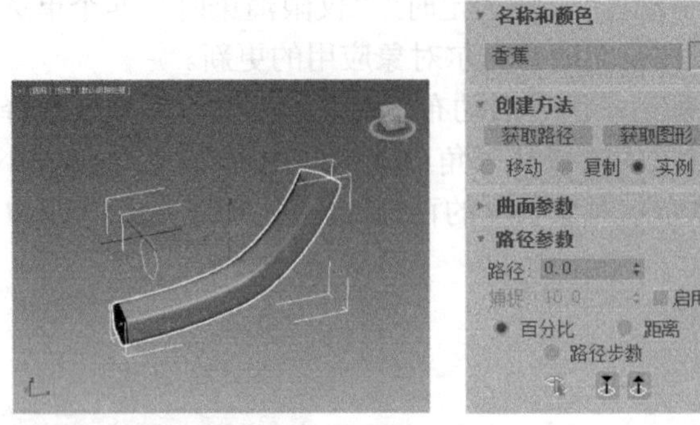


图 5-24　放样截面

4）确定“香蕉”处于选择状态，选择“修改”面板，在“变形”卷展栏中单击“缩放”按钮，弹出“缩放变形（X）”窗口，如图 5-25 所示。

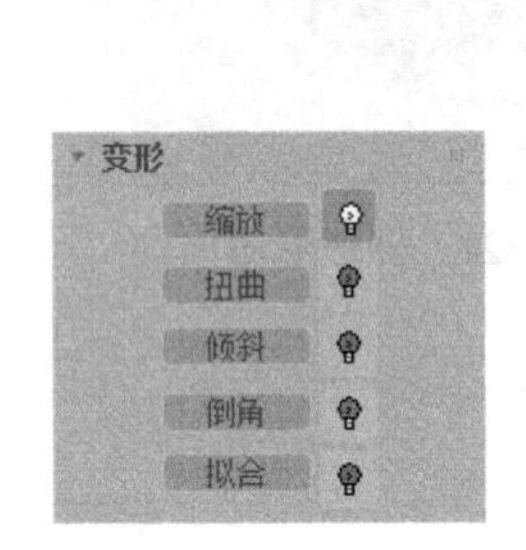


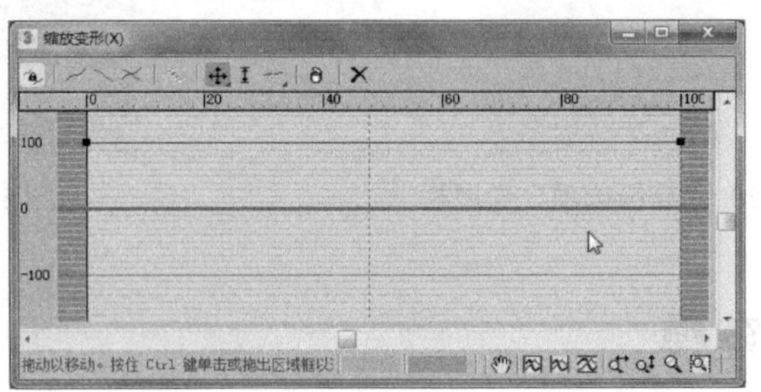


图 5-25　“缩放变形（X）”窗口

5）在“缩放变形（X）”窗口中，单击“插入角点”按钮，在红线（缩放曲线）上单击添加若干控制点。选择控制点，单击“移动控制点”按钮，移动调整控制点的位置，单击鼠标右键，在弹出的快捷菜单中改变控制点类型为“Bezier-平滑”，然后调整控制点两侧的控制手柄，得到缩放曲线及香蕉效果如图 5-26 所示。

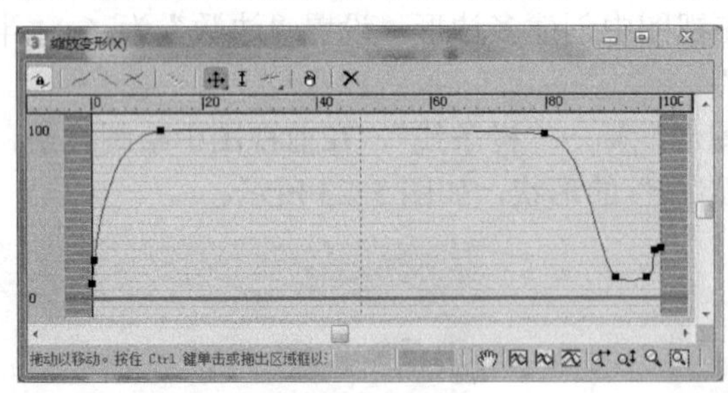


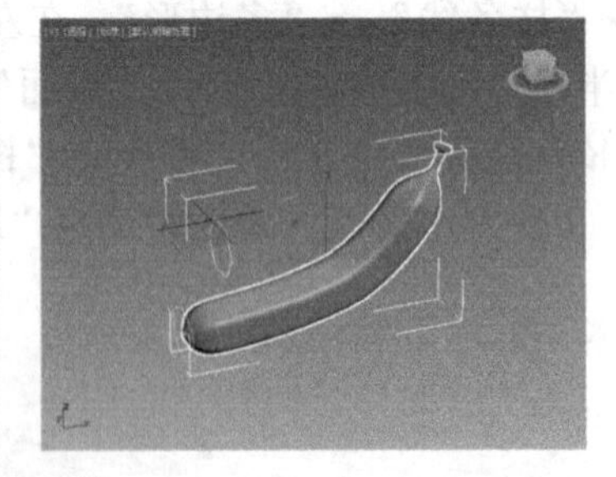

图 5-26　缩放曲线与香蕉效果

### 📖 小技巧

按照图 5-26 所示的形状调整缩放曲线时，可能得到相反的香蕉效果，这是因为放样路径的绘制起始点与实例相反造成的，只要水平翻转调整缩放变形曲线的形状即可得到正确的香蕉外形效果。

至此，通过放样建模完成了香蕉模型的创建，编辑材质赋予“香蕉”模型，渲染后就可得到具有真实质感的香蕉模型。

### 5.2.2 放样方法

放样建模是一种传统的三维建模方法，选择一个二维图形作为放样路径，在放样路径的不同位置设置不同的截面图形，使截面图形沿着路径排列变形形成复杂的三维模型。

创建放样对象，首先要创建放样对象的放样路径和横截面图形。放样路径可以是封闭的，也可以是开放的，但必须是唯一的曲线，即路径曲线只能有一个起点和终点。横截面图形的限制相对要少，横截面图形可以开放或封闭，可以是多个样条线组成的二维图形。

根据放样路径上截面图形的数量可以将放样建模分为单截面放样和多截面放样。

**1．单截面放样**

单截面放样就是在放样路径上只有一个二维图形作为放样的横截面。

单截面放样比较简单，选择放样路径，然后依次选择“创建”面板+→“几何体”●→“复合对象”→“放样”，在“创建方法”卷展栏中单击“获取图形”按钮，在视图中选取放样截面二维图形，生成放样对象，如图5-27所示。

**小技巧**

单截面放样建模时，也可以先选择作为放样截面的二维图形，然后在“创建方法”卷展栏中单击“获取路径”按钮。无论先选放样路径还是先选择放样横截面图形，放样对象创建的起点位置由先选择的图形位置决定。

**2．多截面放样**

创建放样对象时，在放样路径上允许有多个不同的截面图形存在，它们将共同控制放样对象的外形。

创建多截面放样对象时，先选择放样路径图形，然后依次选择“创建”面板+→“几何体”●→“复合对象”→“放样”，在“创建方法”卷展栏中单击“获取图形”按钮，在视图中选择放样路径上的第一个截面图形。展开“路径参数”卷展栏，如图5-28所示，依次调整“路径”参数，再单击“获取图形”按钮，在视图中选择相应位置上的截面图形。在“路径参数”卷展栏中，“路径”参数默认以百分比表示当前获取截面图形在放样路径上的位置，例如设置“路径”为30，获取的截面图形将放置在路径的30%处。若选中“距离”单选按钮，“路径”参数改为以距离的方式表示。

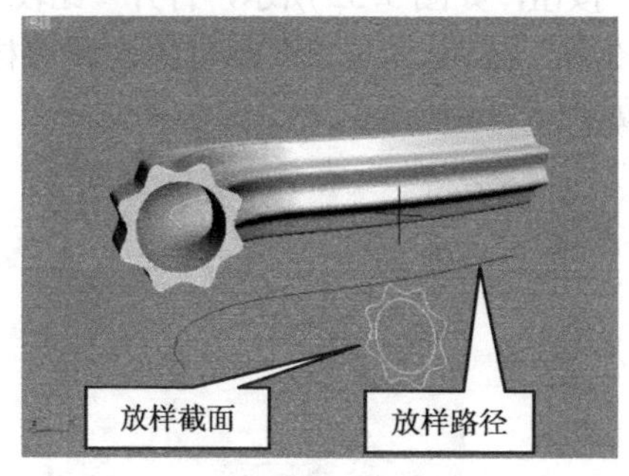


图5-27　单截面放样

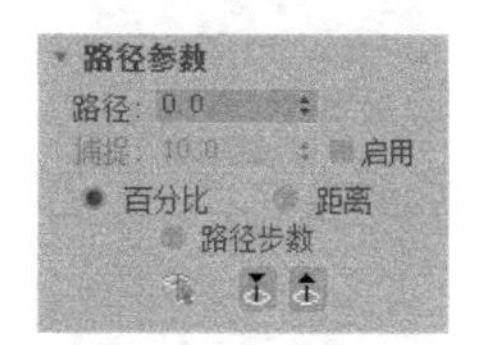


图5-28　路径参数

**小技巧**

作为放样路径的样条线是有方向性的，“路径”参数为0时，表示的是路径的起点，“路径”为 100 时，表示的是路径的终点。路径样条线的起点在编辑样条线时可以看到，在顶点子对象层级中，顶点以方框表示，其中黄色方框的顶点就是样条线的顶点。选择路径的终点，单击“设为首顶点”按钮可以将其转换为首顶点。

下面通过一个多截面放样的示例来介绍多截面放样对象的创建。

1）在顶视图中分别创建圆、星形和矩形三个图形，在顶视图中创建一条直线，如图 5-29 所示。

2）选择直线图形，依次选择“创建”面板+→“几何体”●→“复合对象”→“放样”，在“创建方法”卷展栏中单击“获取图形”按钮，选择圆对象，放样效果如图 5-30 所示。

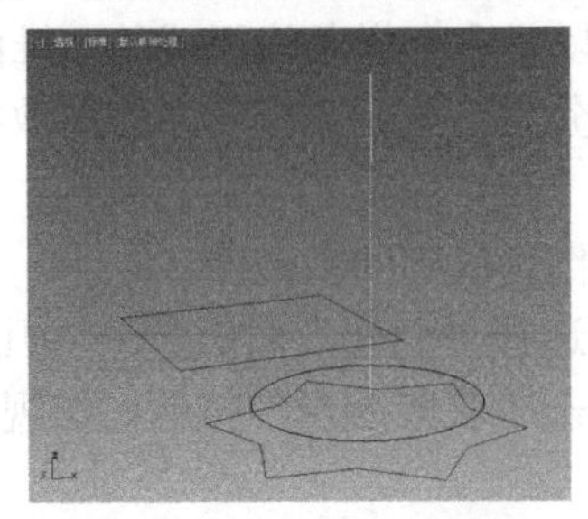

图 5-29　多截面放样图形

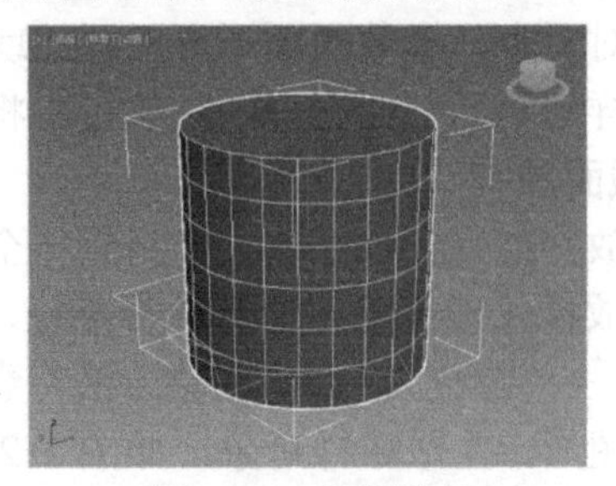

图 5-30　放样效果 1

3）在“路径参数”卷展栏中设置“路径”为 40，单击“获取图形”按钮，选择星形对象，放样效果如图 5-31 所示。再将“路径”设置为 80，单击“获取图形”按钮，选择矩形对象，放样效果如图 5-32 所示。

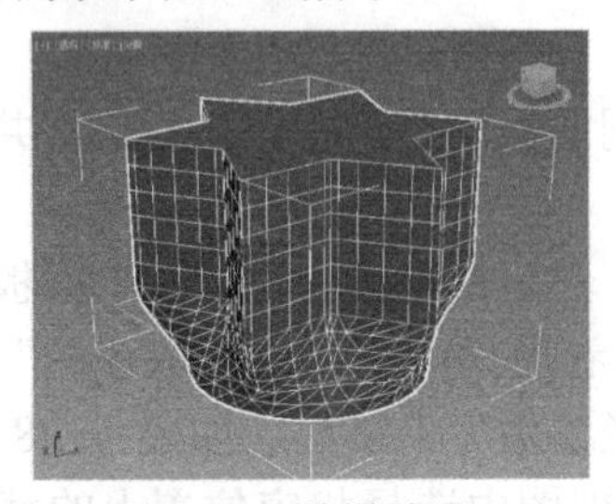

图 5-31　放样效果 2

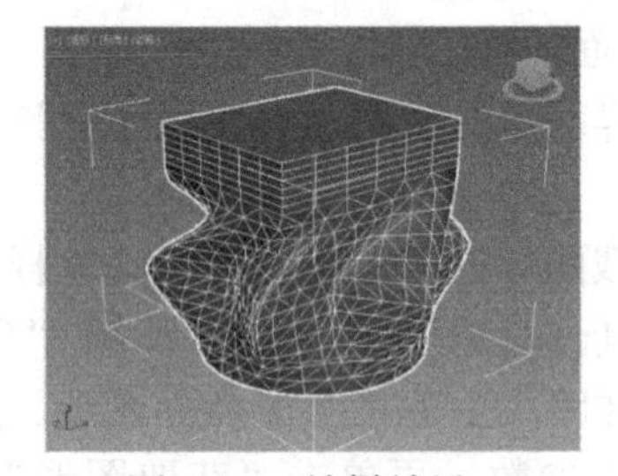

图 5-32　放样效果 3

4）观察放样效果发现放样对象的网格产生了扭曲，这是由于三个放样截面的起始点没有对齐造成的。选择“修改”面板+，在修改器堆栈中，单击“Loft”对象左侧的▶，选择“图形”子对象，在“图形命令”卷展栏中单击“比较”按钮，如图 5-33 所示，打开“比较”对话框。

5）在“比较”对话框中，单击“拾取图形”按钮，在放样对象设置放样截面的位置单击，将 3 个截面拾取到“比较”对话框，如图 5-34 所示。

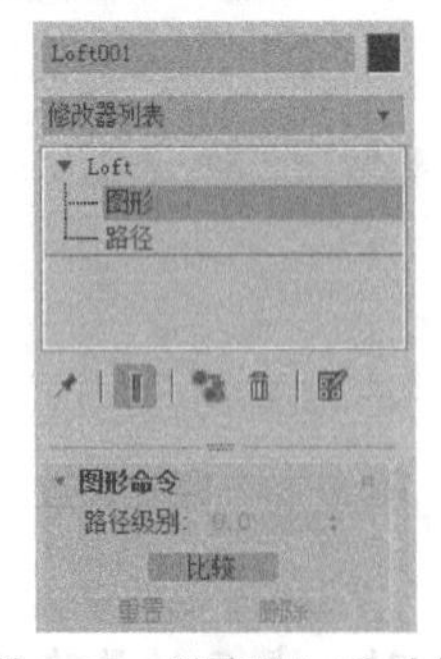


图 5-33　“图形”子对象

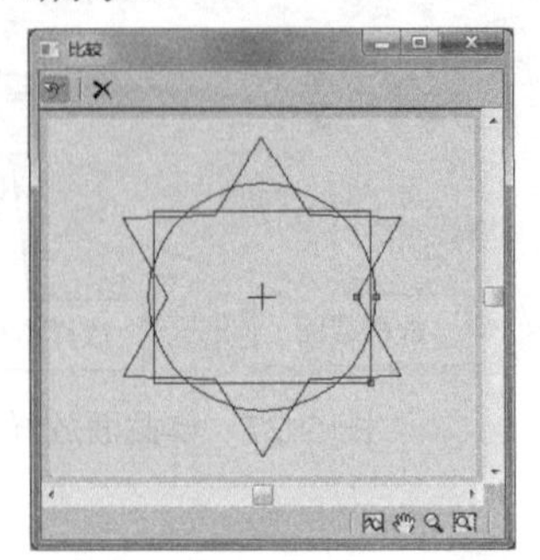


图 5-34　“比较”对话框

6）在“比较”窗口中看到图形的起点用方框标出，圆形与星形起点对齐，矩形起点与其他两个图形没有对齐。单击“拾取图形”按钮取消该按钮的选中，在视图中放样对象“矩形”截面放样位置单击，选中矩形，使用“选择并旋转”按钮旋转矩形使之起点与其他截面图形对齐，放样对象的扭曲问题即可解决，如图 5-35 所示。

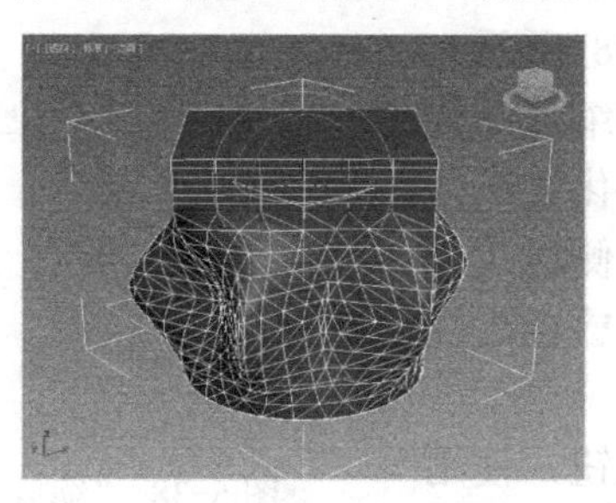
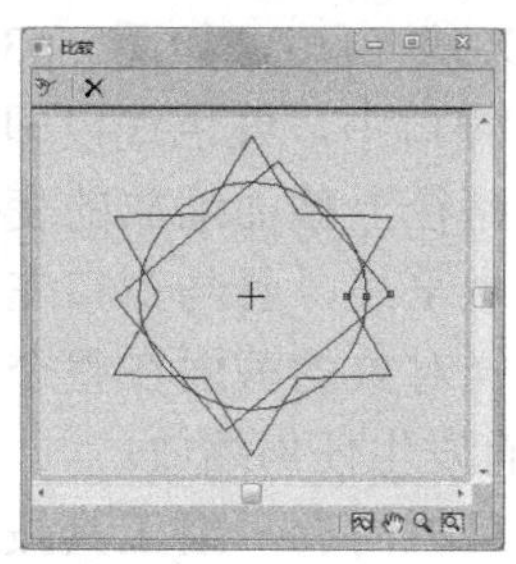


图 5-35　对齐截面图形起始点

### 5.2.3 “蒙皮参数”卷展栏

放样对象表面特性的控制参数位于“蒙皮参数”卷展栏内，如图 5-36 所示。该卷展栏中的常用参数及其功能如下。

- 封口始端 | 封口末端：用于确定放样对象的起始端和终止端是否启用封口端面。
- 变形：用于确定是否按照变形目标所需的可预见且可重复的模式排列封口面。
- 栅格：用于确定是否在图形边界上的矩形修剪栅格中排列的封口面。
- 图形步数：用于设置放样对象横截面图形节点之间的片段数。数值越大，对象表面越光滑。
- 路径步数：用于设置放样对象放样路径节点之间的片段数。同样，数值越大，对象表面越光滑。
- 优化图形：如果启用，则对于横截面图形的直分段，忽略“图形步数”参数。默认设置为禁用状态。
- 优化路径：如果启用，则对于路径的直分段，忽略“路径步数”参数。默认设置为禁用状态。

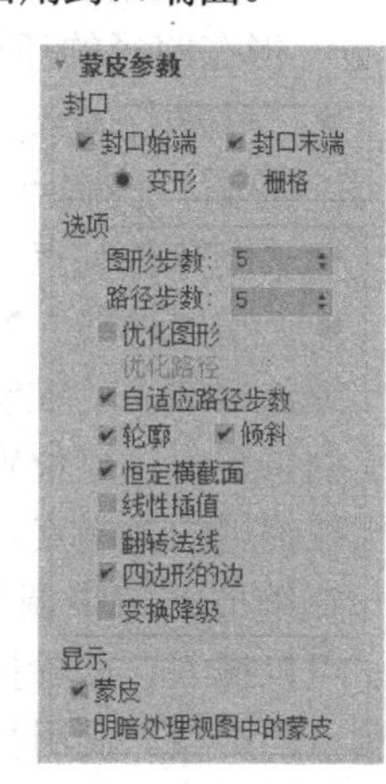


图 5-36　“蒙皮参数”卷展栏

### 5.2.4 “变形”卷展栏

放样对象创建后，还可以对它的截面图形进行变形控制，以产生更复杂的造型。选择放样对象，切换到“修改”面板，在“修改”面板上出现了“变形”卷展栏，如图 5-37 所示。在该卷展栏中，主要有 5 种变形工具可以应用于放样对象。

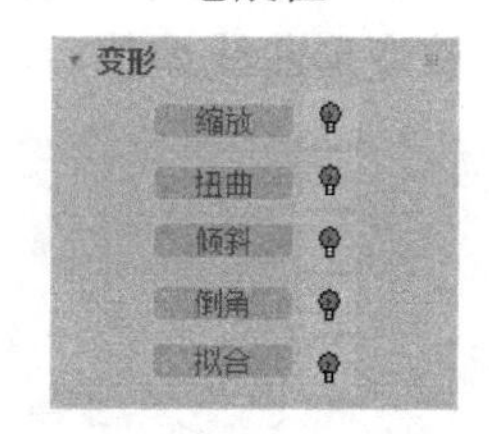


图 5-37　“变形”卷展栏

- 缩放：通过改变截面图形的缩放比例使放样对象发生变形。
- 扭曲：通过使截面图形沿路径进行旋转形成扭曲的造型效果。
- 倾斜：使放样对象绕局部坐标轴旋转截面图形，产生倾斜效果。
- 倒角：通过在放样路径上缩放截面图形，使放样对象产生中心对称的倒角变形。
- 拟合：用于给放样物体施加适配变形效果。

在每个工具按钮的右侧都有一个灯泡状的图标，单击该图标可以控制该变形工具的启用和禁用。单击每个变形工具按钮，都会弹出相应的变形控制窗口，在变形控制窗口调整变形曲线，放样对象就会产生相应的变形效果。下面以“缩放”变形为例介绍变形工具的应用。

选择放样对象后，切换到“修改”面板，在“变形”卷展栏中，单击“缩放”按钮，则弹出“缩放变形（X）”窗口，如图 5-38 所示。在“缩放变形（X）”窗口中，红色线段即缩放曲线代表放样对象在放样路径上截面缩放的变化情况，它的初始状态为一条水平线，且与窗口左侧标尺值 100 对齐，这表示放样对象的截面在整个放样路径上保持原始大小，没有发生任何缩放。

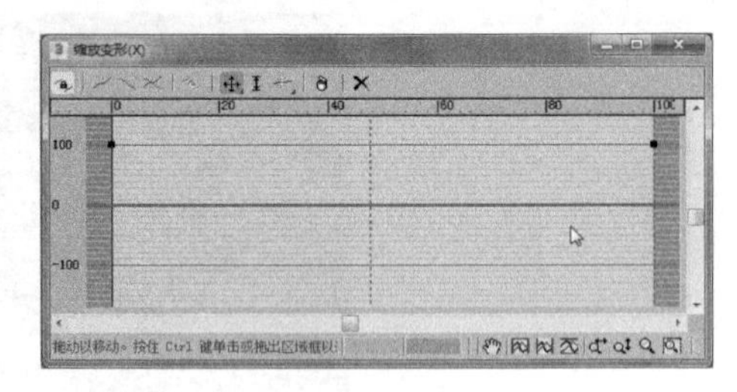

图 5-38 “缩放变形（X）”窗口

在窗口的顶部工具栏内有一组工具按钮，使用这组按钮可以调整缩放曲线的形状。缩放曲线的改变会影响放样对象的形状。窗口的右下部有一组视窗调整按钮，用于“缩放变形（X）”窗口的显示控制，与主界面下方的视图控制区中按钮的功能相似，例如“最大化显示”按钮可以在“缩放变形（X）”窗口内最大化显示缩放曲线。

顶部工具栏中常用按钮的功能如下。

- “插入角点”：在缩放曲线上插入一个新点。通过调整点的位置，可以控制截面图形在路径的任何位置上进行缩放。
- “移动控制点”：移动控制点，控制点的水平位置表示放样路径上产生截面缩放的位置，控制点的垂直位置表示截面缩放的比例。
- “删除控制点”：删除当前所选的控制点。
- “重置曲线”：将缩放曲线恢复到变化前的状态。

缩放曲线上的控制点用正方形色块表示，每个控制点的水平位置表示该控制点在放样路径上的位置，垂直位置表示放样位置上截面图形的缩放比例。空心色块的控制点表示当前选中正在编辑的控制点。

在缩放窗口中调整缩放曲线的方法与编辑样条线时在顶点子对象层级上调整样条线相似，可以插入、删除控制点，还可以选择控制点，单击鼠标右键，在弹出的快捷菜单中改变控制点的类型，利用控制点的控制手柄调整缩放曲线的曲率。

简单的放样对象，通过缩放变形的控制改变截面在路径上大小，可以得到复杂的放样对象。图 5-39a 所示为圆环形状的截面图形沿直线放样得到的圆管对象，按如图 5-39b 所示的缩放变形曲线调整后，得到如图 5-39c 所示的花瓶模型。

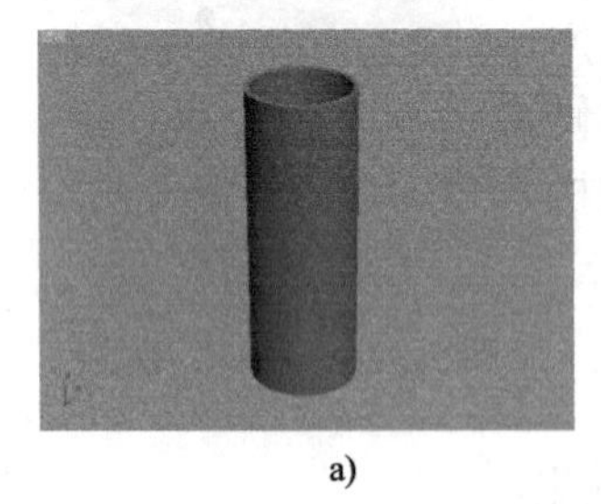

a)

b)

c)

图 5-39 缩放变形放样对象

a) 圆环形状放样效果 b) 缩放变形曲线 c) 花瓶模型

“扭曲”“倾斜”和“倒角”变形工具的变形控制方法和缩放变形的控制方法类似，这四种变形工具可以同时施加到放样对象上共同产生变形效果。“拟合”变形工具是变形工具中功能最强大的工具。只要绘制出对象在 X 轴、Y 轴和 Z 轴三个正交方向上的截面就可以使用“拟合”变形工具创建复杂的几何对象，这里就不做详细介绍了。

## 5.3 编辑网格对象

前几章介绍的多种建模方法可以用来制作简单或比较规则的模型，如果想要制作一些精细的、表面造型复杂的模型，就需要用高级建模的方法来实现。多边形建模就是高级建模的方法之一。所谓多边形建模是指，在较简单的模型上，通过对组成模型的点、边、面等进行增减、位置调整等编辑操作来产生所需模型。多边形建模有两种方式：编辑多边形和编辑网格。多边形建模具有强大的建模功能，熟练掌握这种建模方法，可以随心所欲地制作各种模型。

多边形建模方法比较容易理解，非常适合初学者学习，并且在建模的过程中可以按空间想象进行编辑修改。几乎所有的几何体都可以使用多边形建模方法进行再次几何造型，封闭的样条线也可以转换成曲面进行多边形建模。多边形建模有编辑网格和编辑多边形两种方法。

### 5.3.1 【实例 5-3】外方内圆装饰造型的制作

实例 5-3

本实例制作一个外方内圆的装饰造型，如图 5-40 所示。通过该模型的制作，学习使用网格对象进行多边形建模的方法，以及网格平滑和涡轮平滑修改器的应用。

1）选择“文件”→“重置”菜单命令重新设置场景。依次选择“创建”面板+→“几何体”●→“标准基本体”→“长方体”，在顶视图中创建一个立方体，激活透视图，按快捷键〈F4〉打开“边面”显示模式，参数及效果如图 5-41 所示。

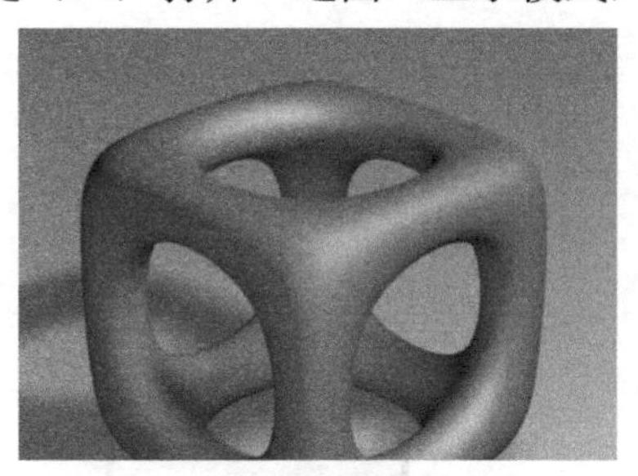
图 5-40　外方内圆的装饰造型

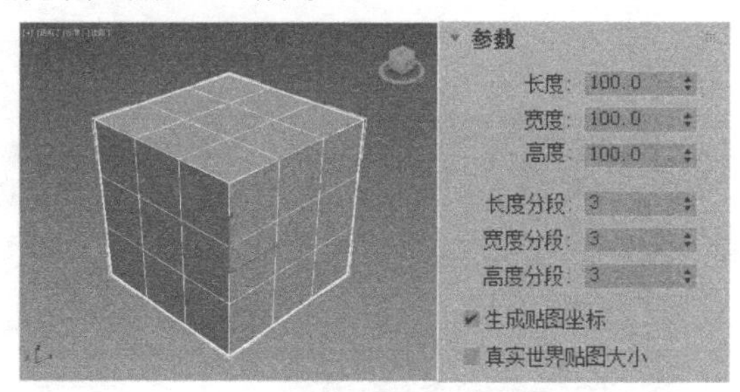

图 5-41　创建长方体

2）在透视图中单击鼠标右键，从弹出的快捷菜单中选择“转换为”→“转换为可编辑网格”命令，将长方体塌陷成可编辑网格对象。

3）单击“修改”面板，按数字键〈4〉，进入多边形子对象编辑状态，在透视图中按住〈Ctrl〉键选中该立方体六个面的中间多边形子对象，如图 5-42 所示。为了方便选择可以使用视图控制区中的“环绕”按钮变换观察视角。

4）单击“选择并均匀缩放”按钮，拖动鼠标将选中的多边形进行等比例放大，效果如图 5-43 所示。

5）保持多边形的选中状态，在“编辑几何体”卷展栏中单击“挤出”按钮，在视图中拖动鼠标，向内部挤出选中的多边形子对象，尽量使 6 个多边形子对象靠近，如图 5-44 所示。按〈Delete〉键删除选中的 6 个多边形子对象，如图 5-45 所示。

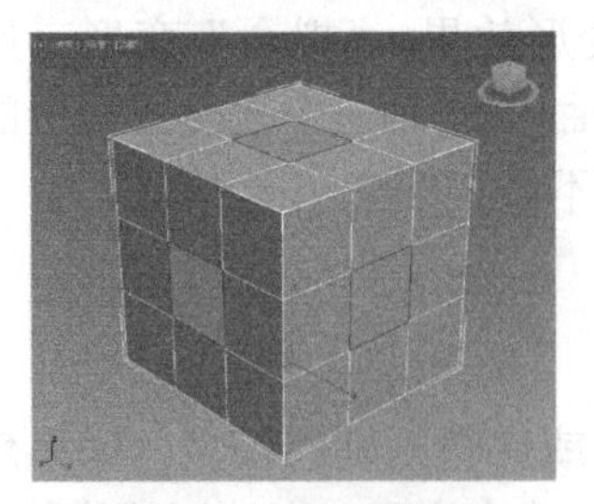

图 5-42　选择多边形

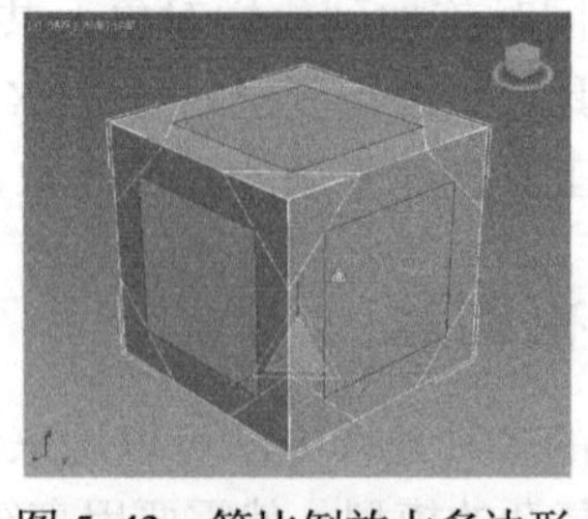

图 5-43　等比例放大多边形

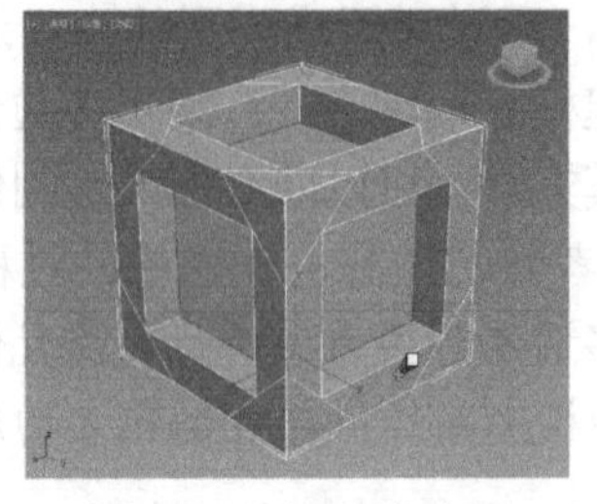

图 5-44　挤出多边形

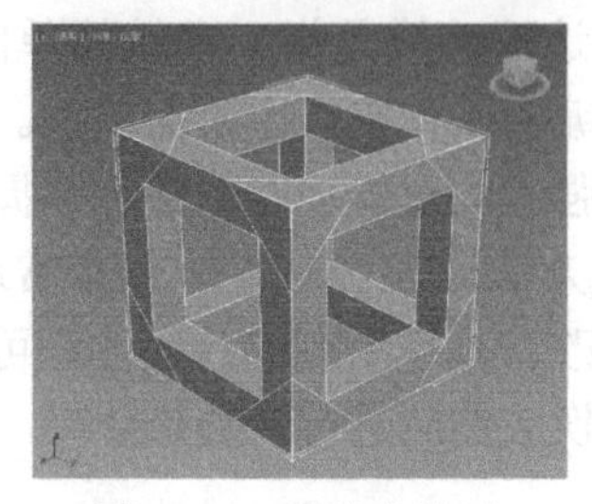

图 5-45　删除多边形

6）按数字键〈1〉，进入顶点子对象编辑状态，激活顶视图，按住〈Ctrl〉键，选择顶点，如图 5-46 所示，“选择”卷展栏中显示共选中 32 个顶点，如图 5-47 所示。在“编辑几何体”卷展栏“焊接”选项组中“选定项”按钮右侧的数值框中输入 10，单击“选定项”按钮，如图 5-48 所示，完成顶点焊接。在“选择”卷展栏中显示选中顶点变为 16 个。

7）单击修改器堆栈中的“可编辑网格”，退出子对象编辑状态。在“修改器列表”下拉列表中选择“网格平滑”修改器，在“细分量”卷展栏中设置“迭代次数”为 3，如图 5-49 所示，形成网格平滑的外方内圆装饰模型效果如图 5-50 所示。

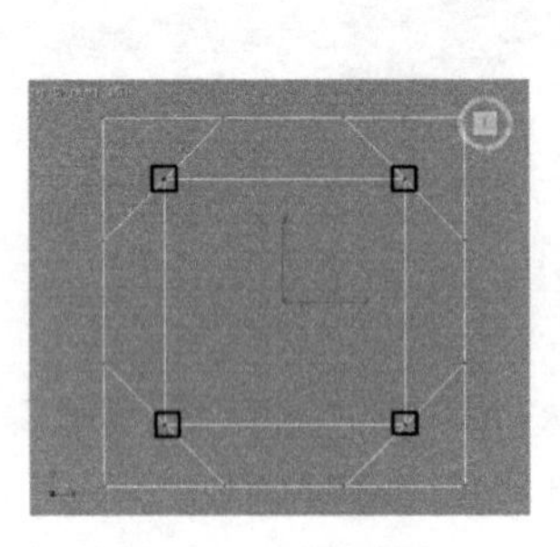

图 5-46　选择顶点

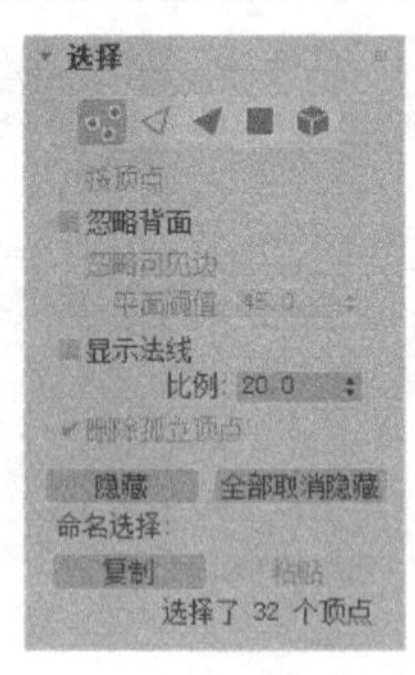


图 5-47　选择顶点的数量

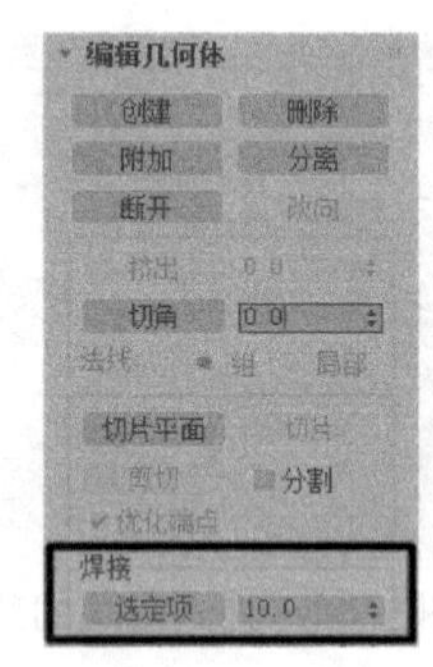


图 5-48　焊接顶点

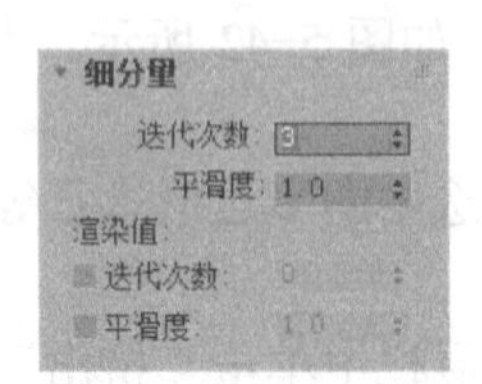


图 5-49　“细分量”卷展栏

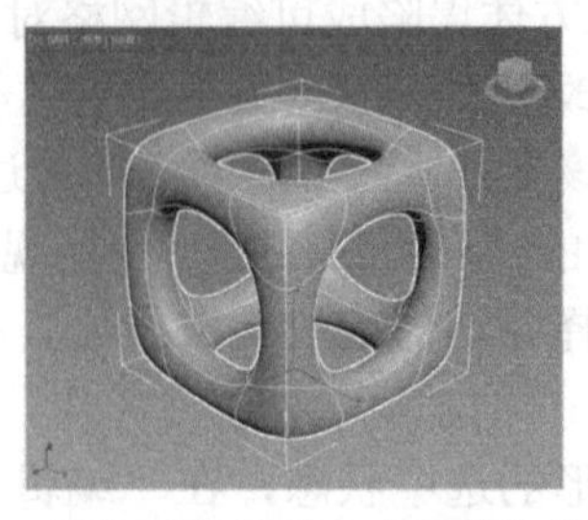

图 5-50　网格平滑的外方内圆装饰模型效果

下面介绍通过编辑网格对象进行多边形建模的方法以及常用的两个细分曲面修改器——网格平滑修改器和涡轮平滑修改器的应用。

## 5.3.2 编辑网格对象

场景中的三维模型和闭合的二维图形都可以变成可编辑的网格对象，有两种方法可以将它们转换成可编辑的网格对象。选择对象后，一种方法是在“修改器列表”下拉列表中选择“编辑网格”修改器，为对象添加一个编辑网格修改器；另一种方法是在对象上单击鼠标右键，从弹出的快捷菜单中选择“转换为”→“转换为可编辑网格”命令，将对象直接转换为一个网格对象。

编辑网格对象建模兼容性好，制作的模型占用系统资源较少，运行速度快，可以在较少的面数下制作较复杂的模型。网格对象可编辑的子对象包括顶点、边、面、多边形和元素。

在修改器堆栈中单击“编辑网格”修改器或“可编辑网格”对象左侧的，可以展开网格对象的 5 个可编辑子对象，如图 5-51 所示。网格对象是由顶点、边、面、多边形和元素等基本元素构成的。

- 顶点：位于相应位置上的点，确定三维空间的坐标位置，它们构成其他子对象的结构。
- 边：连接两个顶点的直线，它可以形成多边形的边。
- 面：最小的网格对象，即由三个顶点组成的三角形。
- 多边形：由若干个三角面组成的，选择一个多边形子对象实际上是同时选择多个可隐藏的面子对象。
- 元素：两个或两个以上可组合为一个更大对象的单个网格对象。

编辑网格对象时可以单击选择子对象层级进行各种子对象的编辑修改，通过调节顶点、边、面、多边形和元素等子对象来改变对象的形状。不展开网格对象的子对象也可以按子对象的顺序用数字键进入和退出该子对象的编辑状态，例如按数字键〈2〉就可以进入或退出边子对象编辑状态。

选中网格对象的子对象就可以进入子对象层级进行编辑，所有子对象共同使用“编辑几何体”卷展栏中的命令，如图 5-52 所示。该卷展栏中有些命令只有特定的子对象层级可用，例如“焊接”选项组只有在顶点子对象编辑状态下可用。“编辑几何体”卷展栏中的常用参数及其功能如下。

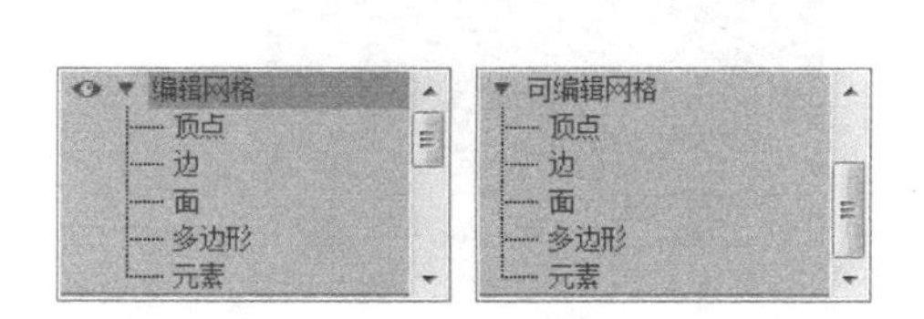


图 5-51　网格对象的子对象

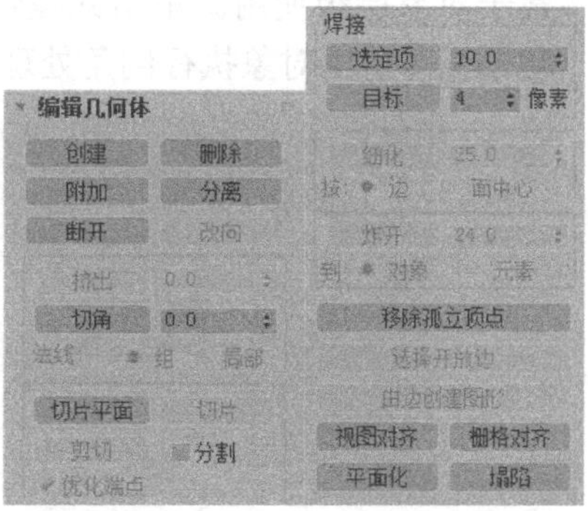

图 5-52　“编辑几何体”卷展栏

- 创建：将子对象添加到单个选定的网格对象中。仅在顶点、面、多边形和元素子对象层级可用。

- 删除：删除选定的子对象以及附加在上面的所有面。该按钮仅在子对象层级可用。
- 附加：将场景中的另一个对象附加到选定的网格。可以附加任何类型的对象，包括样条线、面片对象和 NURBS 曲面。附加非网格对象时，该对象会转化成网格。
- 分离：将选定子对象作为单独的对象或元素进行分离。同时也会分离所有附加到子对象的面。将分离对象移到新位置时，将会在原始对象中留下一个孔洞。该按钮仅在子对象层级可用。
- 断开：为每一个附加到选定顶点的面创建新的顶点，可以移动面角使之互相远离它们曾经在原始顶点连接起来的地方。该按钮仅限于顶点子对象层级可用。
- 改向：在边的范围内旋转边。该按钮仅限于边子对象层级可用。
- 切角：用于对选中的子对象进行切角处理。该按钮仅限于顶点和边子对象层级可用。单击该按钮后可以拖动也可以调整“切角”微调器来执行切角操作，如图 5-53 所示。

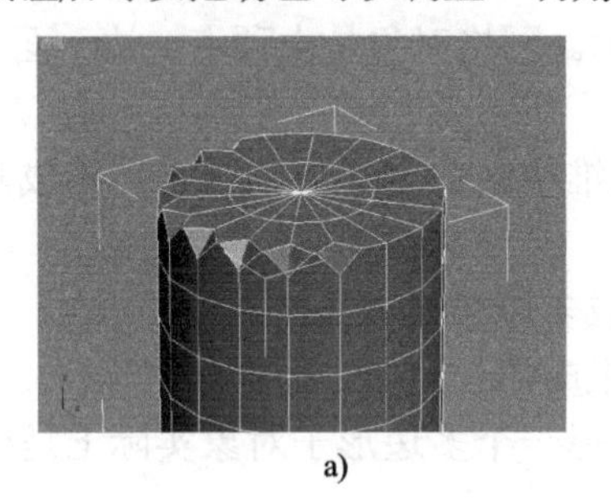

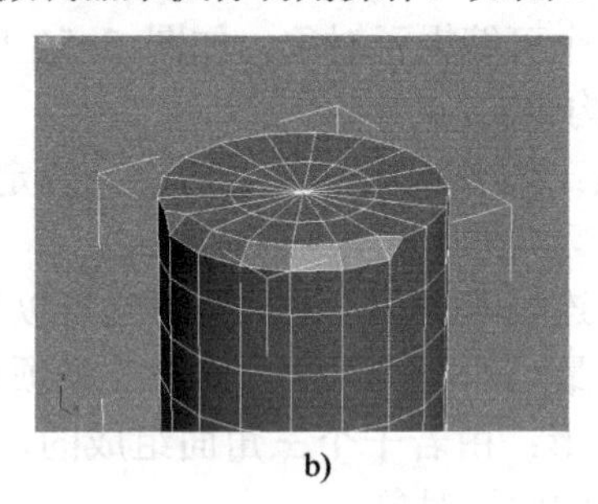

a)　　b)

图 5-53　切角效果

a) 顶点子对象切角效果　b) 边子对象切角效果

- 拆分：将面分成三个较小的面。该按钮仅限于面、多边形和元素子对象层级使用。即便处于多边形或元素子对象层级，该功能也作用于面。单击“拆分”按钮后直接选择要拆分的面。
- 挤出：将选中的子对象拉伸出一定的厚度。该按钮仅限于 边、面、多边形和元素子对象层级使用。单击此按钮后，可以拖动来挤出选定的子对象，也可以调整“挤出”的值来执行挤出，如图 5-54 所示。
- 倒角：在对子对象进行挤出的基础上进行倒角处理。该按钮仅限于面、多边形和元素子对象层级使用。单击此按钮后，拖动鼠标挤出子对象，释放鼠标按钮，然后移动鼠标对挤出对象执行倒角处理，如图 5-55 所示。

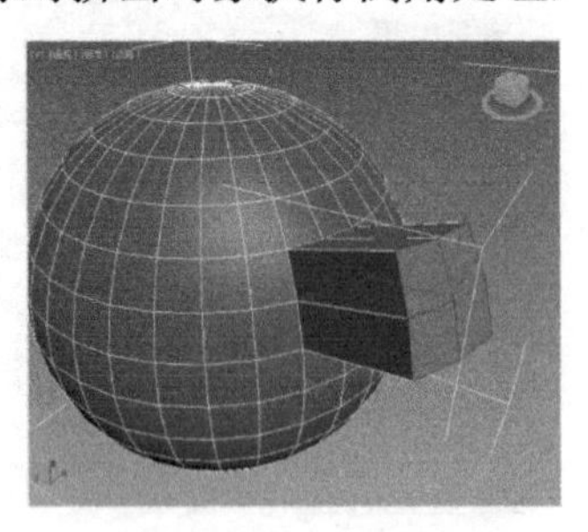

图 5-54　挤出子对象

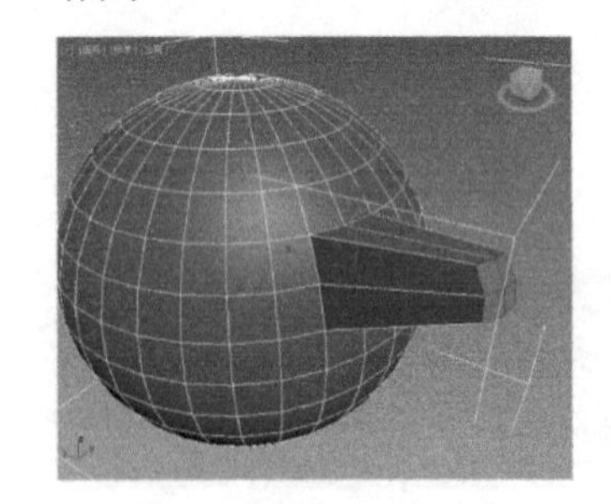

图 5-55　倒角子对象

- 切片平面：在需要对边执行切片操作的位置处定位和旋转切片平面创建 Gizmo。

- 切片：在切片平面位置处执行切片操作。仅当“切片平面”按钮高亮时，“切片”按钮可用。
- 剪切：在两条边之间创建一条或多条新边，从而细分边对之间的网格曲面。
- “焊接”选项组：仅限于顶点子对象层级使用，用于顶点的焊接操作，有两种焊接方法。一种是单击“选定项”按钮，焊接在右侧的“焊接阈值”数值框中指定的公差范围内的选定顶点，所有线段都会与产生的单个顶点连接。另一种是单击“目标”按钮，进入焊接模式，选择顶点并将它移动到或尽量接近目标顶点，完成焊接，“目标”按钮右侧的数值框用于设置鼠标光标与目标顶点之间的最大距离（以像素为单位）。
- 移除孤立顶点：删除网格对象内不与任何边相连、孤立存在的顶点。

### 5.3.3 网格平滑修改器

网格平滑修改器通过多种不同方法平滑网格对象。网格平滑的效果是使几何体对象的角和边变得圆滑。网格平滑的原理是通过对几何体对象的表面进行细分操作，增加网格对象表面的面，使其达到表面平滑的效果。

网格平滑修改器参数卷展栏如图 5-56 所示。下面介绍常用卷展栏参数的作用。

细分方法
细分方法：
NURMS
应用于整个网格
旧式贴图
细分量
软选择
重置
设置
参数
局部控制

图 5-56 网格平滑修改器参数卷展栏

**1. “细分方法”卷展栏**

“细分方法”卷展栏用于设置表面细分的方式。在“细分方法”下拉列表中提供了如下三种细分方式。

- NURMS（减少非均匀有理数网格平滑对象）：生成非常平滑表面效果的网格对象，可以通过调节每个控制点的权重值等灵活地调整表面的形状。
- 经典：生成由标准的三角形面和四边形面构成表面的网格对象。
- 四边形输出：生成仅由四边形面构成表面的网格对象。

选中“应用于整个网格”复选框后，细分效果应用于整个网格对象，否则细分效果仅应用于选中的子对象，两者区别如图 5-57 所示。

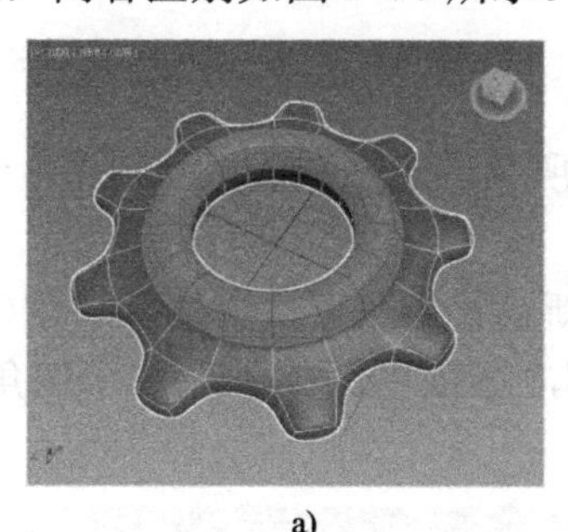

a)

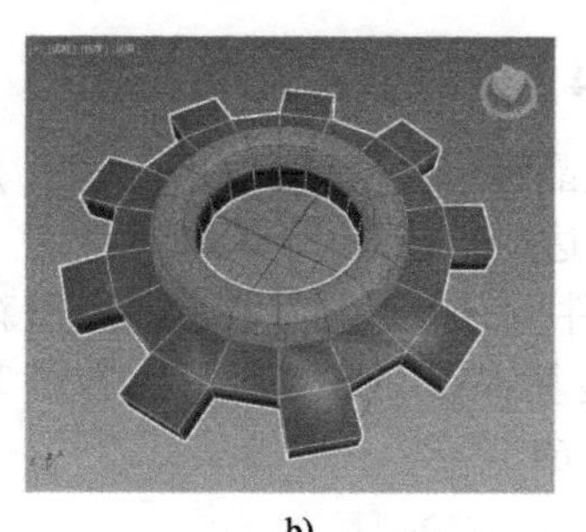

b)

图 5-57 是否应用于整个网格的区别

a) 应用于整个网格对象 b) 应用于选中的子对象

**2. “细分量”卷展栏**

“细分量”卷展栏如图 5-58 所示，用于调整网格物体的平滑程度。

- 迭代次数：用于设置细分的计算次数。迭代次数的数值越高，平滑效果越好，但要注意盲目增加数值会大大增加计算机运算量，可能造成系统瘫痪。

- 平滑度：用于设置折角表面的光滑程度。取值范围为 0～1，值越大，被光滑的折角范围越大。
- “渲染值”选项组修改器：用于在必要时单独设置渲染时的相应数值。

### 5.3.4 涡轮平滑修改器

涡轮平滑修改器也是通过对表面进行细分来平滑网格对象的修改器。涡轮平滑被认为比网格平滑渲染速度更快，并能更有效率地利用内存。

涡轮平滑效果在锐角上效果最强并在圆形曲面上可见，因此建议在带有小角度的几何体上使用涡轮平滑，避免在球体和与其相似的对象上使用。

涡轮平滑修改器参数卷展栏如图 5-59 所示。涡轮平滑修改器的参数设置比较简单，可以参考网格平滑修改器的参数设置。

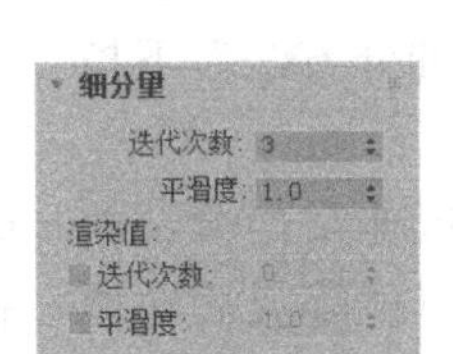


图 5-58 “细分量”卷展栏

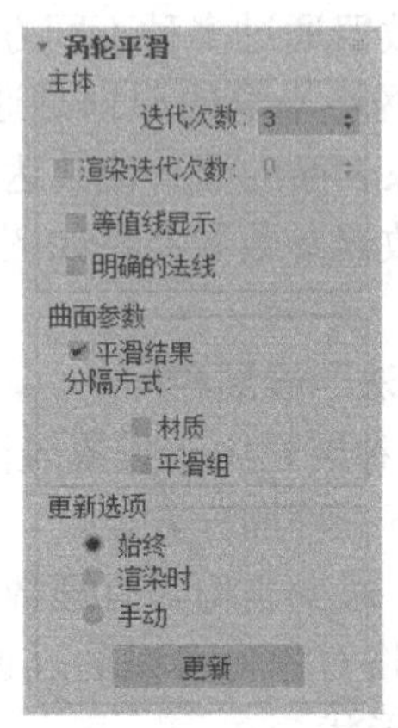


图 5-59 涡轮平滑修改器参数卷展栏

## 5.4 编辑多边形对象

### 5.4.1 【实例 5-4】液晶显示器的制作

实例 5-4

本实例制作液晶显示器模型，如图 5-60 所示。通过该模型的制作，学习一种灵活高效的建模方法——多边形建模。

1）选择“文件”→“重置”菜单命令重新设置场景。依次选择“创建”面板 + →“几何体” ● →“扩展基本体”→“切角长方体”，在顶视图中创建一个切角长方体，命名为“显示器”，如图 5-61 所示。

图 5-60 液晶显示器模型

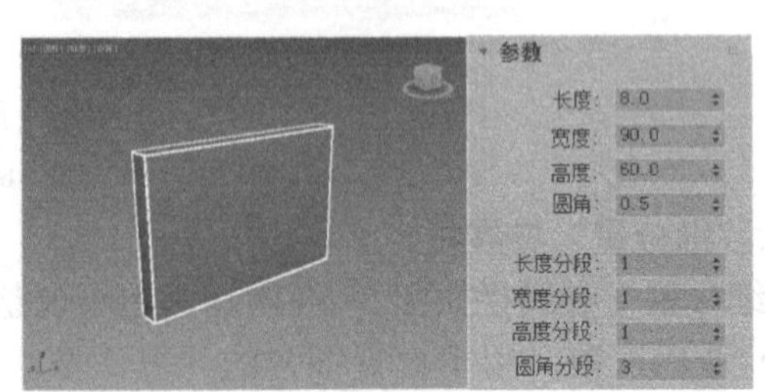


图 5-61 切角长方体

2）选择“修改”面板，在“修改器列表”下拉列表中选择“编辑多边形”修改器，单击修改器堆栈中“编辑多边形”右侧的，单击“多边形”子对象（或者按数字键〈4〉），然后在透视图中选择前面的多边形。在“编辑多边形”卷展栏中单击“倒角”按钮右侧的按钮，打开“倒角”助手，设置“轮廓”为-3，如图 5-62a 所示，单击按钮，倒角出显示器边框，再设置“高度”为-0.5，“轮廓”为-1，如图 5-62b 所示，单击按钮，形成向内凹陷的屏幕，效果如图 5-62c 所示。

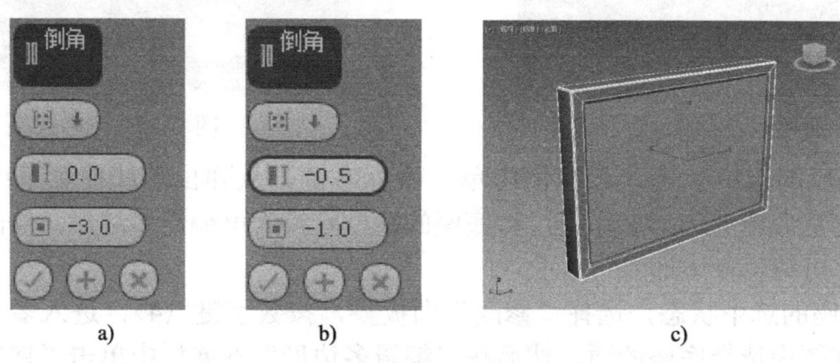


a) b) c)

图 5-62 倒角显示器屏幕

a) 第一次倒角参数 b) 第二次倒角参数 c) 屏幕效果

### 小技巧

多边形建模时，通常在透视图中进行操作，为了方便观察可编辑多边形对象的边面组成情况，并利于选择多边形对象中的边、面和多边形等子对象，可以单击视图左上角的“明暗处理”视口标签菜单，选中“默认明暗处理”和“边面”复选框。

3）使用视图控制区中的“环绕”按钮将透视图旋转，显示显示器的背面。保持显示器对象处于多边形子对象编辑状态，选择显示器背面的多边形，同样执行两次倒角操作，参数设置及效果如图 5-63 所示。

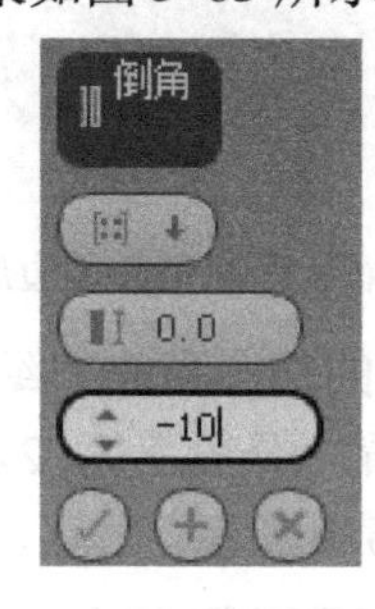


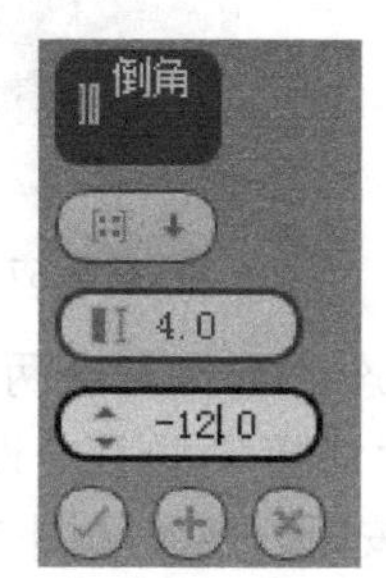


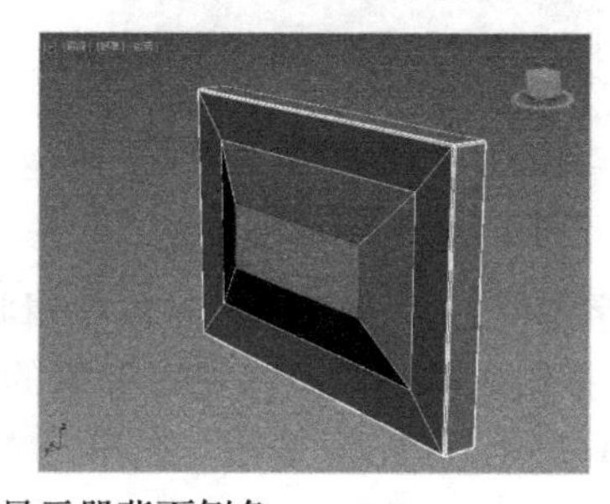

图 5-63 参数设置及显示器背面倒角

4）保持显示器背面中间多边形的选中状态，使用“选择并移动”按钮在左视图中向下移动一段距离，然后使用“选择并旋转”按钮绕 X 轴做适当旋转，效果如所图 5-64 示。单击修改器堆栈中的“编辑多边形”，退出多边形子对象编辑层级。

5）依次选择“创建”面板→“图形”→“样条线”→“矩形”，在顶视图中创建一个矩形，设置“长度”为 15，“宽度”为 40，并命名为“底座”。选择“修改”面板，在“修改器列表”下拉列表中选择“编辑样条线”修改器，按数字键〈2〉，进入线段子对象编辑状态，选择显示器屏幕一侧的线段，单击“几何体”卷展栏中的“拆分”按钮，再按数字键〈1〉，进入顶点子对象编辑状态，在顶视图中调整顶点的位置和曲率，效果如图 5-65 所示。单击修改器堆栈中的“编辑样条线”，退出顶点子对象层级编辑状态。

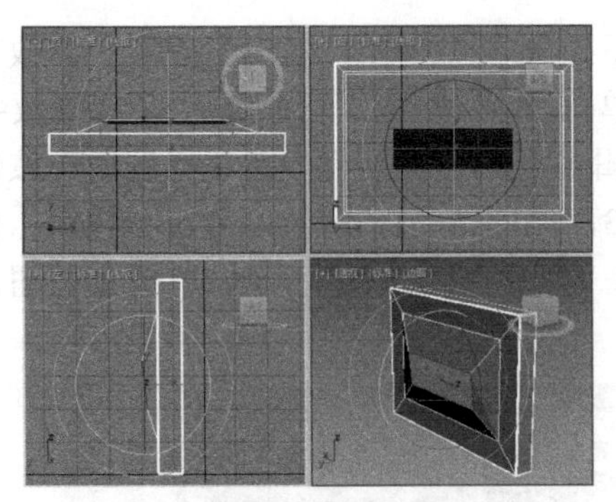

图 5-64　调整多边形的位置和角度

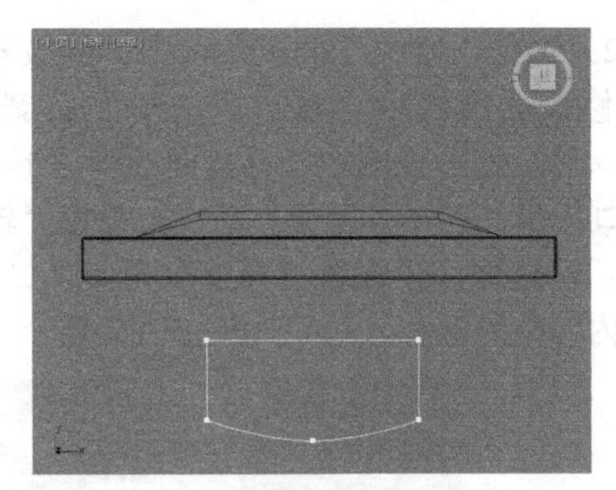

图 5-65　创建底座

6）保持底座的选中状态，在视图中单击鼠标右键，从弹出的快捷菜单中选择“转换为”→“转换为可编辑多边形”命令，将底座的线框转换为可编辑多边形，修改器堆栈中底座对象显示为“可编辑多边形”。

7）保持底座的选中状态，选择“修改”面板，按数字键〈4〉，进入多边形子对象编辑状态，在透视图中选择底座的面，然后在“编辑多边形”卷展栏中单击“挤出”按钮右侧的按钮，打开“挤出”助手，设置“挤出高度”为 3，单击按钮，如图 5-66 所示。单击“选择并均匀缩放”按钮，在透视图中使 X、Y 缩放轴为高亮显示，在 XY 平面上缩小选中的面，效果如图 5-67 所示。

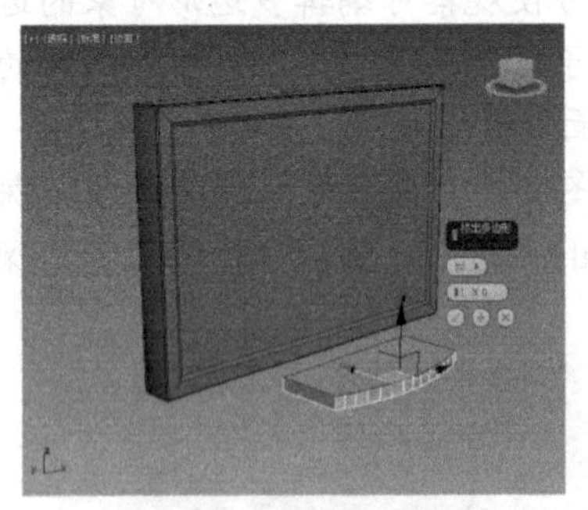

图 5-66　挤出底座

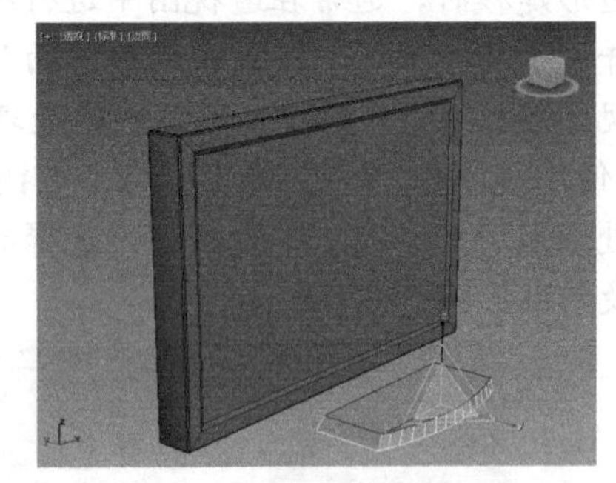

图 5-67　缩小底座顶部多边形

8）按数字键〈2〉，进入边子对象编辑状态，选择左右两侧的边，单击“编辑边”卷展栏中“连接”按钮右侧的按钮，在弹出的“连接”助手中设置“分段”为 2，“收缩”为 0，如图 5-68a 所示，单击按钮，再单击按钮，效果如图 5-68b 所示。

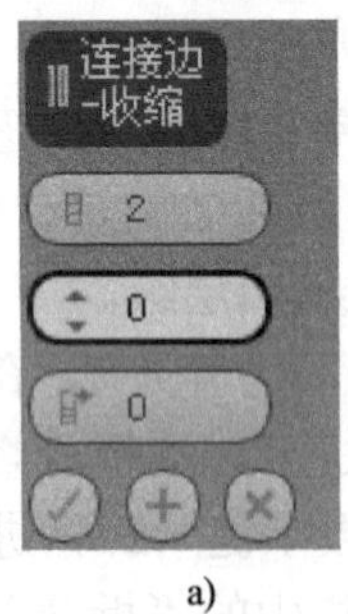


a)

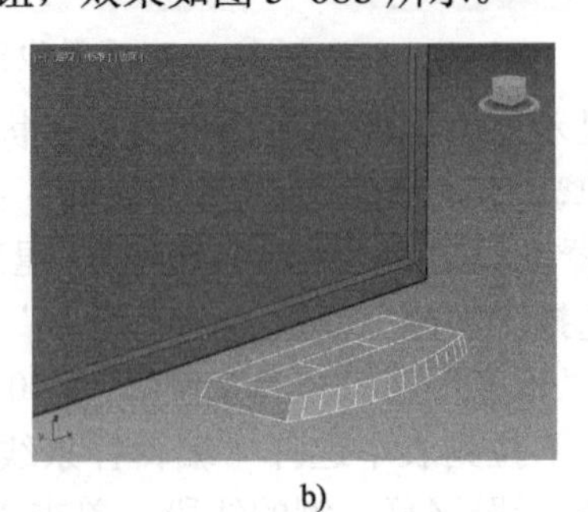

b)

图 5-68　连接边

a) 设置分段数　b) 连接后效果

9）按数字键〈4〉，进入多边形子对象编辑状态，选择中间的多边形，在“编辑多边形”卷展栏中单击“挤出”按钮右侧的□按钮，打开“挤出”助手，设置“挤出高度”为20，单击✓按钮，如图5-69所示。

10）单击修改器堆栈中的“可编辑多边形”，退出多边形子对象编辑状态，调整底座的位置。按数字键〈4〉，进入多边形子对象编辑状态，选择挤出的多边形，使用“选择并移动”✥按钮沿Y轴向显示器背部移动选中的面，再使用“选择并旋转”按钮↻绕X轴旋转调整选中的面，效果如图5-70所示。

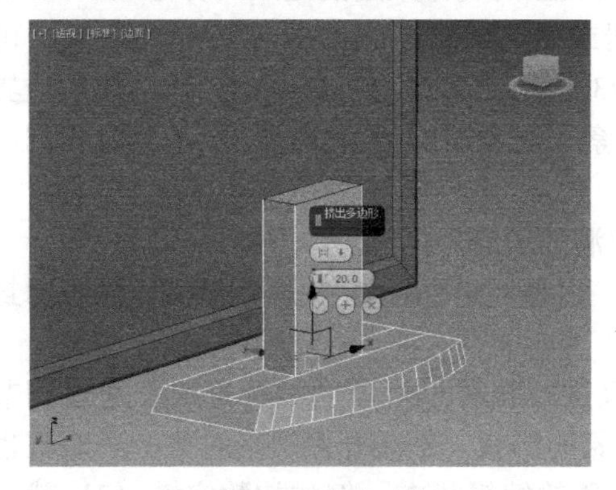

图5-69　挤出支架

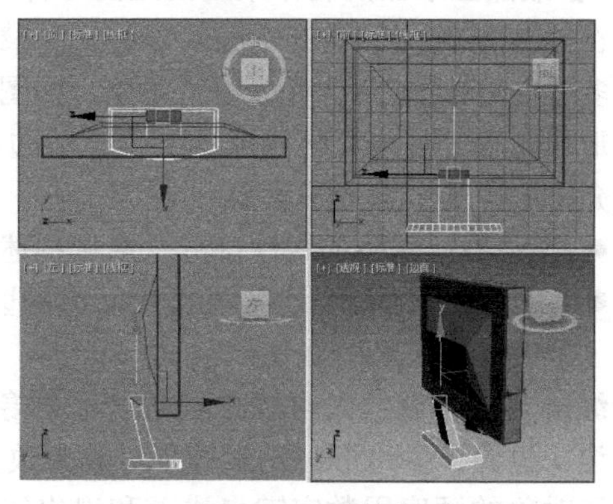

图5-70　调整位置

11）保持多边形子对象的选中状态，在“编辑多边形”卷展栏中单击“挤出”按钮，在左视图中拖动挤出多边形到合适位置，如图5-71所示。使用“选择并旋转”按钮↻绕Z轴旋转调整选中的面，对齐显示器的面，激活顶视图，使用“选择并均匀缩放”按钮▣，沿X轴适当放大多边形，效果如图5-72所示。

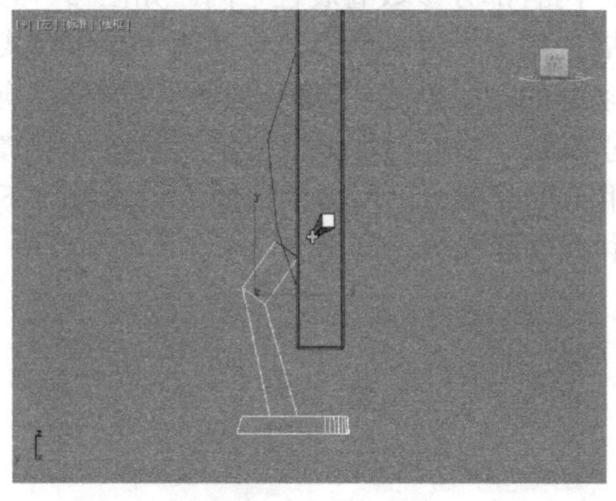

图5-71　挤出支架

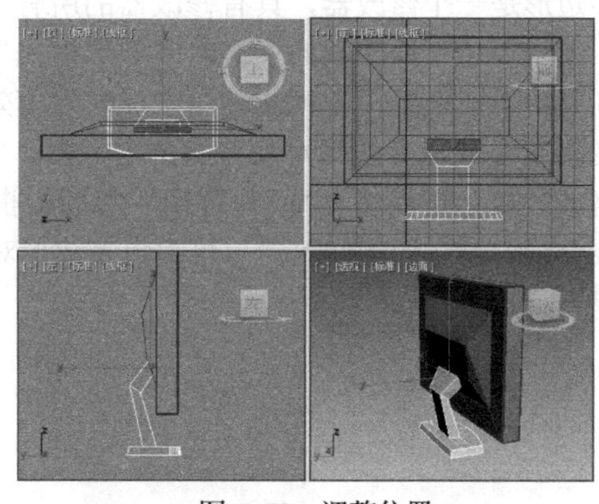

图5-72　调整位置

显示器建模完成后，赋予适当的材质，渲染后就可得到如图5-60所示的效果。本实例采用多边形建模的方法之一——编辑多边形，将切角长方体和矩形两个简单的对象分别制作成液晶显示器和底座，下面介绍编辑多边形建模的基本方法。

## 5.4.2　编辑多边形对象

与编辑网格对象不同，因为多边形对象没有面子对象，比网格对象多了边界子对象，其多边形子对象可以是三角形的面，也可以是四边形或多边形的面，所以多边形对象编辑更加灵活便捷，更适合模型的构建。3ds Max 也更注重编辑多边形对象建模的技术提升，使它的功能超越了编辑网格对象而成为多边形建模的主要工具。

与网格对象相同，有两种方法可以将三维模型和闭合的二维图形转换成可编辑的多边形对象。一种方法是选择对象后在“修改器列表”下拉列表中选择“编辑多边形”修改器，添加一个“编辑多边形”修改器；另一种方法是在对象上单击鼠标右键，从弹出的快捷菜单中选择“转换为”→“转换为可编辑多边形”命令，将对象直接转换为一个多边形对象。【实例 5-4】液晶显示器的制作采用的是前一种方法，底座的制作采用的是后一种方法。

在修改器堆栈中单击“编辑多边形”修改器或“可编辑多边形”对象左侧的▶，可以展开多边形对象的 5 个可编辑子对象，如图 5-73 所示。多边形对象是由顶点、边、边界、多边形和元素等基本元素构成的，顶点、边和元素子对象与网格对象对应的子对象相同，下面仅介绍边界和多边形子对象。

- 边界：网格的线性部分，通常描述为空洞的边缘。
- 多边形：多个连续边封闭而成的区域，它是通过曲面连接的三条或多条边的封闭序列。

编辑多边形对象时可以单击选择子对象层级进行各种子对象的编辑修改，通过调节顶点、边、边界、多边形、元素等子对象来改变对象的形状。不展开多边形对象的子对象也可以按子对象的顺序用数字键来进入和退出该子对象的编辑状态，例如按数字键〈3〉就可以进入或退出边界子对象编辑状态。编辑多边形对象的参数面板中除“选择”卷展栏、“软选择”卷展栏和“编辑几何体”卷展栏外，选择不同子对象时，参数面板中会出现相应的子对象编辑卷展栏。

编辑多边形修改器与可编辑多边形对象的建模方法基本相同，但两者存在以下区别。编辑多边形是一个修改器，具有修改器的所有属性；两者部分参数卷展栏不同。如图 5-74 所示，编辑多边形修改器的“编辑多边形模式”卷展栏用于设置编辑多边形的两个操作模式，分别是用于建模的模型模式和用于反映建模效果动画的动画模式。“细分曲面”“细分置换”卷展栏是可编辑多边形对象特有的卷展栏，“细分曲面”卷展栏将细分应用到网格平滑修改器格式的多边形网格，“细分置换”卷展栏指定用于细分多边形网格的曲面近似设置。下面主要介绍编辑多边形修改器与可编辑多边形对象共有卷展栏的功能。

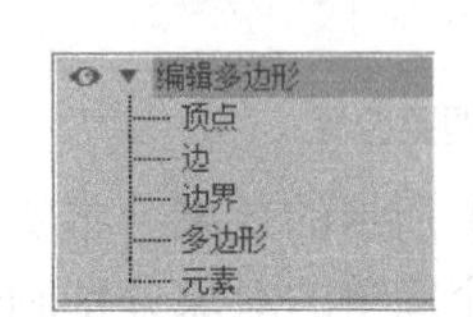

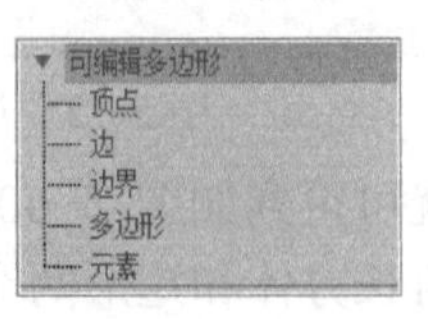


图 5-73　多边形对象的子对象

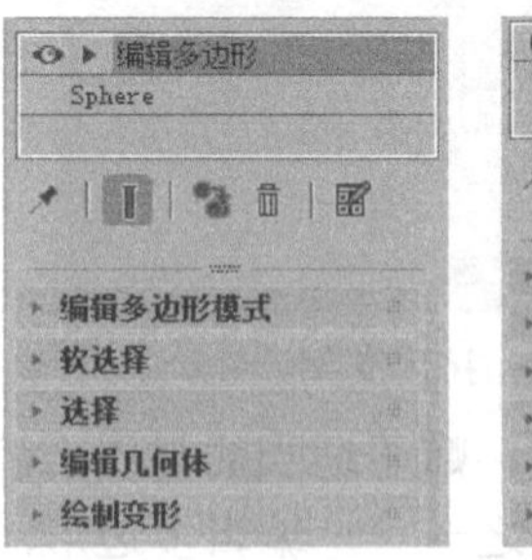

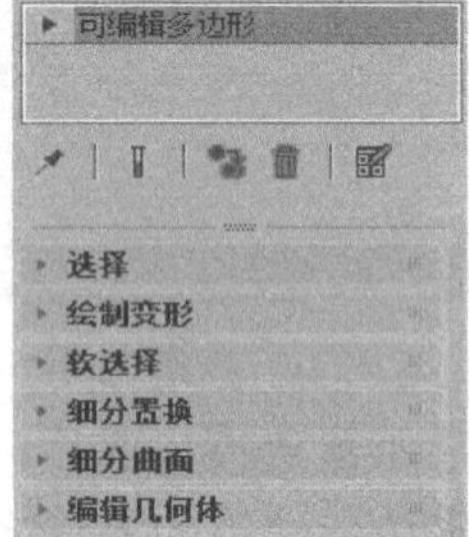


图 5-74　卷展栏的区别

### 5.4.3 “选择”和“软选择”卷展栏

#### 1.“选择”卷展栏

“选择”卷展栏如图 5-75 所示，该卷展栏的主要是帮助用户进行各类子对象的选择。

“选择”卷展栏中的常用参数及其功能如下。

- 、、、、：分别对应顶点、边、边界、多边形和元素子对象，与在修改器堆栈中单击选择子对象的作用相同。其中反相显示的按钮表示当前处于编辑状态的子对象，与当前处于编辑状态的子对象对应，在参数卷展栏中会显示相应的子对象编辑卷展栏。
- 按顶点：在顶点子对象层级下不可用，选择该复选框后，选择顶点，与该顶点相连的子对象都会被选中。
- 忽略背面：用于确定进行子对象选择时，是否选择位于背面不可见的子对象。例如，在顶点子对象层级，选择该复选框后，在视图中框选对象的顶点时，位于选框内背面看不到的顶点不会被选中。
- 收缩：由外围向内减少选择的子对象数量，如图 5-76 所示。

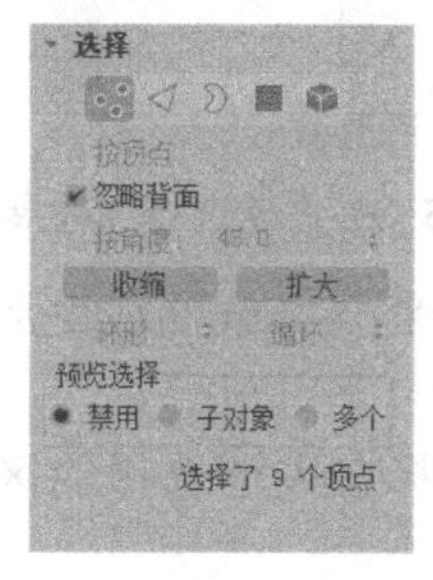


图 5-75 “选择”卷展栏

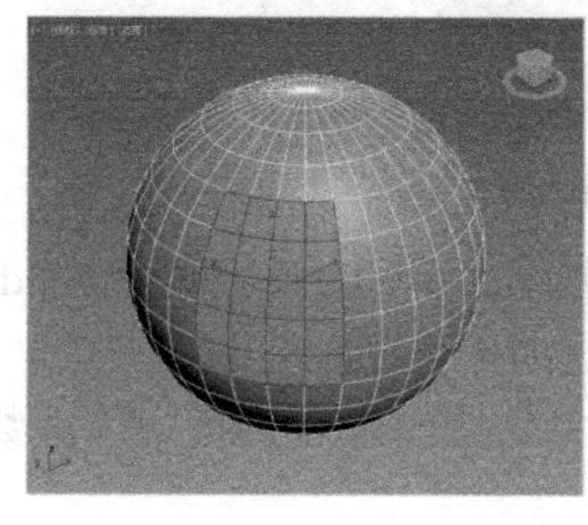

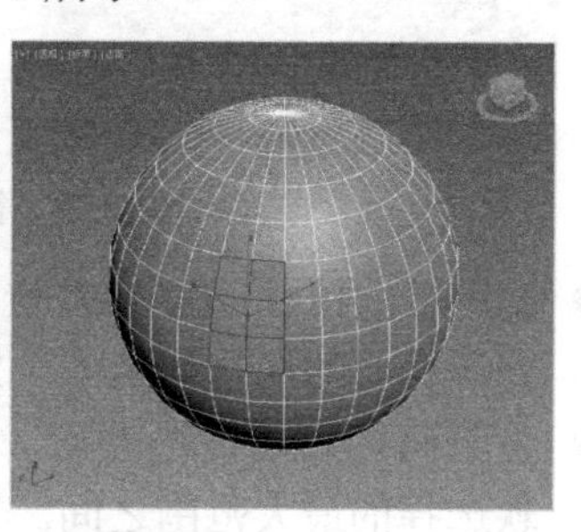

图 5-76 收缩选择

- 扩大：由内向外增加选择的子对象数量，如图 5-77 所示。

图 5-77 扩大选择

- 环形：在边和边界子对象层级中可用，用于选择与当前选择边平行的所有边，如图 5-78 所示。

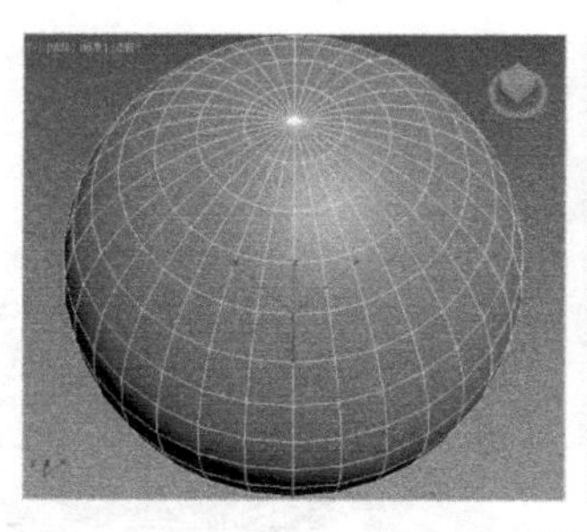

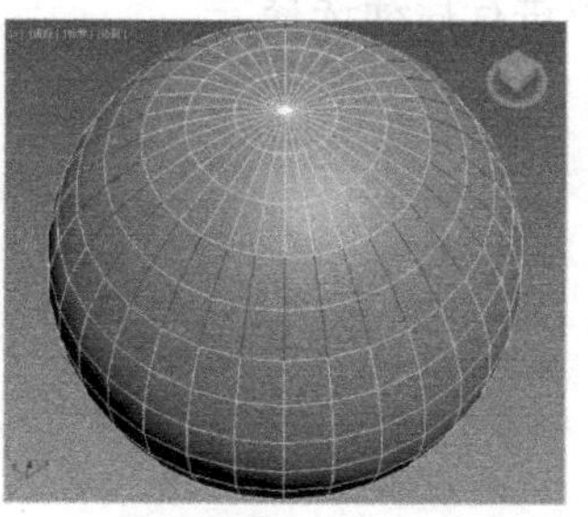

图 5-78 环形扩大选择

- 循环：在边和边界子对象层级中可用，用于选择与当前选择边构成循环的所有边，如图 5-79 所示。

在“选择”卷展栏的最下方显示子对象的选择情况，通过该信息可以确认是否多选或漏选了子对象。

**2.“软选择”卷展栏**

“软选择”卷展栏如图 5-80 所示，软选择可以将当前选择子对象的作用范围向四周衰减扩散，离选择子对象越近影响越强，反之则越弱，作用力和范围用红色到蓝色的渐变表示。

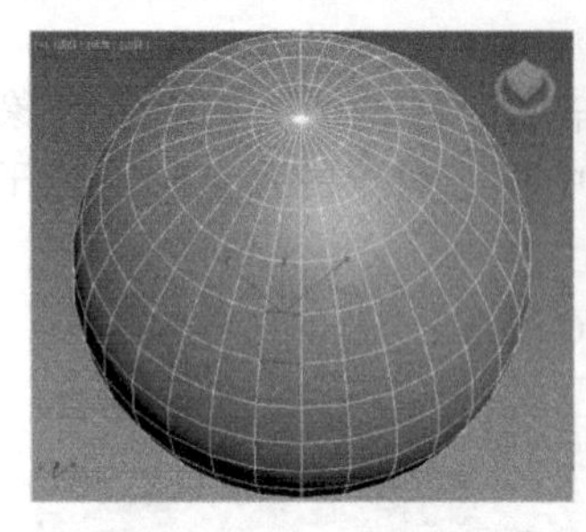
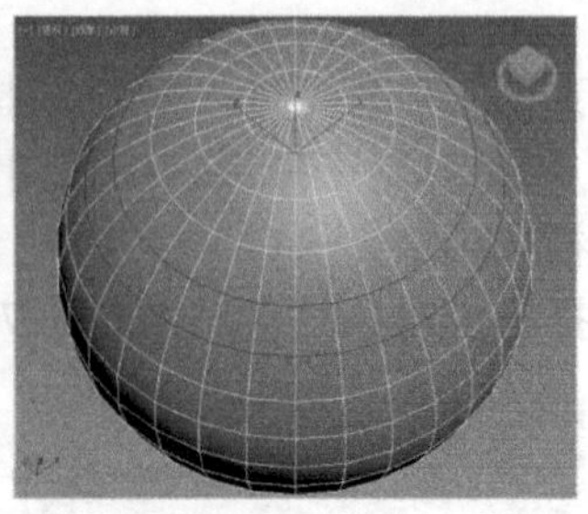

图 5-79　循环扩大选择

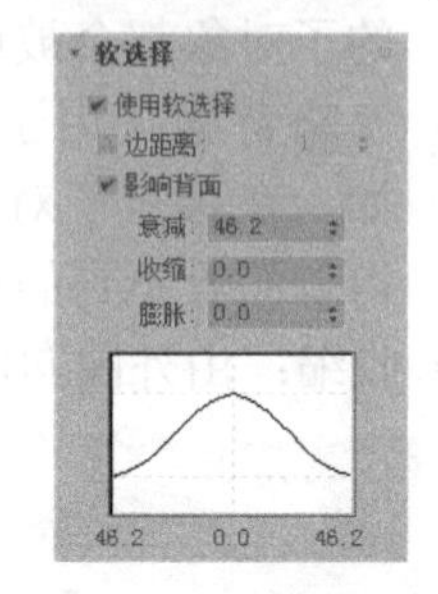


图 5-80　“软选择”卷展栏

- 使用软选择：选择该复选框后，启用软选择功能，3ds Max 会将样条线曲线变形应用到所变换的选择周围未选定的子对象。
- 边距离：启用该选项后，将软选择限制到指定的面数，该选择在进行选择的区域和软选择的最大范围之间。
- 衰减：设置衰减范围，用于定义影响区域的距离，它是用当前单位表示的从中心到球体的边的距离。

## 5.4.4 “编辑几何体”卷展栏

“编辑几何体”卷展栏如图 5-81 所示，该参数卷展栏在编辑多边形对象的任何子对象时都会出现，它提供对多边形对象整体进行编辑的命令按钮。

通常在修改面板的卷展栏中，单击选择某个命令按钮后就进入直接操纵模式，即可以直接在视口中选择子对象来应用该命令。例如在【实例 5-3】中，单击“挤出”按钮，然后按住左键并拖动视口中的多边形就可将其挤出。如果命令按钮的右侧附带有“设置”按钮，还可以进入交互式操纵模式。单击该“设置”按钮，将打开一个设置助手界面，如图 5-82 所示，并进入预览模式，在此模式下可以设置参数并在视口中立即查看有关当前选定子对象的操作结果。可以选择单击接受结果；或者单击取消该操作，或者单击将设置应用于当前选定的子对象再进行后续选择。

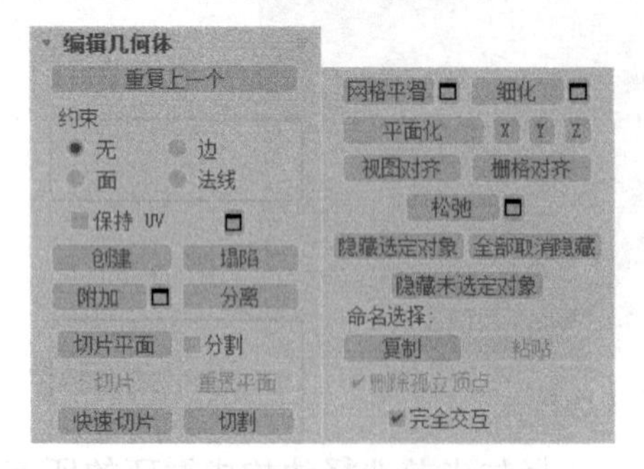


图 5-81　“编辑几何体”卷展栏

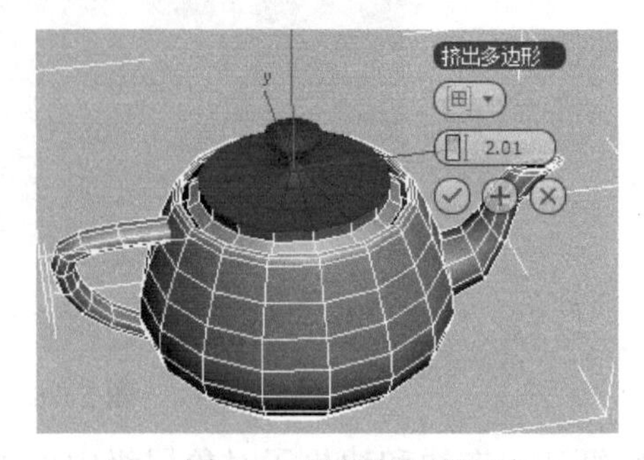


图 5-82　设置助手界面

“编辑几何体”卷展栏中的常用参数及其功能如下。

- 重复上一个：重复最近一次使用的命令。
- 塌陷：将选择对象的顶点与选择中心的顶点焊接，使连续选定的子对象产生塌陷，如图 5-83 所示。该命令按钮不能用于元素子对象。

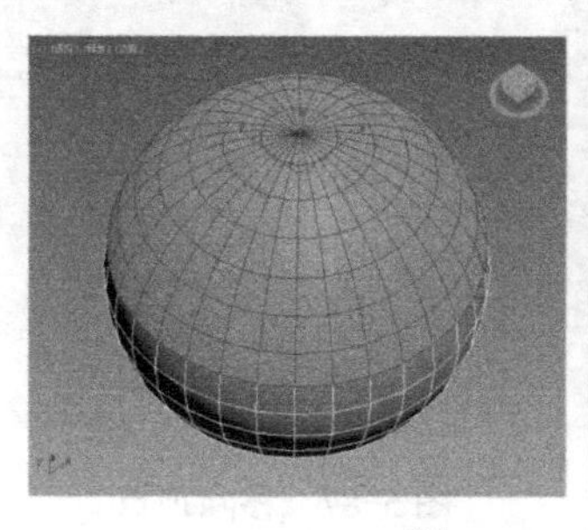
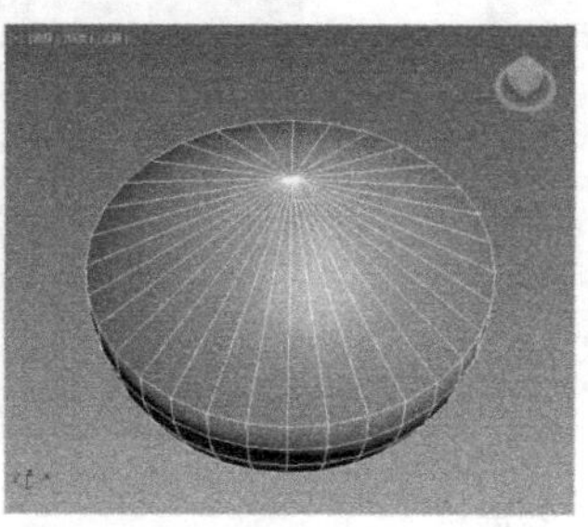

图 5-83　塌陷效果

- 附加：将场景中的另一个对象合并到选定的多边形对象中，成为该对象的一个元素。可以附加任何类型的对象，包括样条线、可编辑的多边形对象、面片对象等。
- 分离：将选定的子对象分离出去成为独立的对象。
- 切片平面：为切片平面创建 Gizmo，可以通过移动和旋转操作将切片平面定位在需要进行切片的位置处，在视图中切片平面显示为一个黄色的切割平面。
- 切片：启动“切片平面”后，“切片”按钮才可以启用。该按钮用于将选定的子对象基于切片平面切开，切片平面和切片效果如图 5-84 所示。
- 分割：启用该复选框时，通过快速切片和切割操作，可以在划分边的位置处的点创建两个顶点选择集。
- 重置平面：将切片平面恢复到默认状态。
- 快速切片：不使用切片平面，直接对选择子对象进行切片。选择子对象后，单击该按钮，然后选中切片的起点和终点，即完成切片操作。
- 切割：用于创建一个多边形到另一个多边形的边，或在多边形内创建边。
- 网格平滑：平滑处理选择的子对象，作用类似于网格平滑修改器，对选择的子对象的多边形进行细分，如图 5-85 所示。

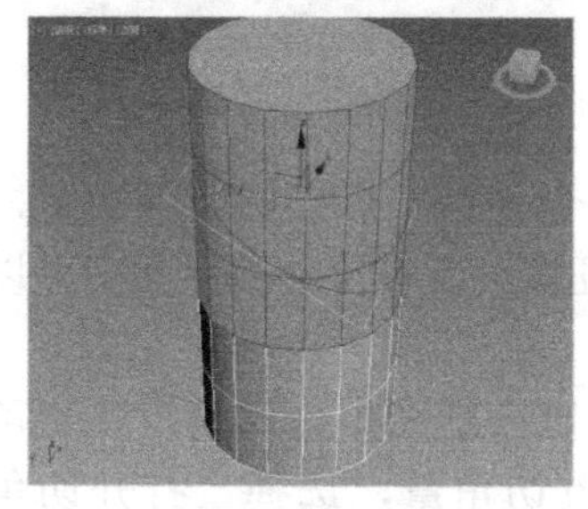

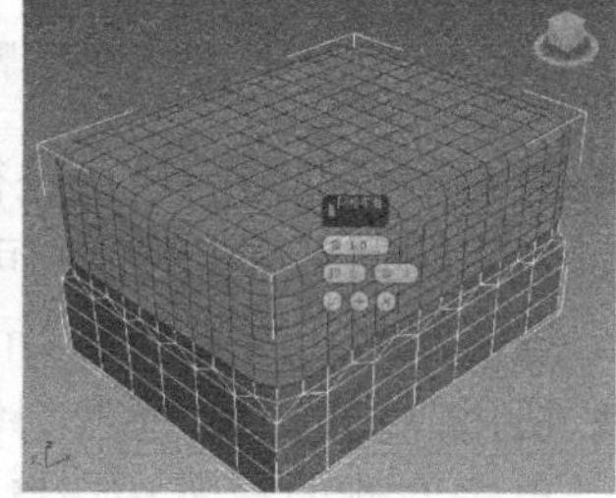
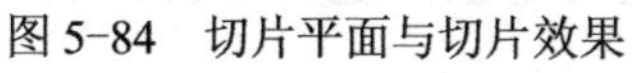

图 5-84　切片平面与切片效果

图 5-85　网格平滑

- 删除孤立顶点：删除不与任何多边形有关联的孤立顶点。

### 5.4.5　“编辑顶点”卷展栏

当进入顶点子对象编辑状态时，显示“编辑顶点”卷展栏，如图 5-86 所示。该卷展栏对选择的顶点子对象进行编辑，常用选项及其功能如下。

- 移除：去除选中的顶点，并接合起使用它们的多边形。“移除”命令只移去顶点，但不会出现空洞，如图 5-87 所示。

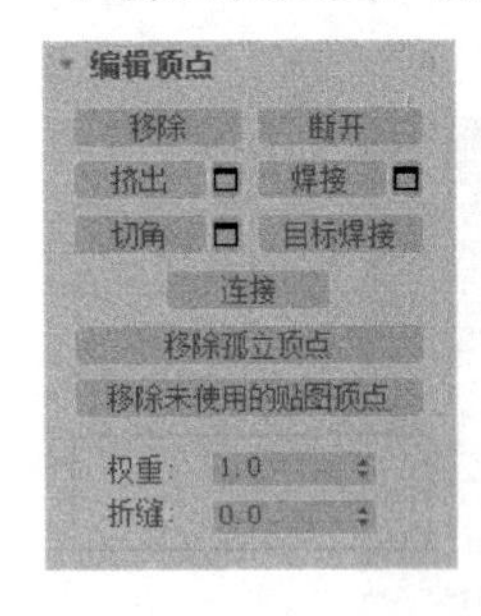


图 5-86 “编辑顶点”卷展栏

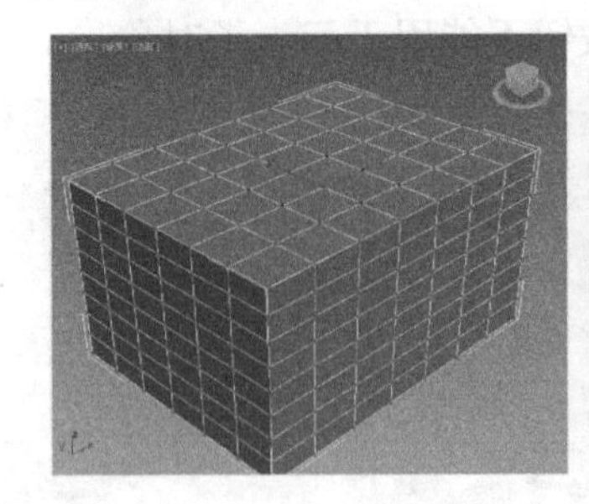

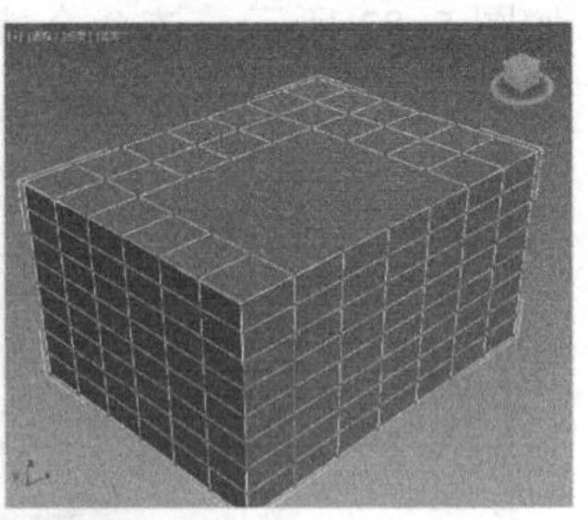

图 5-87 移除顶点

### 📖 小技巧

使用〈Delete〉键删除顶点后，依赖于已删除顶点的多边形也会被删除，在删除顶点的位置处形成空洞，如图 5-88 所示。

- 断开：在与选定顶点相连的每个多边形上，分别创建一个新顶点，这可以使多边形的转角相互分开，使它们不再与原来的顶点相连。
- 挤出：挤出顶点时，顶点会沿法线方向移动，并且创建新的多边形，形成挤出的面，将顶点与对象相连。如图 5-89 所示，单击挤出设置按钮后，打开设置助手界面，可以设置“挤出高度”指定挤出量，设置“基面宽度”指定挤出基面的大小。

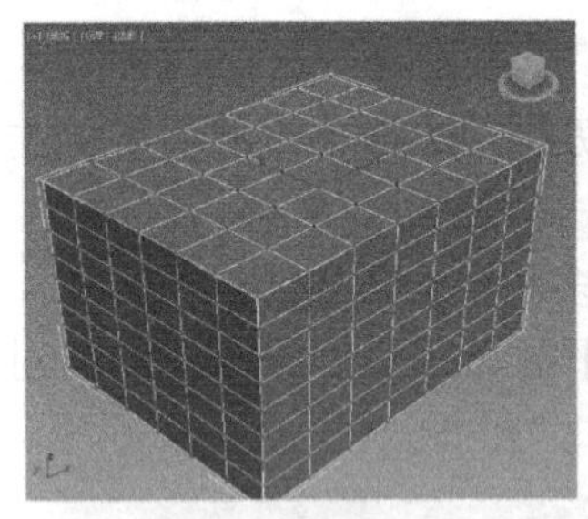

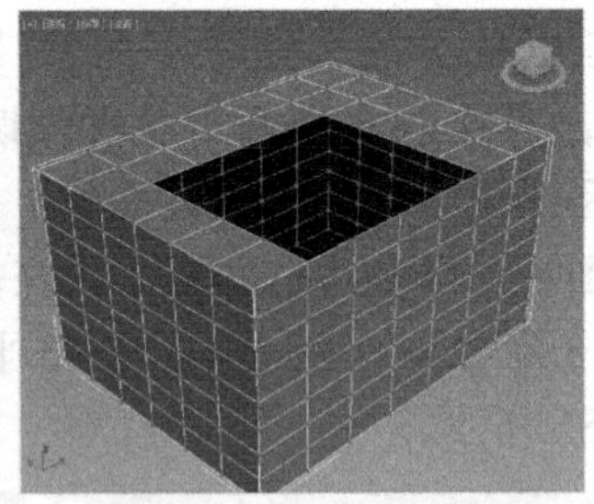

图 5-88 删除顶点

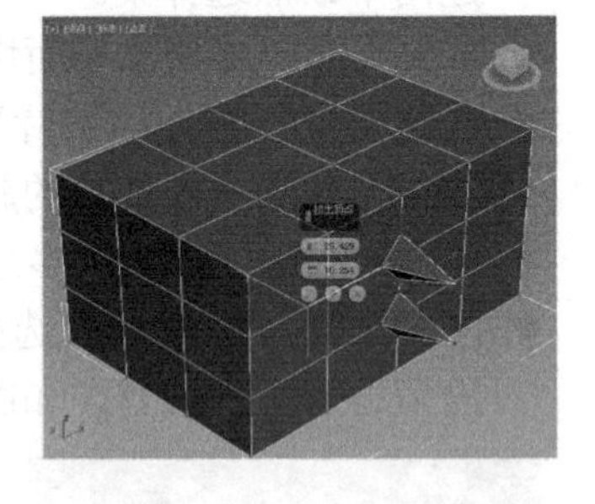

图 5-89 挤出顶点

- 焊接：将选定的顶点进行合并。选定的顶点是否进行合并由“焊接阈值”决定，顶点间的距离小于该值则可以合并，单击右侧的设置按钮，在设置助手界面中可以设置该参数，如图 5-90 所示。
- 切角：对选定的顶点制作倒角效果。倒角的大小既可以在视图中拖动设置，也可以单击右侧的设置按钮，在设置助手界面中可以设置切角量，选择“打开切角”，还可以产生孔洞效果，如图 5-91 所示。
- 目标焊接：选择一个顶点将其焊接到相邻的目标点上。
- 连接：在选中的顶点之间创建新的边。连接不会让新建的边交叉，即如果选择四边形的所有四个顶点，然后单击“连接”按钮，那么只有两个顶点会连接起来，如图 5-92 所示。

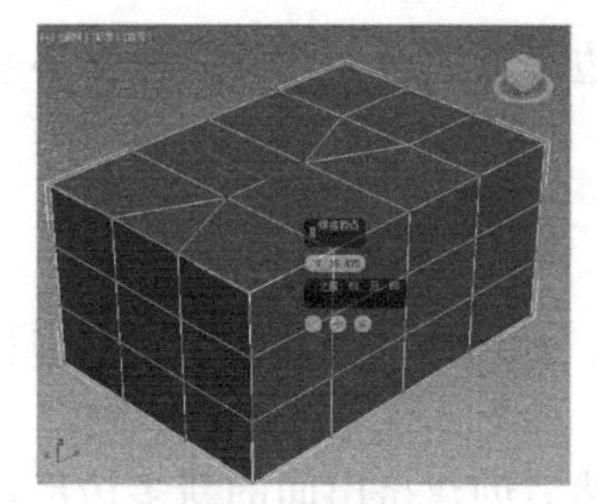
图 5-90　焊接顶点

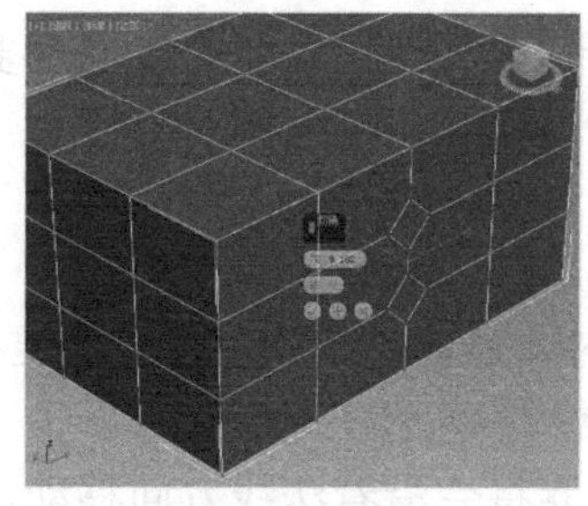
图 5-91　切角顶点

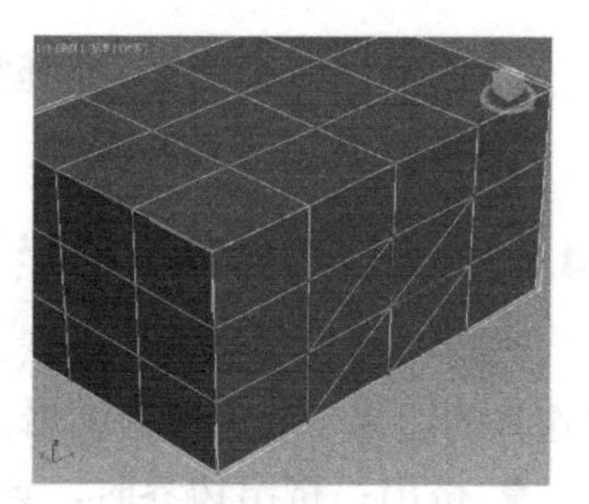
图 5-92　连接顶点

## 5.4.6 “编辑边”卷展栏

当进入边子对象编辑状态时，显示“编辑边”卷展栏，如图 5-93 所示。该卷展栏对选择的边子对象进行编辑，常用参数及其功能如下。

- 插入顶点：单击该按钮后，单击某边即可在该位置处添加顶点，将该边分为两条边。
- 移除：该按钮与“编辑顶点”卷展栏中“移除”按钮的作用相同，去除选定边，合并使用这些边的多边形。
- 挤出：单击该按钮后，挤出选定边，该边将会沿着法线方向移动，然后创建挤出面的新多边形，从而将该边与对象相连，如图 5-94 所示。边子对象的挤出参数与顶点子对象的挤出参数相同。

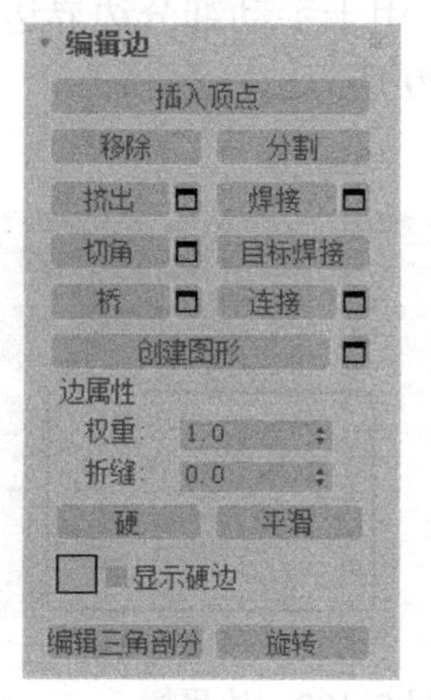

图 5-93 “编辑边”卷展栏

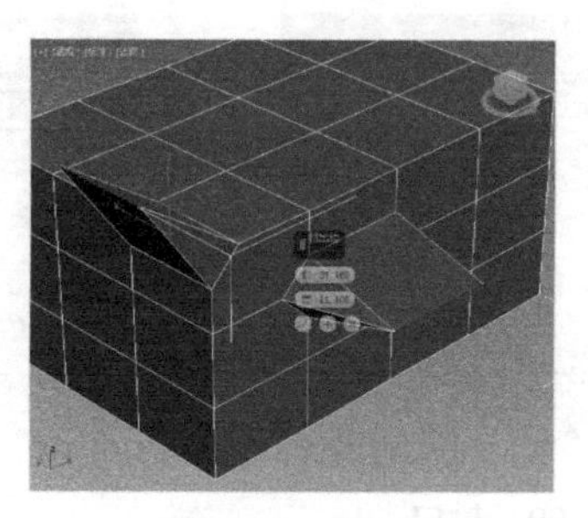
图 5-94　挤出边

- 切角：沿选定的边制作倒角，如图 5-95 所示。
- 桥：用于连接选定的边。桥只连接边界的边，也就是只在一侧有多边形的边，如图 5-96 所示。

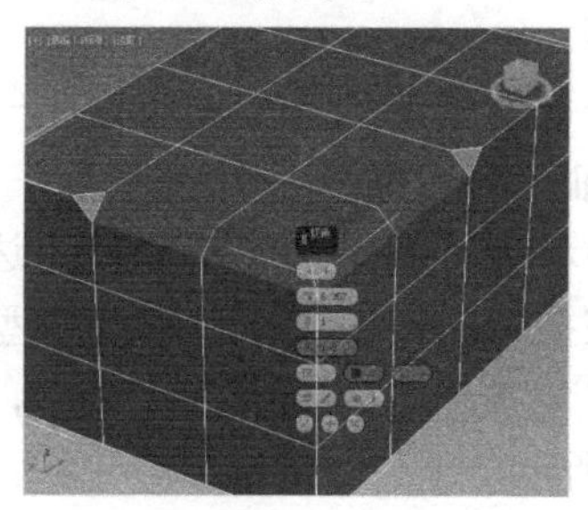
图 5-95　切角边

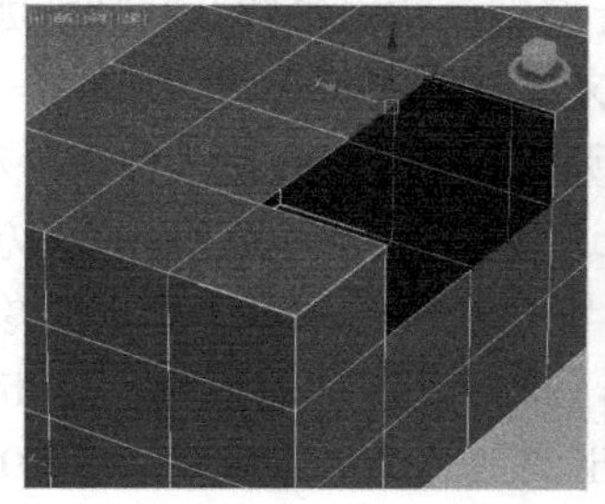
图 5-96　边桥

● 连接：在选定边之间创建新边，而且只能连接同一多边形上的边。此外，连接不会让新建的边交叉。

### 5.4.7 “编辑边界”卷展栏

当进入边界子对象编辑状态时，显示“编辑边界”卷展栏，如图 5-97 所示。该卷展栏对选择的边界子对象进行编辑，常用参数及其功能如下。

● 挤出：挤出边界时，该边界将会沿着法线方向移动，然后创建挤出面的新多边形，从而将该边界与对象相连，如图 5-98 所示。边界子对象的挤出参数与顶点子对象的挤出参数相同。

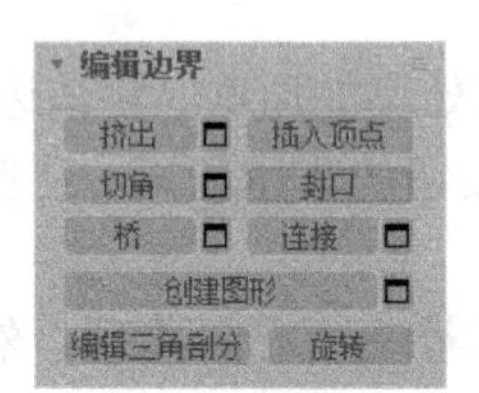


图 5-97 “编辑边界”卷展栏

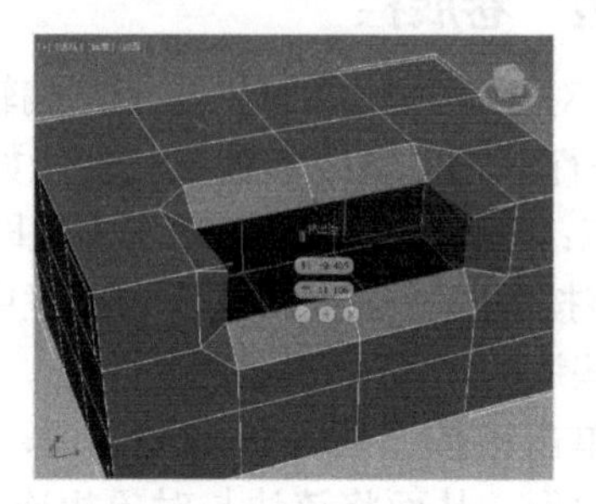

图 5-98 挤出边界

● 插入顶点：单击边界边即可在该位置处添加顶点，用于手动细分边界边。

● 封口：使用单个多边形封住整个边界环，如图 5-99 所示。

● 桥：用来连接选中的两个边界，如图 5-100 所示。

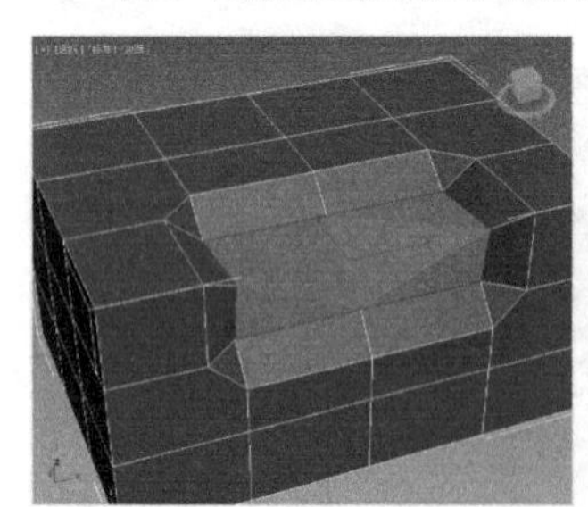

图 5-99 封口

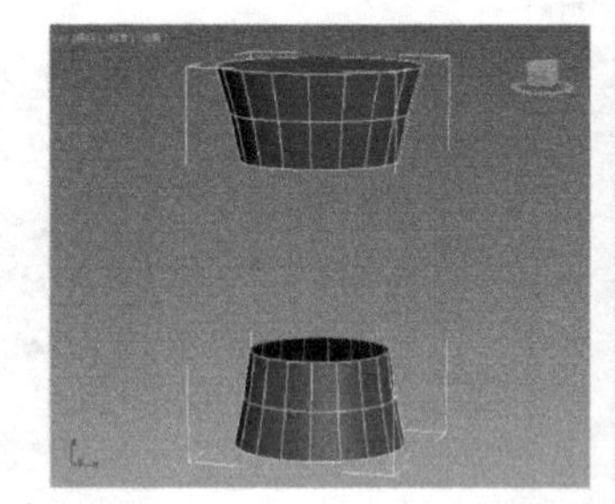

图 5-100 边界桥

### 5.4.8 “编辑多边形”卷展栏

当进入多边形子对象编辑状态时，显示“编辑多边形”卷展栏，如图 5-101 所示。该卷展栏对选择的多边形子对象进行编辑，常用参数及其功能如下。

● 插入顶点：在多边形子对象表面任意位置处添加一个可编辑的顶点，同时产生一组该点与多边形子对象上所有顶点连接的边，用于手动细分多边形。

● 挤出：挤出多边形时，这些多边形将会沿着法线方向移动，然后创建形成挤出边的新多边形，从而将选择与对象相连。多边形子对象在挤出时，需要选择挤出类型。单击挤出设置按钮后，打开设置助手界面，单击按钮，可选择挤出类型，如图 5-102 所示。不同挤出类型的挤出效果如图 5-103 所示。

图 5-101 “编辑多边形”卷展栏

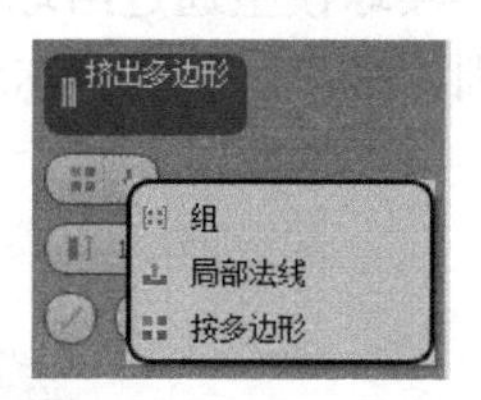


图 5-102 挤出类型

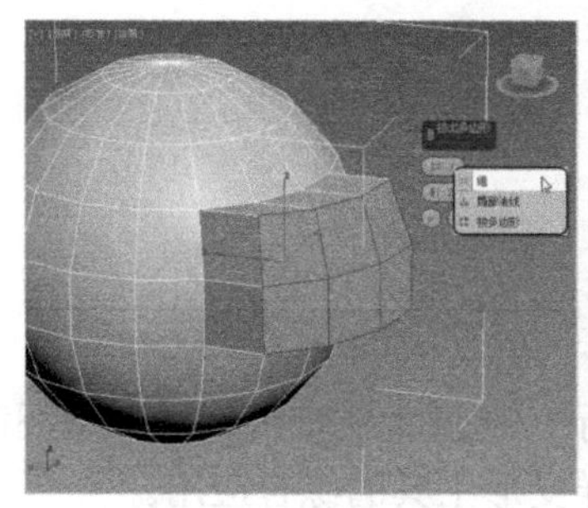
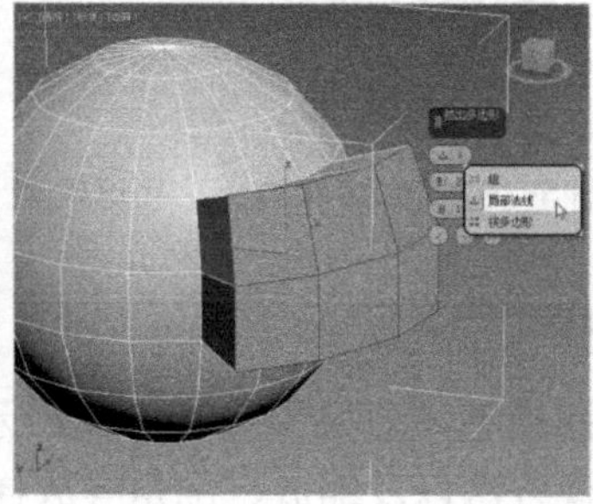
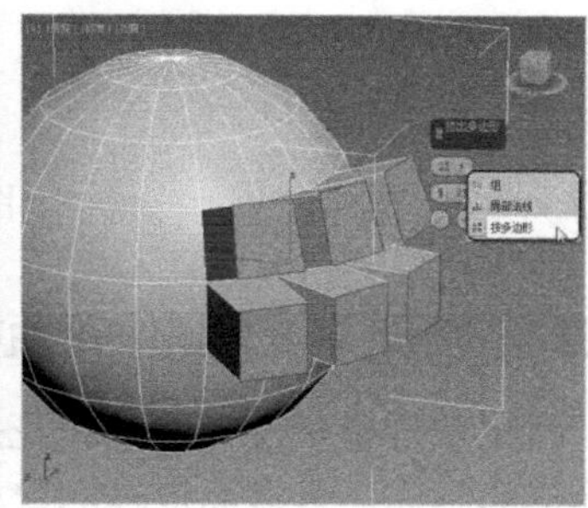

图 5-103 不同挤出类型的挤出效果

- 轮廓：用于扩大或减小每组连续的选定多边形的外边。执行挤出操作后，通常可以使用“轮廓”调整挤出面的大小。
- 倒角：将选中的多边形子对象拉伸出一定距离，然后对拉伸出的多边形进行缩放以产生倒角的效果，如图 5-104 所示。
- 插入：没有高度的倒角操作，如图 5-105 所示。
- 翻转：将选中多边形子对象的表面进行法线翻转。

当选择元素子对象编辑状态时，参数卷展栏中出现“编辑元素”卷展栏，如图 5-106 所示。“编辑元素”卷展栏与“编辑多边形”卷展栏中的参数相同，这里就不做具体介绍了。

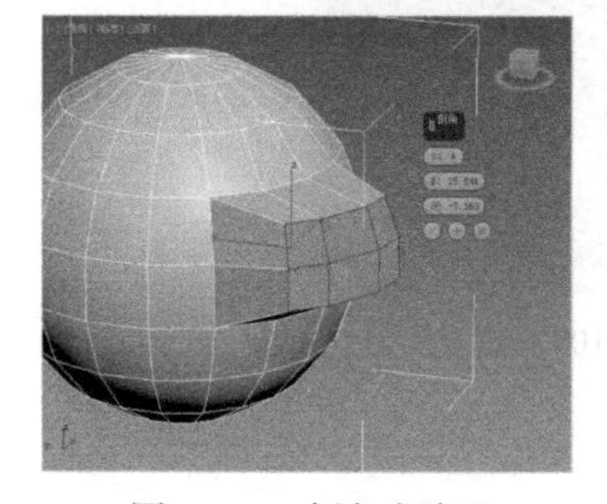

图 5-104 倒角多边形

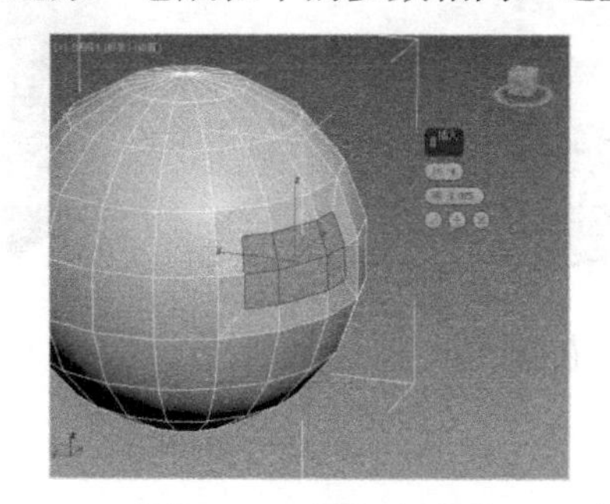

图 5-105 插入多边形

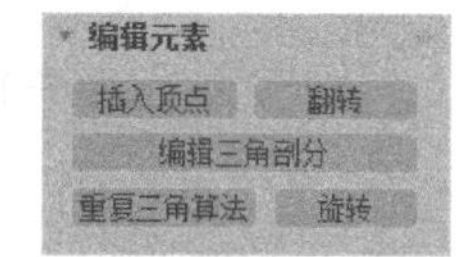


图 5-106 “编辑元素”卷展栏

## 5.5 上机实训

### 5.5.1 【实训 5-1】制作乒乓球拍及乒乓球模型

制作乒乓球拍及乒乓球模型，效果如图 5-107 所示。本实训中，乒乓球拍模型的各部分可以先使用编辑样条线方法创建二维图形，再运用挤出修改器挤出几何体，最后运用布尔运算得到最终效果。乒乓球模型通过给球体运用编辑网格对象和网格平滑修改器来生成乒乓球的凹槽。通过本实训的练习，掌握布尔运算的建模方法和简单多边形建模方法。

图 5-107　乒乓球拍及乒乓球模型

### 5.5.2 【实训 5-2】制作花瓶模型

运用放样建模的方法制作花瓶模型，效果如图 5-108 所示。通过本实训的制作，掌握截面图形的制作、多截面放样的建模方法以及缩放、倒角等放样变形工具的综合应用。

### 5.5.3 【实训 5-3】制作油壶模型

制作油壶模型，效果如图 5-109 所示。本实训中，通过对长方体对象运用多边形对象的编辑并平滑处理生成油壶模型。通过本实训的制作，掌握多边形建模和涡轮平滑修改器的应用。

图 5-108　花瓶模型

图 5-109　油壶模型

# 第 6 章　材质与贴图

**本章要点**

材质用来模拟现实世界中物体的表面特征，通过材质与贴图的参数控制能对现实世界中各种材料的视觉效果进行模拟，能为模型赋予颜色、反射、折射、透明度、自发光、表面粗糙程度以及纹理等特性。材质包含质感和纹理两个特征，其中质感由明暗器来控制，纹理由贴图来表示。本章主要介绍材质编辑器的使用方法，材质的基本属性、常用材质类型的参数设置和使用，以及贴图通道的作用和常用贴图类型的参数设置和使用方法。

## 6.1　材质编辑器

实例 6–1

### 6.1.1 【实例 6–1】制作香蕉模型材质

本实例通过制作香蕉模型的材质，熟悉材质编辑器窗口，掌握材质的制作和赋予等基本操作。赋予材质后的香蕉模型效果如图 6–1 所示。

1）重置场景后，选择“文件”→“打开”菜单命令，打开配套资源中的原始场景文件“源文件\6–1 香蕉模型.max”，如图 6–2 所示。

图 6–1　香蕉模型效果

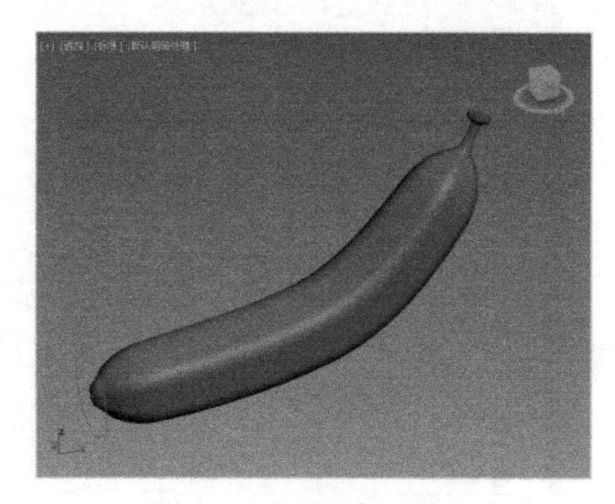

图 6–2　打开原始场景文件

2）按〈M〉键，在打开的材质编辑器窗口中选择一个示例球，在材质名称文本框中命名材质为“香蕉材质”，如图 6–3 所示。

📖 小技巧

选中的示例窗显示为白色的边界，表示当前正在编辑该示例球的材质参数。

3）单击“Blinn 基本参数”卷展栏中的“漫反射”后面的色样按钮，在弹出的“颜色选择器：漫反射颜色”对话框中分别设置“红”“绿”“蓝”为 229、206、137。设置“高光级别”为 12，“光泽度”为 22，如图 6–4 所示。

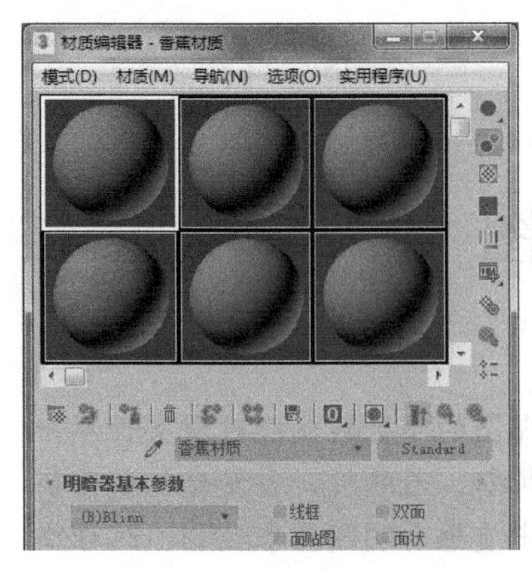

图 6-3　命名材质

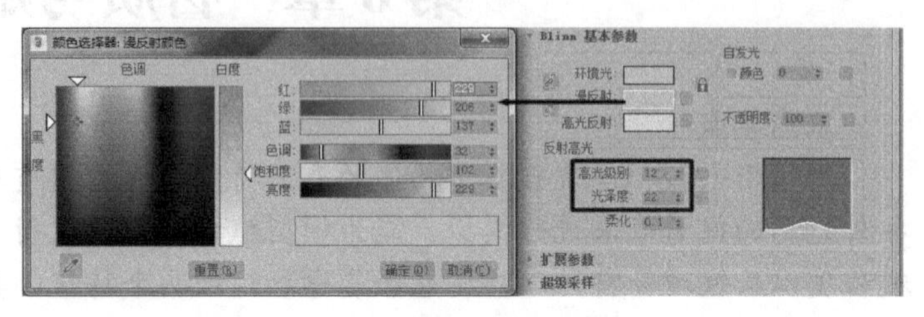

图 6-4　设置漫反射颜色

4）打开“贴图”卷展栏，单击“漫反射颜色”后面的“无贴图”按钮，在弹出的“材质/贴图浏览器”对话框中双击选择“泼溅”贴图，如图 6-5 所示。

5）返回材质编辑器窗口，在“泼溅参数”卷展栏中，单击“颜色 #1”后面的色样按钮，分别设置“红”“绿”“蓝”为 229、206、137；单击“颜色 #2”后面的色样按钮，分别设置“红”“绿”“蓝”为 78、68、47。设置“大小”为 3，“阈值”为 0.12，“迭代次数”为 2，如图 6-6 所示。

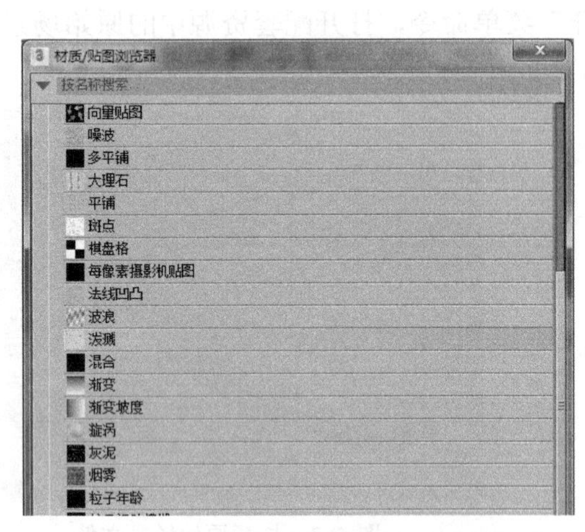

图 6-5　“材质/贴图浏览器”对话框

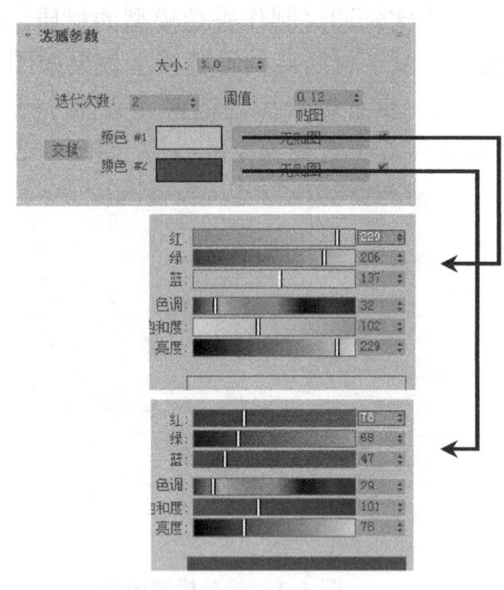

图 6-6　“泼溅参数”卷展栏

6）依次单击材质编辑器窗口水平工具栏中的“视口中显示明暗处理材质”按钮、“显示最终结果”按钮和“转到父对象”按钮，制作的香蕉材质示例球如图 6-7 所示。在视图中选择香蕉模型，然后单击材质编辑器窗口水平工具栏中的“将材质指定给选定对象”按钮，将制作的香蕉材质赋予香蕉模型。

7）设置渲染背景。按数字键〈8〉，打开“环境和效果”对话框，在“背景”选项组中单击环境贴图下的 无 按钮，在弹出的“材质/贴图浏览器”对话框中双击选择“渐变”贴图，然后拖动贴图按钮到材质编辑器窗口的任一空白示例球上，在弹出的“实例（副本）贴图”对话框中选择“实例”单选按钮，如图 6-8 所示。

图 6-7 “香蕉材质”实例球

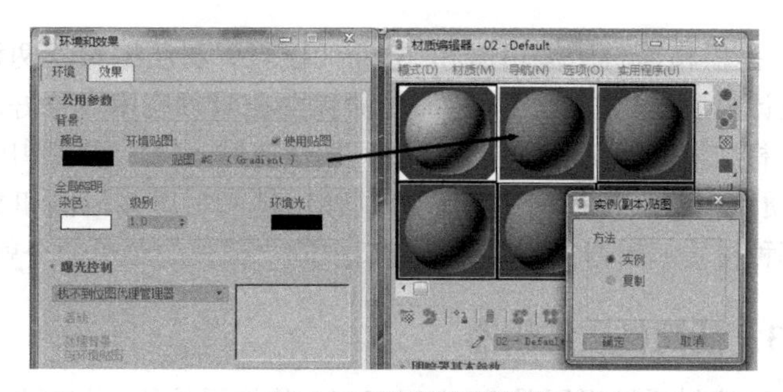

图 6-8 设置渲染背景

8）转到材质编辑器窗口，在“坐标”卷展栏的“贴图”下拉列表中选择“屏幕”；在“渐变参数”卷展栏中，分别设置“颜色 #1”的“红”“绿”“蓝”为 79、190、232，“颜色 #2”的“红”“绿”“蓝”为 141、218、243，“颜色 #3”的“红”“绿”“蓝”为 225、245、252，如图 6-9 所示。

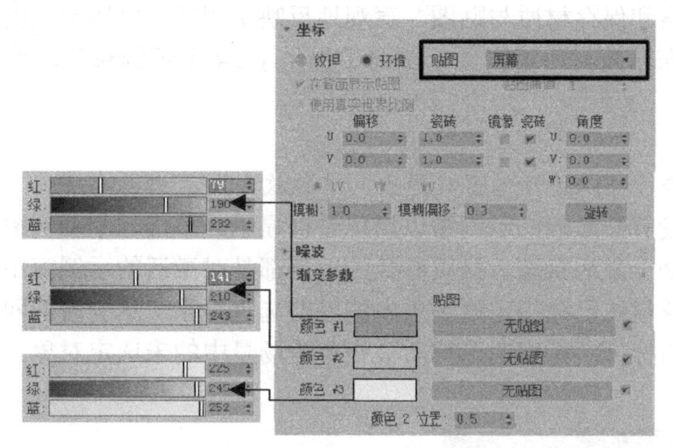

图 6-9 设置渐变贴图参数

9）激活“透视”视图，按〈F9〉键，进行渲染，观察设置材质和渲染背景的香蕉模型效果，然后保存场景。

### 6.1.2 材质和贴图概述

在 3ds Max 中，要真实地表现现实物体的效果，除了要创建物体的三维模型外，还需要为物体设置材质。材质用于模拟真实世界中物体的质感和纹理，其中包括物体表面的颜色、纹理、光滑度、透明度、反射/折射率、自发光度等特性。将材质赋予场景中的对象后，通过渲染就能够将这些材质的特性表现出来。

通过设置材质的颜色、光泽度和自发光等基本参数，能够简单地模拟物体表面的质感，但是要表现物体表面的纹理特征，就需要使用不同类型的贴图来实现。材质中包含有多种贴图通道，通过在不同的贴图通道中设置不同的贴图类型可真实地模拟物体表面的凹凸、镂空、反射等纹理特性。

贴图和材质是相辅相成的，如果要为模型应用贴图，首先要制作相应的材质，再将适当的贴图应用到材质相应的贴图通道中，然后将制作好的材质赋予场景中的模型。可以说材质是贴图的载体，贴图丰富了材质的质感和纹理。

材质编辑器窗口用于创建和编辑材质及贴图，并将设置的材质赋予场景中的对象。3ds

Max 提供精简材质编辑器和 Slate（板岩）材质编辑器两种材质编辑界面。通常，Slate 界面在设计材质时功能更强大，而精简界面在只须应用设计好的材质时更方便。

材质编辑器是一个浮动窗口，按快捷键〈M〉可以弹出材质编辑器窗口。在工具栏中单击“材质编辑器”按钮或，分别弹出精简材质编辑器和 Slate 材质编辑器窗口。无论打开的是哪种材质编辑器窗口，选择窗口中的“模式”菜单命令就可以在两种界面间相互转换。

### 6.1.3 精简材质编辑器

精简材质编辑器是 3ds Max 2011 前使用的传统材质编辑器，如图 6-10 所示。

**1．菜单栏**

菜单栏包括“模式”“材质”“导航”“选项”和“实用程序”5 个菜单。每个菜单都有与材质编辑相关的不同功能。

**2．示例窗**

示例窗用于观察和保存材质与贴图，直观地反映实例球上材质参数的变化情况，便于用户预览材质效果。在精简材质编辑器示例窗中提供了 24 个示例对象，默认状态下，示例窗中显示 6 个示例球。

**📖 小技巧**

*在示例窗上双击，可以将示例窗口弹出，单独放大显示。*

在示例窗中，没有被激活的示例窗以黑色边框显示。单击一个示例窗后，该示例窗以白色边框显示，表示处于激活状态。材质参数的调整都是对激活的示例窗中的对象进行的。如果示例窗中的示例球材质已经指定给场景中的当前选定对象，示例窗的四角有实心三角形标志；如果是空心三角标志，则表明该材质被指定给场景中的未选定对象。示例窗的各种状态如图 6-11 所示。

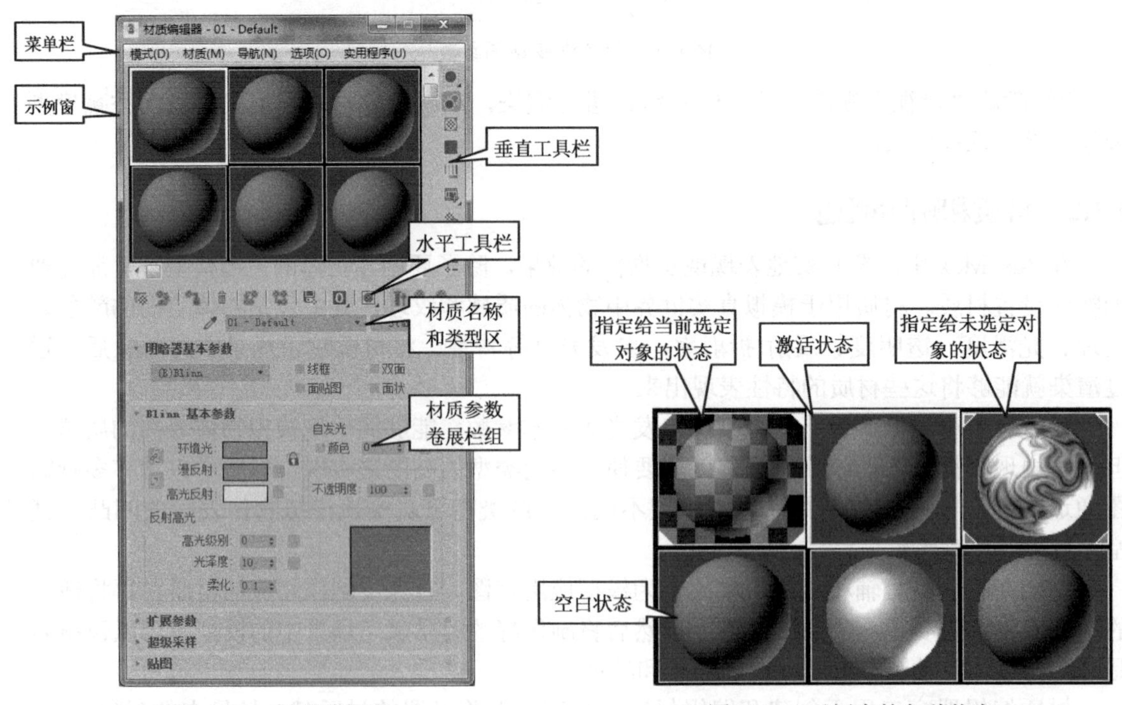


图 6-10　材质编辑器　　　　图 6-11　示例窗的各种状态

### 3. 工具栏

工具栏包括垂直工具栏和水平工具栏，分别位于示例窗的右侧和下方，用于材质的显示、指定、保存和层级跳跃等功能，如图 6-12 所示。常用按钮的功能如下。

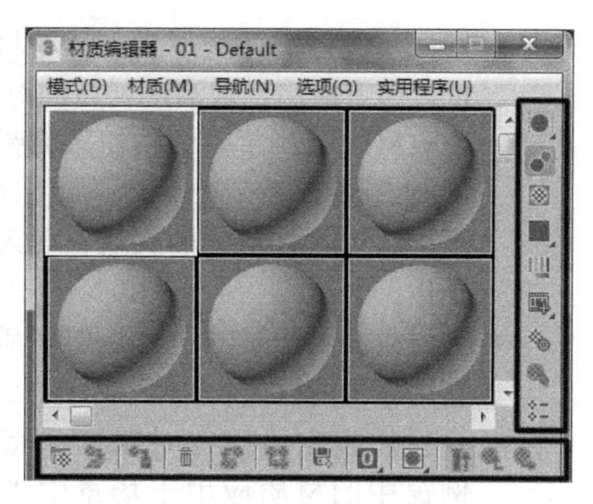

图 6-12　工具栏

- 采样类型、、：控制示例窗中示例对象的形状，提供了球体、圆柱体和立方体三种几何体，如图 6-13 所示。默认状态下，示例窗内显示示例球体。
- 背光：控制是否打开示例球的背光灯照明。使用背光可以查看到反射高光的效果。默认状态下，此按钮处于启用状态。
- 背景：启用背景将多颜色的方格背景添加到活动示例窗中，如图 6-14 所示。如果要查看不透明度的效果，该图案背景很有帮助。

图 6-13　采样类型

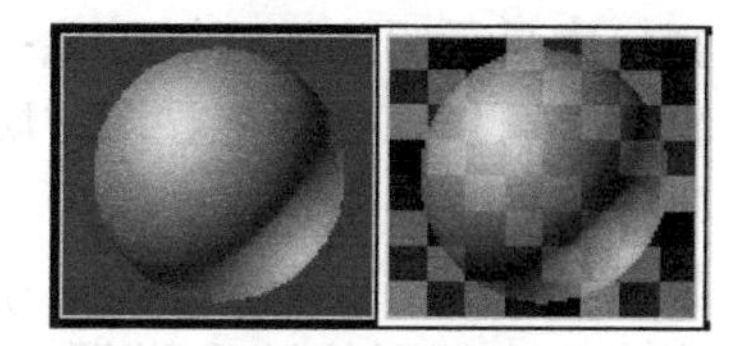
图 6-14　背景

- 采样 UV 平铺、、、：设置示例球上贴图重复显示的次数，如图 6-15 所示。
- 选项：单击该按钮，弹出“材质编辑器选项”对话框，如图 6-16 所示。在该对话框中，可以调整示例窗中材质的各种属性，还可以设置材质编辑器中的示例窗数目（3×2、5×3 或 6×4）。

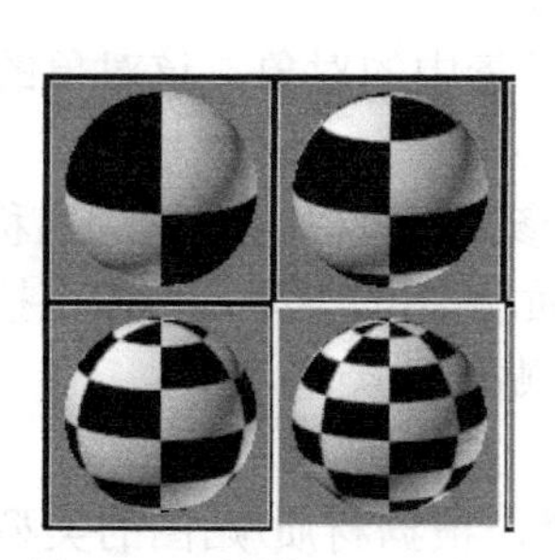
图 6-15　采样 UV 平铺

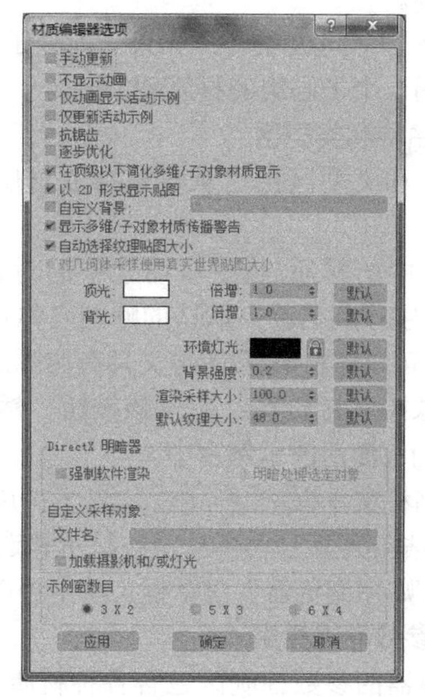

图 6-16　“材质编辑器选项”对话框

- 按材质选择：基于当前活动材质选择对象。选择此命令将打开“选择对象”对话框，所有应用当前活动材质的对象在列表中高亮显示。
- 获取材质：单击该按钮，将弹出“材质/贴图浏览器”对话框，如图 6-17 所示，可以进行材质的选取、导入或生成操作。

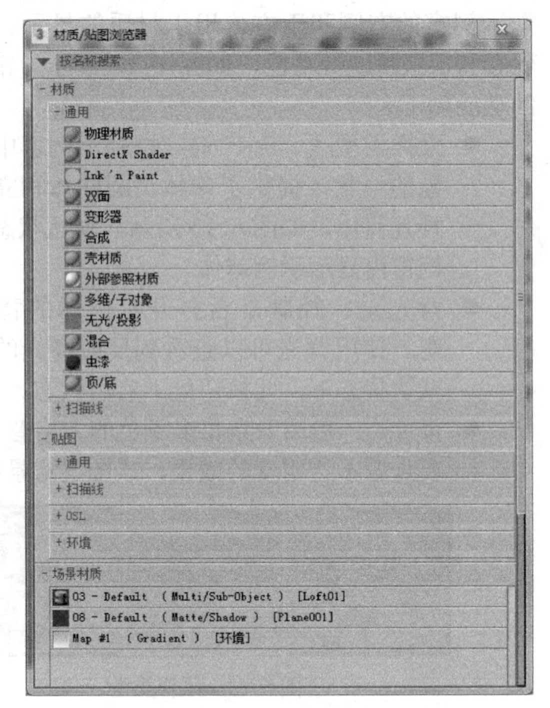


图 6-17 “材质/贴图浏览器”对话框

- 将材质放入场景：在编辑材质之后更新场景中的材质。
- 将材质指定给选定对象：将活动示例窗中的材质应用于场景中当前选定的对象。该按钮在场景中选择对象后才可用。
- 重置贴图/材质为默认设置：重置活动示例窗中的贴图或材质的值。
- 视口中显示明暗处理材质：启动此按钮后，可以在视口中显示材质的贴图纹理效果。
- 显示最终结果：3ds Max 中材质可以嵌套多个级别的材质/贴图，在子材质/贴图级别开启该按钮会显示材质的最终效果，否则将只显示当前层级的材质/贴图效果。
- 转到父对象：如果当前处于子材质/贴图级别，单击该按钮将返回到上一级材质/贴图级别。
- 转到下一个同级项：如果当前处于子材质/贴图级别，单击该按钮可以转到同一层级的另一个子层级的材质/贴图。

**4．材质名称和类型区**

材质名称和类型区由“从对象拾取材质”按钮、材质名称文本框和材质/贴图类型按钮组成。

3ds Max 中的材质/贴图与场景中的对象一样也是有名称的，默认的材质名是“01-Default”等数字序列名称；默认的贴图名称是“Map #1” 等数字序列名称。为了便于查找和使用，用户可以给材质/贴图定义具有实际意义的名称。

- 从对象拾取材质：单击该按钮，然后再单击场景中的对象，该对象的材质就被复制到当前激活的示例窗中。
- 材质名称文本框 02 - Default ：用于显示和修改当前材质/贴图的名称。
- 材质/贴图类型 Standard ：显示和选择当前材质/贴图的类型。单击该按钮将会打开“材质/贴图浏览器”对话框，从中可以选择材质/贴图的类型。

**5．材质参数卷展栏组**

材质编辑器的参数控制区包含各种材质参数卷展栏，根据材质/贴图的类型不同，其参数也会随之变化。基本参数卷展栏包含“明暗器基本参数”、“**基本参数”（**代表不同明暗器类型)、“贴图”等卷展栏，有关卷展栏中参数的含义在下节详细介绍。

### 6.1.4 Slate 材质编辑器

Slate 材质编辑器除具有精简材质编辑器的功能外，还可使用材质节点的方式编辑材质和贴图。在 Slate 材质编辑器界面中设计和编辑材质时，使用节点和关联以图形方式显示材质的结构。在材质编辑器的“模式”菜单中选择“Slate 材质编辑器”模式，打开“Slate 材质编辑器”窗口，如图 6-18 所示。下面主要介绍 Slate 材质编辑器与精简材质编辑器的不同之处。

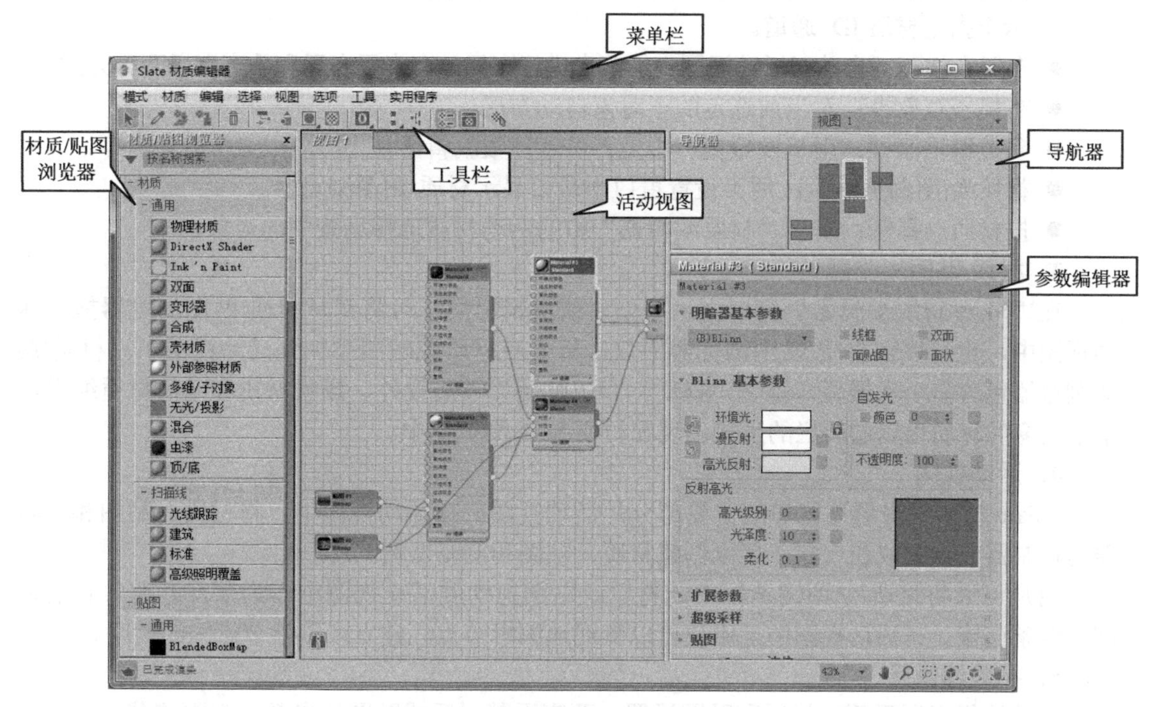


图 6-18 “Slate 材质编辑器”窗口

**1. 菜单栏**

菜单栏包括“模式”“材质”“编辑”“选择”“视图”“选项”“工具”“实用程序”8 个菜单，其中“选择”“视图”“选项”3 个菜单主要用于调节和移动节点，其他菜单与精简材质编辑器基本相同。

**2. 工具栏**

与精简材质编辑器相比，Slate 材质编辑器增加了与节点布局有关的工具按钮，如图 6-19 所示。

图 6-19 工具栏

- 选择工具：激活“选择”工具。
- 从对象拾取材质：用滴管光标单击视口中的一个对象后显示出该对象的材质。
- 将材质放入场景：更新场景中应用了该材质的对象。仅当存在与应用到对象的材质同名的材质副本，且已编辑该副本更改材质的属性时，该选项才可用。

- 将材质指定给选定对象：将当前材质指定给当前选择中的所有对象。
- 删除选定对象：用于删除活动视图中的节点材质或关联材质。
- 移动子对象：单击该按钮后，移动父节点时，子节点跟随移动。
- 隐藏未使用的节点示例窗：隐藏未被使用的节点。
- 在材质中显示明暗处理：决定是否显示并启用活动材质的贴图的视口显示。
- 在预览中显示背景：启用后将向该材质的预览窗口添加多颜色的方格背景。当需要查看不透明度和透明度的效果时，该图案背景很有帮助。
- 材质 ID 通道：此按钮是一个弹出按钮，用于选择“材质 ID”值。默认值为零，表示未指定材质 ID 通道。
- 布局全部：自动对活动视图中的节点进行布局，有水平布局和垂直布局两种方式。
- 布局子对象：对当前选定的子对象自动布局。
- 参数编辑器：用于设置窗口中是否显示参数编辑器。
- 材质/贴图浏览器：用于设置窗口中是否显示材质/贴图浏览器。
- 按材质选择：基于“材质编辑器”中的活动材质选择场景中的对象。

**3．材质/贴图浏览器**

在“Slate 材质编辑器”窗口中，要创建或编辑材质，可将其从材质/贴图浏览器拖到活动视图中，也可以在材质/贴图浏览器中双击将相应材质或贴图添加到活动视图中。材质/贴图浏览器包含多个卷展栏，除了“材质”和“贴图”卷展栏外，场景材质和精简材质编辑器中示例窗的材质也以卷展栏的形式出现在材质/贴图浏览器中。

**4．活动视图**

“Slate 材质编辑器”窗口的主要部分是活动视图。在活动视图中，将材质、贴图和明暗器与控制器节点关联在一起，可以创建材质、贴图和明暗器树。

用户可以将材质/贴图浏览器中的材质或贴图拖动到活动视图中作为节点存在，它们之间由线条连接。在活动视图中，用户可以直观地编辑节点、建立或删除节点间的关联。

**5．参数编辑器**

参数编辑器用于更改材质和贴图设置。要查看某材质或贴图的参数，双击该节点，相应的参数就会出现在参数编辑器中，此时节点在活动视图中会显示为带有虚线边框。

**6．导航器**

默认情况下，导航器窗口显示在界面的右上角，用于动态浏览活动视图中的材质和贴图控件并调整活动视图中材质和贴图的显示。

## 6.2 材质属性和基本参数设置

实例 6-2

### 6.2.1 【实例 6-2】制作玻璃餐桌模型材质

本实例通过对玻璃餐桌模型进行材质的设置来熟悉材质编辑器窗口，学习材质的属性和参数的作用与设置，掌握材质的制作和赋予等基本操作。赋予材质后的餐桌模型效果如图 6-20 所示。

1）重置场景后，选择“文件”→“打开”菜单命令，打开配套资源中的原始场景文件“源文件\6-2 玻璃餐桌.max”，如图 6-21 所示。

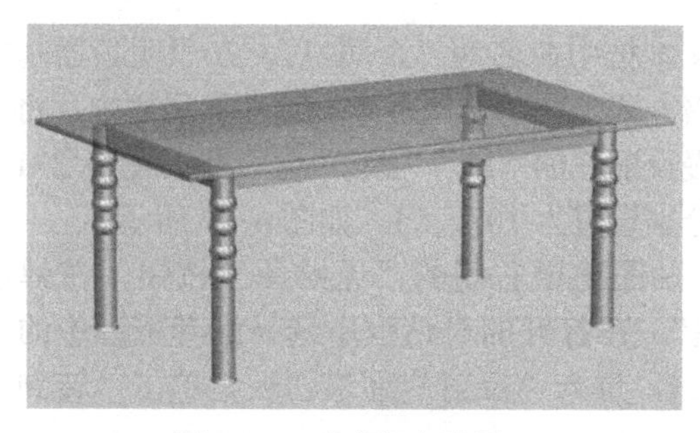

图 6-20　玻璃餐桌效果

图 6-21　打开原始场景文件

2）在场景中选择“桌面”对象，按〈M〉键，在打开的材质编辑器窗口中选择一个示例球，在材质名称文本框中命名材质为“玻璃”，如图 6-22 所示。

3）在“明暗器基本参数”卷展栏中，选择“双面”复选框。在“Blinn 基本参数”卷展栏中，单击“环境光”与“漫反射”左侧的按钮，按钮变为，取消环境光与漫反射的锁定。将“环境光”的“红”“绿”“蓝”都设置为 0，将“漫反射”的“红”“绿”“蓝”分别设置为 146、189、203。将“反射高光”选项组中的“高光级别”“光泽度”分别设置为 60、52。将“自发光”设置为 10，“不透明度”设置为 60，如图 6-23 所示。单击垂直工具栏中的“背景”按钮，观察玻璃的透明效果。

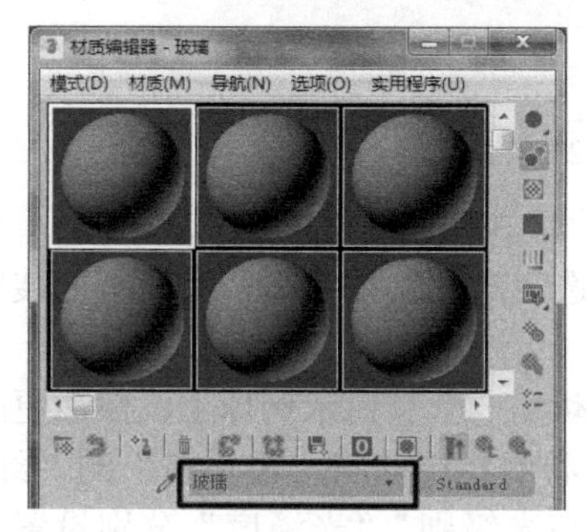


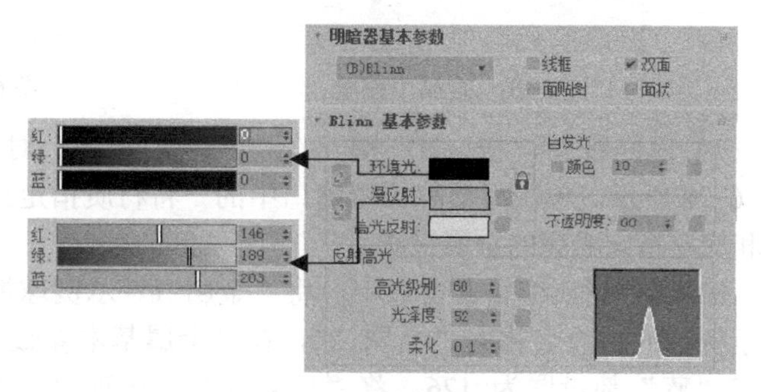


图 6-22　命名玻璃材质

图 6-23　明暗器参数

4）展开“贴图”卷展栏，将“反射”通道右侧的“数量”设置为 20，单击右侧的“无贴图”按钮，在弹出的“材质/贴图浏览器”对话框中双击选择“平面镜”贴图。在“反射”贴图通道面板中，选择“平面镜参数”卷展栏中“应用于带 ID 的面”复选框，如图 6-24 所示。单击水平工具栏中的“转到父对象”按钮，在“扩展参数”卷展栏中，选择“衰减”选项组的“内”单选按钮，设置“数量”为 20，如图 6-25 所示。单击水平工具栏中的“将材质指定给选定对象”按钮，将“玻璃”材质指定给场景中的“桌面”对象。

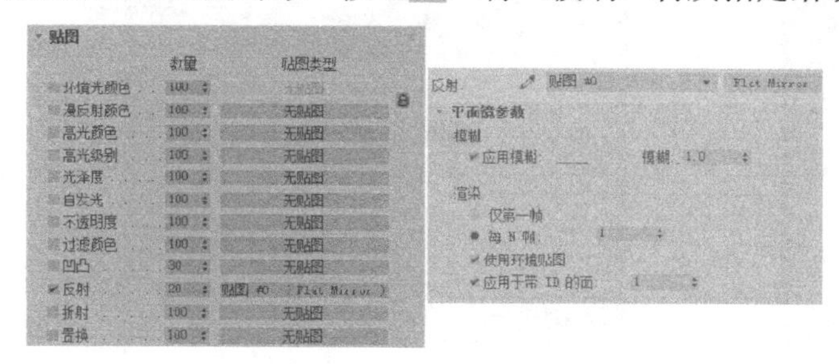


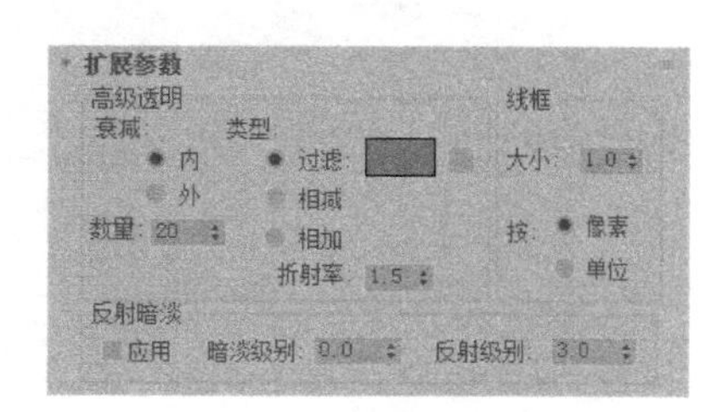


图 6-24　“反射”贴图通道

图 6-25　“扩展参数”卷展栏

5）再选择一个示例球窗口，在材质名称文本框中命名为“金属 1”。在“明暗器基本参数”卷展栏中的下拉列表中，选择“金属”明暗方式。在“金属基本参数”卷展栏中，将“环境光”的“红”“绿”“蓝”都设置为 0，将“漫反射”的“红”“绿”“蓝”都设置为 231。将“反射高光”选项组中“高光级别”“光泽度”分别设置为 107、54，如图 6-26 所示。

6）展开“贴图”卷展栏，单击“反射”贴图通道右侧的“无贴图”按钮，在弹出的“材质/贴图浏览器”对话框中双击选择“位图”，在打开的对话框中选择配套资源中的“素材文件\中的 004.hdr”文件，单击“打开”按钮，进入“反射”通道面板，单击“转到父对象”按钮，贴图通道如图 6-27 所示。

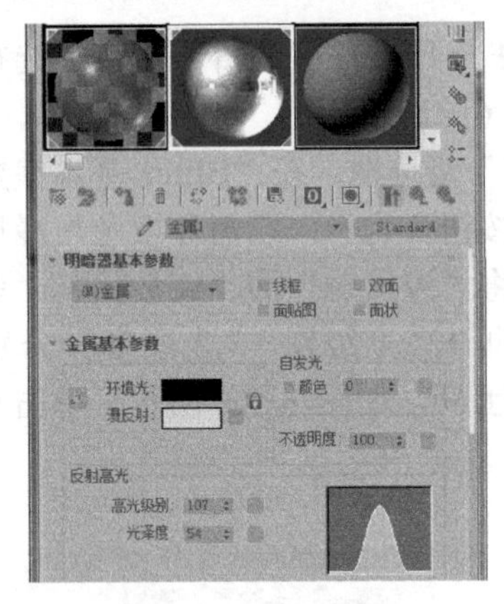

图 6-26　金属 1 材质

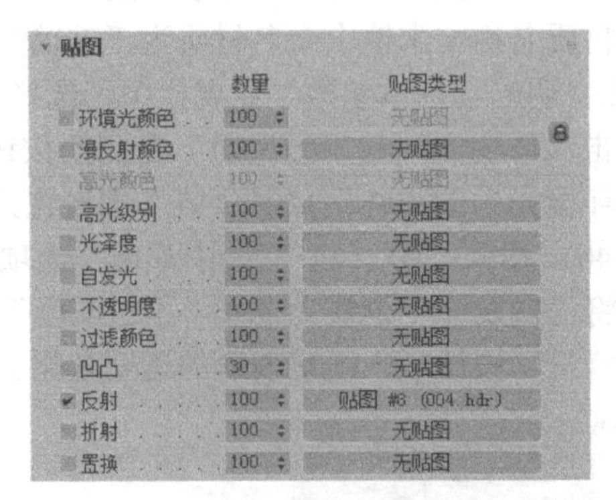

图 6-27　“反射”贴图通道

7）返回视图，按〈H〉键，在“从场景选择”对话框中选择底座和装饰环对象，如图 6-28 所示。单击材质编辑器窗口中的“将材质指定给选定对象”按钮，为所有的装饰环和底座指定光亮的金属材质。

8）转到材质编辑器窗口中，将“金属 1”示例球拖动到一个空白示例球上，然后更改该示例球的材质名称为“金属 2”，在“金属基本参数”卷展栏中，将“漫反射”的“红”“绿”“蓝”都设置为 126。将“反射高光”选项组中“高光级别”“光泽度”分别设置为 76、58，如图 6-29 所示。

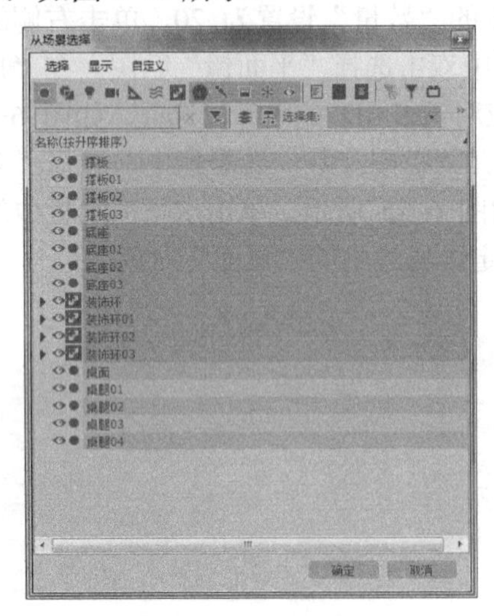

图 6-28　选择对象

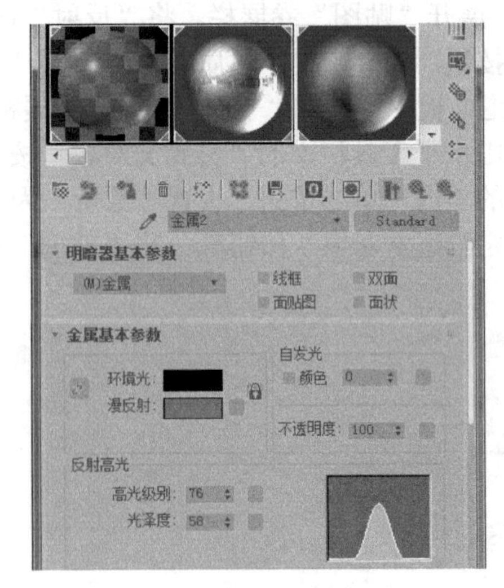

图 6-29　金属 2 材质

9）单击“贴图”卷展栏中“反射”贴图通道右侧的“无贴图”按钮，在“位图参数”卷展中，双击“位图”后面的长按钮，进入反射通道面板，单击“位图”卷展栏中的位图“004.hdr”文件，在打开的对话框中选择配套资源中的“素材文件\Bxgmap1.jpg”文件，单击“打开”按钮，如图 6-30 所示，再单击“转到父对象”按钮回到材质顶部。

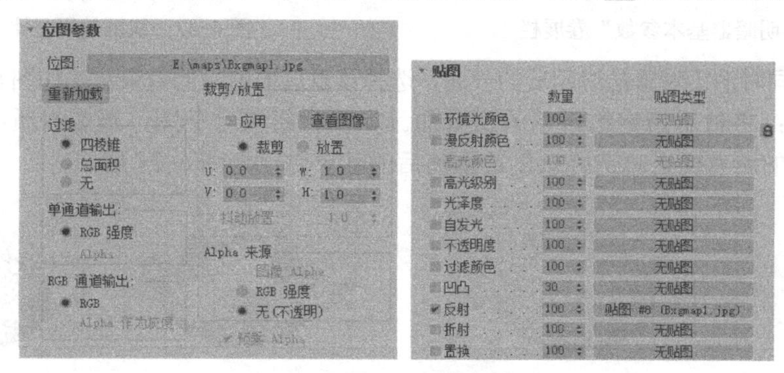

图 6-30　修改反射贴图

10）返回视图，按〈H〉键，在“从场景选择”对话框中选择撑板和桌腿对象。单击材质编辑器窗口中的“将材质指定给选定对象”按钮，为所有的桌腿和撑板指定色泽不光亮的金属材质。

11）参考【实例 6-1】设置渲染背景。激活“透视”视图，按〈F9〉键进行渲染，观察设置材质后的玻璃餐桌效果，然后保存场景。

## 6.2.2　材质的参数卷展栏

精简材质编辑器的参数控制区包含一组参数卷展栏，材质或贴图的属性和参数可分别在不同的参数卷展栏中进行设置。随着当前示例球的材质或贴图的类型的变化，卷展栏的数量和内容也会发生变化。

在 Slate 材质编辑器的活动视图中选择材质或贴图节点，该材质或贴图相关的参数卷展栏会显示在参数编辑器区。同样，卷展栏的数量和内容也会因材质或贴图类型的不同而不同。

3ds Max 提供了多种材质类型，其中 Standard（标准）材质是默认的通用材质。不论哪种类型的材质，它们都有一些相似的基本属性和参数的卷展栏。下面以 Standard（标准）材质为例，介绍与材质的基本属性和参数相关的卷展栏。

## 6.2.3　“明暗器基本参数”卷展栏

“明暗器基本参数”卷展栏可用于选择要用于标准材质的明暗器类型以及设置材质的显示方式，如图 6-31 所示。

**1．材质的显示方式**

在“明暗器基本参数”卷展栏中有 4 个复选框，提供了对象渲染输出的 4 种显示方式。

- 线框：以网格线框的方式来显示和渲染对象。选择该复选框前后的效果对比如图 6-32 所示。

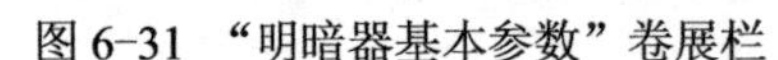

图 6-31 “明暗器基本参数”卷展栏

图 6-32 线框效果对比

- 双面：同时渲染对象法线相反的一面。选择该复选框前后的效果对比如图 6-33 所示。
- 面贴图：将材质指定给对象的所有面。如果材质包含贴图，那么材质会均匀地显示在对象的所有面上。选择该复选框前后的效果对比如图 6-34 所示。

图 6-33 双面效果对比

图 6-34 面贴图效果对比

- 面状：将对象的每个面都以平面化进行渲染，不进行相邻面的平滑处理。选择该复选框前后的效果如图 6-35 所示。

**2．材质的明暗器类型**

在“明暗器基本参数”卷展栏中，明暗器下拉列表提供了 8 种明暗器类型来模拟物体不同的反光效果，如图 6-36 所示。选择不同的明暗器类型，其基本参数卷展栏也会随之发生变化。例如选择“金属”明暗器后，会显示“金属基本参数”卷展栏。各种明暗器的特性和应用介绍如下。

图 6-35 面状效果对比

图 6-36 明暗器类型

- 各向异性：反光呈不对称形状，反光角度可任意调节。常用于模拟金属、玻璃等光滑物体的反光效果，如图 6-37a 所示。
- Blinn：默认的明暗器类型，产生的高光圆润柔和，可以用于模拟大部分的材质，如图 6-37b 所示。
- 金属：专用于金属材质的制作，可以模拟出金属表面强烈的反光效果，如图 6-37c 所示。
- 多层：具有两个高光反射层，各层可以分别设置，产生叠加的反射效果，适用于光滑复杂的表面，如图 6-37d 所示。
- Oren-Nayar-Blinn：具有类似 Blinn 明暗器的高光，但效果更柔和，产生一种摩擦特性，可以制作粗糙的表面，适合模拟布料、毛皮、陶瓷等无光表面的材质，如图 6-37e 所示。
- Phong：设置与 Blinn 明暗器相同，但比 Blinn 明暗器具有更高强度的圆形高光区域，适合模拟玻璃、水和冰等具有高反射特性的材质，如图 6-37f 所示。
- Strauss：也用于制作金属材质，参数设置简洁，制作的金属质感更好，如图 6-37g 所示。

● 半透明明暗器：用于表现半透明物体，模拟光线穿过物体产生散射的效果，适合模拟蜡烛、玉器、有色玻璃等材质，如图 6-37h 所示。

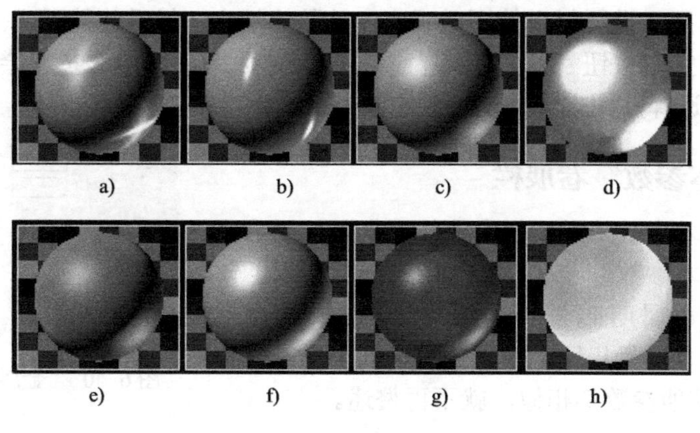


图 6-37　明暗器反光效果

### 6.2.4 “Blinn 基本参数”卷展栏

在“明暗器基本参数”卷展栏中选择“Blinn”明暗器，显示“Blinn 基本参数”卷展栏，如图 6-38 所示。该卷展栏用于设置 Blinn 明暗器下材质的基本参数。其他明暗器材质的基本参数与此相似，但也有区别。下面以“Blinn 基本参数”卷展栏为例，重点介绍材质基本参数的功能，如图 6-39 所示。

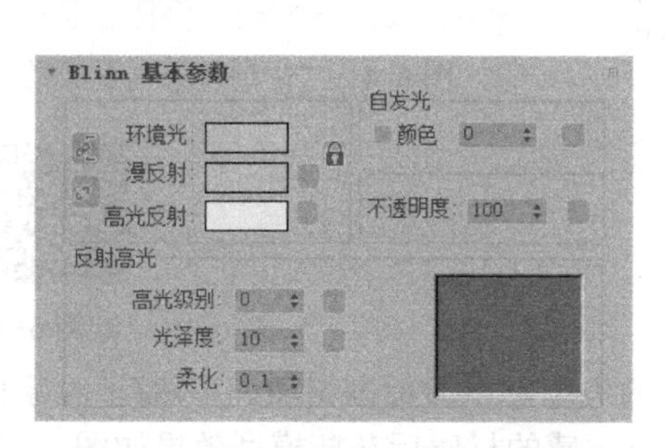


图 6-38 “Blinn 基本参数”卷展栏

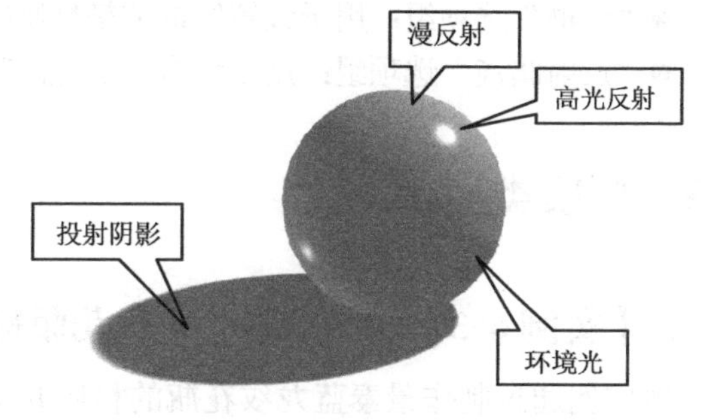


图 6-39　材质基本参数

● 环境光：控制对象表面背光区和阴影区的颜色。单击颜色按钮，弹出“颜色选择器”对话框，设置环境光颜色。在颜色按钮左侧有锁定按钮表示将环境光与漫反射锁定，两者保持一致。单击后该按钮变为，取消两者的锁定状态。
● 漫反射：控制对象表面过渡区的颜色，它是由光的漫反射形成的。这是对象上的主要颜色，也是平常看到的物体的表面颜色。单击颜色按钮可以设置漫反射颜色。
● 高光反射：用于控制对象表面高光区的颜色。单击颜色按钮可以设置高光反射颜色，左侧锁定按钮可以控制是否与漫反射锁定。
● 高光级别：确定材质表面高光区域的反光强度。其数值越大，反光强度越大。
● 光泽度：设置高光区域的范围。其数值越大，高光区域的范围越小。
● 柔化：对高光区域的反光进行柔化处理，使它产生柔和的效果。
● “自发光”选项组：控制材质的自发光效果，通常用于制作太阳、灯等光源对象的材质。修改数值可以设置材质以漫反射颜色为自发光色的自发光强度；选择“颜色”复选框后，调整颜色使材质具有指定颜色的自发光效果。

● 不透明度：用于设置材质的不透明度。其数值越小，材质就越透明。

在参数右侧有空白按钮，表示可为该参数指定贴图，单击该按钮会弹出“材质/贴图浏览器”对话框，选择贴图来设置该参数的效果。

### 6.2.5 “金属基本参数”卷展栏

在“明暗器基本参数”卷展栏中选择“金属”明暗器后，显示“金属基本参数”卷展栏，如图 6-40 所示。该卷展栏用于设置金属明暗器下材质的基本参数。与“Blinn 基本参数”卷展栏相比，除了缺少“高光反射”和“柔化”参数外，其他参数都相似，就不再赘述。

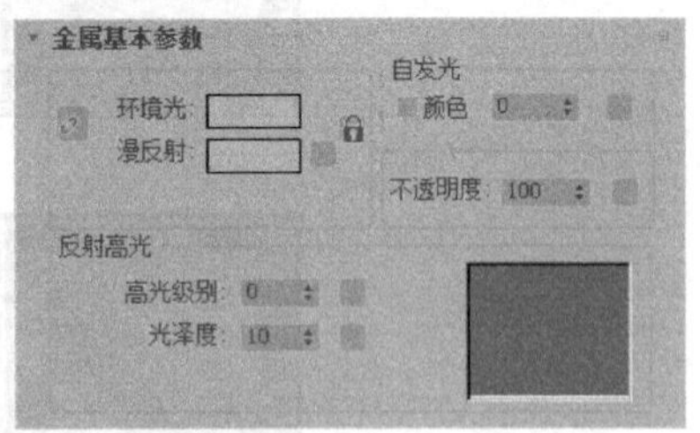


图 6-40 “金属基本参数”卷展栏

### 6.2.6 “扩展参数”卷展栏

扩展参数是基本参数的延伸，主要用于设置材质的高级透明、线框和反射暗淡等参数。大多数类型的明暗器的扩展参数基本相同，如图 6-41 所示。

● “衰减”选项组：用于设置材质的不透明度由内向外或者由外向内的不同衰减方向。
● “类型”选项组：用于设置材质的透明过滤方法。
● “线框”选项组：用于设置线框渲染材质的线框效果。
● “反射暗淡”选项组：用于设置反射光的暗淡效果。

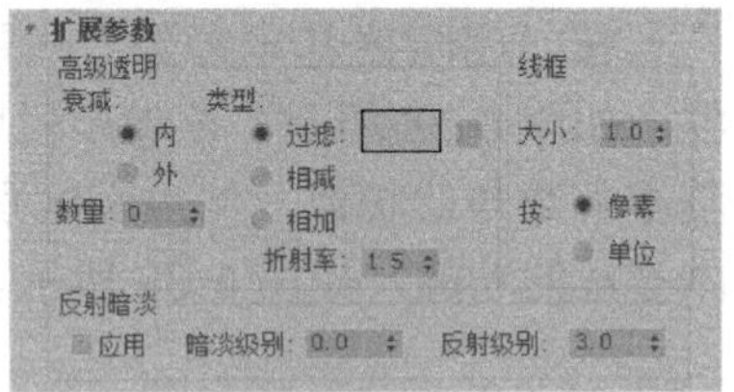


图 6-41 “扩展参数”卷展栏

## 6.3 材质类型

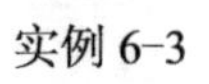

实例 6-3

### 6.3.1 【实例 6-3】制作景泰蓝龙纹花瓶材质

本实例通过制作景泰蓝龙纹花瓶的材质介绍材质的类型，学习标准材质、多维/子对象材质和混合材质等材质的参数设置方法。指定景泰蓝龙纹质感的材质后花瓶模型效果如图 6-42 所示。

1）重置场景后，选择“文件”→“打开”菜单命令，打开配套资源中的原始场景文件“源文件\6-3 龙纹花瓶.max”，如图 6-43 所示。

图 6-42 龙纹花瓶效果

图 6-43 原始效果

2）依次选择“创建”面板 → “图形” → “弧”，在顶视图中创建弧线，如图 6-44 所示。

3）在场景中选择花瓶对象，选择“修改”面板，在“修改器列表”下拉列表中选择“壳”修改器，在“参数”卷展栏中设置“内部量”为 1，“外部量”为 1.5；选择“倒角边”复选框，单击“倒角样条线”右侧的按钮，选择刚创建的弧线；选择“覆盖内部材质 ID”“覆盖外部材质 ID”复选框，设置“内部材质 ID”为 1、“外部材质 ID”为 2，效果如图 6-45 所示。

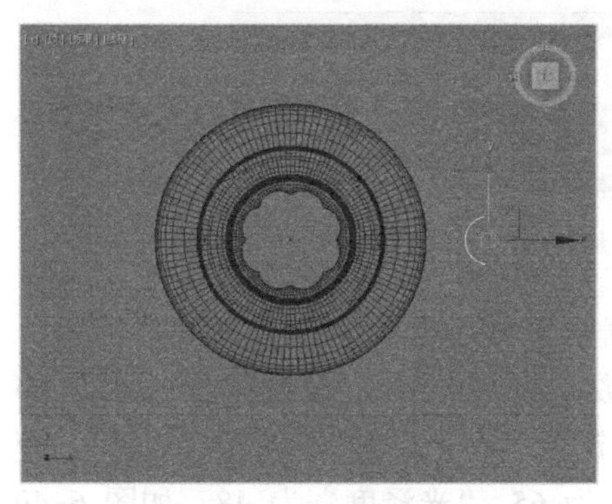

图 6-44　创建弧线

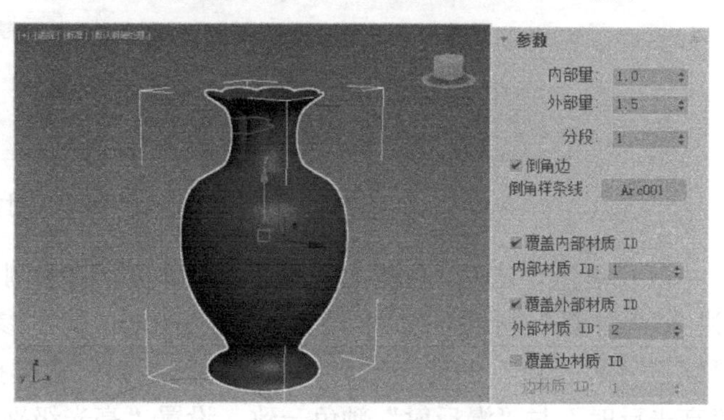


图 6-45　壳效果

📖 **小技巧**

壳修改器可以为对象增加厚度。“内部量”和“外部量”分别指定向内和向外挤压的厚度，“内部材质 ID”和“外部材质 ID”分别是内外材质的 ID 值。

4）保持龙纹花瓶的选中状态，在“修改器列表”下拉列表中选择“UVW 贴图”修改器，在“参数”卷展栏中，选择“贴图”选项组的“柱形”单选按钮和“对齐”选项组中的“X”单选按钮，单击“适配”按钮。

5）按〈M〉键，在材质编辑器中选择一个空白示例球，在材质名称文本框中命名材质为“花瓶”，单击材质类型按钮“Standard”，在弹出的“材质/贴图浏览器”对话框中选择“多维/子对象”选项，如图 6-46 所示，单击“确定”按钮。在随后弹出的“替换材质”对话框中，选择“丢弃旧材质？”单选按钮，如图 6-47 所示，单击“确定”按钮。

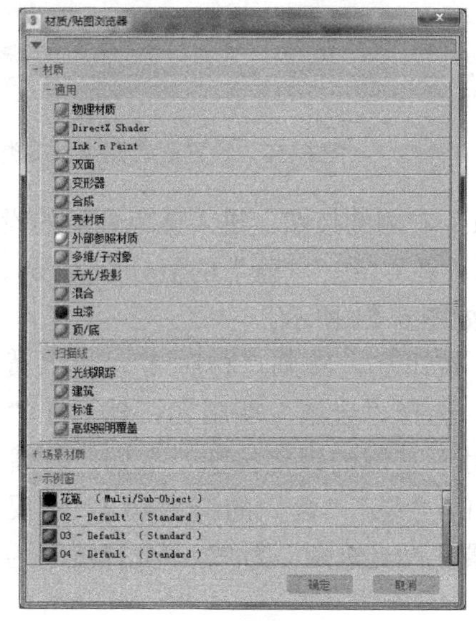


图 6-46　设置材质类型

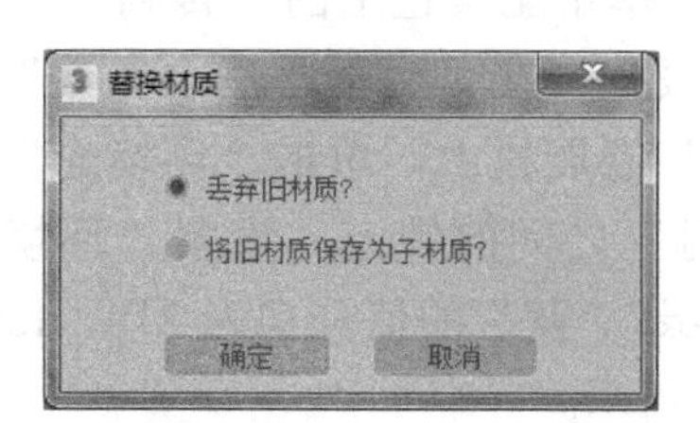


图 6-47　“替换材质”对话框

6）在“多维/子对象基本参数”卷展栏中，单击“设置数量”按钮，在“设置材质数量”对话框中，设置“材质数量”为 2，单击“确定”按钮。在“ID1”“ID2”右侧的“名称”文本框中分别输入“白瓷”和“蓝底龙纹”，参数如图 6-48 所示。

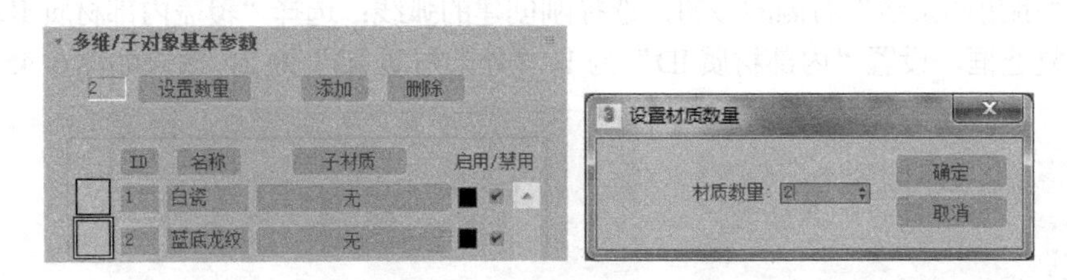


图 6-48　设置多维/子对象材质

7）单击“ID1”右侧的按钮，在“材质/贴图浏览器”对话框中选择“标准”选项，进入“白瓷”材质的参数设置。在“Blinn 基本参数”卷展栏中，设置“漫反射”的“红”“绿”“蓝”的值为 255，拖动“漫反射”色样按钮至“高光反射”，选择“复制”，使“高光反射”与“漫反射”颜色一致。设置“高光级别”为 65，“光泽度”为 48，如图 6-49 所示。

8）单击工具栏上的“转到父对象”按钮，返回上一级材质。单击“ID2”右侧的按钮，在“材质/贴图浏览器”对话框中选择“混合”选项，进入“蓝底龙纹”材质的参数设置，如图 6-50 所示。

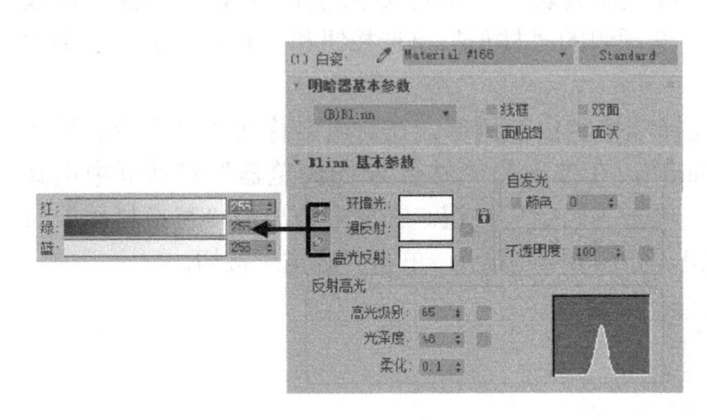


图 6-49　“白瓷”材质

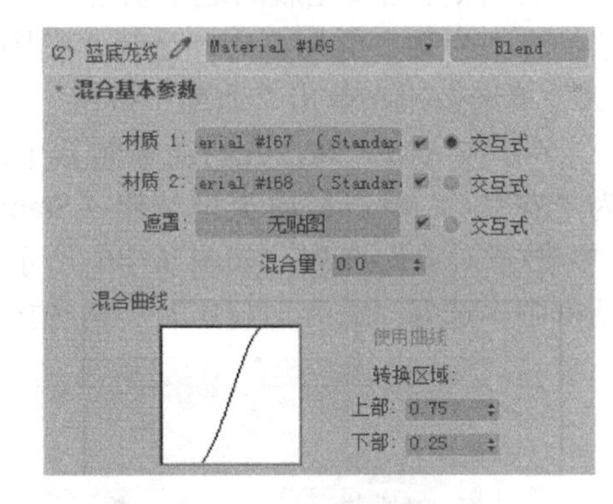


图 6-50　设置蓝底龙纹材质类型

9）单击“混合基本参数”卷展栏中“材质 1”右侧的按钮，进入蓝色瓷器的设置。在“Blinn 基本参数”卷展栏中，设置“漫反射”的“红”“绿”“蓝”的值分别为 64、102、192，设置“高光级别”为 75，“光泽度”为 60，如图 6-51 所示。

10）单击工具栏上的“转到下一个同级项”按钮，转到“材质 2”，进入黄色金属材质的设置。在“明暗器基本参数”卷展栏中，选择“金属”明暗器，然后在“金属基本参数”卷展栏中，单击“环境光”和“漫反射”左侧的锁定按钮，取消“环境光”和“漫反射”之间的锁定。设置“环境光”的“红”“绿”“蓝”的值为 0，“漫反射”的“红”“绿”“蓝”的值分别为 218、159、10，设置“高光级别”为 92，“光泽度”为 80，如图 6-52 所示。

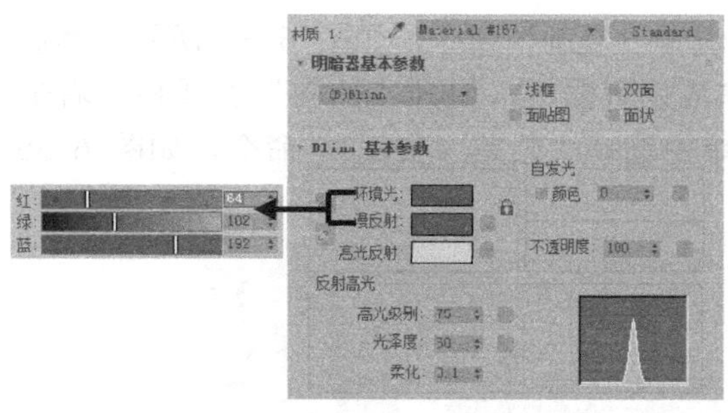


图 6-51　蓝色瓷器材质　　　　　　图 6-52　黄色金属材质基本参数

11）展开“贴图”卷展栏，单击“反射”贴图通道右侧的“无贴图”按钮，在打开的“材质/贴图浏览器”对话框中，双击“位图”贴图方式，再在随后打开的“选择位图图像文件”对话框中选择配套资源中的“素材文件\云彩.jpg”文件，单击“打开”按钮。单击水平工具栏中的“转到父对象”按钮，金属材质反射贴图设置如图 6-53 所示。

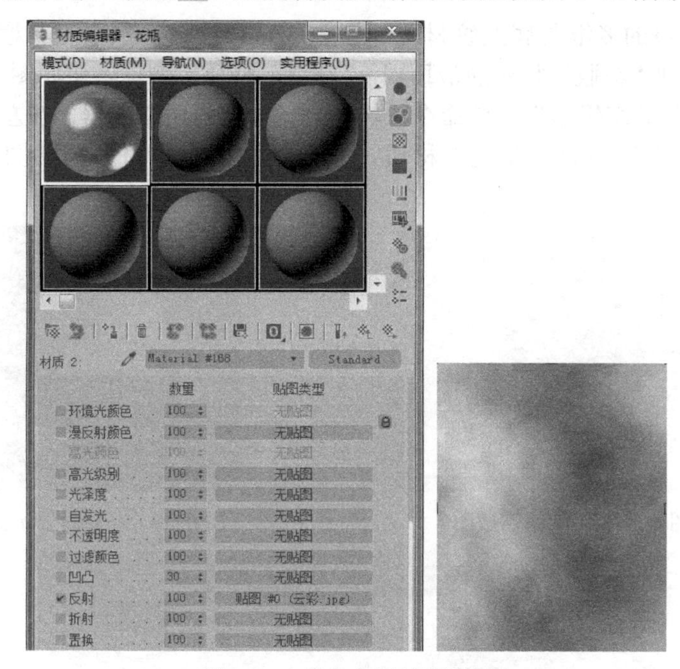


图 6-53　黄色金属材质贴图

### 小技巧

单击材质编辑器水平工具栏上的“显示最终结果”按钮，取消显示最终结果，就可以在示例球上观察到当前金属材质的效果，再次单击“显示最终结果”按钮，即可显示材质的最终效果。

12）单击工具栏上“转到父对象”按钮，返回到“蓝底龙纹”混合材质参数面板。单击“遮罩”贴图通道右侧的“无贴图”按钮，在“材质/贴图浏览器”对话框中，双击“位图”选项，打开的“选择位图图像文件”对话框中选择配套资源中的“素材文件\龙纹.jpg”文件，单击“打开”按钮。在“坐标”卷展栏中设置 U 向“瓷砖”为 1.0，V 向“瓷砖”为 1.5，V 向“偏移”为-0.1，取消 V 向“瓷砖”复选框的选择，如图 6-54 所示。

13）单击“转到父对象”按钮，返回到“蓝底龙纹”混合材质参数面板。右击“遮罩”贴图通道右侧的按钮，在弹出的快捷菜单中选择“复制”命令，如图 6-55 所示。然后单击“材质 2”右侧的按钮，进入“材质 2”参数设置面板，展开“贴图”卷展栏，右击“凹凸”贴图通道右侧的按钮，在弹出的快捷菜单中选择“粘贴（实例）”命令，如图 6-56 所示，得到金属龙纹的凹凸效果。

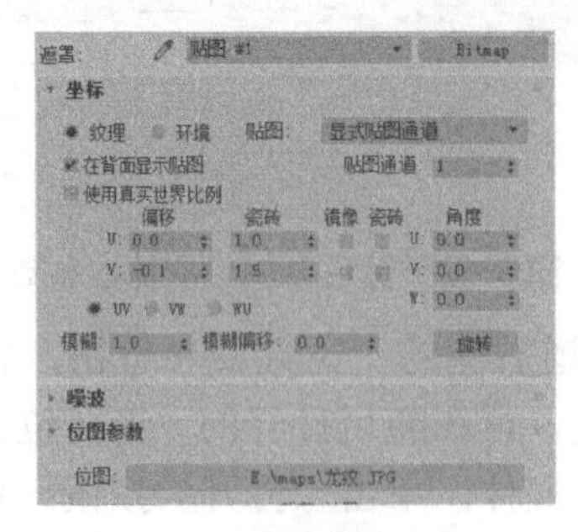


图 6-54　遮罩贴图设置

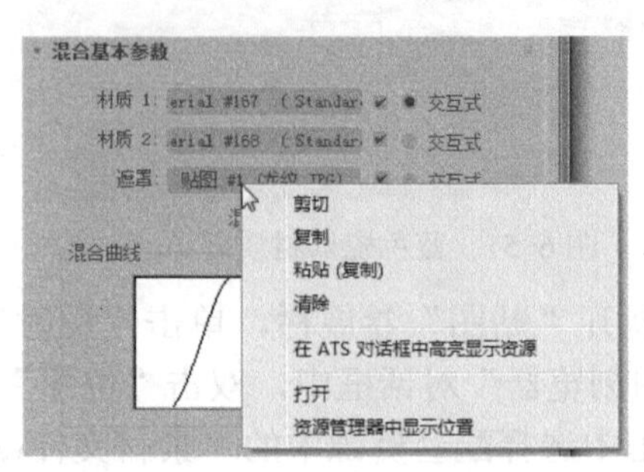


图 6-55　复制“遮罩”贴图

14）至此，完整的多维蓝底龙纹材质制作完成。连续单击水平工具栏中的“转到父对象”按钮，返回到“花瓶”材质的最顶端，“花瓶”材质示例球效果如图 6-57 所示。选择“模式”→“Slate 材质编辑器”菜单命令，转换到 Slate 材质编辑器，在左侧的材质/贴图浏览器中选择“示例窗”中的“花瓶”材质，在活动视图观察材质与贴图节点的关联，如图 6-58 所示。

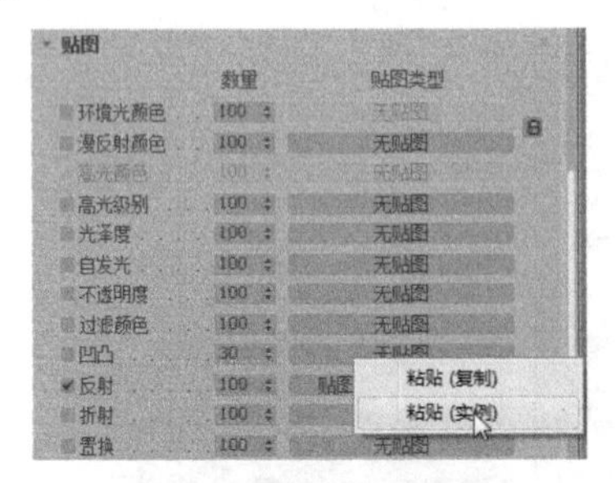


图 6-56　实例粘贴贴图

图 6-57　花瓶材质示例球

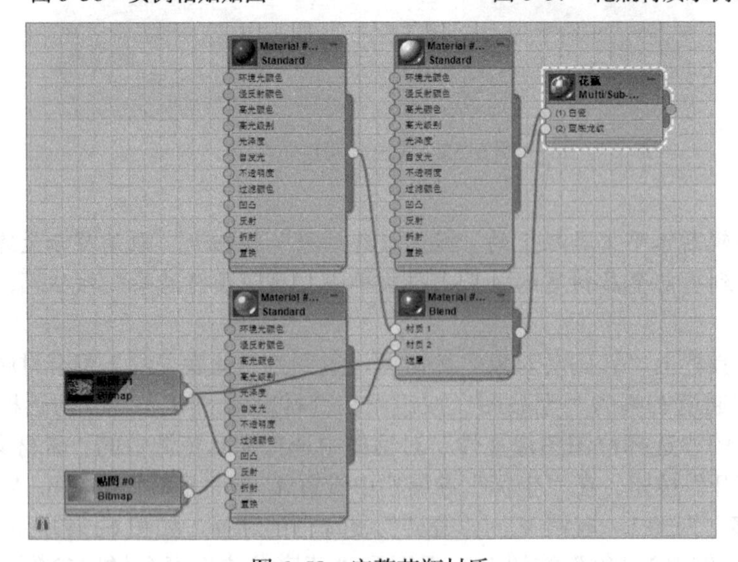


图 6-58　完整花瓶材质

15）在场景中选择花瓶模型，单击材质编辑器工具栏中的“将材质指定给选定对象”按钮，为花瓶模型指定花瓶材质。激活“透视”视图，按〈F9〉键进行渲染，观察设置材质后的花瓶渲染效果，然后保存场景。

### 6.3.2 材质类型概述

材质类型决定了材质的整体属性。现实世界中不同的物体具有不同的表面特性，但同一类物体具有相似的表面特性。为更真实地模拟现实世界的物体，3ds Max 提供了多种材质类型，每种材质类型都有自己特有的属性和贴图方式。3ds Max 的材质功能非常强大，允许材质类型无限量地嵌套组合。

3ds Max 的材质有多种类型，一类是基础材质，其中包括标准（Standard）材质和光线跟踪（Raytrace）材质。这类材质是 3ds Max 中最重要的材质，是其他类型材质的基础。另一类复合型材质，是一种能够将两种以上子材质结合在一起的材质类型。多维/子对象（Muti/Sub-object）材质、混合（Blend）材质、双面（Double Sided）材质、顶/底（Top/Bottom）材质、合成（Composite）材质、壳（Shell Material）材质和虫漆（Shellac）材质都属于复合型材质。其他还有物理材质、外挂材质等材质类型。

在材质编辑器中，材质名称和类型区最右侧的按钮上显示当前的材质类型，单击该按钮后，打开“材质/贴图浏览器”对话框，如图 6-59 所示，可以选择适当的材质类型。3ds Max 材质间的差异很大，不同的材质有不同的用途，下面主要介绍几种常用材质类型。

图 6-59　材质类型

### 6.3.3 标准材质

标准（Standard）材质是 3ds Max 默认的材质类型，也是最基础的材质类型。它提供了一种简单、直观的方式来描述材质的表面属性。在自然界中，物体的外观取决于它反射光线的性质，标准材质就是模拟物体表面反射光线的属性。

标准材质参数卷展栏如图 6-60 所示。其中，“明暗器基本参数”卷展栏主要用于设置材质的基本属性，包括决定材质反光效果的明暗器类型和材质渲染输出时的显示方式。不同的明暗器类型对应的基本参数卷展栏也会不同，图 6-60 中选择的是 Blinn 明暗器，其下面为“Blinn 基本参数”卷展栏，设置的是 Blinn 明暗器相应的基本参数。有关明暗器的基本属性和参数的设置可以参见 6.2 中的详细介绍。【实例 6-1】和【实例 6-2】中的材质都是默认选择的标准材质类型。

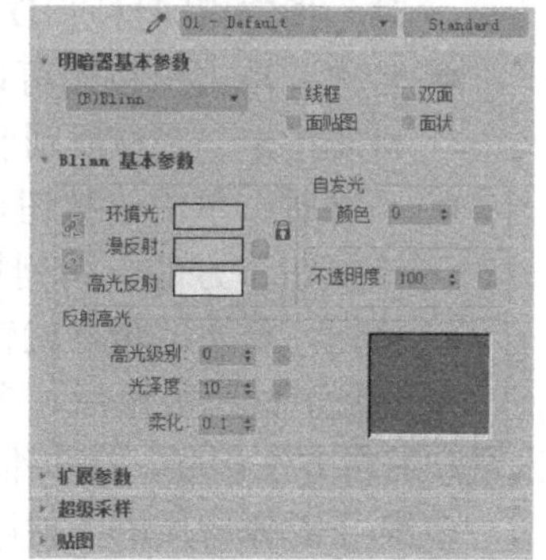


图 6-60　标准材质参数卷展栏

### 6.3.4 多维/子对象材质

多维/子对象（Muti/Sub-object）材质是一种常用的复合材质，其中包含了多个同级的子材质，多个子材质可以分布在同一对象的不同部位上，得到一个对象表面由多种材质组合而成的效果。例如，在【实例 6-3】中“花瓶”材质最顶部就是多维/子对象材质，它由“白瓷”和“蓝底龙纹”两种子材质组合而成，这两种子材质都是标准材质类型。

选择多维/子对象材质后，会弹出“替换材质”对话框，如图 6-61 所示。将材质类型更改为某种复合材质类型时，都会显示“替换材质”对话框。用户可以选择完全替换原始(“旧”）的材质，或将原始材质用作新材质的子材质。

“多维/子对象基本参数”卷展栏如图 6-62 所示，下面介绍多维/子对象材质基本参数的设置。

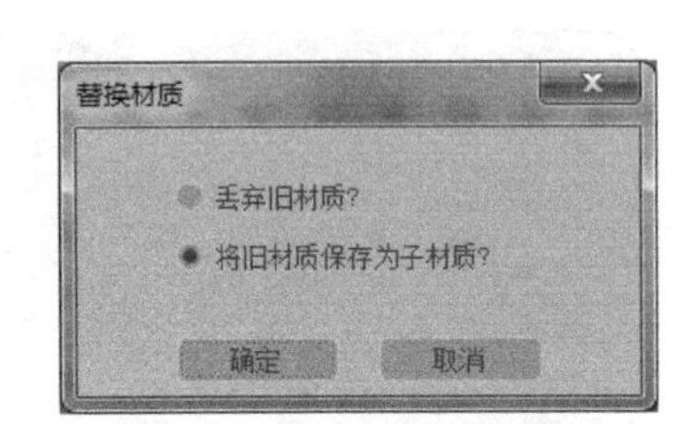


图 6-61 “替换材质”对话框

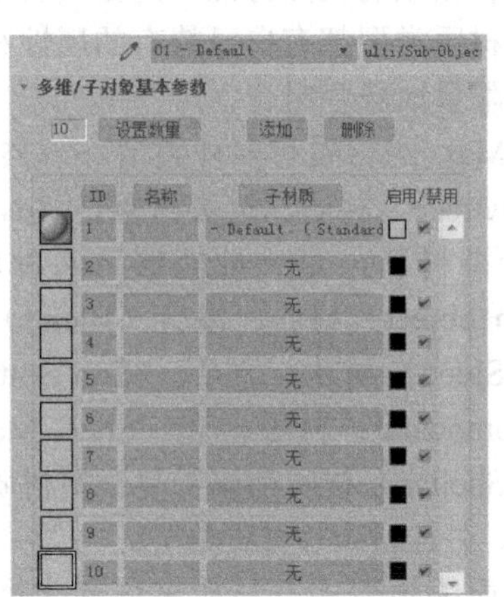


图 6-62 “多维/子对象基本参数”卷展栏

- 设置数量：单击该按钮会弹出“设置材质数量”对话框，在该对话框中可以设置组成多维/子对象材质的子材质的数量，如图 6-63 所示。
- 添加：单击该按钮可以为多维/子对象材质增加一个新的子材质。默认情况下，新的子材质的 ID 数要大于使用中的 ID 的最大值。
- 删除：单击该按钮可以删除多维/子对象材质当前选中的子材质。
- ID：单击该按钮，所有子材质按 ID 号进行排序。按钮下方的文本框中显示各个子材质的 ID 号，也可以在文本框中为子材质重新输入新的 ID 号。如果为两个子材质指定相同的 ID，会在卷展栏的顶部出现警告消息。当将多维/子对象材质应用于对象时，指定相同材质 ID 号的对象的面将通过该子材质渲染。
- 名称：单击该按钮可以使子材质按名称排序。可以通过按钮下方的文本框为每个子材质指定一个材质别名。
- 子材质：单击该按钮可以使子材质按显示于“子材质”按钮上的子材质名称排序。该按钮下方的一系列按钮上显示的是每个子材质的名称和类型，单击某个子材质的按钮，材质编辑器就转入该子材质的参数设置面板，进行子材质的制作。

在设置子材质数量后，多维/子对象材质主要是分别对子材质进行设置，每个子材质的设置和编辑方法相同。在多维/子对象材质级别上，示例窗的示例对象显示子材质的混合。

多维/子对象材质的子材质 ID 号和对象的材质 ID 号相对应，才能达到同一对象的不同部位使用不同材质的效果。

3ds Max 的一些修改器可以设置对象的不同部位使用不同的材质 ID 号。例如，【实例 6-3】中使用的“壳”修改器就可以分别为对象的内部和外部曲面指定不同的材质 ID 号。

设置对象材质 ID 号的常用方法是，选择对象后应用编辑网格或编辑多边形修改器，转入多边形子对象层级，选择对象的不同部位，在“曲面属性”或“多边形属性”卷展栏中的“设置 ID”文本框中输入材质 ID 号为对象不同部位指定材质 ID。

例如，【实例 5-1】用布尔运算建模的象棋棋子，先应用编辑多边形修改器，再进入多边形子对象层级编辑状态，选择环形凹槽和文字凹陷多边形，如图 6-64 所示，在修改器面板“多边形属性”卷展栏中设置“设置 ID”为 1，如图 6-65 所示。然后按〈Ctrl+I〉组合键反选其余多边形，再设置“设置 ID”为 2。接着在材质编辑器里制作数量为 2 的多维/子对象材质，ID 为 1 的子材质为红色油漆材质，ID 为 2 的子材质为木质纹理材质，最后指定给象棋棋子对象即可。

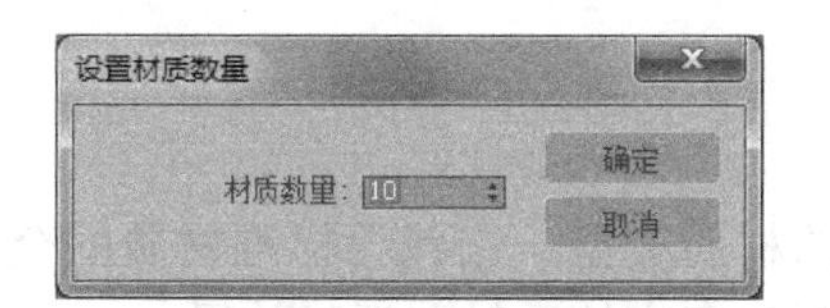

图 6-63　设置材质数量

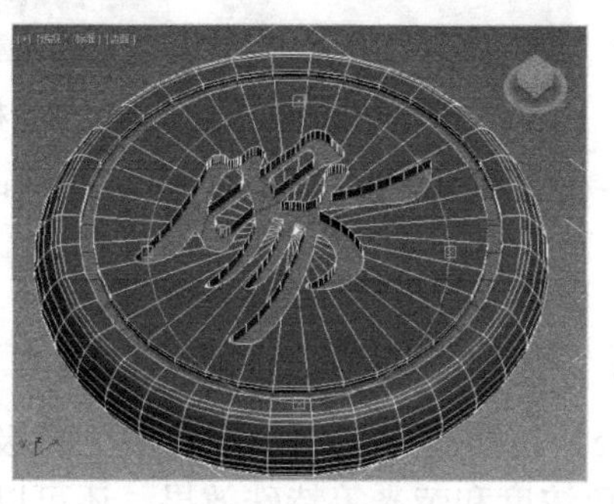
图 6-64　选择多边形子对象

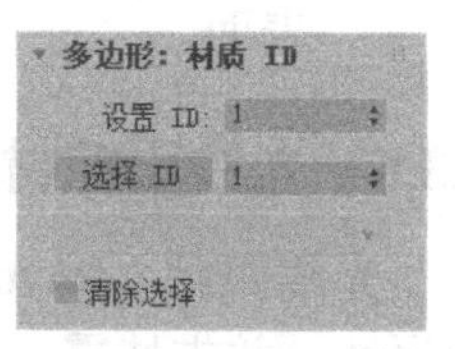

图 6-65　设置材质 ID

## 6.3.5　混合材质

混合（Blend）材质也是一种复合材质，将两种基本材质混合在一起，既可以通过混合度的调整来控制两种材质的强度，也可以指定贴图作为混合的蒙版，利用贴图的明暗度来决定两种材质的混合程度。

“混合基本参数”卷展栏如图 6-66 所示，下面介绍混合（Blend）材质基本参数的设置。

- 材质 1/材质 2：单击右侧的按钮进入到材质 1/材质 2 的材质参数设置面板，分别设置组成混合材质的两种基本材质的效果。
- 混合量：对没有使用遮罩贴图的两个基本材质进行融合，通过此参数的值来调节材质的混合程度。值为 0 时，混合材质显示为材质 1 的效果，值为 100 时，混合材质显示为材质 2 的效果，材质 1 和材质 2 混合量调节混合效果如图 6-67 所示。

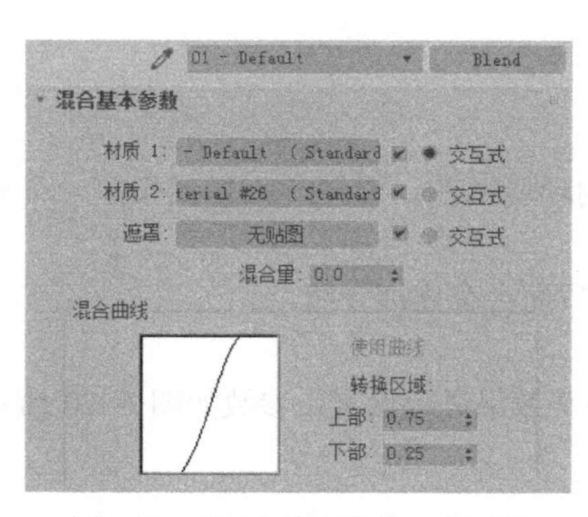

图 6-66 “混合基本参数”卷展栏

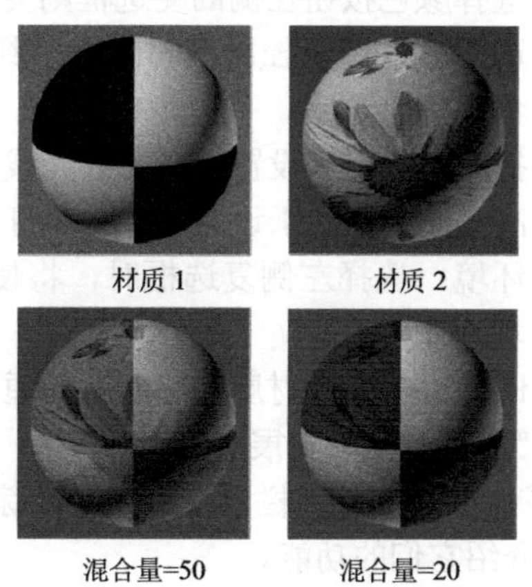

图 6-67　混合量调节混合效果

- 遮罩：利用遮罩贴图的明暗度决定两个基本材质的融合情况。在【实例 6-3】中，花瓶混合材质 ID 为 2 的子材质“蓝底龙纹”就是混合材质类型，为蓝瓷与金属材质按照龙纹位图的明暗度混合而成的，如图 6-68 所示。

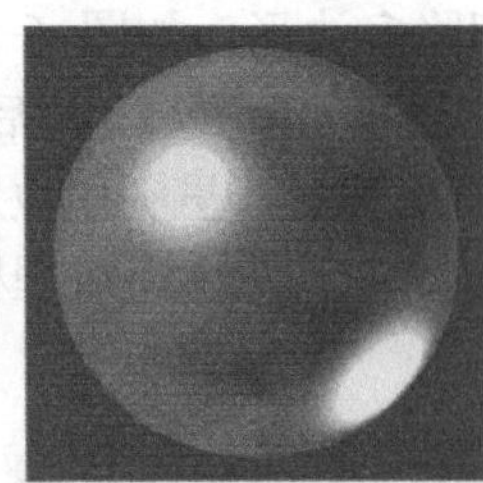
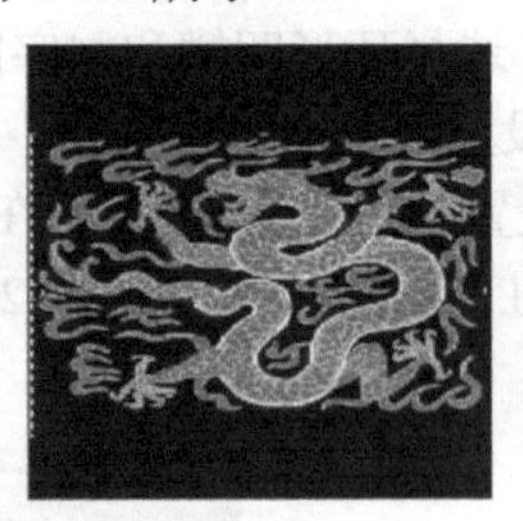
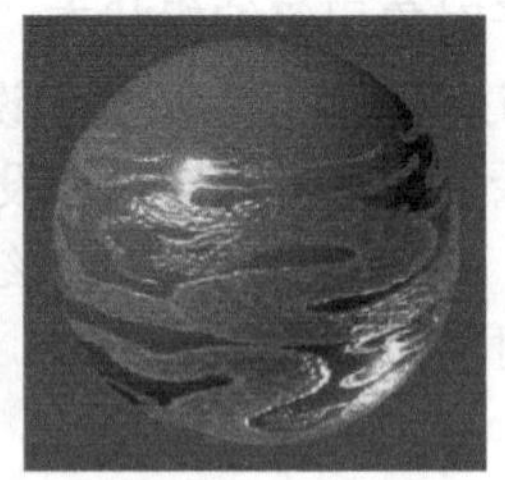

图 6-68 遮罩贴图确定混合材质

- 交互式：这是一组单选按钮，用来决定在视图中实时渲染时哪种材质显示在对象表面。

### 6.3.6 光线跟踪材质

光线跟踪（Raytrace）材质是一种比标准材质更高级的材质类型，它包含标准材质的全部属性，并支持雾、颜色浓度和荧光等特殊效果，还可以创建真实的反射和折射效果。

“光线跟踪”基本参数卷展栏如图 6-69 所示，下面介绍光线跟踪材质基本参数的设置。

**1.“光线跟踪基本参数”卷展栏**

单击“明暗处理”下拉列表框右侧的下拉按钮，可以发现光线跟踪材质有 5 种明暗器，分别是“Phong”“Blinn”“金属”“Oren_Nayar-Blinn”和“各向异性”，它们的用法和属性与标准材质中的相同。

下面主要介绍该卷展栏中功能与标准材质不同的参数。

- 环境光：用于控制材质吸收环境光的多少。如果设置为纯白色，即与标准材质中与漫反射锁定作用相同。
- 漫反射：用于设置材质反射的颜色，但不包括高光反射。
- 反射：用于设置材质高光反射的颜色，颜色值控制反射的量。
- 发光度：用于根据自身颜色来决定所发光的颜色。与标准材质的自发光设置近似，选择颜色按钮左侧的复选框则变为自发光设置。
- 透明度：用于控制在材质背后经过颜色过滤所表现的色彩，黑色为完全不透明，白色为完全透明。
- 折射率：用于设置材质折射光线的强度。
- 高光颜色：用于设置高光反射灯光的颜色。
- 环境：选择左侧复选框时，将使用场景的环境贴图；否则，为场景指定一个虚拟环境贴图。
- 凹凸：与标准材质的凹凸贴图通道相同，后面会有详细介绍。

**2.“扩展参数”卷展栏**

“扩展参数”卷展栏用于对光线跟踪材质的特殊效果进行设置，参数如图 6-70 所示。下面简单介绍它们的功能。

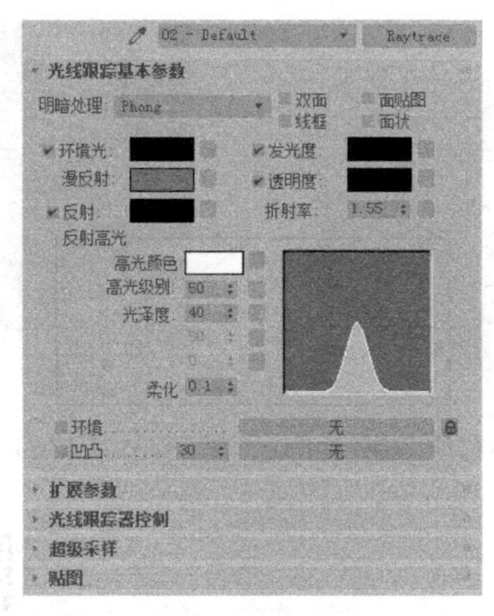

图 6-69 “光线跟踪基本参数”卷展栏

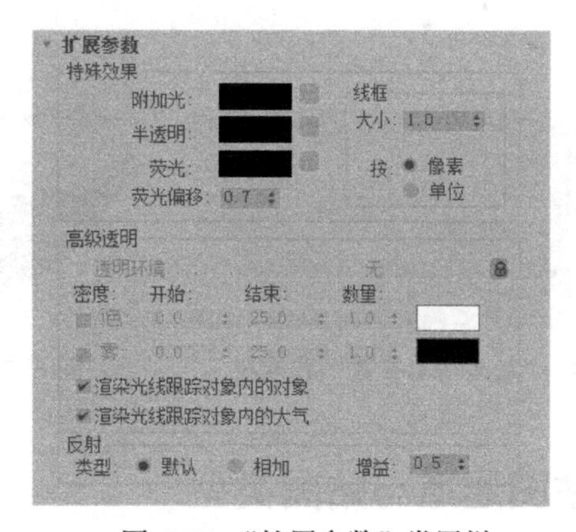

图 6-70 “扩展参数”卷展栏

- 附加光：用于模拟从一个对象放射到另一个对象的光。
- 半透明：用于制作薄对象的表面效果，模拟有阴影投在薄对象的表面。当用于厚对象时，可以用于制作类似于蜡烛或有雾的玻璃效果。
- 荧光：用于设置材质类似于黑色灯光下发射荧光的颜色。
- 荧光偏移：用于决定荧光的亮度。
- “高级透明”选项组：用于进一步调整透明的效果。
- “反射”选项组：用于决定反射时漫反射颜色的发光效果。

### 6.3.7 其他材质类型简介

**1．双面材质**

双面（Double Sided）材质可以为对象的内、外表面分别指定材质，使对象的正反面具有不同的材质效果，并且可以控制正反面材质之间的透明度来产生一些特殊的效果。

“双面”基本参数卷展栏如图 6-71 所示。制作双面材质时只须分别设置正反面材质，双面材质的应用效果如图 6-72 所示。

- 半透明：用于设置一个材质在另一个材质上显示出的效果，用百分比表示。
- 正面材质：用于设置对象外部曲面的材质。
- 背面材质：用于设置对象内部曲面的材质。

**2．Ink'n Paint 材质**

Ink'n Paint 材质提供的是一种带有描边的均匀填色方式，它可以将三维模型渲染成二维的卡通效果，专门用于渲染卡通漫画效果。

Ink'n Paint 材质由勾线和填色两个独立部分组成。勾线部分用于控制材质内、外轮廓的粗细、颜色等参数，填色部分用于控制材质内部的填充颜色和填充方式等参数。图 6-73 为由多个 Ink'n Paint 材质组成的多维/子对象材质应用到卡通人物的效果。

**3．无光/投影材质**

无光/投影（Matt/Shadow）材质是一种特殊的材质，使用无光/投影材质的对象本身不能被渲染，但是可以渲染其他对象在该对象上产生的投影。该材质用于场景中隐藏、不需要渲染的对象，渲染时它不会遮挡背景，但可以遮挡场景中的其他对象，并且还可以产生自身投影和接受投影效果。

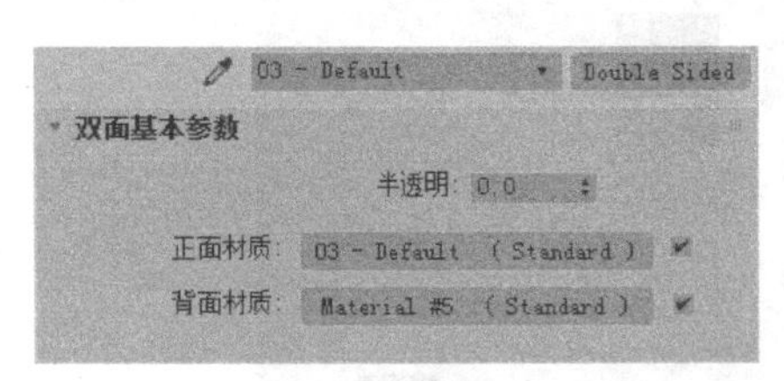


图 6-71 “双面基本参数”卷展栏

图 6-72 双面材质效果

图 6-73 Ink’n Paint 材质

## 6.4 贴图通道与贴图类型

实例 6-4

### 6.4.1 【实例 6-4】洞穴场景材质的制作

本实例通过制作洞穴场景的材质，介绍材质制作中贴图通道和贴图类型的应用，帮助读者掌握常用贴图通道在表现材质不同区域的质感和纹理特性上的作用，了解常用的贴图类型产生的纹理效果。为洞穴中的对象指定适当材质后的渲染效果如图 6-74 所示。

1）重置场景后，选择“文件”→“打开”菜单命令，打开配套资源中的原始场景文件“源文件\6-4 洞穴.max”，场景中已经添加了灯光和摄影机，摄影机视图渲染效果如图 6-75 所示。

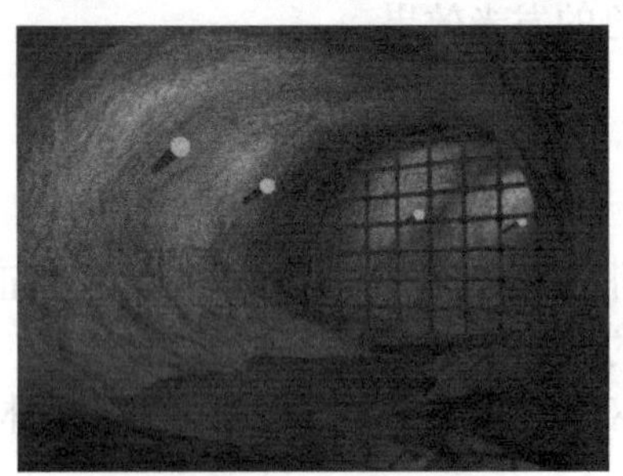

图 6-74 洞穴场景效果

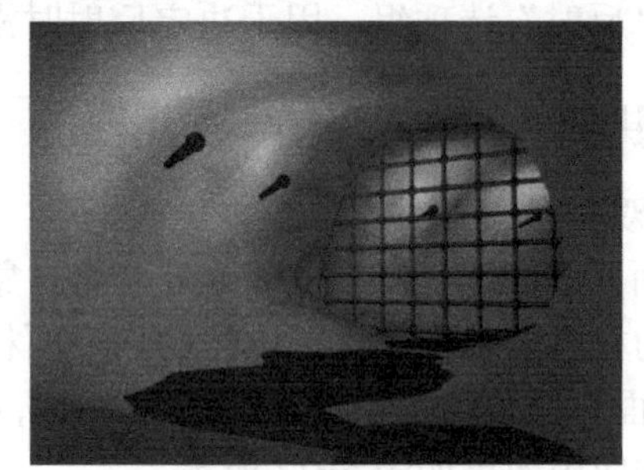

图 6-75 原始场景文件

2）制作洞壁石材材质。按〈M〉键打开材质编辑器，选择一个空白示例球，将材质命名材质为“石壁”。在“Blinn 基本参数”卷展栏中，设置“漫反射”的“红”“绿”“蓝”的值分别为 21、36、15。单击“漫反射”颜色按钮右侧的空白按钮，在打开的“材质/贴图浏览器”对话框中，双击“位图”贴图方式，再在随后打开的“选择位图图像文件”对话框中选择配套资源中的“素材文件\st42.jpg”文件，单击“打开”按钮。单击工具栏中的“转到父对象”按钮，返回到主材质面板，如图 6-76 所示。

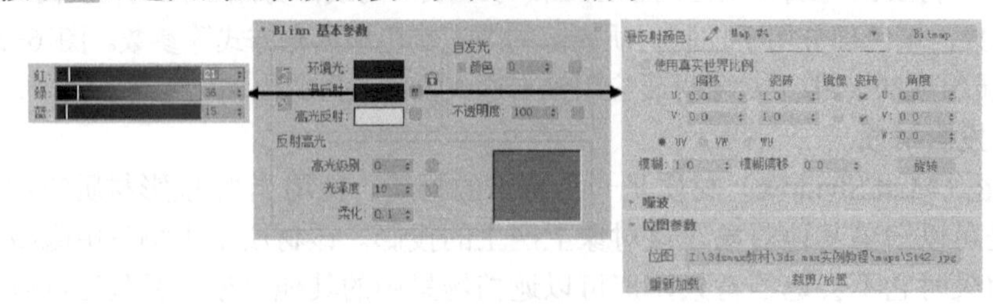


图 6-76 漫反射的颜色与贴图

3）打开“贴图”卷展栏，按住“漫反射颜色”贴图通道后面的按钮，拖动到“凹凸”贴图通道后面的“无贴图”按钮上，在弹出的对话框中选择“实例”单选按钮，如图 6-77 所示，单击“确定”按钮。再将“漫反射”和“凹凸”贴图通道的“数量”值分别设置为 80 和 20，如图 6-78 所示。

图 6-77　复制贴图

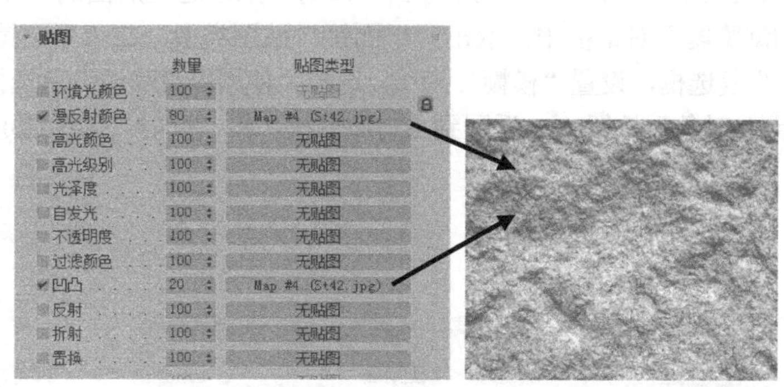


图 6-78　“贴图”卷展栏

4）在视图中选择洞壁对象后，单击材质编辑器中的“将材质指定给选定对象”按钮，将石材材质赋予洞壁对象，再单击“视口中显示明暗处理材质”按钮，在视图中显示洞壁对象贴图的纹理效果。

5）制作栅栏的金属材质。在材质编辑器中选择一个空白示例球，将材质命名为“金属”。在“明暗器基本参数”卷展栏中，选择“金属”明暗器；然后在“金属基本参数”卷展栏中，设置“漫反射”的“红”“绿”“蓝”的值均为 76，“高光级别”为 85，“光泽度”为 25，如图 6-79 所示。

6）在视图中选择栅栏和壁灯的支座对象，单击材质编辑器中的“将材质指定给选定对象”，在“贴图”卷展栏中单击“反射”贴图通道后面的“无贴图”按钮，在打开的“材质/贴图浏览器”对话框中，双击“位图”贴图方式，再在随后打开的“选择位图图像文件”对话框中选择配套资源中的“素材文件\金属反射贴图.jpg”文件，单击“打开”按钮。再单击“转到父对象”按钮，返回到主材质面板，将“反射”贴图通道的“数量”值设置为 50。

7）在视图中选择栅栏和壁灯的支座对象，单击材质编辑器中的“将材质指定给选定对象”按钮，为这些对象指定材质。

8）制作灯泡材质。在材质编辑器中选择一个空白示例球，将材质命名材质为“灯泡”。在“Blinn 基本参数”卷展栏中，设置“漫反射”的“红”“绿”“蓝”的值分别为 201、190、183，设置“自发光”选项组中的“颜色”值为 90，如图 6-80 所示。在视图中选择灯泡对象，单击材质编辑器中的“将材质指定给选定对象”按钮，为灯泡指定自发光的灯光材质。

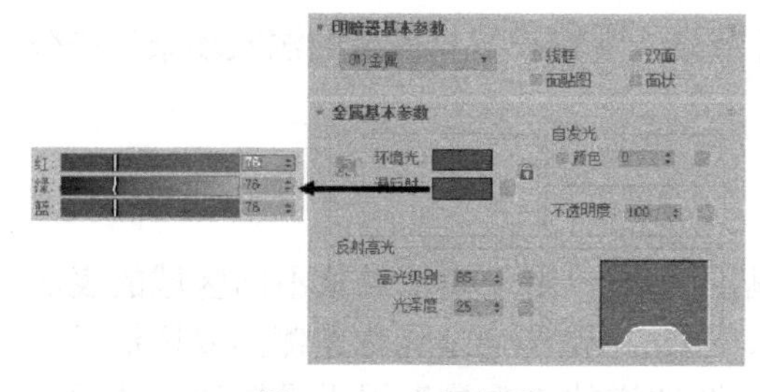


图 6-79　金属材质

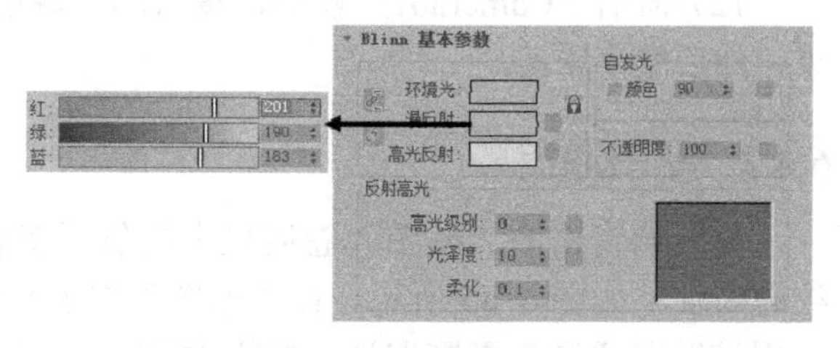


图 6-80　灯泡材质

9）制作带波纹的水面材质。在材质编辑器中选择一个空白示例球，将材质命名为“水面”。在“Blinn 基本参数”卷展栏中，设置“漫反射”的“红”“绿”“蓝”的值分别为 25、53、24，设置“高光级别”为 40，“光泽度”为 15，如图 6-81 所示。

10）在“贴图”卷展栏中单击“反射”贴图通道后面的“无贴图”按钮，在打开的“材质/贴图浏览器”对话框中，双击“平面镜”贴图类型，在“平面镜参数”卷展栏中，选择“应用模糊”复选框，设置“模糊”为 6，选择“使用内置噪波”单选按钮，如图 6-82 所示。再单击“转到父对象”按钮，返回到主材质面板，将“反射”贴图通道的“数量”值设置为 25。

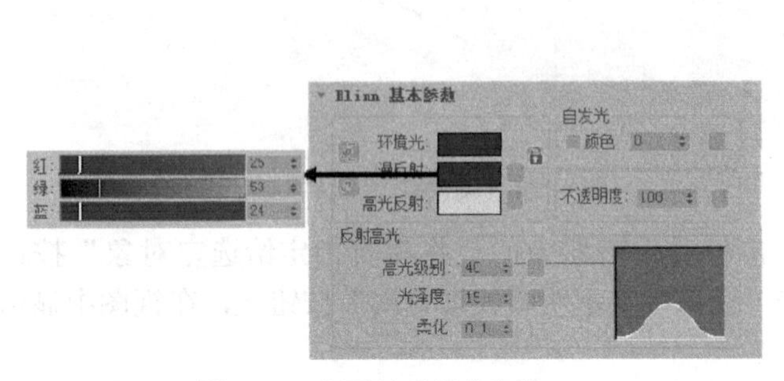


图 6-81 水面材质基本参数

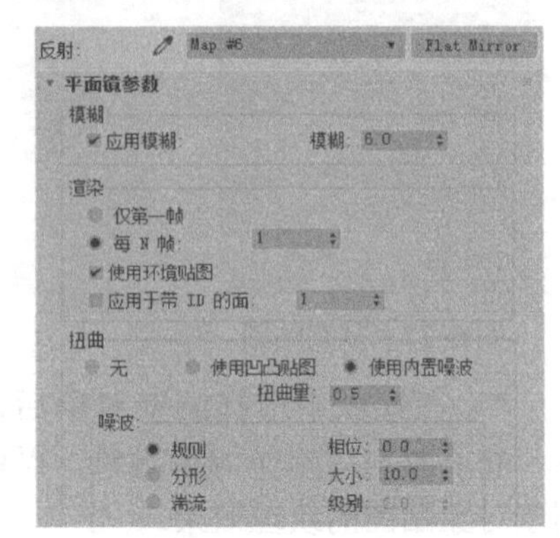


图 6-82 平面镜贴图

11）单击“凹凸”贴图通道后面的“无贴图”按钮，在打开的“材质/贴图浏览器”对话框中，双击“波浪”贴图类型，在“波浪参数”卷展栏中，设置“波半径”为 50，“波长最大值”为 5，“波长最小值”为 3，“振幅”为 2，如图 6-83 所示。再单击“转到父对象”按钮，返回到主材质面板，将“凹凸”贴图通道的“数量”值设置为 25，如图 6-84 所示。在视图中选择水面对象，单击材质编辑器中“将材质指定给选定对象”按钮，为水面指定材质。

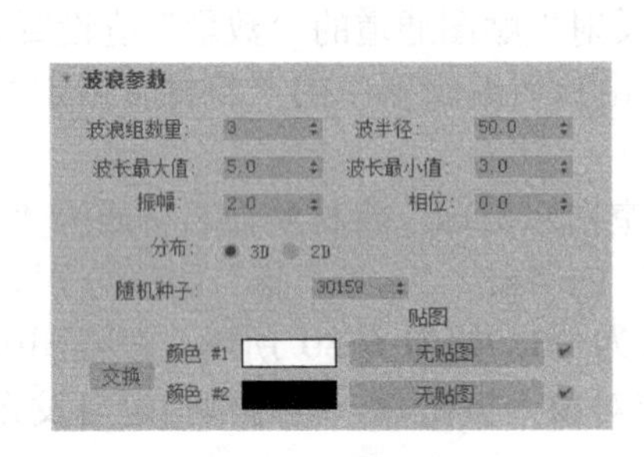


图 6-83 波浪贴图

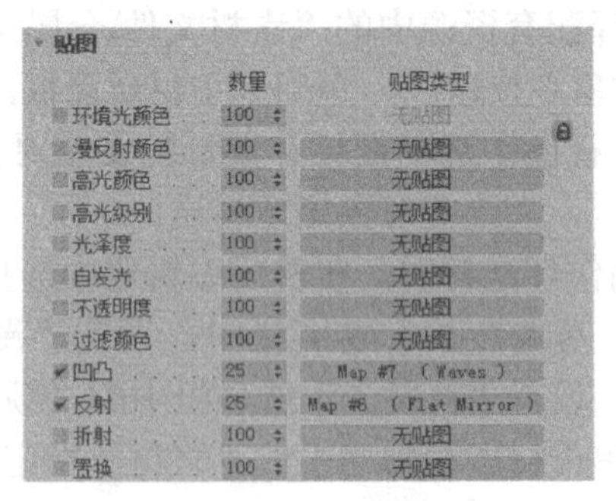


图 6-84 贴图通道

12）激活“Camera01”视图，按〈F9〉键进行渲染，观察设置材质后的洞穴场景渲染效果，然后保存场景。

## 6.4.2 贴图通道

材质编辑器的“贴图”卷展栏中提供了多种贴图通道，用于模拟对象不同区域的表面纹理特性，如图 6-85 所示。在“贴图”卷展栏中，当选中贴图通道名称左侧的复选框时，启用该贴图通道，否则取消该贴图通道的作用。贴图通道的“数量”用于设置该贴图通道的强度百分比，控制贴图产生的纹理与原有颜色的混合效果，强度值越大，贴图作用的效果越明显。

贴图通道右侧的长按钮显示该贴图通道上作用的贴图类型，默认为“无贴图”按钮，表示该贴图通道上没有使用贴图。单击贴图通道右侧的“无贴图”按钮，打开“材质/贴图浏览器”对话框，如图 6-86 所示，可以为各通道选择贴图类型。在选择贴图类型后，材质编辑器进入该贴图类型的参数设置面板，单击“转到父对象”按钮 返回上一级材质参数设置面板，在“贴图”卷展栏中，该贴图通道按钮上显示作用于该贴图通道的贴图类型，单击该按钮则又进入贴图类型参数设置面板。拖动贴图通道右侧的“贴图类型”到其他贴图通道上，弹出“复制（实例）贴图”对话框，可以实现贴图类型的复制和交换操作，如图 6-87 所示。贴图类型的复制与对象复制类似，有实例和复制两种方式。

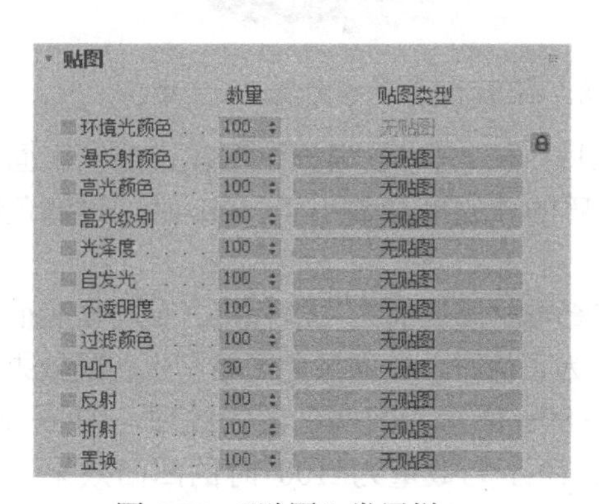


图 6-85 “贴图”卷展栏

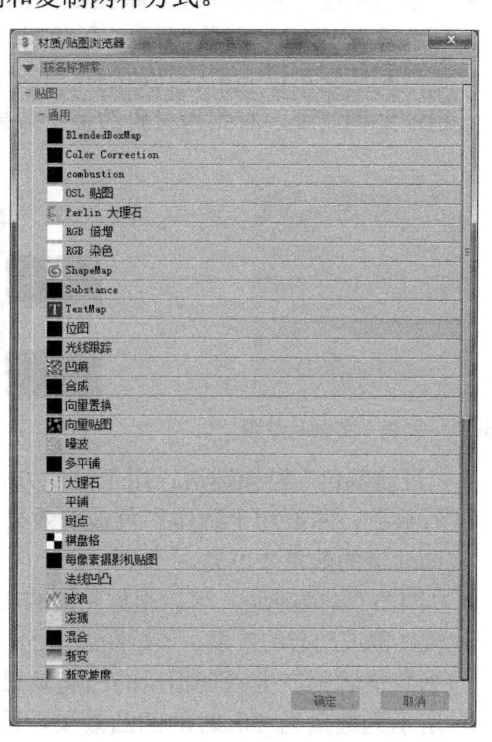


图 6-86 “材质/贴图浏览器”对话框

📖 **小技巧**

单击贴图类型按钮与单击材质类型按钮一样，都打开“材质/贴图浏览器”对话框，但“材质/贴图浏览器”对话框中显示的内容不同，前者显示可用的贴图类型，后者显示可用的材质类型。

下面介绍“贴图”卷展栏中常用贴图通道的功能。

- “环境光颜色”贴图通道：用来决定环境颜色对对象表面产生的影响。默认情况下，它与“漫反射颜色”贴图通道处于锁定状态，自动使用“漫反射颜色”贴图通道中的贴图，对阴影区产生影响。
- “漫反射颜色”贴图通道：用来表现材质表面的纹理效果。当“漫反射颜色”贴图通道的“数量”值为 100 时，对象表面的纹理效果完全覆盖漫反射颜色。这是最常用的贴图通道。

- “高光颜色”贴图通道：用来在高光区域内产生纹理，它可以改变高光的颜色，但不能改变高光的强度和形状。
- “高光级别”贴图通道：用来改变高光的强度，但不能改变高光的颜色。高光的形状由贴图的颜色决定，贴图中的白色可以表现出强烈的高光，黑色则没有任何高光效果。
- “光泽度”贴图通道：用来决定高光出现的位置和形状。贴图中的黑色区域产生光泽，白色区域不产生光泽。
- “自发光”贴图通道：既可以根据贴图的灰度值确定材质发光的强度，也可以将贴图的颜色作为自发光的颜色。如果需要贴图的颜色作为自发光的颜色，需要选择“自发光”选项组中的“颜色”复选框。
- “不透明度”贴图通道：根据贴图的灰度值来决定材质的透明度，贴图中的白色区域完全不透明，黑色区域完全透明。不透明度贴图通道是一个非常重要的贴图通道，利用它可以非常容易地制作出镂空效果。如图 6-88 所示，左图为不透明贴图通道的贴图纹理，右图为材质的镂空效果。

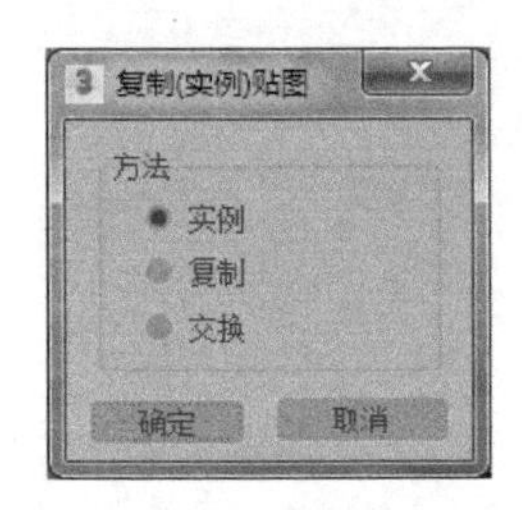


图 6-87　复制（实例）贴图

图 6-88　不透明通道的贴图纹理及效果

- “过滤颜色”贴图通道：用于过滤方式的透明材质。它可以根据贴图在过滤色表面进行染色，主要用于制作彩色玻璃效果。当材质的透明度参数小于 100 时，过滤色贴图通道的效果才可见。
- “凹凸”贴图通道：可以根据贴图的灰度值来影响材质表面的光滑程度，使材质表面呈现凹陷或凸起的效果。该贴图通道的“数量”为正值时，贴图黑色区域产生凹陷效果；为负值时则产生完全相反的凸起效果。图 6-89a 所示为凹凸贴图的纹理，图 6-89b 所示为数量为 30 时的凹凸效果，图 6-89c 所示为数量为-100 时的凹凸效果。在【实例 6-4】中，石材材质和水面材质都使用了凹凸贴图通道，石材材质用石头纹理的位图来呈现洞壁表面不规则的凹凸特性，水面材质用波浪贴图来模拟水波的起伏效果。

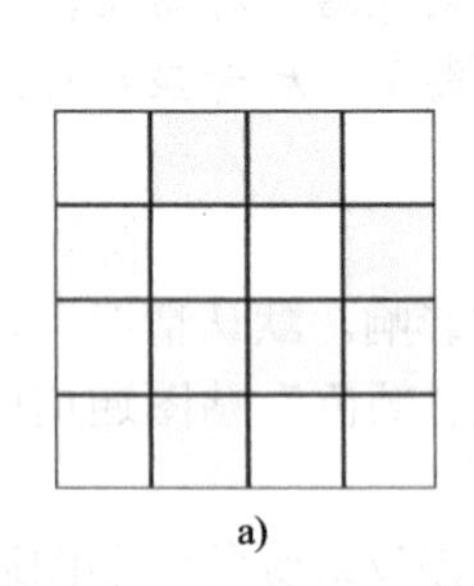

a)

b)

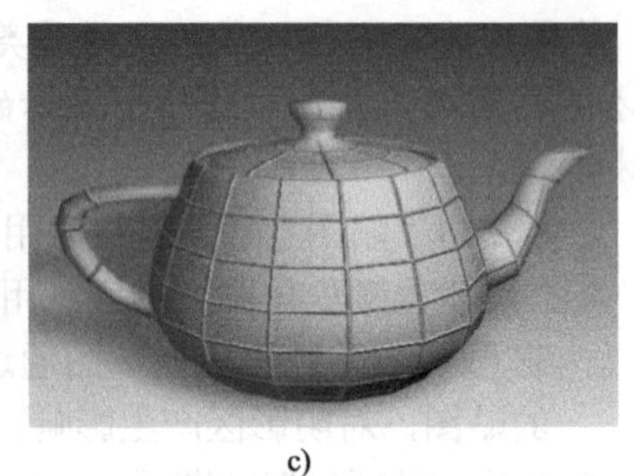

c)

图 6-89　凹凸贴图及效果

a) 凹凸贴图的纹理　b) 数量为 30　c) 数量为-100

- “反射”贴图通道：用于制作镜面、不锈钢金属和各种具有表面反射特性对象的材质。它使用的贴图类型主要有：反射/折射（Reflect/Refract）、光线追踪（Raytrace）、平面镜（Flat Mirror）、衰减（Falloff）和位图（Bitmap）等。
- “折射”贴图通道：用来模拟材质的折射效果，用于制作玻璃、水晶或其他包含折射特性的透明材质。
- “置换”贴图通道：可以改变对象的形状，使对象产生真正的凹凸变形。

### 6.4.3 贴图类型

**1．贴图的分类**

在 3ds Max 中，贴图是由材质编辑器的内置程序生成或从外部导入的图案或图片，它可以应用到材质的贴图通道中，也可以应用于环境贴图和灯光投影贴图等。

3ds Max 的贴图有位图和程序贴图两种。位图是二维图像，而程序贴图是利用算法运算形成的贴图图像。

按功能和使用方法的不同，程序贴图可以分成以下 5 类。

- 二维贴图：即二维图像。它们通常贴图到对象的表面，也可以用来制作背景。二维贴图的种类有位图（Bitmap）、棋盘格（Checker）、渐变（Gradient）、渐变坡度（Gradient Ramp）、漩涡（Swril）、平铺（Tiles）和 Combusion。
- 三维贴图：指由程序以三维方式生成的图案。贴图不仅局限于对象的表面，可以对对象的内部和外部同时指定贴图。三维贴图的种类有细胞（Cellular）、凹痕（Dent）、衰减（Falloff）、大理石（Marble）、烟雾（Smoke）、斑点（Speckle）、泼溅（Splat）、灰泥（Stucoo）、波浪（Waves）、木纹（Wood）、噪波（Noise）、粒子年龄（Particle Age）、粒子运动模糊（Particle Mblur）、Perlin 大理石（Perlin Marble）和行星（Planet）。
- 合成器贴图：用于将不同的贴图和颜色进行混合处理。合成器贴图的种类有 RGB 相乘（RGB Multiply）、合成（Composite）、混合（Mix）和遮罩（Mask）。
- 颜色修改器：使用此类贴图，系统使用特定的方法改变材质中像素的颜色。颜色修改器的种类有 RGB 染色（RGB Tint）、输出（Output）和顶点颜色（Vertex Color）。
- 反射/折射类贴图：主要用于金属或玻璃等具有反射/折射特性的对象。反射/折射类贴图的种类有薄壁折射（Thin Wall Refraction）、法线凹凸（Normal Bump）、反射/折射（Reflact/Refract）、光线追踪（Raytrace）、每像素摄影机贴图（Camera Map Per Pixel）和镜面反射（Flat Mirror）。

**2．贴图类型通用卷展栏——“坐标”卷展栏**

3ds Max 提供的贴图类型众多，但贴图设置的方法基本相似，只是每个贴图都有自身特定的设置参数。“坐标”卷展栏中的参数是二维贴图和三维贴图的共同属性，如图 6-90 所示。其中，图 6-90a 为二维贴图的“坐标”卷展栏，图 6-90b 为三维贴图的“坐标”卷展栏。下面介绍“坐标”卷展栏中的通用参数。

- 纹理：将该贴图作为纹理应用于表面，从右侧“贴图”下拉列表框中选择坐标类型。
- 环境：使用该贴图作为环境贴图，同样从右侧“贴图”下拉列表框中选择坐标类型。

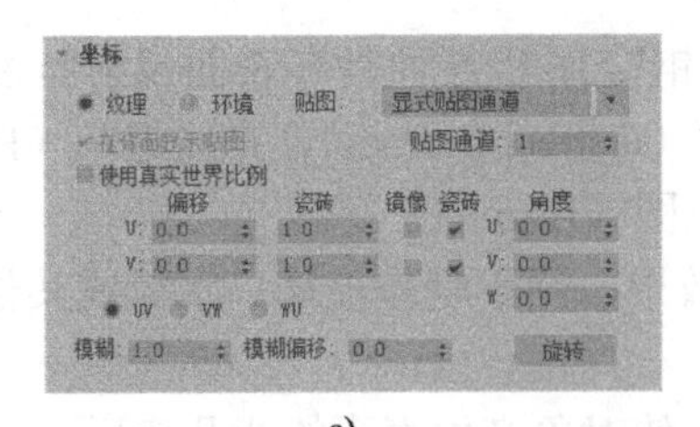


a)

b)

图 6-90 “坐标”卷展栏

a) 二维贴图“坐标”卷展栏 b) 三维贴图“坐标”卷展栏

- 贴图：选中“纹理”单选按钮时，贴图类型如图 6-91 所示；选中“环境”单选按钮时，贴图类型如图 6-92 所示。

图 6-91 “纹理”坐标类型

图 6-92 “环境”坐标类型

- 偏移：二维贴图时，指沿着 U 向（水平方向）、V 向（垂直方向）移动图像的位置；三维贴图时，指沿着 X、Y 和 Z 轴三个方向移动图像的位置。效果如图 6-93 所示。

U=0 V=0

U=0.5 V=0

U=0.5 V=0.5

图 6-93 偏移参数设置

- 瓷砖：设置沿所选坐标方向贴图被平铺的次数，如图 6-94 所示。选择“镜像”复选框，则在平铺的基础上进行镜像复制，取消选择“瓷砖”复选框则仅保留平铺贴图中居中位置的贴图，其余贴图不显示。

U=0 V=0

U=2 V=3

图 6-94 瓷砖效果

- 角度：设置图像沿着不同轴向旋转的角度。

### 6.4.4 常用贴图类型

下面介绍常用贴图类型的参数设置和作用。

**1．位图贴图**

位图（Bitmap）贴图就是将位图图像文件作为贴图使用，它可以支持各种类型的图像和动画格式，包括 avi、bmp、cin、jpg、tif、gif、flc 和 tga 等。位图贴图通常用在漫反射颜色、自发光、凹凸、反射、折射等贴图通道中。“位图参数”卷展栏如图 6-95 所示。

单击“位图”后的长按钮，打开“选择位图图像文件”对话框以选择位图文件。“裁剪/放置”选项组用来剪裁或放置图像，单击“查看图像”按钮就可以剪裁用于贴图的图像区域。

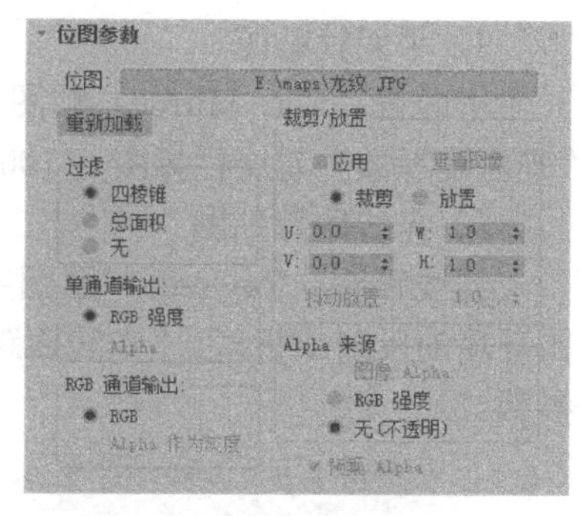

图 6-95 “位图参数”卷展栏

**2．棋盘格贴图**

棋盘格（Checker）贴图产生两色方格交错的图案效果，如图 6-96 所示，常用于制作地板或棋盘等。“棋盘格参数”卷展栏如图 6-97 所示。

图 6-96 棋盘格贴图及效果

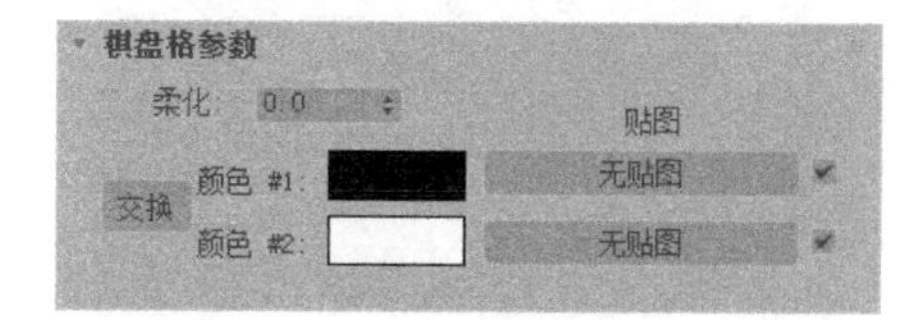

图 6-97 “棋盘格参数”卷展栏

- 颜色 #1/颜色 #2：分别设置两种方块的颜色，单击“无贴图”按钮，可以将方格颜色区域用贴图替代。单击前面的“交换”按钮可以互换两种方格的设置。
- 柔化：用于模糊方格之间的边缘。

**3．噪波贴图**

噪波（Noise）贴图通过对两种颜色随机混合生成噪波效果。常用于凹凸和不透明两种贴图通道中。“噪波参数”卷展栏如图 6-98 所示。

噪波贴图有规则、分形和湍流 3 种类型。噪波的阈值用于控制噪波的形状。

**4．渐变贴图**

渐变（Gradient）贴图能够产生 3 种颜色渐变的效果，每种颜色都可以指定贴图来替代，并且提供了不同的渐变方式。渐变贴图一般应用在天空或海水的制作上。“渐变参数”卷展栏如图 6-99 所示。

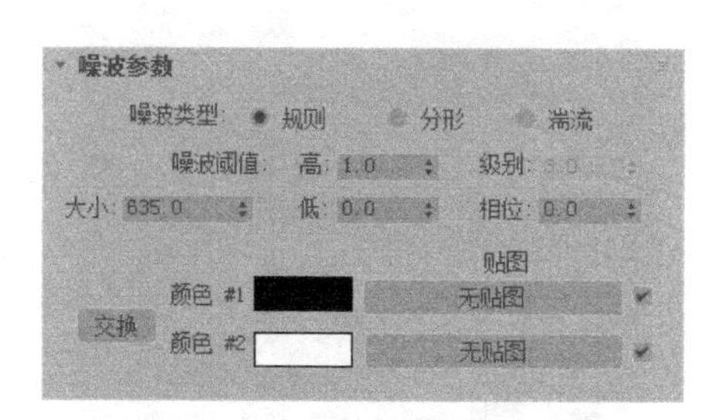

图 6-98 “噪波参数”卷展栏

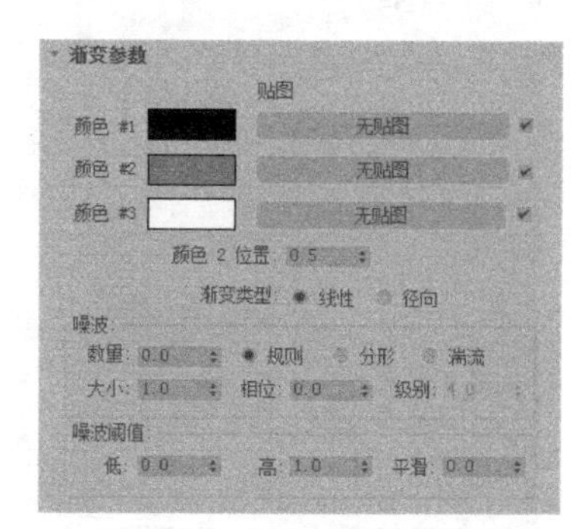

图 6-99 “渐变参数”卷展栏

**5．平面镜贴图**

平面镜（Flat Mirror）贴图通常用在反射贴图通道中，可以产生类似镜子的反射效果。“平面镜参数”卷展栏如图 6-100 所示。

**6．光线跟踪贴图**

光线跟踪（Raytrace）贴图主要用在反射和折射两种贴图通道中，用于模拟物体对于周围环境的反射或折射。“光线跟踪参数”卷展栏如图 6-101 所示，通常情况下可以采用默认参数。

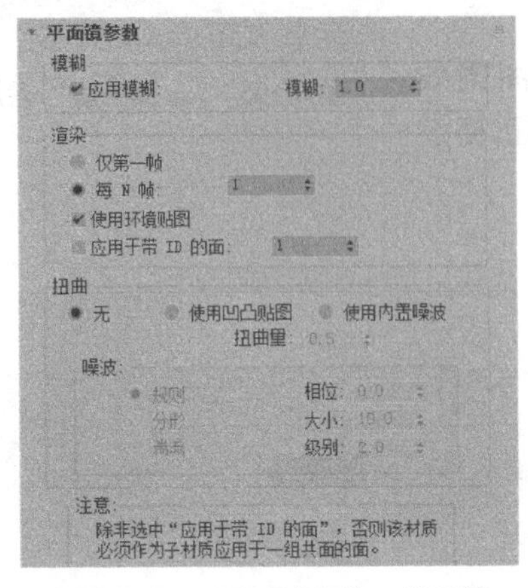


图 6-100 “平面镜参数”卷展栏

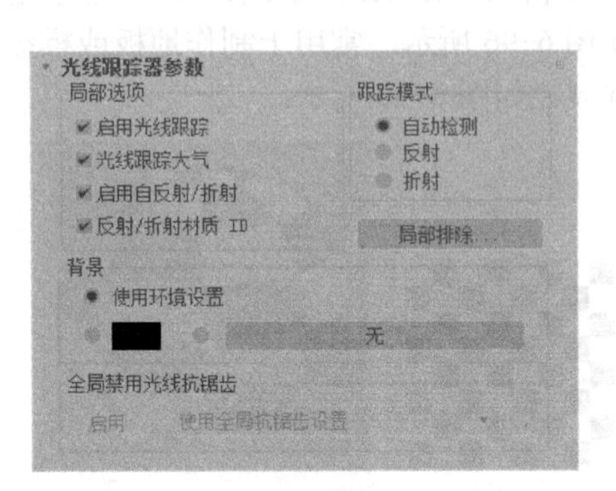


图 6-101 “光线跟踪参数”卷展栏

## 6.4.5 贴图坐标

贴图在空间中是有方向的，当为对象指定一个具有二维贴图的材质时，对象必须设置贴图坐标。贴图坐标是对象表面如何进行贴图的坐标系统。创建参数几何对象时，一般系统自动建立对象的贴图坐标系统。但对于一些复杂模型，就需要自己设置贴图坐标。如果已为没有贴图坐标的对象指定需要贴图坐标的材质，渲染场景时会弹出“缺少贴图坐标”对话框，如图 6-102 所示。UVW 贴图修改器可以为对象添加和编辑贴图坐标。在【实例 6-3】中，为了使金属龙纹贴图效果包裹在花瓶中部位置，就为花瓶模型添加了 UVW 贴图修改器。

“UVW 贴图”修改器用于为对象表面指定贴图坐标。UVW 贴图修改器的“参数”卷展栏如图 6-103 所示。

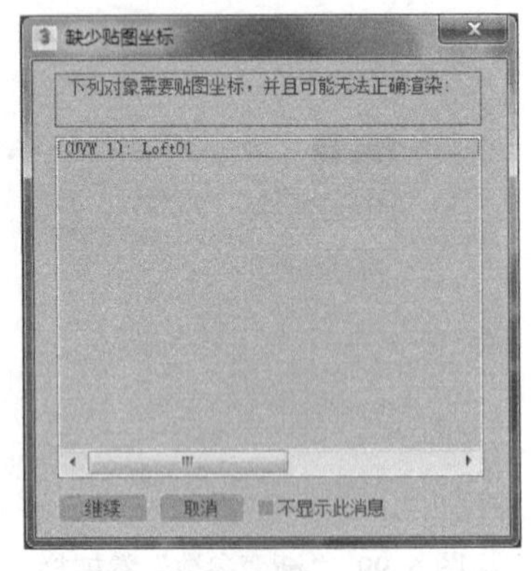


图 6-102 “缺少贴图坐标”对话框

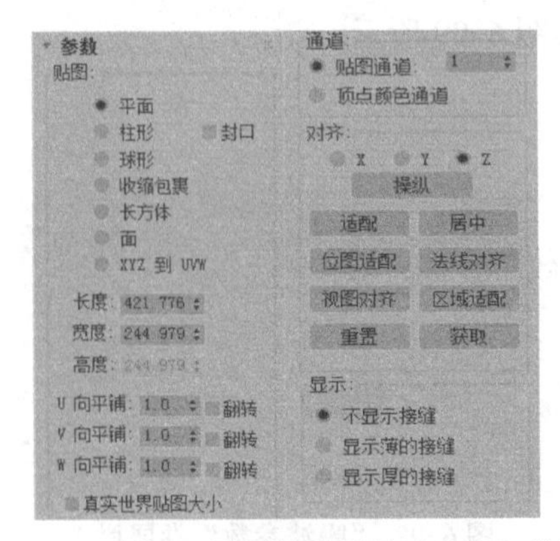


图 6-103 UVW 贴图修改器的“参数”卷展栏

在“参数”卷展栏中，“贴图”选项组用来确定给对象应用何种贴图方式和贴图的大小。UVW 贴图修改器提供了如下 7 种贴图方式。

- 平面：以平面投影的方式为对象贴图，贴图以拉伸的方式作用到对象的侧面。它适合于表面为平面的对象，如地面、墙壁等，如图 6-104a 所示。
- 柱形：将贴图沿着圆柱映射到对象的表面。右侧的“封口”复选框用于决定柱体顶底两个端面是否添加贴图坐标，如图 6-104b 所示。它适合于形状接近圆柱体的对象。
- 球形：将贴图以球形投影的方式映射到对象的表面，如图 6-104c 所示。这种方式在位图边缘与球体顶底交汇处会产生一条明显的接缝。
- 收缩包裹：使用球形将贴图包裹在对象表面，并且将所有的角拉到一个点，如图 6-104d 所示。这种方式的贴图不会产生接缝，但会使贴图变形。
- 长方体：以长方体的 6 个面的方式向对象映射贴图，每个面都采用平面贴图方式，效果如图 6-104e 所示。
- 面：对象的每个面都应用一个平面贴图。其贴图效果与组成对象的面的数量有关，面数越多，贴图越密，效果如图 6-104f 所示。

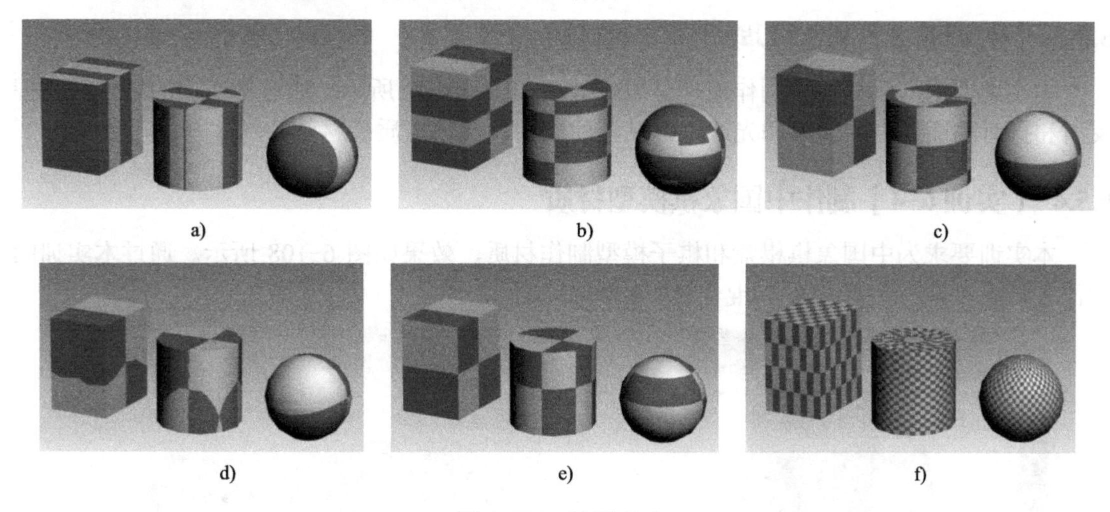


图 6-104　贴图方式

- XYZ 到 UVW：将三维程序贴图应用到 UVW 坐标上。

“对齐”选项组用来设置贴图坐标的对齐方式。其中，“X”“Y”“Z”单选按钮用于设置旋转对齐的坐标轴向。“适配”按钮用于为对象指定适配对齐方式，贴图坐标的大小将自动适配对象大小，使贴图适配到对象的外表面。

## 6.5　上机实训

### 6.5.1 【实训 6-1】制作冰激凌模型材质

本实训要求为冰激凌模型的各部分制作材质，设置渲染的环境贴图，效果如图 6-105 所示。本实训重点练习掌握漫反射贴图通道和凹凸贴图通道的作用，位图、噪波、平铺和旋涡等贴图类型的参数设置以及各种贴图类型在贴图通道中的应用，并学习环境贴图的设置。

### 6.5.2 【实训 6-2】制作电池模型材质

本实训要求为电池模型制作材质，效果如图 6-106 所示。通过本实训的练习，掌握材质明暗器类型的应用和基本参数设置，反射贴图通道的应用和多维/子对象材质的制作以及金属类材质的综合制作方法。

图 6-105　冰激凌模型材质效果

图 6-106　电池模型材质效果

### 6.5.3 【实训 6-3】制作玻璃酒杯模型材质

本实训要求为酒杯模型制作玻璃材质，效果如图 6-107 所示。通过本实训的制作，掌握反射和折射贴图通道的作用和光线跟踪贴图的应用以及玻璃质感材质的制作方法。

### 6.5.4 【实训 6-4】制作中国象棋模型材质

本实训要求为中国象棋棋盘和棋子模型制作材质，效果如图 6-108 所示。通过本实训的制作，掌握多维/子对象材质和混合材质的制作方法。

图 6-107　玻璃酒杯模型材质效果

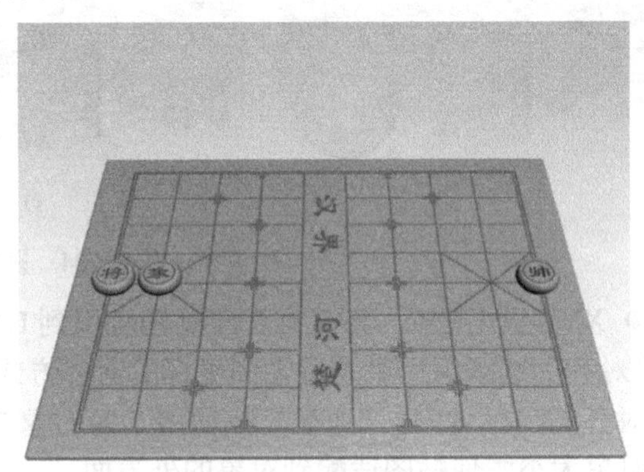

图 6-108　中国象棋模型材质效果

# 第 7 章　灯光与摄影机

**本章要点**

3ds Max 的灯光系统可以模拟现实世界中的各种光源，为场景提供照明和制作灯光特效；可以通过创建摄影机来从不同的角度观察三维场景。本章主要介绍灯光的类型、标准灯光系统中各种灯光的参数设置和应用、场景中灯光的布置方法、摄影机的类型和参数设置以及摄影机动画的制作方法。

## 7.1　标准灯光的基本参数

实例 7-1

### 7.1.1 【实例 7-1】洞穴场景照明

本实例主要为洞穴场景布置灯光，得到真实合理的照明效果，如图 7-1 所示。通过实例的操作，学习灯光的强度、颜色、阴影、衰减等灯光基本属性的设置。

1）重置场景后，选择“文件”→“打开”菜单命令，打开配套素材中的原始场景文件 7-1 洞穴.max 场景文件，场景中已经为对象指定了材质，并布置了摄影机，激活摄影机视图，按〈F9〉键渲染摄影机视图，如图 7-2 所示。

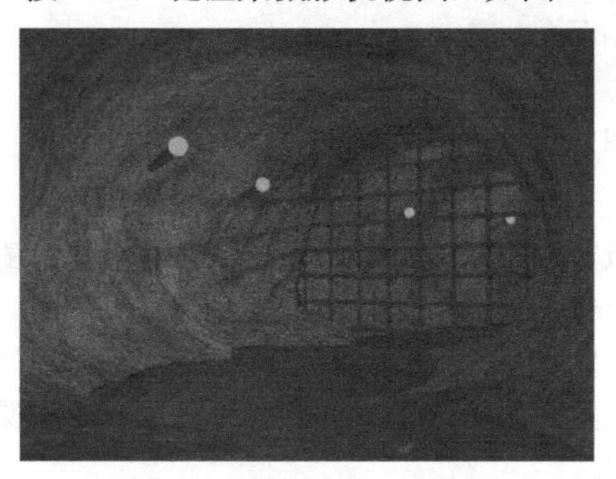

图 7-1　场景布设灯光效果

图 7-2　原始场景文件效果

2）激活顶视图，依次选择“创建”面板 + →“灯光” →“标准”→“泛光灯”，在视图下方灯球对象位置处单击，创建一盏泛光灯，并在其他视图中调整泛光灯的位置，使其处于灯球对象中间，如图 7-3 所示。

📖 小技巧

创建泛光灯后按〈F9〉渲染场景会发现场景变暗。原因是用户未创建灯光时，场景由两个不可见的灯光组成默认的灯光照明；当用户创建灯光后，默认的灯光组被关闭，改用用户自行设定的灯光。

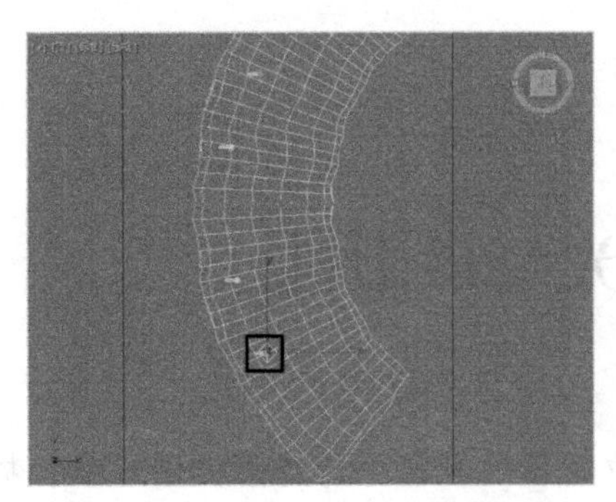
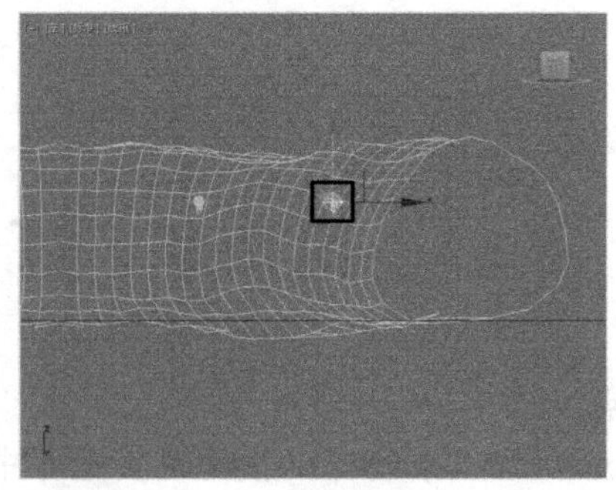

图 7-3　创建并移动泛光灯

3）保持泛光灯的选中状态，选择“修改”面板，在“强度/颜色/衰减”卷展栏中，设置“倍增”为 0.4，单击右侧色块按钮，在弹出的对话框中设置灯光颜色的“红”“绿”“蓝”分别为 148、145、122，在“衰退”选项组的“类型”下拉列表框中选择“倒数”，设置“开始”为 30mm，如图 7-4 所示。

4）继续保持泛光灯的选中状态，在顶视图中按住〈Shift〉键，拖动泛光灯至下一个灯球对象位置，在弹出的“克隆选项”对话框中，选择“实例”单选按钮，再单击“确定”按钮，如图 7-5 所示。进行同样的操作，在另两盏灯球的位置处以实例方式复制两盏泛光灯。

图 7-4　强度/颜色/衰减设置

图 7-5　以实例方式复制泛光灯

### 小技巧

上述四盏泛光灯用来模拟壁灯对场景的照明效果。壁灯的灯球对象使用具有自发光属性的材质只是模拟壁灯发光的效果，但不具有对场景的照明功能。

5）激活顶视图，依次选择“创建”面板→“灯光”→“标准”→“目标聚光灯”，在上方洞穴中间单击并拖动鼠标至栅栏处，创建一盏目标聚光灯，如图 7-6 所示。在左视图中向上移动目标聚光灯至洞穴上方，如图 7-7 所示。

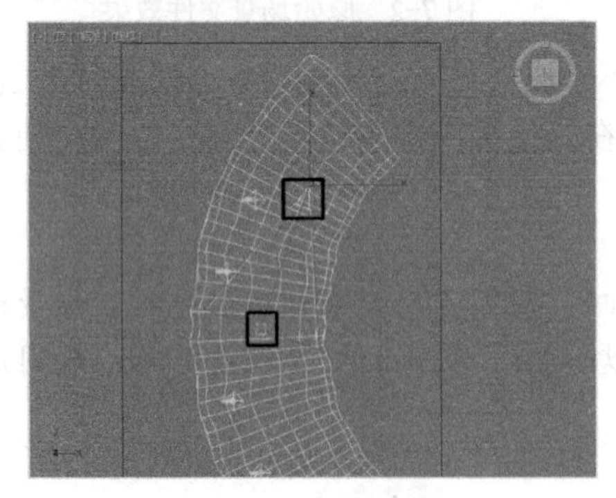

图 7-6　创建“目标聚光灯”

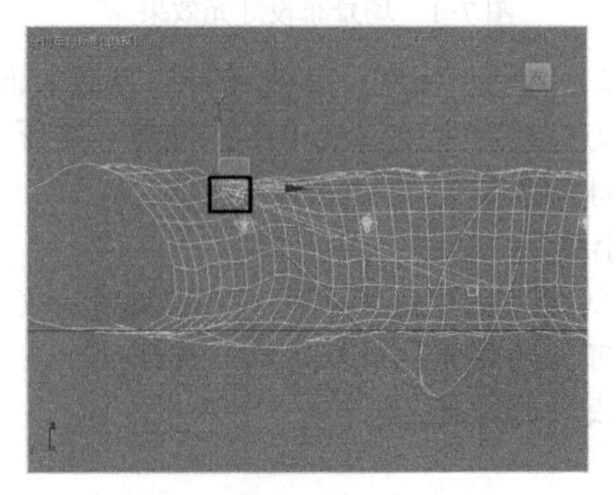

图 7-7　移动“目标聚光灯”

6）保持目标聚光灯的选中状态，选择“修改”面板，在“常规参数”卷展栏中，选择“阴影”选项组中的“启用”选项，将阴影类型设置为“区域阴影”；在“聚光灯参数”卷展栏中将“聚光区/光束”“衰减区/区域”分别设置为 7、65；在“强度/颜色/衰减”卷展栏中，设置“倍增”为 1，单击右侧色块按钮，在弹出的对话框中设置灯光颜色的“红”“绿”“蓝”分别为 104、92、80，选择“近距衰减”选项组中的“使用”复选框，设置“开始”和“结束”分别为 115mm、260mm；在“区域阴影”卷展栏中设置“区域灯光尺寸”选项组中的“长度”“宽度”均为 5mm，如图 7-8 所示。

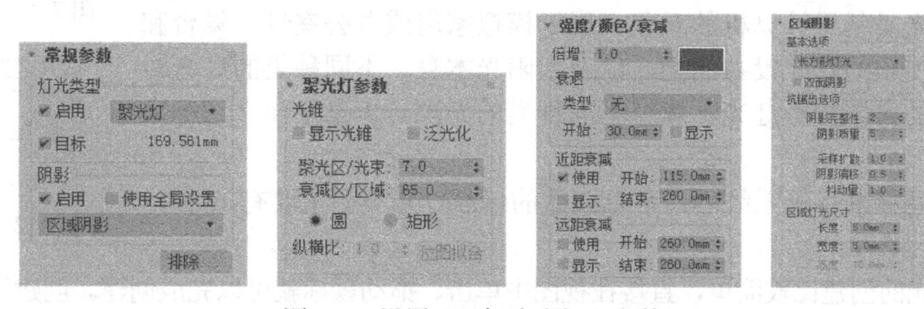

图 7-8　设置“目标聚光灯”参数

7）激活“Camera01”视图，按〈F9〉键渲染添加灯光后的场景，效果如图 7-9 所示。此时可以看到场景中壁灯将附近的洞壁照亮，聚光灯使栅栏在洞壁上产生阴影效果，但场景整体太暗，特别是右侧洞壁。

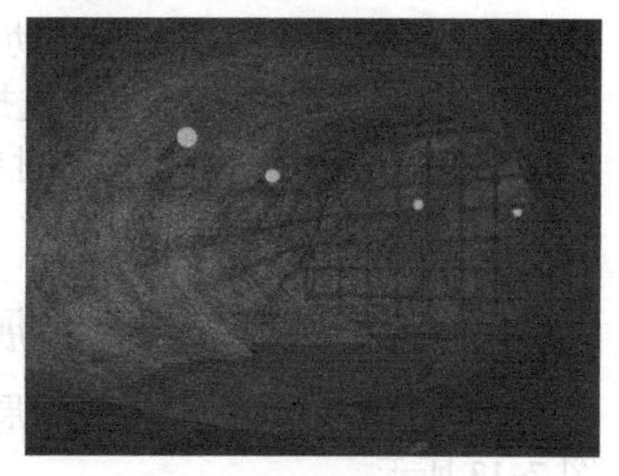
图 7-9　创建聚光灯照明效果

8）激活顶视图，依次选择“创建”面板→“灯光”→“标准”→“泛光灯”，在洞穴的左前方位置创建泛光灯，在左视图中调整泛光灯的位置，如图 7-10 所示。选择“修改”面板，在“强度/颜色/衰减”卷展栏中，设置“倍增”为 0.2，设置灯光颜色的“红”“绿”“蓝”分别为 104、92、80。

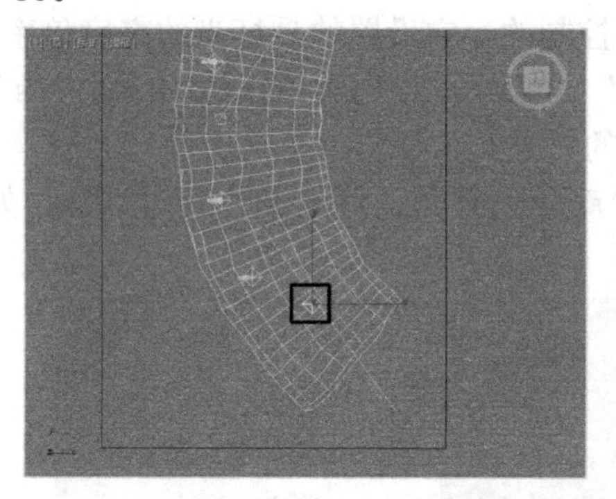
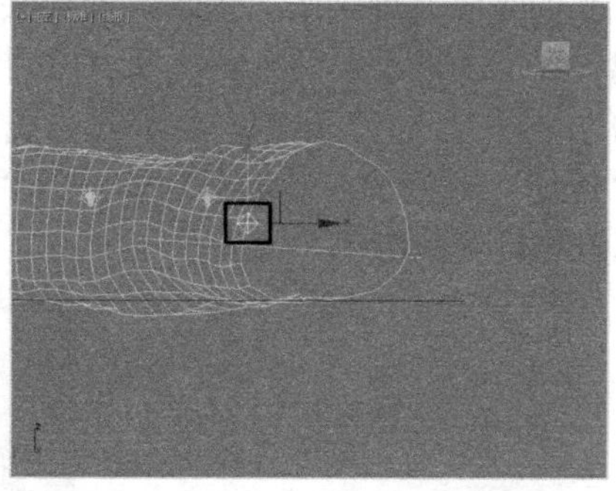
图 7-10　创建辅助照明泛光灯

9）按〈F9〉键对设置完灯光的场景进行渲染，得到如图 7-1 所示效果。

### 7.1.2　创建灯光

在 3ds Max 中，灯光对场景起着重要的作用。灯光对象主要用于模拟现实世界中的各种光源来照明场景，增加场景的真实感。此外，灯光还可以用来营造场景的氛围、设计场景的基调等。

在没有创建灯光的场景中，3ds Max 具有默认的照明系统。照明系统默认由两个不可见的灯光组成，一个位于场景上方偏左的位置，另一个位于下方偏右的位置。一旦创建了灯光，照明就会默认被禁用。如果删除场景中的所有灯光，则恢复为默认照明。

在“创建”面板中选择“灯光”后，可以选择灯光类型以创建灯光。3ds Max 提供光度学灯光和标准灯光两种类型，如图 7-11 所示。两种类型在视口中均显示为灯光对象。它们具有相同的参数，包括阴影生成器。

图 7-11　光灯类型

光度学灯光使用光度学（光能）值定义灯光，就像在真实世界一样。标准灯光是基于计算机的对象，用于模拟家用或办公室灯、舞台和电影工作时使用的灯光设备的光，以及太阳光本身。不同种类的灯光对象可用不同的方法投影灯光，模拟不同种类的光源。本章主要介绍标准灯光的应用。

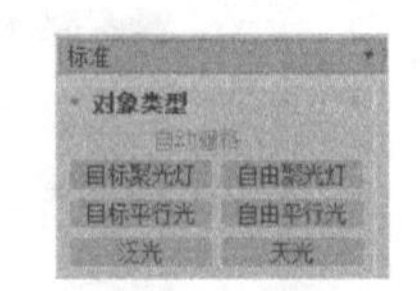


图 7-12　标准灯光

选择创建标准灯光系统后，可以创建的标准灯光类型主要有 6 种，如图 7-12 所示。

标准灯光的创建比较简单，直接在视图中单击、拖动鼠标就可以完成创建。创建目标聚光灯和目标平行光时，需要先在视图中合适的灯光位置按住鼠标左键并拖动到适当的照明目标点位置松开鼠标完成创建。其他类型的标准灯光直接在视图中单击鼠标即可完成创建。灯光创建完成后，可以选择灯光对象，使用移动、旋转工具改变灯光的位置和角度。目标聚光灯和目标平行光除了可以选择光源点外，还可以选择照明的目标点，使用同样的方法更改其位置和角度。

在 3ds Max 中，标准灯光对象都具有光照强度、灯光颜色、阴影效果等基本属性，本节着重介绍灯光的这些基本属性。

### 7.1.3 “强度/颜色/衰减”卷展栏

使用“强度/颜色/衰减”卷展栏可以设置灯光的强度、颜色以及定义灯光的衰减等，如图 7-13 所示。

**1．灯光的强度和颜色**

标准灯光的光照强度是由“倍增”参数来控制的。它设置的是灯光的亮度倍率，数值越大，光线越强，反之越小，系统默认的“倍增”为 1.0。与现实中的灯光不同，3ds Max 中灯光的“倍增”可以为负值，用来产生吸收光线的效果。

单击“倍增”数值框右侧的色块，打开“颜色选择器：灯光颜色”对话框，如图 7-14 所示，可以设置灯光的颜色。

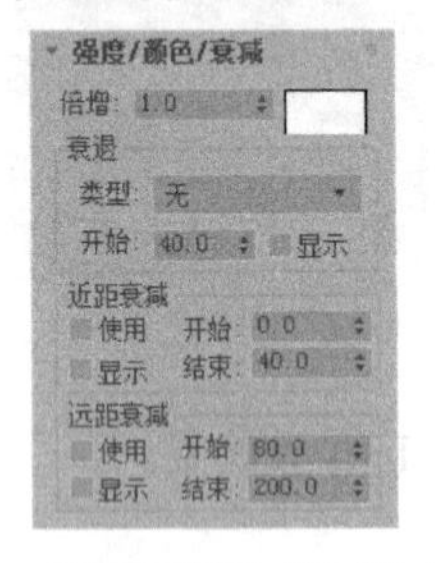


图 7-13　“强度/颜色/衰减”卷展栏

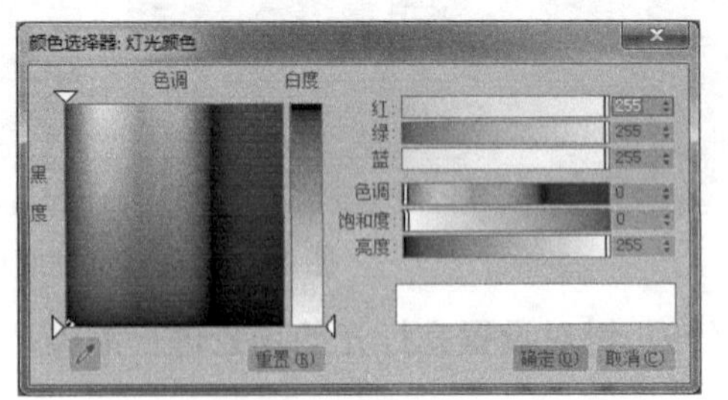


图 7-14　“颜色选择器灯光颜色”对话框

**2．灯光的衰减**

现实中灯光的强度会随着距离的增加而减弱，产生衰减效果。3ds Max 中灯光的衰减设置不受现实世界的各种规律的约束，可以自由地设置衰减效果。在“强度/颜色/衰减”卷展栏中“衰退”“近距衰减”“远距衰减”3 个选项组用来设置灯光的衰退类型和衰减范围，如果选择“无”的衰退类型，不选择“近距衰减”和“远距衰减”选项组中的“使用”复选框，则灯光从产生到无穷大都会保持设置的照明强度不变。

- 在“衰退”选项组中的“类型”下拉列表中有“倒数”和“平方反比”两种类型。两者的不同之处在于计算衰减的算法不同，“平方反比”更接近现实的光照特性，衰减的程度更强。“开始”数值框用于设置距离光源多远开始进行衰减。不同衰退类型的对比效果如图 7-15 所示。

a)

b)

c)

图 7-15　衰退类型

a) 无衰退　b) 倒数衰退　c) 平方反比衰退

- “近距衰减”选项组用于设置灯光从开始照明到达到最大照明亮度之间的距离。“开始”参数设置灯光开始照明的位置，“结束”参数设置灯光达到最大照明亮度的位置。
- “远距衰减”选项组用于设置灯光由最大照明亮度到照明强度降为 0 之间的距离。“开始”参数设置灯光强度开始衰减的位置，“结束”参数设置灯光强度降为 0 的位置。

“近距衰减”和“远距衰减”选项组中的“使用”复选框启用后，近距衰减和远距衰减参数才能起作用。“显示”复选框启用后，衰减的开始和结束范围会在视图中显示，便于观察，如图 7-16 所示。

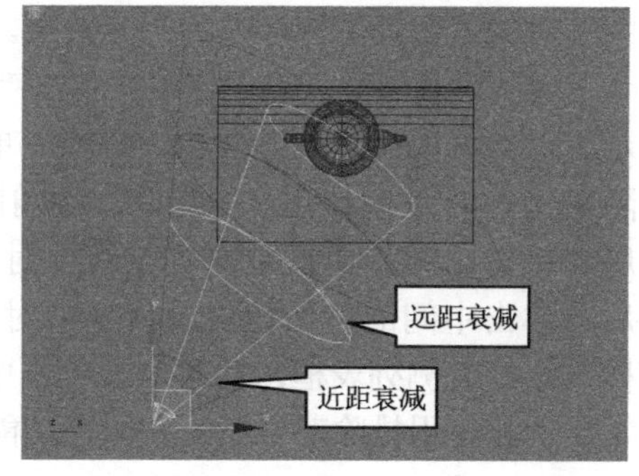


图 7-16　显示衰减

## 7.1.4 “常规参数”卷展栏

“常规参数”卷展栏主要用于控制灯光的启用、转换灯光的类型、设置灯光的阴影效果和灯光对场景中对象的排除/包含作用，如图 7-17 所示。

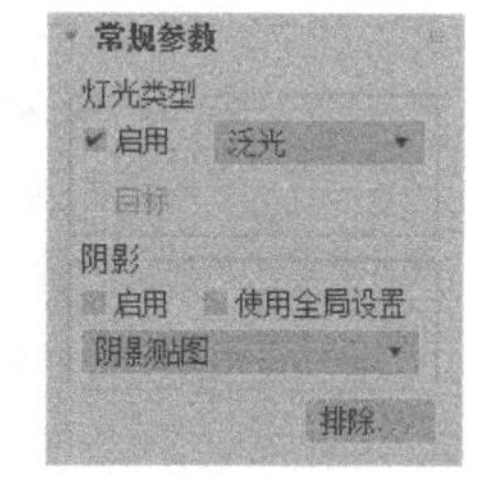


图 7-17 “常规参数”卷展栏

### 1. 灯光的启用与类型转换

“启用”复选框用来控制是否启用灯光对象。取消“启用”复选框的选择，关闭该灯光对象对场景的照明，视图中的灯光对象以黑色显示。

“启用”复选框右侧为灯光类型下拉列表框，用于转换灯光的类型，有聚光灯、平行光和泛光灯可供选择。“目标”复选框用于控制自由灯光和目标灯光的转换。

**2．灯光的阴影效果**

灯光的阴影是灯光设置的重要组成部分，阴影的作用是显示对象间的相对空间关系，增加场景的真实感。

在“阴影”选项组中，“启用”复选框用于控制灯光的阴影功能是否开启，选择该复选框后，场景中的对象在该灯光对象照射下产生阴影。选择“使用全局设置”复选框后，当前灯光的设置参数会影响场景中所有选择“使用全局设置”复选框的灯光。在下拉列表框中可以选择阴影的类型，其中有“高级光线跟踪”“区域阴影”“阴影贴图”“光线跟踪阴影”4 种阴影类型可供选择。各种阴影类型产生的阴影效果和占用的系统资源不尽相同，它们各自的特点如表 7-1 所示。

**表 7-1　4 种阴影类型的特点比较表**

| 阴影类型 | 优点 | 不足 |
| --- | --- | --- |
| 阴影贴图 | 可以产生边缘柔和的阴影，是最快的阴影渲染类型 | 占用的系统资源较大，阴影不够精确，不支持透明度和不透明贴图的对象 |
| 光线跟踪阴影 | 阴影的计算方式精确，支持透明度和不透明贴图的对象。常用于模拟日光和强光产生的阴影效果 | 渲染速度较慢，阴影的边缘生硬 |
| 区域阴影 | 支持透明度和不透明贴图的对象，占用系统资源较少，并且支持区域阴影的不同格式 | 渲染速度很慢，特别是动画中每一帧都需要重新处理，增加渲染的时间 |
| 高级光线跟踪 | 具有阴影贴图的柔和阴影效果和光线跟踪阴影的准确性。主要与光度学灯光中的区域灯光配合使用 | 渲染速度较慢 |

**3．灯光的排除与包含**

利用排除与包含功能可以控制灯光有选择地对场景中的对象进行照明，还可以控制场景中的对象是否产生该灯光的阴影效果。

在“常规参数”卷展栏中，单击“排除”按钮，打开“排除/包含”对话框，如图 7-18 所示。对话框内的“包含”和“排除”单选按钮可以设置灯光是包含对选定对象的作用还是排除对选定对象的作用，“照明”“投射阴影”“两者兼有”单选按钮用来选择灯光的照明作用、投射阴影作用还是两者兼有。对话框左侧列表框内显示场景中的对象，选择其中对象后，单击中间的»按钮可以将选中对象移至右边的列表框内，成为排除或包含的对象。同样，选择右侧列表框内的对象，单击中间的«按钮可以将选中对象移出。图 7-19 给出了正常照明和使用排除对象照明和阴影功能的对比。

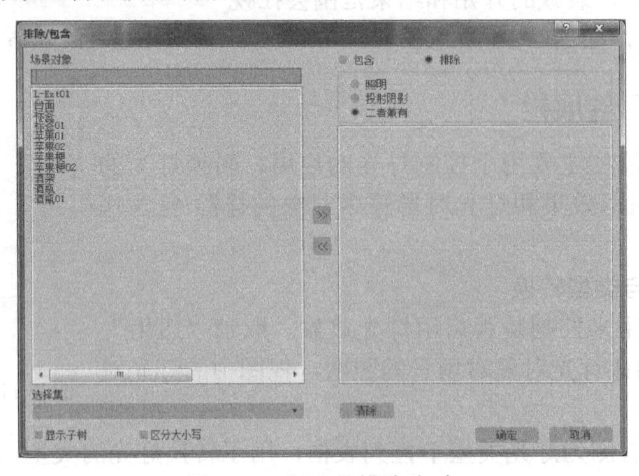


图 7-18　灯光的排除/包含

正常照明

排除茶壶照明

排除球体阴影

图 7-19　排除照明和阴影的效果

## 7.2　标准灯光系统

实例 7-2

### 7.2.1 【实例 7-2】静物场景三点照明

本实例通过使用“三点照明”方式为一个简单的三维场景布置灯光，掌握 3ds Max 标准灯光系统的应用，学习区域场景中常用的布光方式——三点照明。该场景设置灯光后的效果如图 7-20 所示。

1）重置场景后，选择“文件”→“打开”菜单命令，打开配套素材中的原始场景文件 7-2 静物三点照明.max，该文件已经为场景中对象指定材质，并布置摄影机，激活“Camera01”视图，按〈F9〉键渲染如图 7-21 所示。

图 7-20　三点照明效果

图 7-21　原始场景文件效果

2）创建主光源。依次选择“创建”面板 + →“灯光” →“标准”→“聚光灯”，在顶视图中创建一盏聚光灯，并在其他视图中调整聚光灯的位置至如图 7-22 所示位置。

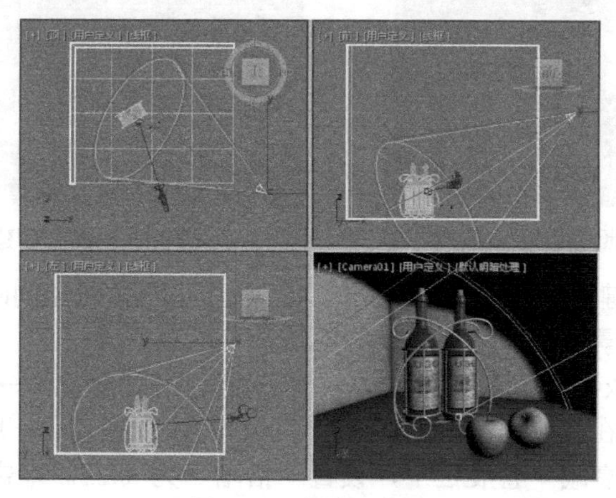
图 7-22　创建主光源

3）保持聚光灯的选中状态，选择“修改”面板，在“强度/颜色/衰减”卷展栏中，设置“倍增”为 1.2，在“衰退”选项组的“类型”下拉列表框中选择“平方反比”，设置“开始”为 560，在“常规参数”卷展栏中选择“阴影”选项组中的“启用”复选框，将阴影类型设置为“阴影贴图”，在“聚光灯参数”卷展栏中设置“聚光区/光束”“衰减区/区域”分别为 10、75，如图 7-23 所示。

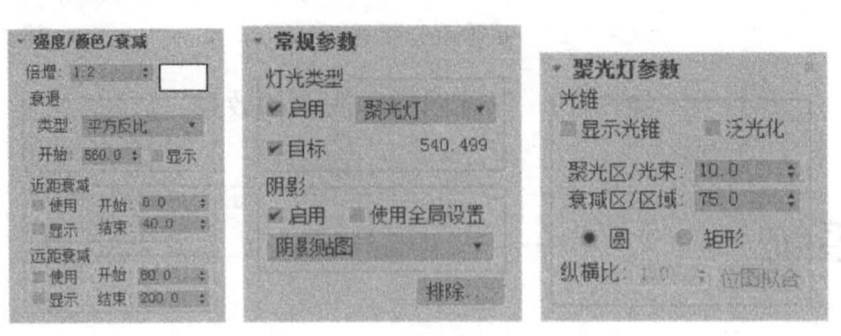


图 7-23 设置聚光灯参数

### 🕮 小技巧

将聚光灯“强度/颜色/衰减”卷展栏“衰退”选项组中的“开始”参数值设置为接近对象的表面附近，这样可以让对象接收到灯光的亮度，而背景不会太亮。

4）激活“Camera01”视图，按〈F9〉键，观察添加了主光源的场景渲染效果，如图 7-24 所示。可以发现场景整体偏暗，阴影部分过于黑暗。

5）创建辅助光源。依次选择“创建”→“灯光”→“标准”→“聚光灯”，在顶视图中创建一盏聚光灯，并在其他视图中调整聚光灯的位置，如图 7-25 所示。进入“修改”面板，在“强度/颜色/衰减”卷展栏中，设置“倍增”为 0.4，在“衰退”选项组的“类型”下拉列表框中选择“平方反比”，设置“开始”为 450，在“聚光灯参数”卷展栏中设置“聚光区/光束”“衰减区/区域”分别为 20、60，如图 7-26 所示。

图 7-24 主光源照明效果

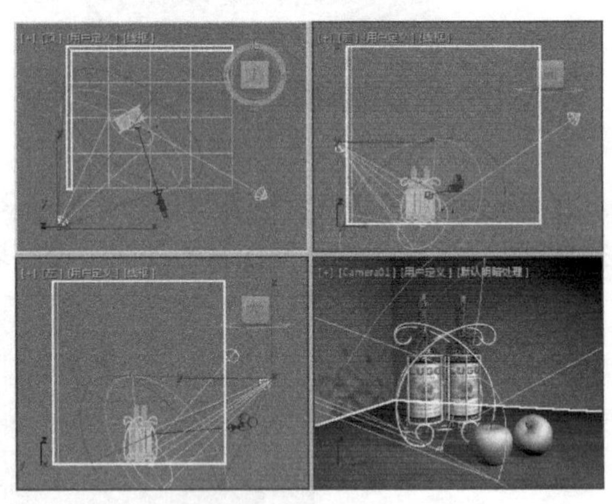

图 7-25 创建辅助光源

6）再次按〈F9〉键，观察场景的渲染效果。场景中主体对象的暗部已经照亮，同时阴影效果也被淡化，但背景过暗，需要提高亮度。

7）创建背光源。依次选择“创建”→“灯光”→“标准”→“泛光灯”，在顶视图中创建一盏泛光灯，并在其他视图中调整泛光灯的位置，如图 7-27 所示。进入“修改”面板，在“强度/颜色/衰减”卷展栏中，设置“倍增”为 0.25。单击“包含”按钮，打开“排除/包含”对话框，仅包含对台面和背景的照明，如图 7-28 所示。

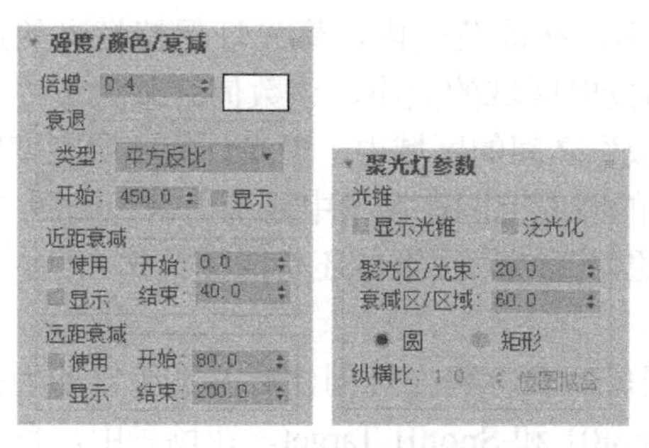


图 7-26　辅助光源参数设置

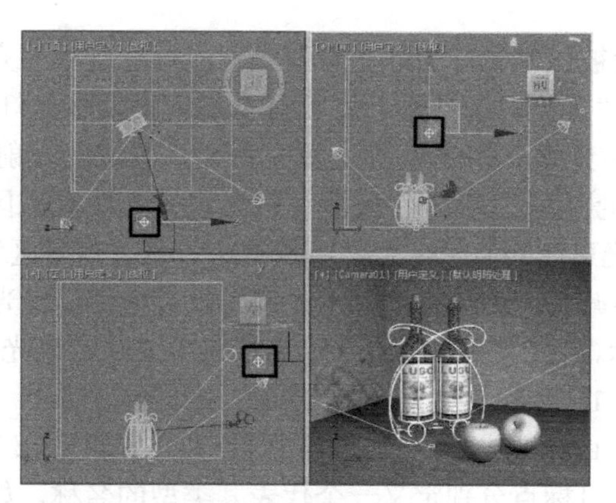

图 7-27　创建背光源

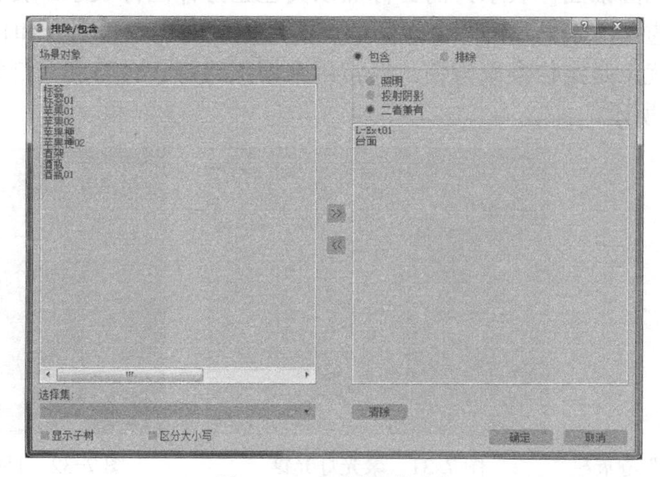


图 7-28　包含照明对象

8）按〈F9〉键，对完成灯光布置的场景进行渲染，效果如图 7-20 所示。

### 7.2.2　泛光灯

3ds Max 中标准灯光系统包含有目标聚光灯、自由聚光灯、目标平行光、自由平行光、泛光灯、天光 6 种灯光。

泛光灯是一种向四面八方均匀发射光线的光源。它没有方向的限制，一般用来模拟自然光，或者灯泡、台灯等点光源对象的发光效果，其光照效果如图 7-29 所示。泛光灯对象创建后，系统自动为泛光灯赋予一个表示其类型的名称，如 Omin01。在场景中，泛光灯显示为一个黄色正八面体的图标。

泛光灯的优点是比较容易建立和控制，不必考虑对象是否在照射范围内。通常将泛光灯作为场景中的辅助光源来使用。

泛光灯的参数设置比较简单，可参考上节灯光的基本参数设置。

图 7-29　泛光灯照明效果

### 7.2.3　聚光灯

聚光灯是一种具有方向性和范围性的灯光。聚光灯的照射范围叫作光锥，光锥外的对象不会被该聚光灯的灯光照射。聚光灯有目标聚光灯和自由聚光灯两种。

“聚光灯参数”卷展栏可以用来设置聚光灯的光锥的大小和形状，如图 7-30 所示。“聚光区/光束”用来设置光源中央亮点区域的投射范围，在此范围内，聚光灯保持灯光的最大照明亮度。“衰减区/区域”用来设置光源衰减区的投射区域的大小，该数值必须大于“聚光区/光束”的值。在“聚光区/光束”到“衰减区/区域”之间的区域内，聚光灯的照明亮度由最大衰减到 0。选择“显示光锥”复选框后，聚光灯的照射范围在场景中显示出来，如图 7-31 所示。“圆”和“矩形”单选按钮用来决定聚光灯照射区域为圆锥体还是四棱锥体。

**1．目标聚光灯**

目标聚光灯由聚光灯投射点和目标点两部分组成。目标聚光灯创建后，系统自动为投射点和目标点分别定义一个代表其类型的名称，如 Spot01 和 Spot01.Target。在场景中，目标聚光灯的投射点以黄色圆锥图标表示，而目标点以黄色正方体图标表示。目标聚光灯的投射点和目标点可以分别选择，如果单击两者之间的连线，则同时选中投射点和目标点。

目标聚光灯的优点是定位准确方便，经常用来模拟路灯、台灯和车灯等的照明效果，其光照效果如图 7-32 所示。

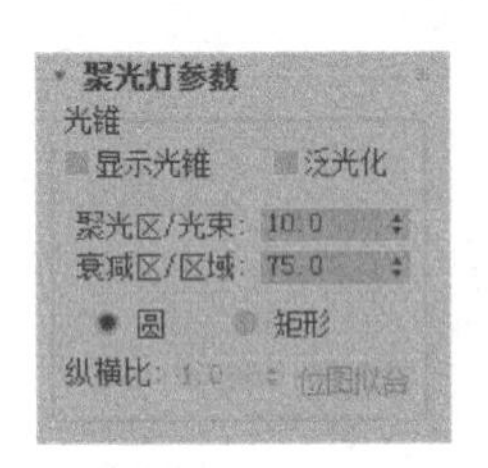

图 7-30 “聚光灯参数”卷展栏

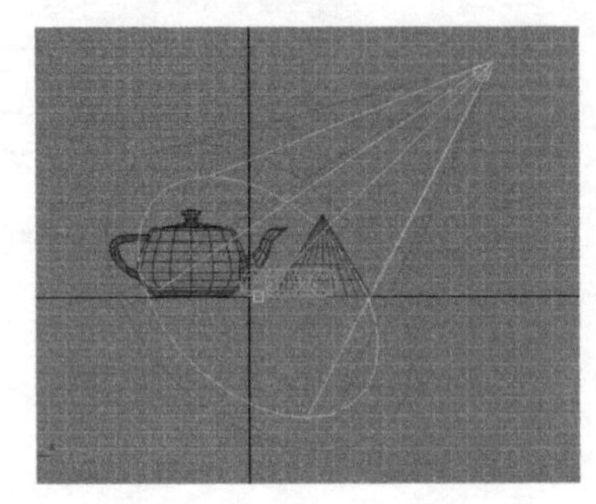
图 7-31 聚光灯光锥

图 7-32 目标聚光灯照明效果

**2．自由聚光灯**

自由聚光灯除了没有目标点外，具有目标聚光灯的所有特性。由于没有目标点，要使自由聚光灯对准照射的目标对象，只能通过在视图中旋转和移动自由聚光灯来完成。系统为自由聚光灯指定的名称为 Fspot01 等。

自由聚光灯的特点是不会改变灯光的照射方向，所以比较适合在制作动画时使用，例如模拟运动中汽车的前灯。

### 7.2.4 平行光

平行光与聚光灯一样具有方向性和范围性，不同的是，平行光始终沿着一个方向投射平行的光线，它的照射区域是一个圆柱体或矩形棱柱。平行光也分为目标平行光和自由平行光两种，主要用来模拟阳光的照射效果。

平行光也有自己的“平行光参数”卷展栏，如图 7-33 所示，其参数的含义与聚光灯基本相同，这里就不再具体介绍。

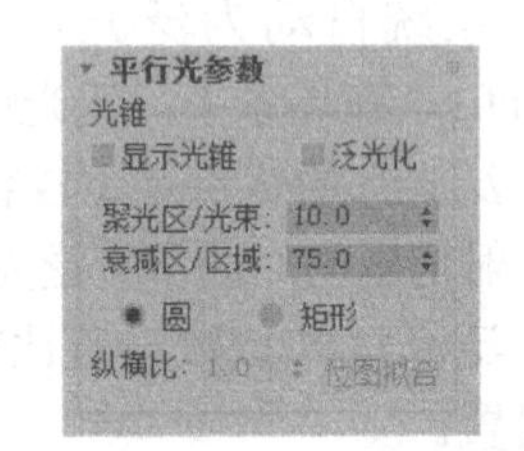

图 7-33 “平行光参数”卷展栏

### 7.2.5 三点照明方案

三点照明是影视和摄影中常用的灯光布置方法。三点照明可以从几个重要角度照射对象，从而明确地表现出模型的三维形状。3ds Max 中，小范围的区域场景经常采用三点照明的灯光布置方法。三点照明是指采用主光源、辅助光源和背光源三类光源实现场景的照明方案。

主光源作为场景的主要光照部分，要确定光照的角度并在场景中投射出清晰的阴影。主光源是场景中最亮的光源，主光源的位置要根据场景的观察角度确定，即根据摄影机的位置确定主光源的位置。通常情况下，主光源与摄影机成 35°～45°的夹角，并略高于摄影机。

辅助光源起到补光的作用，用来照射阴影区域和被主光源忽略的场景区域。辅助光源可以使主光源形成的光亮部分变柔和并延伸开，使场景的更多部分可见。辅助光源一般放置在与主光源成 90°角的位置，并且比主光源稍低。辅助光源的亮度约为主光源亮度的 1/3。

背光源的作用是照亮对象的边缘，将主体对象从背景中分开，烘托主体对象的轮廓。典型的背光源是放置在主体对象的后面，正对着摄影机。

三点照明是一种较常用的照明方案，三点照明并不是绝对地只有三个光源，辅助光源和背光源的布置比较灵活。任何照明方案都不是一成不变的，都需要根据场景的具体情况进行变化调整。

## 7.3 摄影机

实例 7-3

### 7.3.1 【实例 7-3】制作摄影机动画

本实例以制作一个简单的文字动画为例，介绍摄影机的创建和参数设置以及摄影机动画的制作方法。文字动画制作的思路是保持文字静止，通过改变摄影机的位置来达到文字移动的视觉效果，如图 7-34 所示。

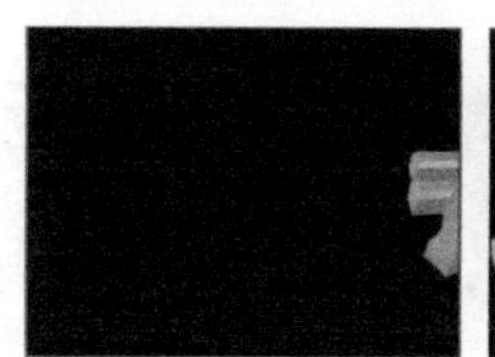

图 7-34　文字动画效果

1）选择“文件”→“重置”菜单命令重置场景。依次选择“创建”面板→“图形”→“样条线”→“文字”，在“参数”卷展栏中，选择字体为“黑体”，设置“大小”为 100，在“文本”文本框中输入“动画论坛”，然后在前视图中单击创建文本，如图 7-35 所示。

2）选择“修改”面板，在“修改器列表”下拉列表中选择“倒角”修改器，在“倒角值”卷展栏中设置倒角参数，倒角参数与文字效果如图 7-36 所示。

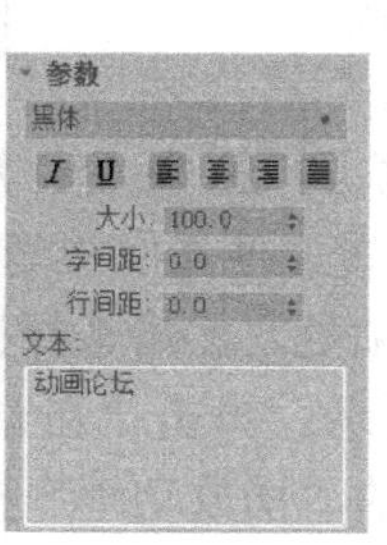


图 7-35　创建文本

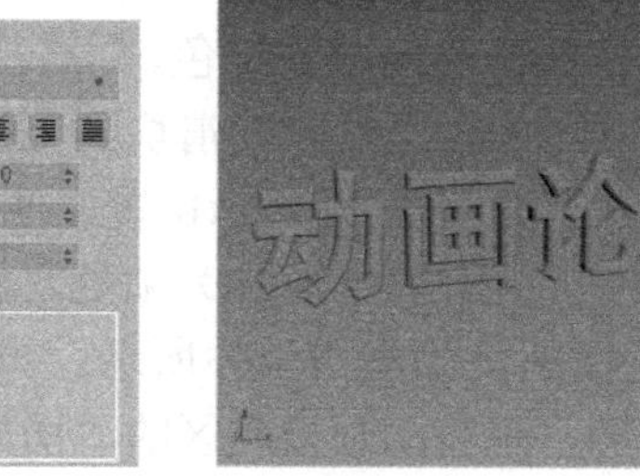

图 7-36　倒角文本

3）按〈M〉键，在材质编辑器中选择一个空白示例球，在“明暗器基本参数”卷展栏中的下拉列表框中，选择“金属”明暗方式。在“金属基本参数”卷展栏中，单击“环境光”和“漫反射”左侧的锁定按钮，取消环境光和漫反射之间的锁定，设置“环境光”的“红”“绿”“蓝”的值为0，设置“漫反射”的“红”“绿”“蓝”的值分别250、159、6。设置“高光级别”为75，“光泽度”为60。

4）展开“贴图”卷展栏，单击“反射”贴图通道右侧的“无贴图”贴图按钮，在打开的“材质/贴图浏览器”对话框中，双击“位图”贴图方式，再在随后打开的“选择位图图像文件”对话框中选择配套资源中的“素材文件\Gold04.jpg”文件，单击“打开”按钮，材质设置如图7-37所示。

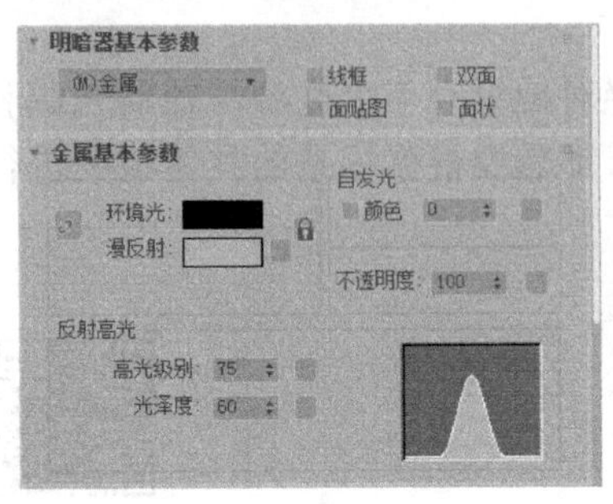

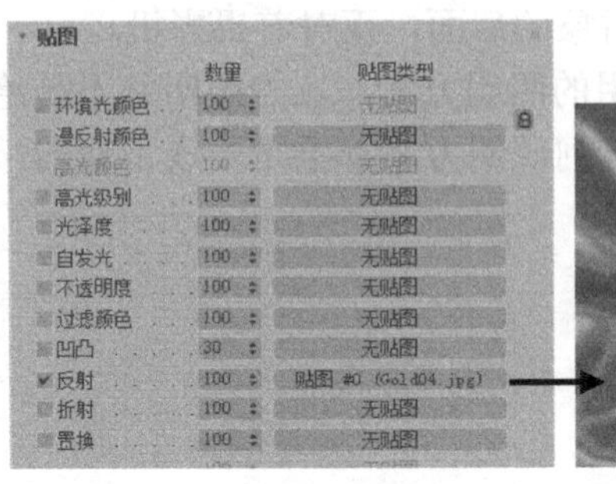

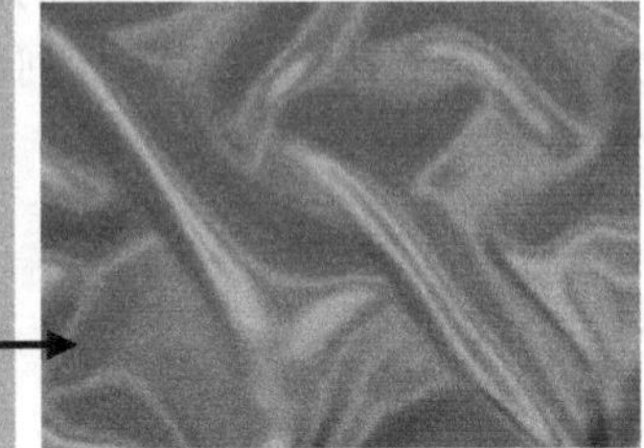

图7-37　金属材质设置

5）在场景中选择文本，单击材质编辑器中的“将材质指定给选定对象”按钮，为文本指定材质。

6）返回场景，依次选择“创建”→“摄影机”→“标准”→“目标”，在顶视图中创建一个摄影机，并在其他视图中调整摄影机的位置，激活“透视”视图，按〈C〉键切换到“Camera01”视图，观察到文字在视图右侧露出一点，效果如图7-38所示。

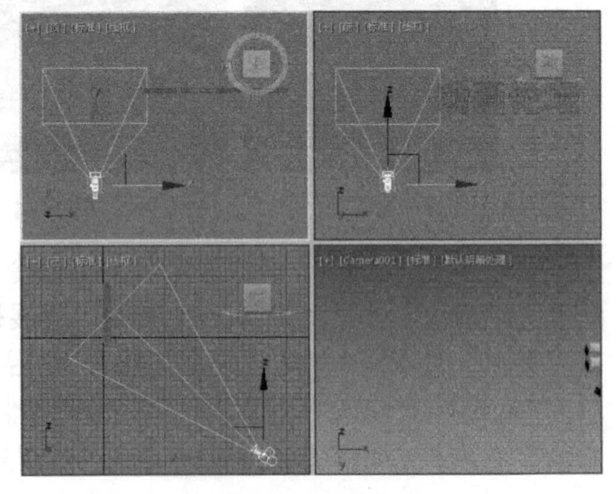

图7-38　创建摄影机

**小技巧**

目标摄影机是由投射点和目标点两个对象组成，单击场景中的摄影机图标，选择的是摄影机的投射点，单击正方体图标，则选中的是目标点。如果要同时移动目标摄影机的投射点和目标点，应先单击投射点与目标点之间的连线，保证两者同时选中后再进行操作。

7）单击动画控制区中的“自动关键点”按钮，此时“自动关键点”按钮和时间轴为红色，进入自动关键帧模式。拖动时间轴上的时间滑块到50帧处，然后单击摄影机投射点和目标点的连线选择摄影机，移动到如图7-39所示位置，使文字中间部分进入视图。

8）再次拖动时间轴上的时间滑块到100帧处，然后选择摄影机的投射点，将其移动到更远的位置并使文字正对视图，如图7-40所示。单击“自动关键点”按钮，退出动画模式。激活“Camera01”视图，单击动画控制区的“播放动画”按钮观察动画效果。

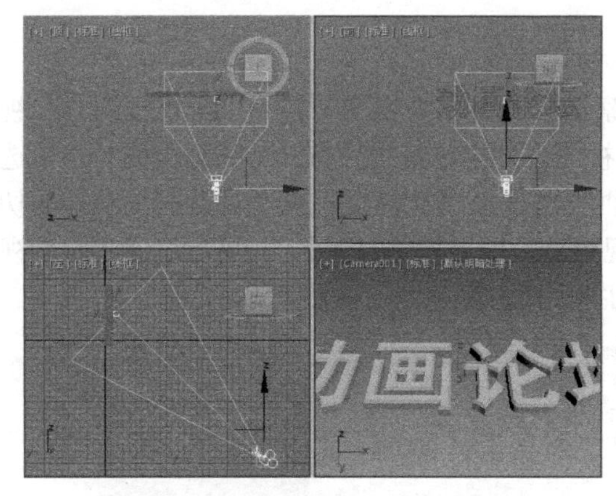

图 7-39　设置 50 帧处的摄影机位置

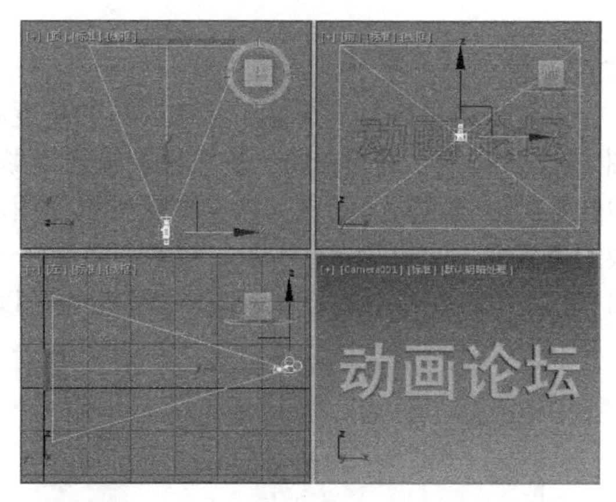


图 7-40　设置 100 帧处的摄影机位置

本例中摄影机动画已经制作完成，渲染输出后即可生成动画文件，效果如图 7-34 所示。有关渲染输出的操作以后再做详细介绍。

### 7.3.2　摄影机类型

3ds Max 中的摄影机类似于真实的摄影机，用户可以利用摄影机从不同的位置和角度观察场景，还可以通过控制摄影机位置和参数的变化设置摄影机动画，动态地观察场景。

3ds Max 中有两种摄影机，分别是界面和操作都简单的传统摄影机和模拟真实摄影机的物理摄影机，其中物理摄影机是 3ds Max 2017 版新增的摄影机。

传统摄影机分为目标摄影机和自由摄影机。目标摄影机带有目标点，由摄影机的投射点和目标点组成，是较常用的类型。目标摄影机多用于观察目标点附近的场景对象，比较容易定位，摄影机的投射点和目标点可以单独编辑，分别给两者设置动画会产生有趣的动画效果。自由摄影机没有目标点，常用于观察所指方向的场景。由于没有目标点，只能通过旋转操作来对齐观察对象。自由摄影机多用于制作轨迹动画，如车辆移动的跟拍和建筑场景的漫游动画等。

在“创建”面板 + 中选择“摄影机” 后，可以创建三种摄影机，摄影机创建面板如图 7-41 所示。物理摄影机默认为目标摄影机。在视图中，摄影机的投射点以摄影机图标的形式显示，目标点以正方体图标显示，如图 7-42 所示。创建目标摄影机时，系统自动为摄影机的投射点和目标点分别指定代表其类型的名称，如 Camera01 和 Camera01.Target。

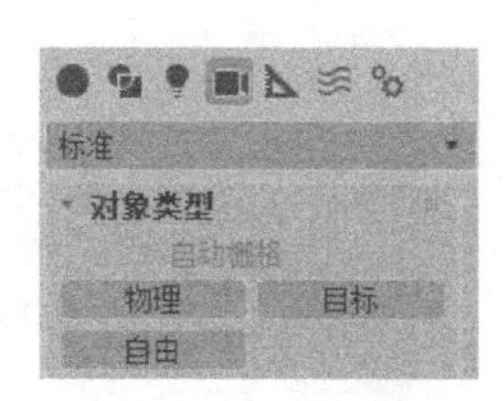


图 7-41　摄影机类型

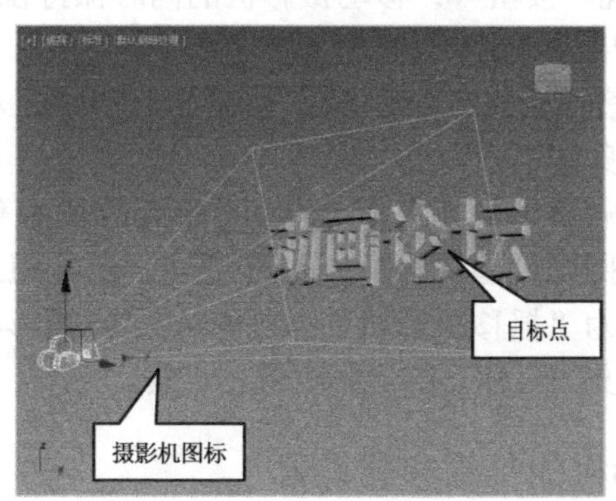


图 7-42　摄影机图标

### 7.3.3 摄影机视图

创建摄影机后，为了便于从摄影机的角度观察场景，可以将视图切换为摄影机视图。在视图中按〈C〉键，即可以将当前视图切换为摄影机视图。如果场景中只有一个摄影机或者当前选中的是摄影机对象，则自动切换到摄影机视图，否则将弹出“选择摄影机”对话框，选择要切换的摄影机，如图 7-43 所示。或者，激活任一视图后，单击视图左上角的“视点（POV）”视口标签菜单，在弹出的菜单中选择摄影机也可以切换到摄影机视图，如图 7-44 所示。

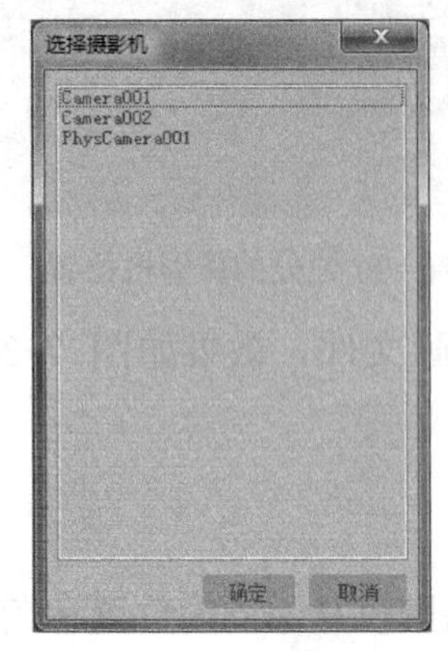


图 7-43　选择摄影机

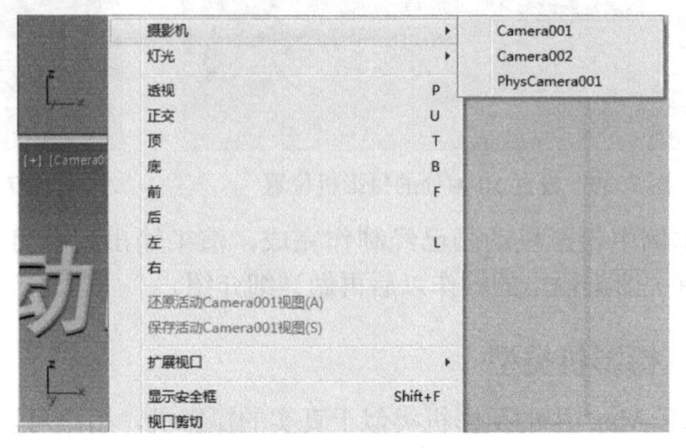


图 7-44　转换视口

在单击“视点（POV）”视口标签菜单时，可以选择“显示安全框”命令。安全框边界显示在渲染为视频时视口的哪一部分可见。此时，摄影机视图中将会显示三个矩形，一个是黄色，一个是绿色，另一个是浅蓝色。外部黄色矩形表示当前显示的区域和纵横比；中间绿色矩形表示操作安全区域；内部浅蓝色矩形表示标题安全区域。

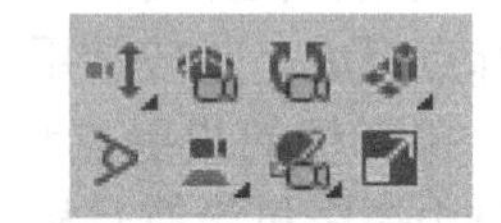

图 7-45　摄影机视图控制工具

当前视图切换为摄影机视图时，屏幕右下角的视图控制区中也随之切换为摄影机视图控制工具，如图 7-45 所示，使用这些工具按钮可以方便地调整摄影机视图的观察效果。

- “推拉摄影机”按钮：沿着摄影机的主轴移动摄影机投射点，使摄影机相对于目标点推近或拉远。此按钮还可以切换为“推拉目标”按钮和“推拉摄影机+目标”按钮，分别对目标点和摄影机+目标点进行推拉操作。
- “透视”按钮：移动摄影机的同时保持视野不变，改变拍摄范围，改变摄影机的透视效果。
- “侧滚摄影机”按钮：使摄影机围绕目标点或者自身 Z 轴方向进行旋转。
- “环游摄影机”按钮：目标点的位置保持不变，摄影机围绕目标点进行旋转。此按钮还可以切换为“摇移摄影机”按钮，保持摄影机的位置不变，目标点绕摄影机进行旋转。

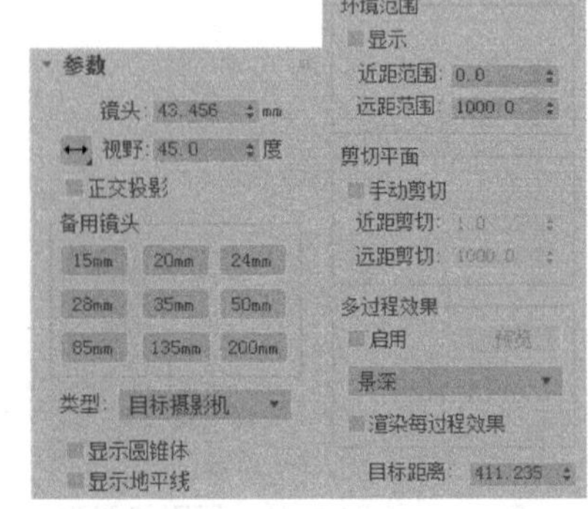


图 7-46　摄影机的“参数”卷展栏

### 7.3.4 摄影机的基本参数设置

摄影机的“参数”卷展栏如图 7-46 所示，下面介绍常用参数的功能。

- 镜头：设置摄影机镜头口径的大小，相当于摄影机的焦距。“镜头”值越大，摄影机视图内的对象变大，摄影机观察的范围变窄。“镜头”值与“视野”值相互关联，改变其中一个，另一个也会随之改变。
- 视野：设置摄影机视野的大小。
- “备用镜头”选项组：系统预设的镜头包括 15mm、20mm、24mm、28mm、35mm、50mm、85mm、135mm 和 200mm 9 种。50mm 镜头通常是摄影机的标准镜头，小于 50mm 的镜头为广角镜头，大于 50mm 的镜头为长焦镜头。
- “类型”下拉列表框：用来在目标摄影机和自由摄影机之间切换。
- 显示圆锥体：选中该复选框后，系统将摄影机所能拍摄的锥形视野范围在视图中显示出来。
- 显示地平线：选中该复选框后，系统将场景中的水平线显示在视图中，用来辅助摄影机定位。
- “环境范围”选项组：用于为“环境和效果”对话框上设置的大气效果设置近距范围和远距范围限制。
- “剪切平面”选项组：设置选项来定义剪切平面。在视口中，剪切平面在摄影机锥形光线内显示为红色的矩形（带有对角线）。对于摄影机视图而言，比近距剪切平面近或比远距剪切平面远的对象是不可视的。
- “多过程效果”选项组：用于指定摄影机的景深或运动模糊效果。当由摄影机生成时，通过使用偏移以多个通道渲染场景，这些效果将生成模糊。启用该选项组会增加渲染时间。

### 7.3.5 景深特效

摄影机可以产生景深多重过滤效果，通过在摄影机与目标点的距离上产生模糊来模拟摄影机景深效果。景深是摄影机中一个非常有用的工具，可以在渲染时突出场景中的某个物体，如图 7-47 所示。在“参数”卷展栏中的“多过程效果”选项组中选择“景深”效果后，会出现“景深参数”卷展栏，如图 7-48 所示。

图 7-47　景深效果

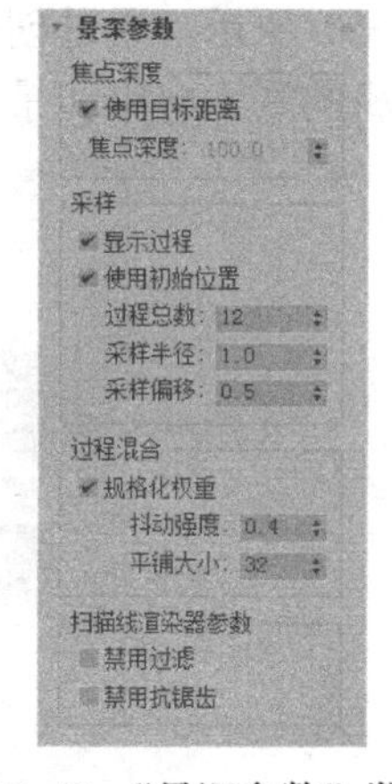


图 7-48　“景深参数”卷展栏

- “焦点深度”选项组：启用“使用目标距离”复选框，将摄影机的目标距离用作每过程偏移摄影机的点。禁用该复选框后，使用“焦点深度”值偏移摄影机。默认选中该复选框。

- “采样”选项组：用于设置渲染图像的最后质量，其中常用参数的作用如下。
- 显示过程：选中该复选框后，渲染帧窗口显示多个渲染通道。禁用此复选框后，该帧窗口只显示最终结果。默认选中此复选框。
- 使用初始位置：选中该复选框后，第一个渲染过程位于摄影机的初始位置。禁用此复选框后，与所有随后的过程一样偏移第一个渲染过程。默认选中此复选框。
- 过程总数：用于设置多次渲染的总次数，数值越大，渲染次数越多，渲染时间越长，渲染质量越高。
- 采样半径：设置摄影机从原始半径移动的距离，通过移动场景生成模糊的半径。增加该值将增加整体模糊效果。减小该值将减少模糊。默认设置为 1.0。
- 采样偏移：设置模糊靠近或远离“采样半径”的权重，决定如何在每次渲染中移动摄影机。增加该值将增加景深模糊的数量级，提供更均匀的效果。减小该值将减小数量级，提供更随机的效果。采样偏移值的范围为0.0～1.0。默认值为 0.5。

## 7.4 上机实训

### 7.4.1 【实训 7-1】制作台灯的灯光效果

为场景进行灯光和摄影机设置，效果如图 7-49 所示。通过使用聚光灯模拟台灯的照射效果、为场景添加泛光灯作为辅助灯光和创建并设置摄影机参数等操作，掌握聚光灯和泛光灯的常用参数设置、灯光阴影参数的设置和场景中灯光布置的综合应用，以及摄影机的应用。

图 7-49　台灯灯光效果

### 7.4.2 【实训 7-2】制作景深特效

为场景添加摄影机，并调整摄影机镜头来设置景深效果，如图 7-50 所示。通过创建摄影机、调整摄影机参数，掌握摄影机的基本应用和景深特效的设置。

图 7-50　景深特效

# 第 8 章　渲染、环境与效果

**本章要点**

渲染是 3ds Max 制作流程的最后一道工序，在制作过程中也需要渲染观察制作效果。渲染就是依据指定的材质、布设的灯光和摄影机以及诸如背景与大气等环境的设置，将场景中的几何体实体化显示出来，即将三维场景转换为二维的图像或动画。使用环境特效可以增加三维场景的临场感，烘托气氛。本章主要介绍渲染输出的设置、渲染器的类型和常用渲染参数的应用等；本章还将介绍环境和效果的设置，包括背景的设置、如何模拟现实生活中特定环境的特效，如火、雾等以及镜头、景深等渲染特效的应用。

## 8.1　渲染

实例 8-1

### 8.1.1 【实例 8-1】文字动画的渲染输出

本实例通过将第 7 章制作的文字动画场景进行静态单帧和动画渲染输出，学习场景渲染的方式和常用渲染参数的设置。

1）选择“文件”→“打开”菜单命令，在弹出的对话框中选择配套资源中的原始场景文件“源文件\8-1 文字动画.max”，这是第 7 章制作完成的文字动画场景。

2）采用预览渲染的方式测试动画效果。激活摄影机视图“Camera01”，选择“工具”→“预览-抓取视口”→“创建预览动画”菜单命令，打开“生成预览”对话框，如图 8-1 所示。单击“创建”按钮进行渲染，渲染结束后系统自动播放动画。这种渲染方式忽略场景中的材质和灯光设置，主要用于观察动画效果。

3）单帧渲染测试场景中的灯光和材质效果。激活摄影机视图“Camera01”，将视图下方的时间滑块拖动至 75 帧，按〈F9〉键渲染场景，效果如图 8-2 所示。单击渲染窗口上方的“保存图像”按钮，在弹出的“保存图像”对话框中，选择“保存类型”为 JPEG 文件，将渲染输出结果保存到文件中。

4）渲染输出动画。激活摄影机视图“Camera01”，按〈F10〉键打开渲染设置对话框，如图 8-3 所示。在“时间输出”选项组中，选择“活动时间段”单选按钮，将整个动画渲染输出。在“输出大小”选项组中单击“800×600”按钮设置渲染分辨率。在“渲染输出”选项组中，单击“文件”按钮，在打开的“渲染输出文件”对话框中设置文件的保存位置和文件名，选择“保存类型”为“AVI 文件（*.avi）”，单击“保存”按钮，如图 8-4 所示。最后单击“渲染”按钮，完成文字动画场景的动画文件输出。

📖 **小技巧**

“渲染输出文件”对话框中选择“保存类型”进行文件保存时，会弹出相应文件类型的文件格式配置文件对话框。一般情况下保持默认设置，直接单击“确定”按钮即可。

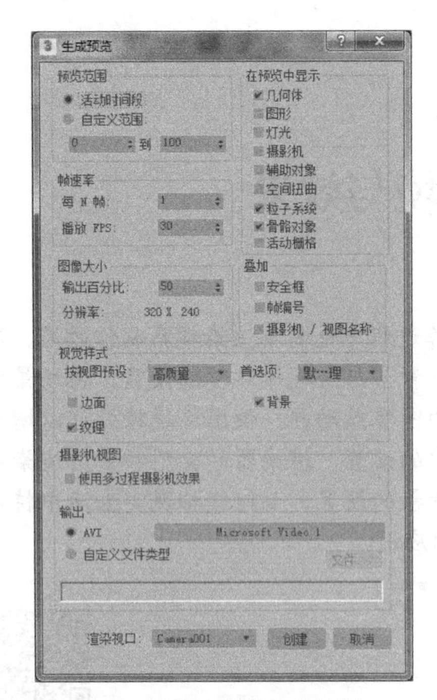


图 8-1 “生成预览”对话框

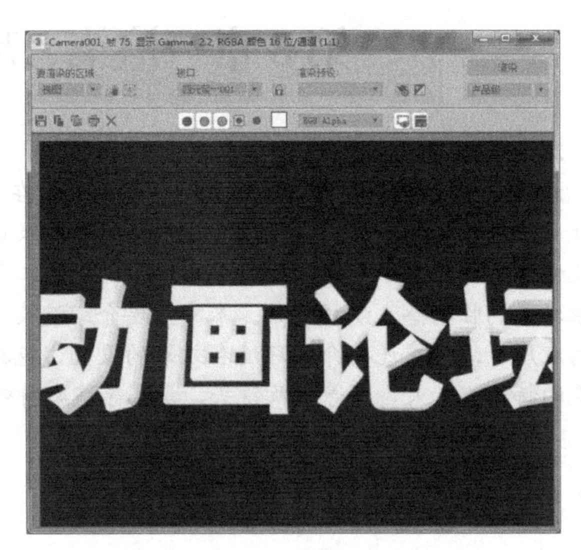


图 8-2 单帧渲染效果

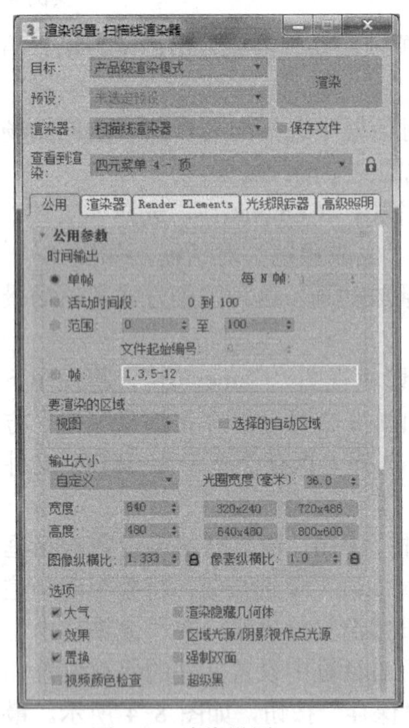


图 8-3 渲染设置

图 8-4 输出文件类型

## 8.1.2 渲染简介

渲染输出是 3ds Max 创建模型、编辑材质、布置灯光和摄影机、动画设计制作流程的最终操作。所谓渲染，就是为场景着色，将场景中的模型、材质、灯光，以及大气环境等设置处理成静态图像或者动画的形式并且保存起来。在 3ds Max 制作流程中，也可以通过渲染观察场景中模型、材质和灯光等的制作效果。

常用的渲染方式有以下两种。

**1．快速渲染场景**

在 3ds Max 的主工具栏中单击“快速渲染”按钮或按〈F9〉键，系统将直接使用当前渲染设置快速完成场景渲染。

**2．渲染场景**

在渲染场景时，通常需要实现设置一系列的参数，3ds Max 将这些参数都集中在渲染设置对话框中，如图 8-3 所示。打开此对话框有 3 种方法：一是选择“渲染”→“渲染”菜单命令；二是在主工具栏中单击“渲染场景对话框”按钮；三是按快捷键〈F10〉。

渲染帧窗口用于显示渲染的结果，并且可以保存窗口中显示的静态帧图像，如图 8-5 所示。在默认设置下，渲染帧窗口将在渲染开始时被打开，并且随渲染的进度逐渐显示渲染的结果。单击渲染帧窗口中的“保存位图”按钮可以将窗口中显示的场景直接保存成图像文件。关闭渲染帧窗口后，如果想要查看渲染的结果，选择“渲染”→“显示上次渲染结果”菜单命令或者单击工具栏中的“渲染帧窗口”按钮打开渲染帧窗口。

渲染设置对话框的上部有 4 个下拉列表框及“渲染”按钮等，如图 8-6 所示。“目标”下拉列表框用于选择不同的渲染选项，如图 8-7 所示。其中，“产品级渲染模式”是默认设置。“预设”下拉列表框用于选择预设渲染参数集，加载或保存渲染参数设置。“渲染器”下拉列表框用于选择处于活动状态的渲染器，这是“指定渲染器”卷展栏的一种替代方法。“查看到渲染”下拉列表框用于指定和显示要渲染的某个视口，也可以在工作界面中直接激活要渲染的视口，当单击“渲染”按钮时，将渲染该视口。单击“渲染”按钮可以使用当前目标模式（除网络渲染之外）渲染场景。

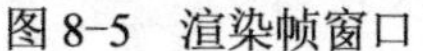
图 8-5　渲染帧窗口

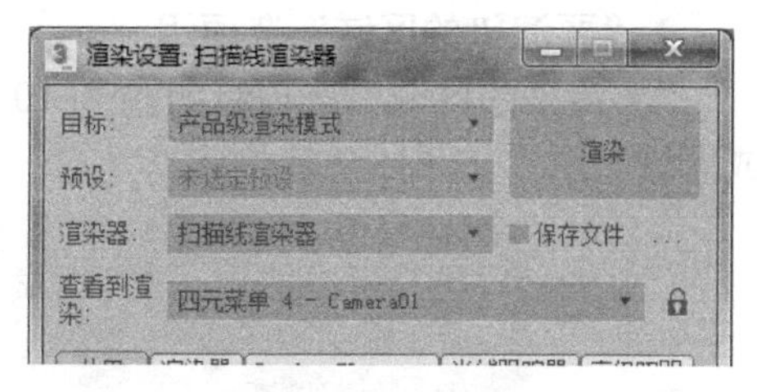

图 8-6　渲染设置相关的下拉列表框

渲染设置对话框中包含 5 个选项卡，它们会根据指定的渲染器不同而有所变化，每个选项卡中包含一个或多个卷展栏，用于分别对各渲染项目进行设置。下面简要介绍 3ds Max 默认的扫描线渲染器的 5 个选项卡，如图 8-8 所示。

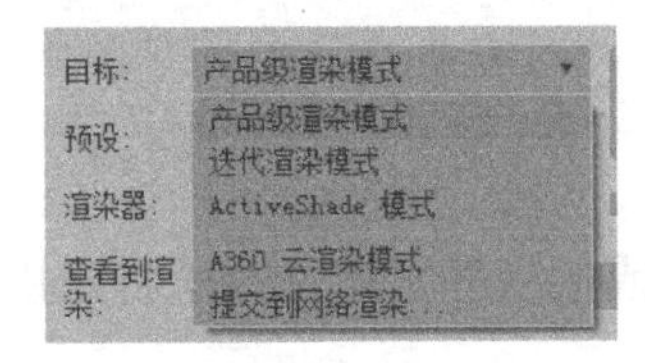

图 8-7 “目标”下拉列表

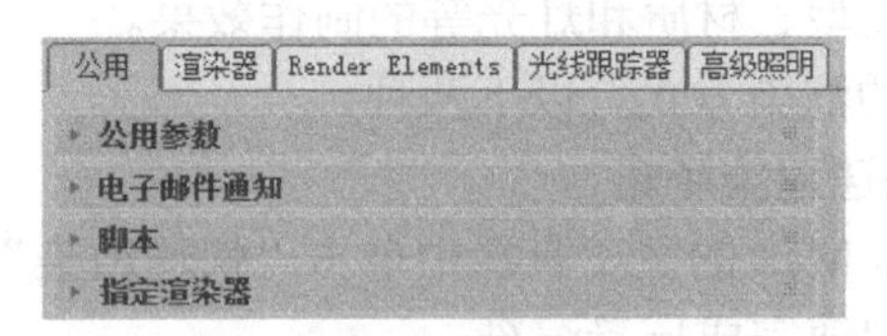

图 8-8 扫描线渲染器的选项卡

- 公用：本选项卡的参数适用于所有渲染器，并且在本选项卡中进行指定渲染器的操作。本选项卡共包含“公用参数”“电子邮件通知”“脚本”“指定渲染器”4 个卷展栏。
- 渲染器：用于设置指定渲染器的参数，如果安装外挂渲染器，也可以对外挂渲染器的参数进行设置。
- Render Elements：用于设置将不同类型的元素渲染为单独的图像文件，以便于在后期处理软件中进行后期合成。
- 光线跟踪器：用于对 3ds Max 的光线跟踪器进行设置，其中包括是否应用抗锯齿、反射和折射次数等参数。
- 高级照明：用于选择一种高级照明的类型并进行相关参数的设置。

## 8.1.3 “公用参数”卷展栏

“公用”选项卡中的“公用参数”卷展栏用来设置所有渲染器的公用参数，主要包括设置渲染时间、渲染尺寸、渲染设置、渲染输出和指定渲染器等。

**1. “时间输出”选项组**

“时间输出”选项组用于进行渲染时间的设置，如图 8-9 所示。

- 单帧：渲染当前帧，本选项用于渲染静态帧图像，其他的选项都用于渲染动画。
- 活动时间段：渲染当前场景中设置的动画总帧数，如轨迹栏所示，通常在最终渲染时使用这种方式。
- 范围：自定义渲染的帧数范围而不需要渲染场景中全部的动画帧数。
- 帧：可以设置不连续的渲染帧数范围，输入的帧数之间要用逗号隔开，通常在测试动画时使用。
- 每 N 帧：决定渲染的间隔帧数，例如设置为 3 时，系统将每 3 帧渲染 1 帧。通常为了节约渲染时间在测试预览动画时使用。

**2. “要渲染的区域”选项组**

“要渲染的区域”选项组如图 8-10 所示，在选项组的下拉列表中可以选择要渲染的对象或区域。

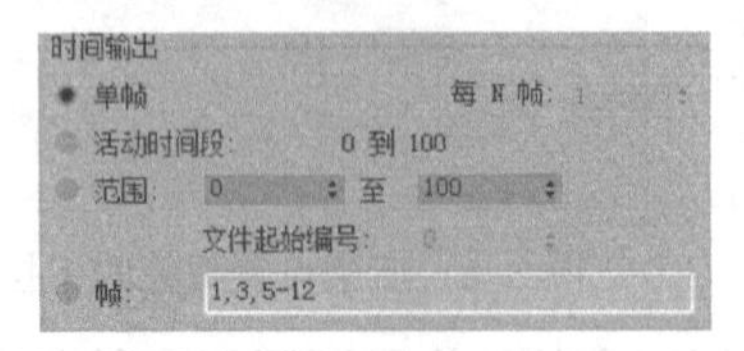

图 8-9 “时间输出”选项组

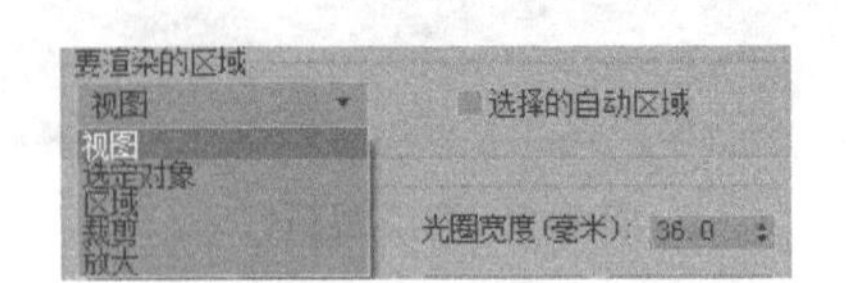

图 8-10 “要渲染的区域”选项组

**3.“输出大小”选项组**

“输出大小”选项组可以设置静帧图像或动画的渲染尺寸，如图 8-11 所示。在选项组的下拉列表中提供了多个符合行业标准的电影和视频纵横比，如图 8-12 所示，通常选择一种纵横比方式，然后结合其他参数设置输出分辨率。

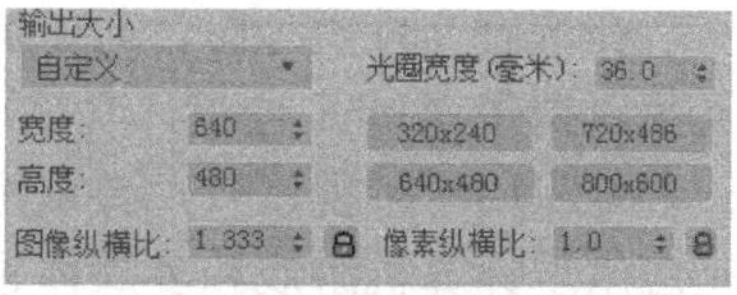

图 8-11 “输出大小”选项组

在下拉列表中选择“自定义”后，可以通过“宽度”和“高度”参数设置渲染尺寸，如果单击图像纵横比右侧的锁定按钮 则会固定图像的纵横比，调节宽度值会影响高度值，反之亦然。

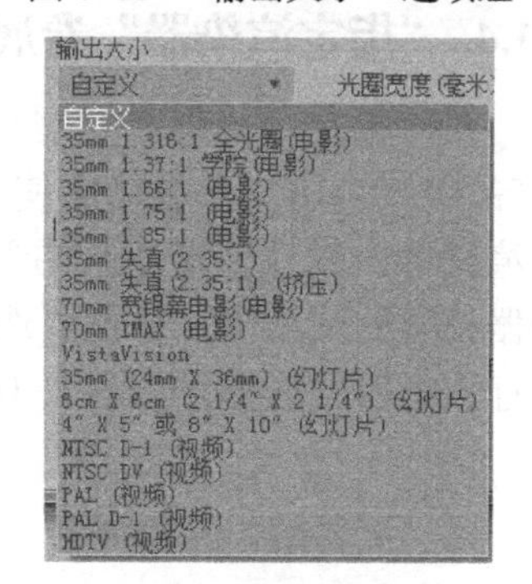


图 8-12 输出尺寸列表

**4.“选项”选项组**

“选项”选项组用于设置在渲染中是否开启各种效果，如大气、效果、置换等，如果场景中没有进行相关的设置，建议采用默认设置或关闭这些选项以加快渲染的速度。

**5.“渲染输出”选项组**

“渲染输出”选项组主要用于设置渲染输出的文件保存方式，如图 8-13 所示。渲染静帧图像时也可以不进行该选项组的设置，渲染输出到渲染帧窗口，然后在渲染帧窗口中保存。

在“渲染输出”选项组中单击“文件”按钮，在打开的“渲染输出文件”对话框中，设置文件保存的路径和名称，在“保存类型”下拉列表中选择文件格式，如图 8-14 所示，单击“保存”按钮，然后进行文件格式设置。

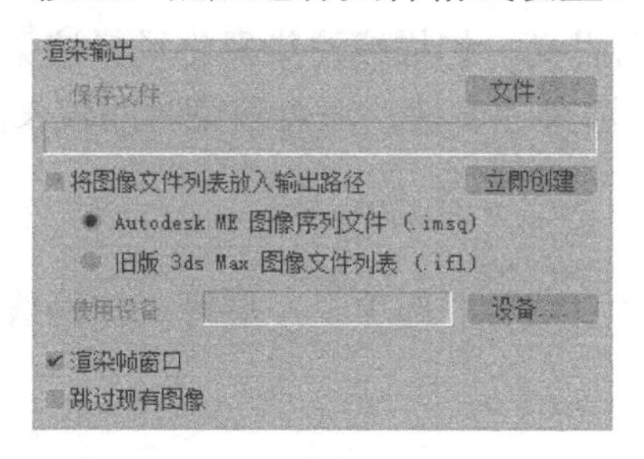


图 8-13 “渲染输出”选项组

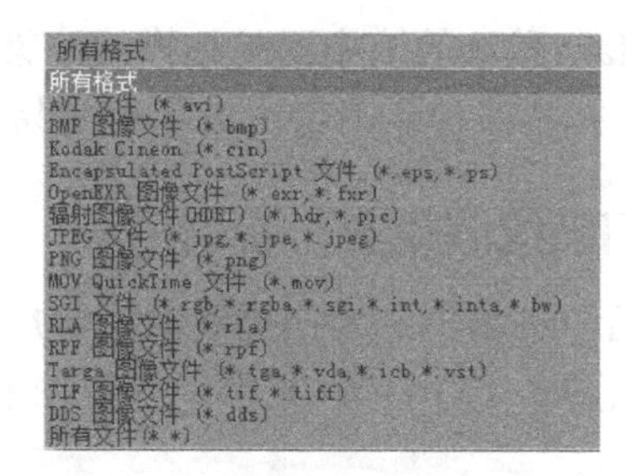


图 8-14 “保存类型”下拉列表

3ds Max 支持以多种文件格式保存渲染结果，每种格式都有其对应的参数设置。下面介绍几种常用的输出文件格式。

- AVI 动画格式：Windows 平台通用的动画格式。3ds Max 不仅可以将渲染输出到 AVI 文件，AVI 文件还可以作为动画材质、视图背景和 Video Post 合成素材输入到 3ds Max 中。
- JPEG 图像文件：JPEG（.jpeg 或.jpg）采用有损压缩标准压缩的图像文件，具有不严重损失图像质量且压缩比高的特点，是一种普遍使用的图像文件格式。
- PNG 图像文件：针对 Internet 和万维网开发的静态图像格式。
- Targa 图像文件：真彩色图像格式，有 16bit、24bit 和 32bit 等多种颜色级别，它可以带有 8bit 的 Alpha 通道，还可以进行图像压缩处理（无损质量），广泛用于单帧或者序列图片。
- TIF 图像文件：苹果系统和桌面印刷行业标准的图像格式，有黑白和真彩色之分，自动携带 Alpha 通道。

在选择文件类型时，对于静态图像建议使用 TIF 或 Targa 格式，它们不进行质量压缩，又可以携带 Alpha 通道，几乎所有图像软件都可以读取。对于动画可以选择两种输出类型，一种是应用于影视领域，要求绝对的品质，可以使用逐帧的 Targa 或 TIF 图像格式；另一种是应用于计算机游戏和多媒体领域，在计算机上进行播放，可以选择 AVI 格式。

### 8.1.4 “指定渲染器”卷展栏

在“指定渲染器”卷展栏中可以分别设置不同控件所使用的渲染器，如图 8-15 所示。“产品级”为渲染图像输出使用的渲染器，“材质编辑器”为渲染材质编辑器中示例球所使用的渲染器。默认情况下，右侧锁定按钮 为选中状态，示例窗渲染器被锁定为与产品级渲染器相同的渲染器。单击“选择渲染器”按钮 ，在弹出的“选择渲染器”对话框中就可以进行渲染器的选择，如图 8-16 所示。

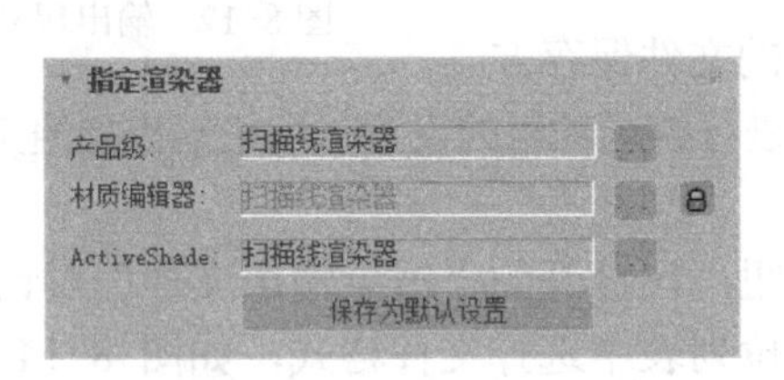


图 8-15 “指定渲染器”卷展栏

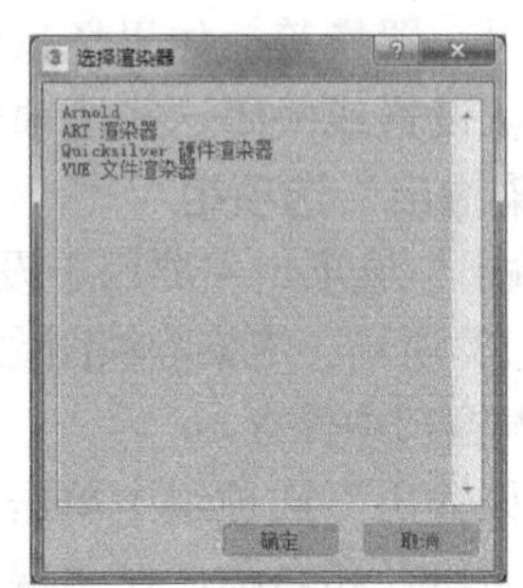


图 8-16 “选择渲染器”对话框

3ds Max 默认的渲染器是扫描线渲染器，顾名思义，扫描线渲染器将场景渲染成一系列的水平线。扫描线渲染器最大的优势是易学易用，渲染速度快，适合渲染时间较长的动画。

### 8.1.5 “扫描线渲染器”卷展栏

将产品渲染器指定为扫描线渲染器后，单击“渲染器”选项卡，展开“扫描线渲染器”卷展栏，如图 8-17 所示，其常用参数如下。

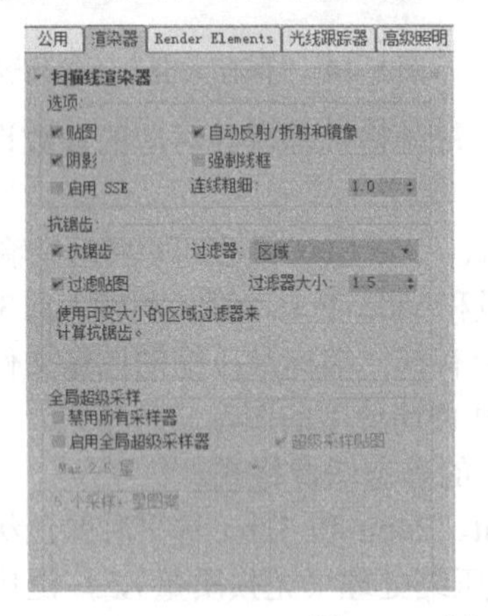


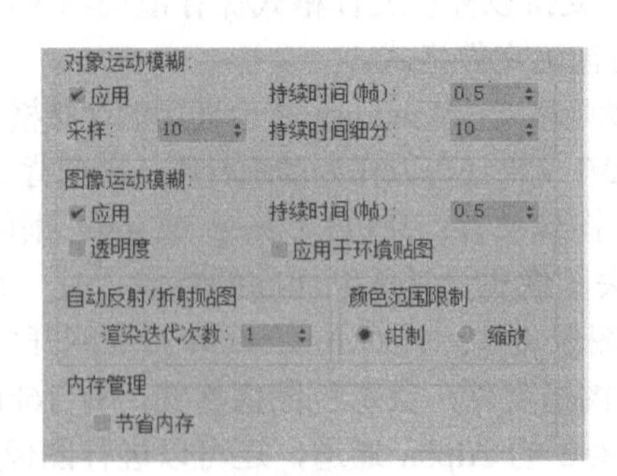


图 8-17 “扫描线渲染器”卷展栏

● “选项”选项组：用于设置渲染输出选项，只有选择的选项才可以渲染输出。禁用“贴图”复选框可以忽略所有贴图信息，从而加速测试渲染，自动影响反射和环境贴图，同时也影响材质贴图，默认设置为启用。禁用“阴影”复选框后，不渲染投射阴影，可以加速测试渲染，默认设置为启用。

- “抗锯齿”复选框：用于设置是否启动抗锯齿功能。抗锯齿功能可以平滑渲染斜线或曲线上出现的锯齿边缘。测试渲染时可以取消选择该复选框以加快渲染速度。
- “过滤器”下拉列表框：用于指定抗锯齿滤镜的类型。其中，“区域”是默认的抗锯齿类型。
- “全局超级采样”选项组：启用此选项组中的选项可以对全局采样进行控制，而忽略各材质自身的采样设置。
- “对象运动模糊”选项组：用于渲染时对对象的运动模糊进行设置。
- “图像运动模糊”选项组：用于设置图像运动模糊的参数。图像运动模糊通过创建拖影效果而不是多个图像来模糊对象。它考虑摄影机的移动。图像运动模糊是在扫描线渲染完成之后应用的。在对象的“对象属性”对话框中，选择“运动模糊”组中的“图像”单选按钮就可以开启该对象的图像运动模糊效果。

## 8.2 环境与效果

### 8.2.1 【实例 8-2】带体积光效果的文字动画

实例 8-2

本实例介绍为文字动画添加体积光的效果，学习环境背景的设置以及环境效果的制作方法，添加体积光后文字动画的效果如图 8-18 所示。

图 8-18 体积光文字动画效果

1）选择“文件”→“打开”菜单命令，在弹出的对话框中选择配套资源中的原始场景文件“源文件\8-1 文字动画.max”，这是第 7 章制作完成的文字动画场景。

2）设置场景的背景贴图。按快捷键〈8〉，打开“环境和效果”对话框，如图 8-19 所示。在“环境”选项卡中，单击“背景”选项组中的“环境贴图”下方的“无”按钮，在打开的“材质/贴图浏览器”对话框中双击“漩涡”贴图，如图 8-20 所示。

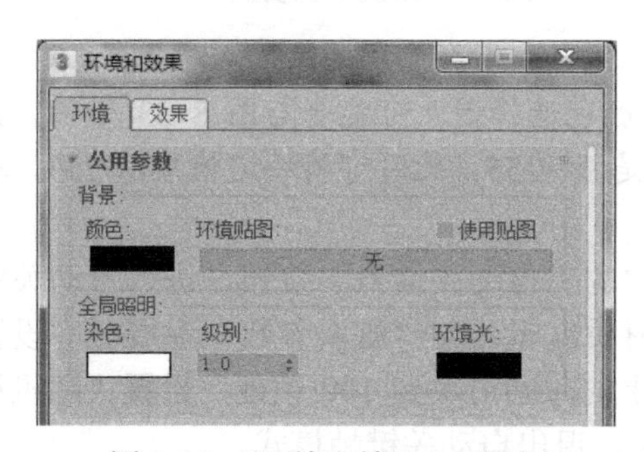


图 8-19 “环境和效果”对话框

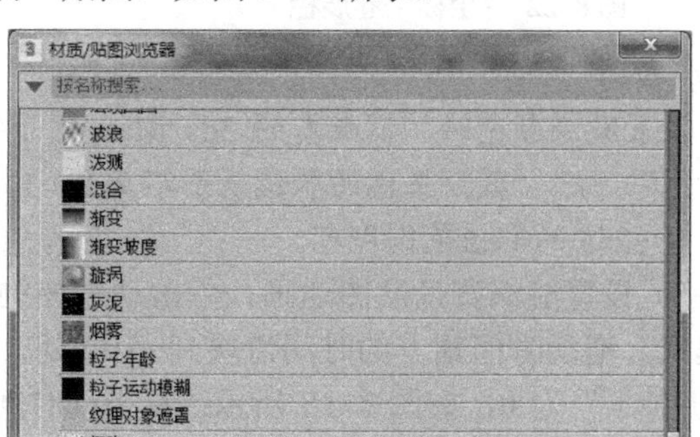


图 8-20 选择贴图类型

3）设置漩涡贴图参数。按〈M〉键，打开精简材质编辑器，拖动“环境和效果”对话框中的“环境贴图”下方的长按钮到材质编辑器中的一个空白示例球上，在弹出的对话框中选择“实例”单选按钮，然后单击“确定”按钮，如图 8-21 所示。

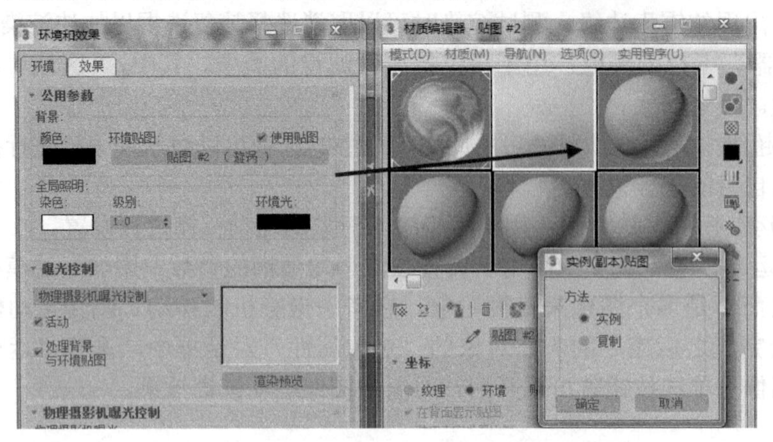

图 8-21　以实例方式复制环境贴图到材质编辑器

4）在材质编辑器中，保持环境贴图为当前示例窗口，在“坐标”卷展栏中，选择“贴图”下拉列表中的“屏幕”选项，如图 8-22 所示。展开“漩涡参数”卷展栏，在“漩涡颜色设置”选项组中，将“基本”颜色块的“红”“绿”“蓝”分别设置为 0.188、0.173、0.537，将“漩涡”颜色块的“红”“绿”“蓝”分别设置为 0.067、0.043、0.192，如图 8-23 所示。激活“Camera01”视图，移动时间滑块到 50 帧处，按〈F9〉键，可以看到渲染出的场景背景变为蓝色的漩涡状图案，如图 8-24 所示。

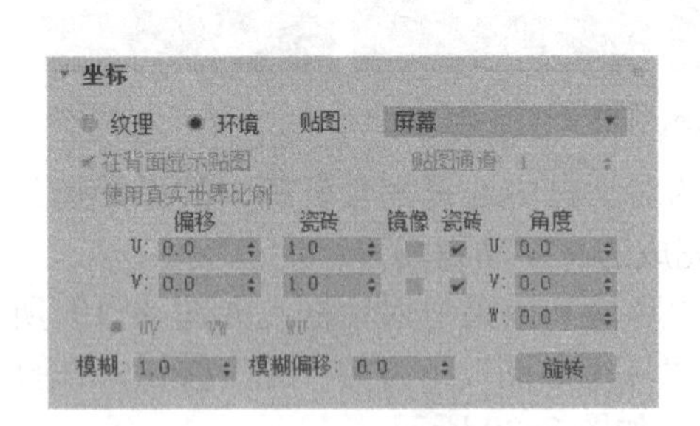

图 8-22　“坐标”卷展栏

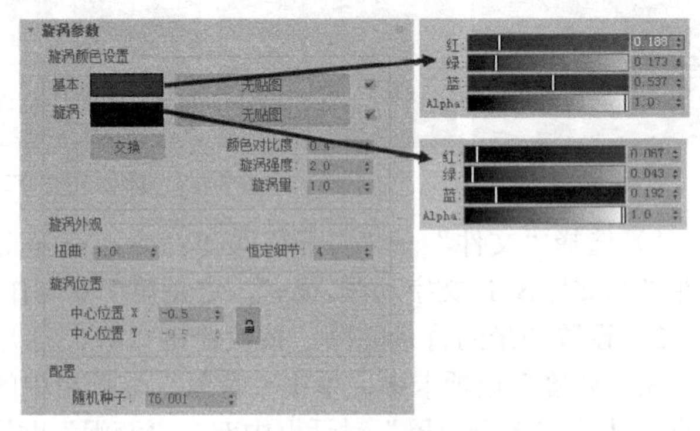

图 8-23　漩涡颜色设置

## 🕮 小技巧

设置漩涡颜色时，低版本的 3ds Max 打开的“颜色选择器”可能会与图 8-23 不同，如果“红”“绿”“蓝”三色的取值范围不是 0～1，而是 0～255，此时可将给定值乘以 255，转换为 0～255 的取值范围即可。

5）设置漩涡背景贴图动画。单击动画控制区中的“自动关键点”按钮，进入自动关键帧模式。拖动时间轴上的时间滑块到 0 帧处，在材质编辑器的“漩涡参数”卷展栏中设置“随机种子”为 0，如图 8-25 所示；再拖动时间轴上的时间滑块到 100 帧处，设置“随机种子”为 2，单击动画控制区中的“自动关键点”按钮，退出自动关键帧模式。

图 8-24　漩涡背景贴图渲染效果

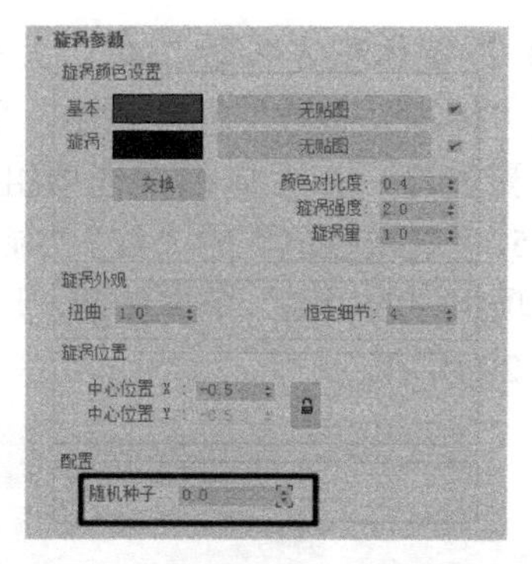


图 8-25　设置漩涡背景贴图动画参数

6）创建目标聚光灯。依次选择“创建”面板 →“灯光” →“标准”→“聚光灯”，在顶视图中创建一盏聚光灯，并在左视图中调整聚光灯的位置，如图 8-26 所示。

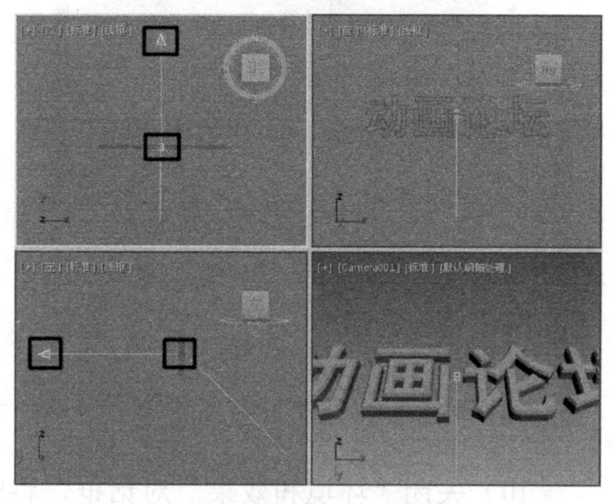

图 8-26　创建目标聚光灯

7）保持聚光灯投射点处于选中状态，进入“修改”面板，在“常规参数”卷展栏中，选择“阴影”选项组中的“启用”复选框。在“阴影贴图参数”卷展栏中，设置“大小”为 1024，“采样范围”为 8。在“强度/颜色/衰减”卷展栏中，设置“倍增”为 2.5，单击颜色块按钮，设置“红”“绿”“蓝”分别为 241、13、144，在“近距衰减”选项组中选择“使用”复选框，将“开始”“结束”都设置为 300、300，在“远距衰减”选项组中选择“使用”复选框，将“开始”“结束”分别设置为 320、640。在“聚光灯参数”卷展栏中，设置“聚光区/光束”“衰减区/区域”分别为 41、50，选择“矩形”单选按钮，设置“纵横比”为 3.15，如图 8-27 所示。

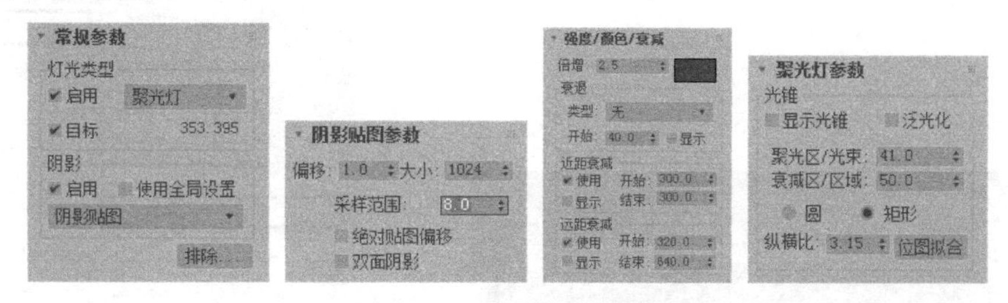


图 8-27　设置聚光灯参数

### 小技巧

聚光灯参数的设置与聚光灯的位置和文字的范围有关。在前视图中观察，聚光灯的“聚光区/光束”“衰减区/区域”“纵横比”值的设置使聚光灯的聚光区恰好罩住文字即可。在顶视图中观察，聚光灯的远距衰减开始于接近文字的位置，结束于文字外侧。

8）添加体积光效果。按快捷键〈8〉，打开“环境和效果”对话框。在“大气”卷展栏中单击“添加”按钮，在打开的对话框中选择“体积光”选项，单击“确定”按钮，如图 8-28 所示。

9）设置体积光参数。在“大气”卷展栏中，选中“效果”列表框中的“体积光”选项。在“体积光参数”卷展栏中，单击“灯光”选项组中的“拾取灯光”按钮，然后在视图中单击聚光灯。在“体积”选项组中，设置“雾颜色”的“红”“绿”“蓝”分别为 241、43、155，“衰减颜色”的“红”“绿”“蓝”分别为 40、7、26，“密度”为 0.8，选择“过滤阴影”选项组中的“高”单选按钮，取消“自动”复选框的选择，设置“采样体积%”为 100，如图 8-29 所示。

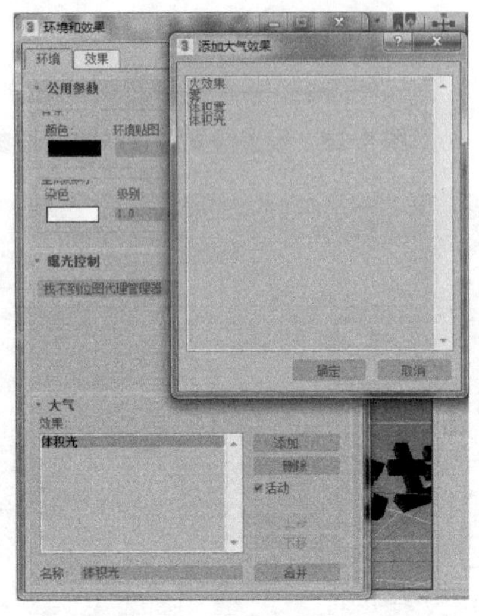


图 8-28　添加体积光大气效果

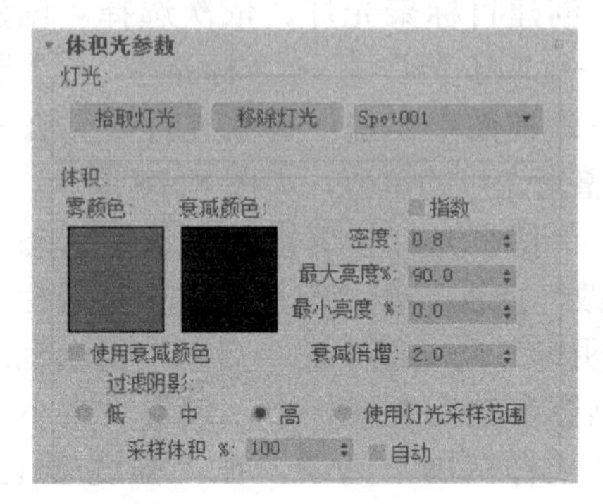


图 8-29　设置“体积光参数”

10）关闭“环境和效果”对话框，将时间滑块移动至 50 帧处，按〈F9〉键，渲染“Camera01”视图，单帧渲染效果如图 8-30 所示。再按〈F10〉键，打开渲染设置对话框，设置渲染参数如图 8-31 所示。选择保存文件类型为“AVI 文件”，单击“渲染”按钮，渲染输出带体积光效果的文字动画，最终动画效果如图 8-18 所示。

图 8-30　单帧渲染效果

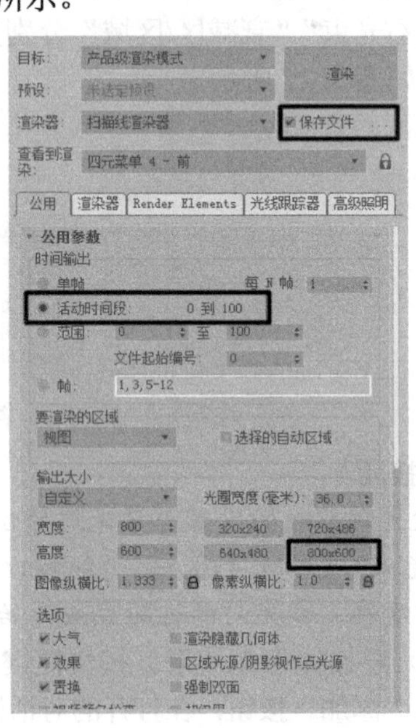


图 8-31　设置渲染参数

## 8.2.2 背景颜色和环境贴图

环境和效果是 3ds Max 中常用的一种效果，通过“环境和效果”对话框的设置可以修改背景的颜色或者环境贴图等，还可以设置雾、火焰、体积光等大气效果，增加场景的真实感。选择“渲染”→“环境”菜单命令，或者按快捷键〈8〉都可以打开“环境和效果”对话框，如图 8-32 所示。“环境”选项卡主要用于设置背景和制作大气特效。

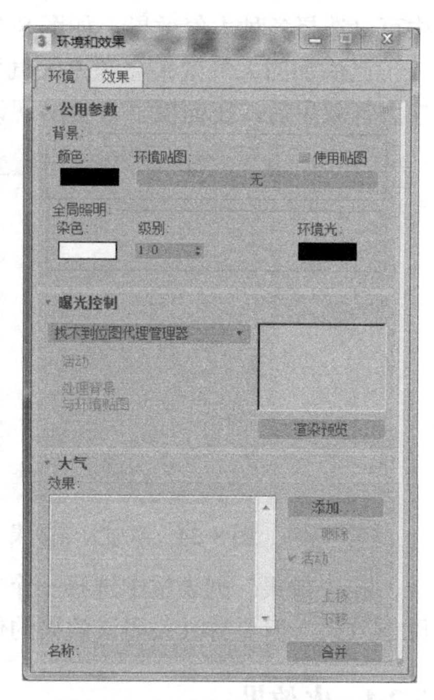


图 8-32 “环境和效果”对话框

3ds Max 中，默认状态下渲染背景为黑色。在“环境和效果”对话框中，选中“环境”选项卡，在“背景”选项组中可以进行背景颜色和环境贴图的设置。单击“颜色”下方的颜色块按钮，在弹出的“颜色选择器”对话框中可以指定背景颜色。

“环境贴图”用于为场景指定背景贴图。背景贴图可以是位图文件，也可以是 3ds Max 提供的程序贴图。单击“环境贴图”下方的长按钮，在弹出的“材质/贴图浏览器”对话框中双击选择环境贴图的类型，长按钮上则显示当前环境贴图的类型。默认状态下，该按钮显示为“无”，表明背景没有指定环境贴图。如果需要设置环境贴图的贴图参数和坐标参数等，可以打开材质编辑器拖动“环境贴图”下方的长按钮到材质编辑器的空白示例球上，然后在弹出的“实例（副本）贴图”对话框中选择“实例”单选按钮。通过在材质编辑器中对贴图参数的设置来实现环境贴图的效果，如图 8-33 所示。

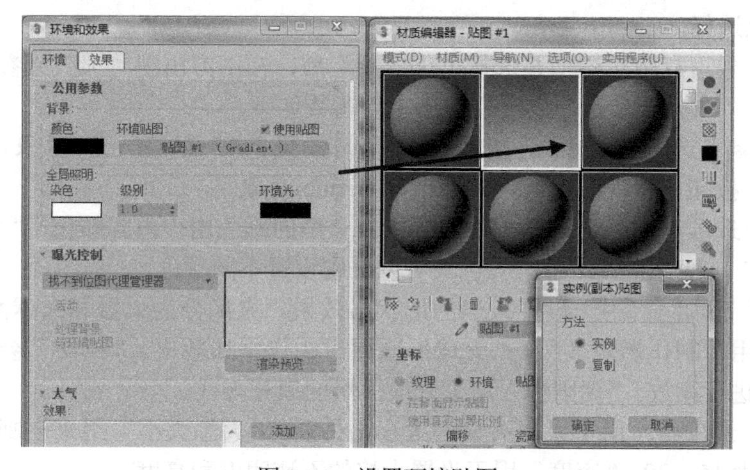


图 8-33 设置环境贴图

“使用贴图”复选框是环境贴图的应用开关，通过该复选框可以在不改变环境贴图设置的情况下，暂时关闭“环境贴图”的应用。

## 8.2.3 大气效果简介

在“环境”选项卡中，“大气”卷展栏可以为场景添加各种大气效果，如火、雾、体积雾和体积光等。单击“大气”卷展栏中的“添加”按钮，在打开的“添加大气效果”对话框中可以选择各种大气效果，如图 8-34 所示。

已添加的大气效果会在“大气”卷展栏的“效果”列表框中显示，如图 8-35 所示。选中大气效果后，在面板下方会出现该效果参数的卷展栏，用于设置选中的效果参数。

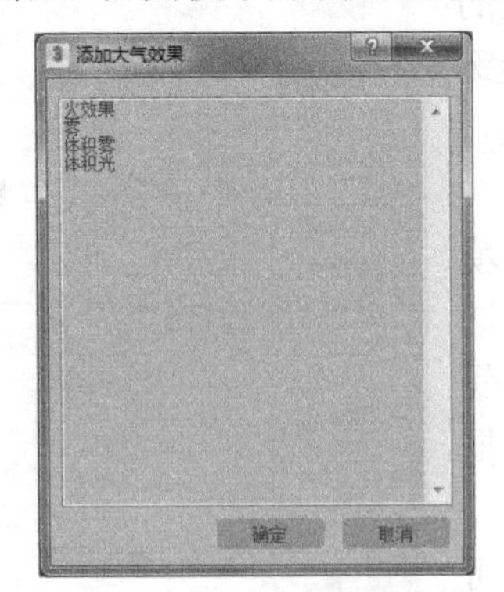


图 8-34　添加大气效果

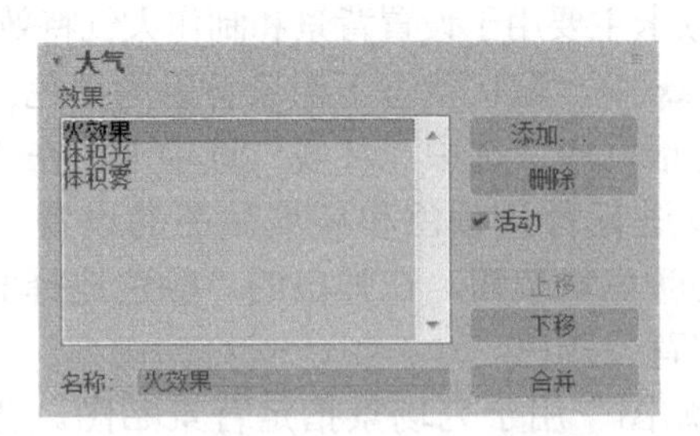


图 8-35 “大气”卷展栏

在“效果”列表框中选择一个效果后，单击“删除”按钮可以将该效果删除。如果不删除该效果，但要暂时关闭该效果的作用，可以取消“活动”复选框的选择。

## 8.2.4　火效果

火效果可以用来制作火焰、烟雾和爆炸等特效。由于火效果自身不能被渲染，制作火效果时需要为火效果指定一个辅助的 Gizmo 对象。

依次选择“创建” →“辅助对象” →“大气装置”可以创建 Gizmo 对象，如图 8-36 所示。Gizmo 对象有长方体 Gizmo、球体 Gizmo 和圆柱体 Gizmo 三种几何体，可以根据火效果的形状加以选择。

在“大气”卷展栏中，添加并选择“火效果”后，在下方出现“火效果参数”卷展栏，如图 8-37 所示。“火效果参数”卷展栏中的主要参数如下。

- “Gizmos”选项组：用于指定和删除火效果的辅助 Gizmo 对象。单击“拾取 Gizmo”按钮，在视图中为火效果指定 Gizmo 对象。
- “颜色”选项组：用于设置火焰的颜色。火焰的颜色由“内部颜色”“外部颜色”“烟雾颜色”三部分组成，单击各色块可以分别设置不同颜色。
- “图形”选项组：用于设置火焰的形状与效果。火焰分为火舌和火球两种类型，“火舌”适用于制作燃烧效果，“火球”适用于制作爆炸效果。“拉伸”会将火焰沿装置的 Z 轴进行缩放。“规则性”用于修改火焰的填充方式。
- “特性”选项组：用于设置火焰的大小与外观。“火焰大小”用来控制火焰的大小，一般设为 15～30；“密度”用于设置火焰的不透明度和亮度。
- “动态”选项组：通过“相位”和“漂移”参数设置火焰的涡流与上升动画。“相位”控制火焰效果的速率，制作火焰动画时，在不同关键帧设置不同的相位值就可以创建燃烧的动态效果。“漂移”的数值越大，火焰跳动越强烈。

图 8-38 为应用火效果模拟蜡烛燃烧的应用示例，燃烧火焰的形状由图 8-36 创建的球体 Gizmo 来确定。

图 8-36　创建 Gizmo 对象

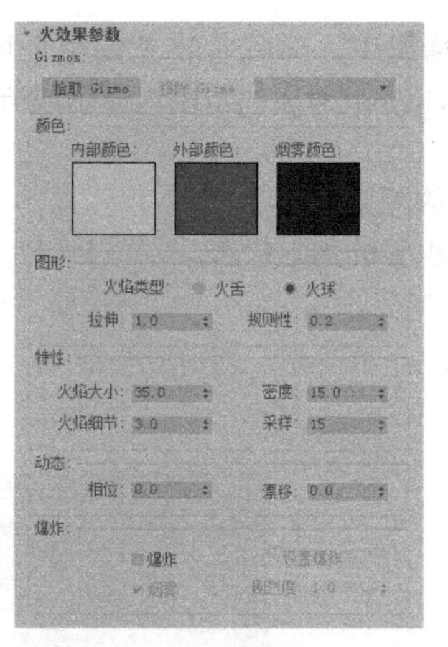


图 8-37　“火效果参数”卷展栏

图 8-38　火效果应用示例

## 8.2.5　雾和体积雾

3ds Max 提供了雾和体积雾两种雾效果。

**1．雾**

雾用于制作场景中对象可见度随位置而改变的大气效果。雾的添加和火效果方法相同。雾的设置比较简单，“雾参数”卷展栏如图 8-39 所示。“雾参数”卷展栏中的主要参数如下。

“雾”选项组用于控制雾的环境。“颜色”颜色块用于设置雾的颜色；“环境颜色贴图”用贴图来控制雾的颜色；“环境不透明度贴图”用贴图来控制雾的透明度。“雾化背景”用于控制背景的雾化。雾分为标准和分层两类，选择雾的类型后，可以进一步设置雾的参数。图 8-40 为使用雾效果前后的对比。

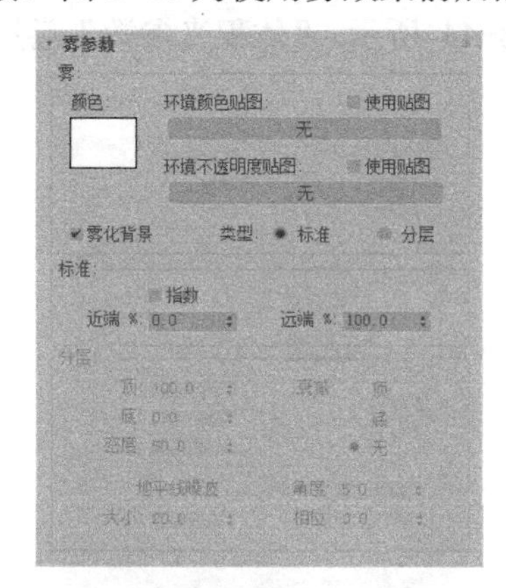


图 8-39　“雾参数”卷展栏

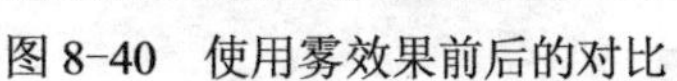

图 8-40　使用雾效果前后的对比

**2．体积雾**

体积雾可用于创建场景中密度不均匀的雾。它是一种拥有一定范围的雾，和火效果一样，体积雾也要指定一个辅助 Gizmo 对象。添加和选择“体积雾”后，“体积雾参数”卷展栏在下方显示，如图 8-41 所示。“体积雾参数”卷展栏中的主要参数如下。

- “Gizmos”选项组：在默认情况下，体积雾将充满整个场景，为体积雾指定一个 Gizmo 对象后，体积雾只在 Gizmo 对象的范围内显示或流动。其操作与火效果的设置类似。
- “体积”选项组：用于设置雾的颜色和密度。
- “噪波”选项组：用于控制体积雾的均匀状态。

图 8-42 为体积雾效果示例。

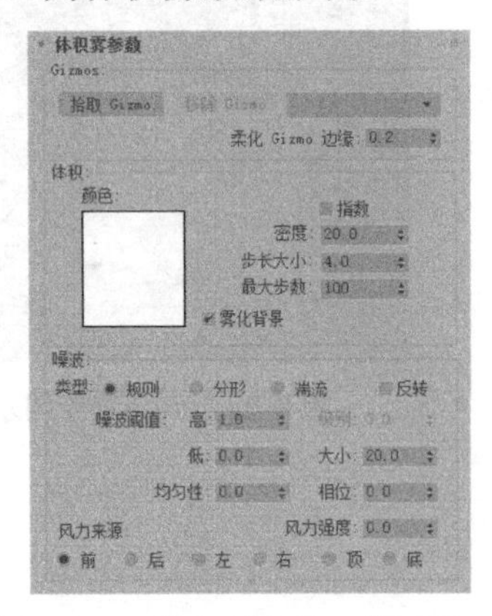


图 8-41 “体积雾参数”卷展栏

图 8-42 体积雾效果示例

## 8.2.6 体积光

体积光用于制作带有体积的光线，可以指定给基本类型的灯光（天光和环境光除外），带有体积光属性的灯光依然可以进行照明和投射阴影。体积光依照灯光的照射范围决定光的体积，可以被物体阻挡，从而形成光芒透过缝隙的效果。泛光灯应用体积光可以制作圆形光晕、光斑；聚光灯和平行光应用体积光可以制作光芒、光束及光线。图 8-43 为体积光效果示例。【实例 8-2】就是利用体积光制作光线透过文字产生光芒的效果。

添加和选择“体积光”后，“体积光参数”卷展栏如图 8-44 所示。“体积光参数”卷展栏中的主要参数如下。

图 8-43 体积光效果示例

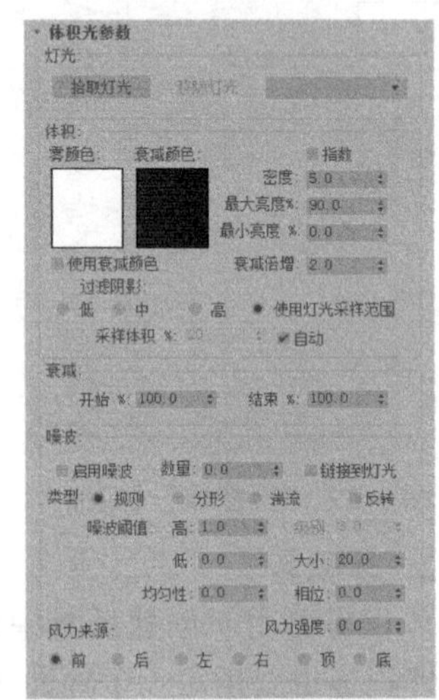


图 8-44 “体积光参数”卷展栏

- 拾取灯光：在视图中单击要应用体积光的灯光，可以拾取多个灯光。
- 移除灯光：移除灯光添加的体积光效果。
- 雾颜色：用于设置形成灯光体积雾的颜色。
- 衰减颜色：灯光随距离的变化会产生衰减，衰减颜色用于设置衰减区内雾的颜色。
- 指数：选择该复选框后，跟踪距离以指数计算光线密度的增量，否则以线性计算。
- 密度：用于设置雾的浓度，值越大，体积感越强。通常设置为 2%～6%可以制作出较真实的体积雾效果。
- “过滤阴影”选项组：允许通过增加采样级别来获得更优秀的体积光渲染效果。

## 8.3 场景效果

实例 8-3

### 8.3.1 【实例 8-3】海上日出效果制作

本实例制作海上日出效果，如图 8-45 所示。通过本实例学习镜头效果等场景效果的应用。

1）选择“文件”→“重置”菜单命令重新设置场景。依次选择“创建”面板 + →“几何体” ●→“标准基本体”→“平面”，在顶视图中创建一个平面，设置“长度”和“宽度”为 1000，“长度分段”和“宽度分段”为 50，“缩放”为 3，“密度”为 5，将其命名为“海面”，如图 8-46 所示。

图 8-45 海上日出效果

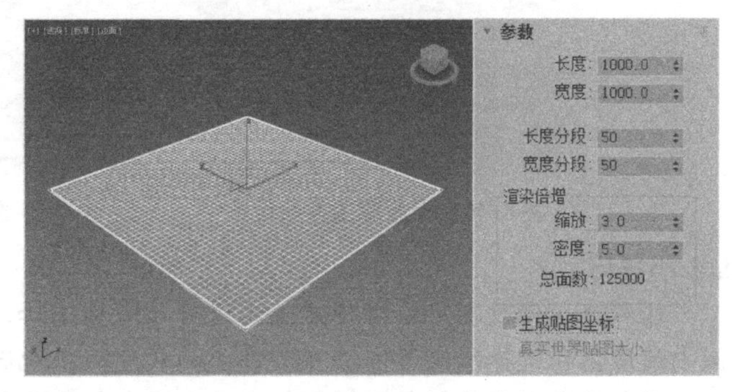


图 8-46 创建海面对象

📖 小技巧

平面对象的“缩放”值用来设置渲染时平面的大小，渲染时平面的大小为视图中平面大小乘以“缩放”值；“密度”值用来设置渲染时平面的分段数，渲染时平面的分段数为视图中的分段数乘以“密度”值。使用这两个参数可以在不改变视图中平面参数的情况下，调整渲染时的参数。

2）选择“修改”面板，在“修改器列表”下拉列表中选择“UVW 贴图”修改器，在“参数”卷展栏中选择“平面”单选按钮，设置“长度”和“宽度”为 500，“U 向平铺”和“V 向平铺”为 30，如图 8-47 所示。

3）在“修改器列表”下拉列表中选择“体积选择”修改器，在“参数”卷展栏的“堆栈选择层级”选项组中选择“顶点”单选按钮，在“曲面特征”选项组中选择“纹理贴图”单选按钮，单击下面的“无贴图”按钮，在弹出的“材质/贴图浏览器”对话框中双击“噪波”贴图，如图 8-48 所示。

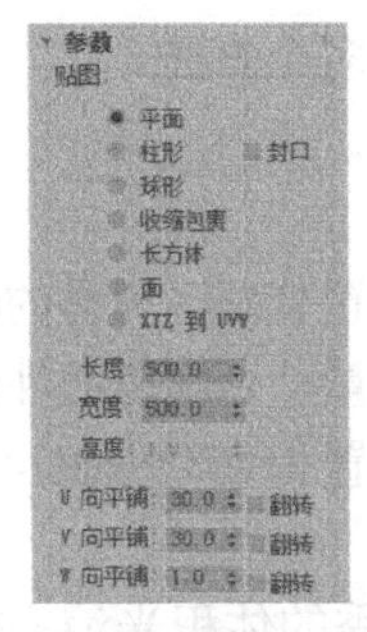


图 8-47　UVW 贴图参数设置

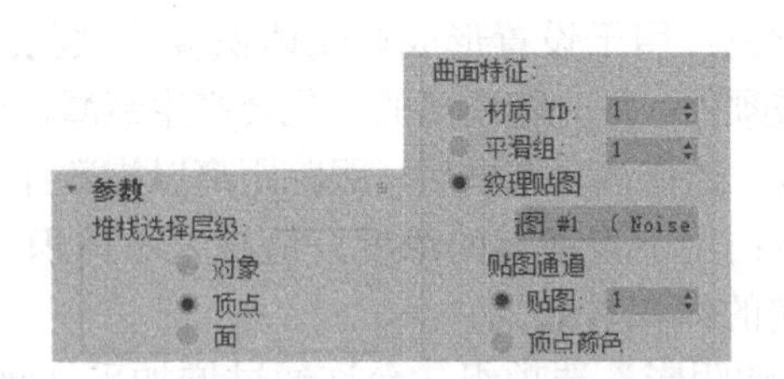


图 8-48　体积选择参数设置

4）按〈M〉键，打开精简材质编辑器将“体积选择”修改器“参数”卷展栏中“纹理贴图”下的噪波贴图按钮拖动到材质编辑器的一个空白示例球上，在弹出的对话框中选择“实例”单选按钮，单击“确定”按钮。

5）在材质编辑器中，调整噪波贴图的参数。在“坐标”卷展栏的“源”下拉列表框中选择“显式贴图通道”，在“噪波参数”卷展栏中设置“大小”为 4，“高”为 0.7，“低”为 0.3，如图 8-49 所示。视图中海面对象顶点选择效果如图 8-50 所示。

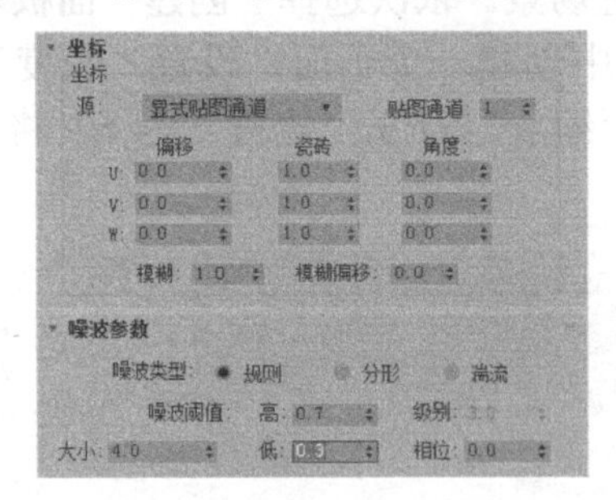


图 8-49　噪波贴图参数设置

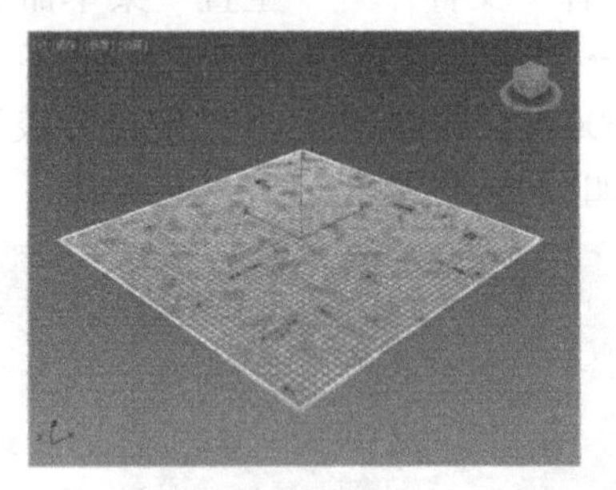

图 8-50　海面对象顶点选择效果

## 🕮 小技巧

体积选择修改器可以对顶点或面进行子对象选择，沿着堆栈向上传递给其他修改器。本例中使用体积选择修改器依据噪波贴图的灰度随机地选择平面对象上的顶点。视图中海面对象的顶点具有不同的颜色，颜色表示顶点被选中的强度，作用力从红色到蓝色渐变递减。

6）在“修改器列表”下拉列表中选择“Wave”修改器，在“参数”卷展栏中设置“振幅 1”为 2，“振幅 2”为 1，“波长”为 50，“相位”为 5，如图 8-51 所示。

7）在修改器堆栈中，按住〈Ctrl〉键，单击“体积选择”和“Wave”修改器，然后单击鼠标右键，在弹出的快捷菜单中选择“复制”命令。选择“Wave”修改器，然后单击鼠标右键，在弹出的快捷菜单中选择“粘贴”命令，在修改器堆栈中进行“体积选择”修改器和“波浪”修改器的复制粘贴，如图 8-52 所示。

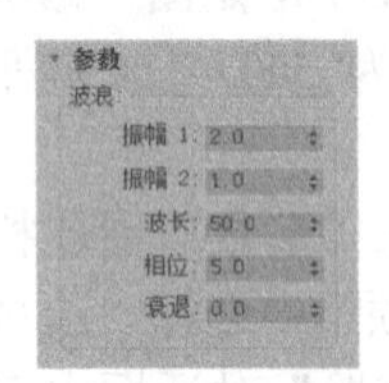


图 8-51　“波浪”参数设置

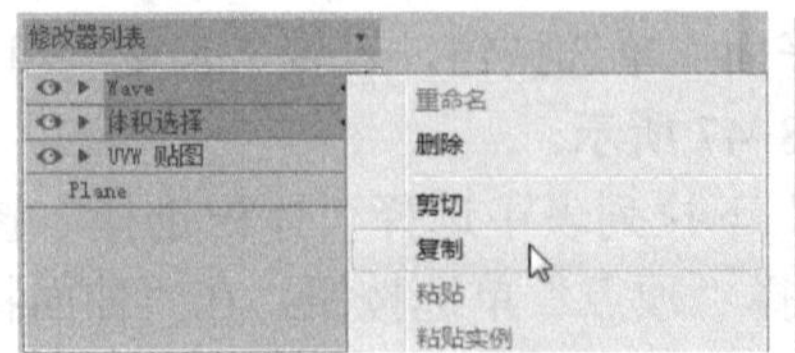


图 8-52　复制粘贴修改器

8）在修改器堆栈中，选择上面的“体积选择”修改器，在“参数”卷展栏的“选择方法”选项组中选择“反转”复选框，如图 8-53 所示。再选择上面的波浪修改器，在“参数”卷展栏中设置“振幅 1”为 3，“振幅 2”为 2，“波长”为 60。单击“Wave”左侧的▶按钮，在展开的子对象层级上选择“Gizmo”子对象，在工具栏中单击“选择并旋转”按钮，在顶视图中绕 Z 轴旋转任意角度，如图 8-54 所示。

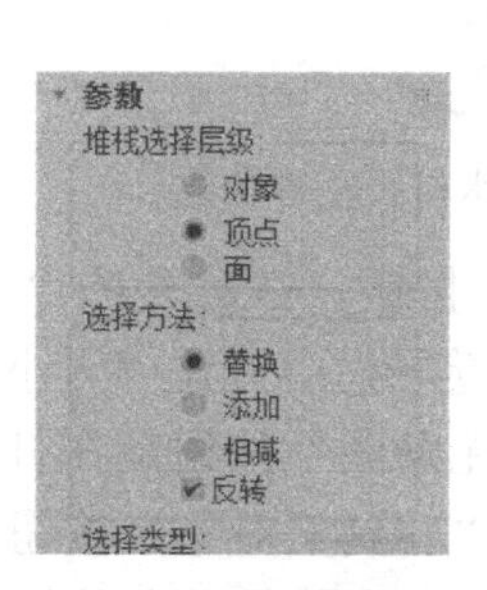


图 8-53　反转选择

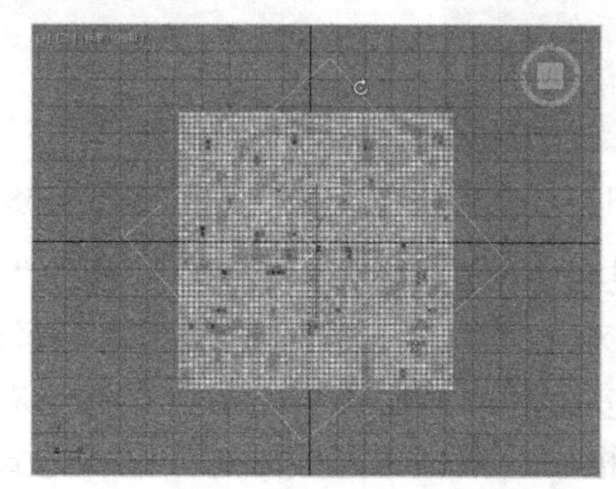

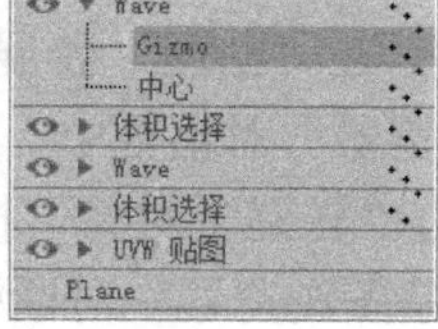


图 8-54　旋转波浪 Gizmo

9）依次选择“创建”面板→“几何体”→“标准基本体”→“球体”，在顶视图中以“海面”对象为中心创建球体，设置“半径”为 1100，“半球”为 0.5，将其命名为“天空”。选择“修改”面板，在“修改器列表”下拉列表中选择“法线”修改器，选择“翻转法线”复选框。在前视图中，将“天空”对象沿 Y 轴稍向下移动一段距离，让海面位于天空的内部，如图 8-55 所示。

10）依次选择“创建”面板→“摄影机”→“标准”→“目标”，在顶视图中创建一个摄影机，并在其他视图中调整摄影机的位置，激活“透视”视图，按〈C〉键切换到“Camera01”视图，效果如图 8-56 所示。

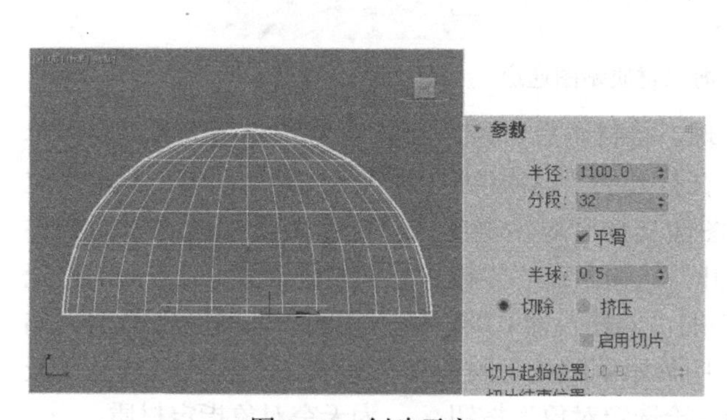


图 8-55　创建天空

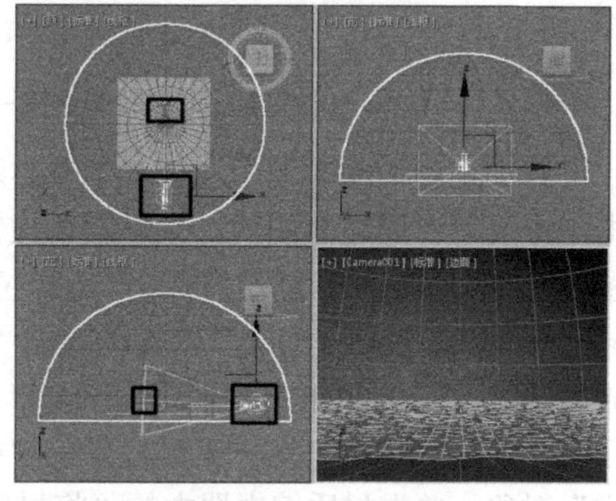

图 8-56　创建摄影机

11）依次选择“创建”面板→“几何体”→“标准基本体”→“球体”，在顶视图中创建球体对象，设置“半径”为 60，将其命名为“太阳”。在视图中移动“太阳”对象，使其正对摄影机，位于天空边界，稍微高出海面，效果如图 8-57 所示。

12）按〈M〉键，在材质编辑器中选择一个空白示例球，将材质命名为“海水”。在“Blinn 基本参数”卷展栏中，设置“漫反射”的“红”“绿”“蓝”的值分别 67、70、123，“高光级别”为 85，“光泽度”为 8，如图 8-58 所示。

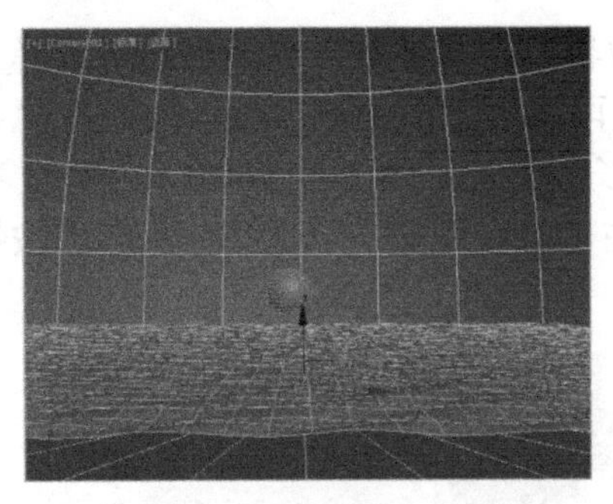

图 8-57 创建太阳

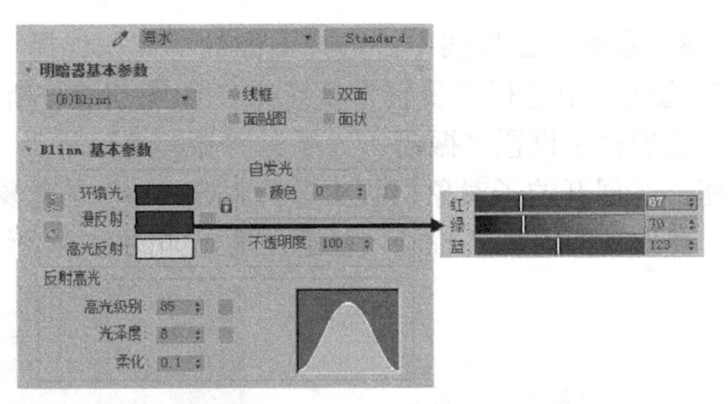


图 8-58 设置海水材质基本参数

13）在“贴图”卷展栏中单击“凹凸”通道右侧的“无贴图”按钮，在打开的“材质/贴图浏览器”对话框中，双击“噪波”贴图方式，在“噪波参数”卷展栏中设置“大小”为 5。单击“转到父对象”按钮，然后单击“反射”通道右侧的“无贴图”按钮，在打开的“材质/贴图浏览器”对话框中，双击“光线跟踪”贴图方式。单击“转到父对象”按钮，返回到主材质面板，将“反射”贴图通道的“数量”值设置为 50。贴图通道参数设置如图 8-59 所示。在视图中选择“海面”对象，单击材质编辑器中的“将材质指定给选定对象”按钮，为海面对象指定材质。

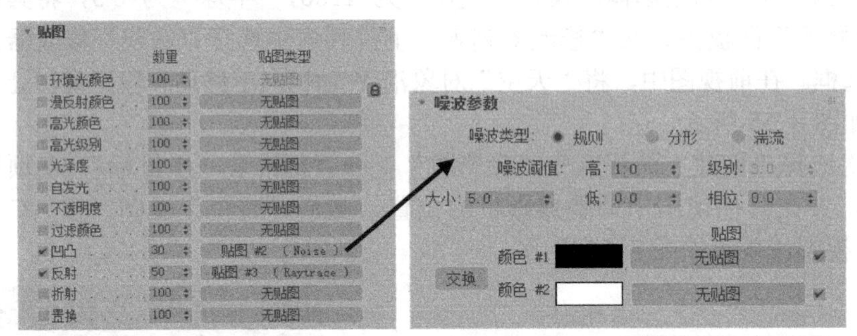


图 8-59 海水材质贴图通道

14）在材质编辑器中选择一个空白示例球，将材质命名为“天空”，在“贴图”卷展栏中单击“漫反射”通道右侧的“无贴图”按钮，在打开的“材质/贴图浏览器”对话框中，双击“位图”贴图方式，在随后打开的“选择位图图像文件”对话框中选择配套资源中的“素材文件\arizona_filtre_photo_1.jpg”文件，单击“打开”按钮。在“坐标”卷展栏中设置 U 方向的“瓷砖”为 2，V 方向的“瓷砖”为 1.3，U 方向的“偏移”为 0.08，V 方向的“偏移”为-0.04，如图 8-60 所示。单击水平工具栏中的“视口中显示明暗处理材质”按钮。在视图中选择“天空”对象，单击材质编辑器中的“将材质指定给选定对象”按钮，为天空对象指定材质。

📖 小技巧

设置“坐标”卷展栏中的参数是为了调整天空贴图图像的大小和位置，可以根据实际操作做具体调整。

15）在材质编辑器中选择一个空白示例球，将材质命名为“太阳”，在“Blinn 基本参数”卷展栏中，设置“漫反射”的“红”“绿”“蓝”的值分别 237、177、23。选择“自发光”选项组中“颜色”前面的复选框，单击“颜色”后的颜色块，设置“红”“绿”“蓝”的值分别 239、205、54，如图 8-61 所示。在视图中选择“太阳”对象，单击材质编辑器中的“将材质指定给选定对象”按钮，为“太阳”对象指定材质。

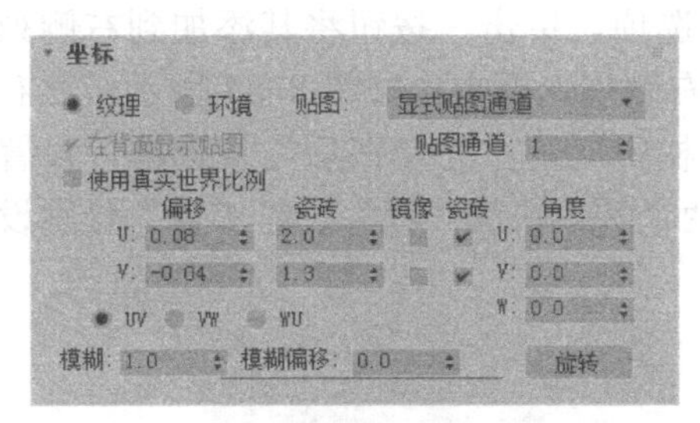


图 8-60　设置天空贴图坐标

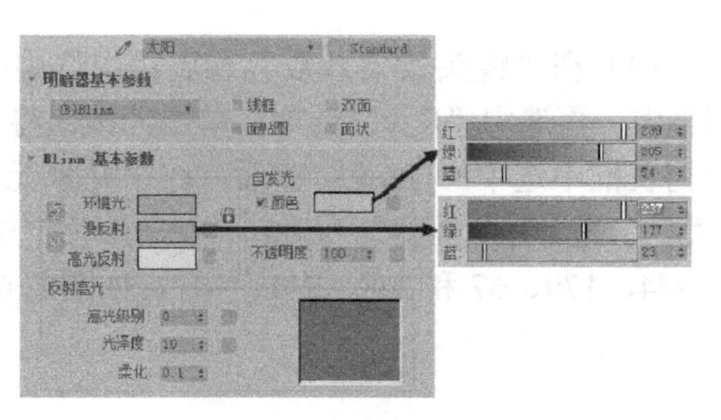


图 8-61　设置太阳材质

16）依次选择“创建”面板 → “灯光” → “标准” → “泛光灯”，在顶视图中“太阳”对象的前面创建泛光灯，模拟太阳的光照。在其他视图中调整泛光灯的位置，位于“太阳”对象的正前方。在“强度/颜色/衰减”卷展栏中，设置“倍增”为 1，设置“颜色”的“红”“绿”“蓝”的值分别 237、195、81。

17）依次选择“创建”面板 → “灯光” → “标准” → “泛光灯”，在顶视图中海面的右下方创建泛光灯，作为场景的整体照明。在左视图中移动泛光灯至“天空”对象的上部。在“强度/颜色/衰减”卷展栏中，设置“倍增”为 0.6，设置“颜色”的“红”“绿”“蓝”的值分别 232、151、65。灯光布置位置及效果如图 8-62 所示。

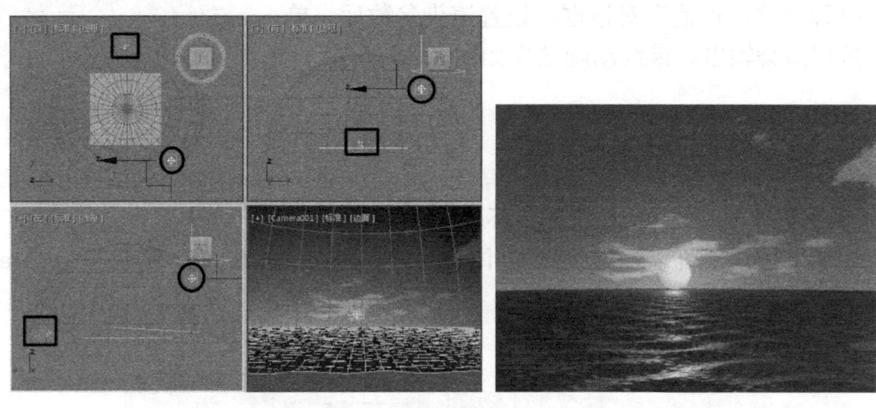

图 8-62　创建场景灯光及效果

18）添加镜头效果。选择“渲染” → “效果”菜单命令（或按快捷键〈8〉后选择“效果”选项卡），打开“环境和效果”对话框。单击“添加”按钮，在打开的对话框中选择“镜头效果”选项，添加一个镜头效果。在“镜头效果全局”卷展栏中单击“拾取灯光”按钮，在场景中单击“太阳”对象前的泛光灯，添加镜头效果的设置如图 8-63 所示。

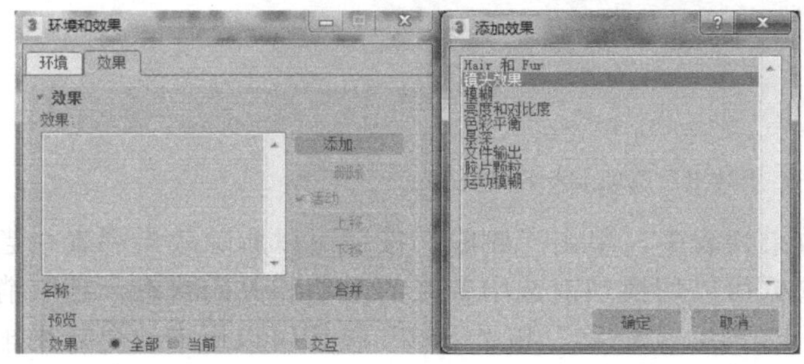


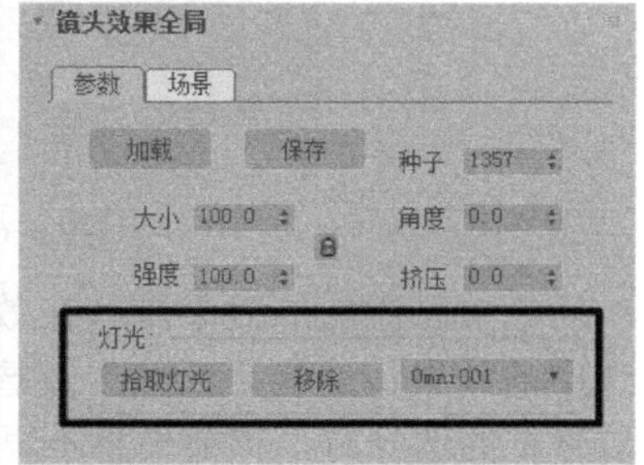


图 8-63　添加镜头效果的设置

19）在“镜头效果参数”卷展栏中选中“Glow”选项，单击 按钮将其添加到右侧列表框中，再选中“Ray”选项，单击 按钮将其添加到右侧列表框中，如图 8-64 所示。在右侧列表框中选中“Glow”选项，在“光晕元素”卷展栏中取消“光晕在后”复选框，设置“大小”为 50，“强度”为 80，“径向颜色”选项组中两个颜色块的“红”“绿”“蓝”分别设为 244、179、67 和 248、211、147，如图 8-65 所示。

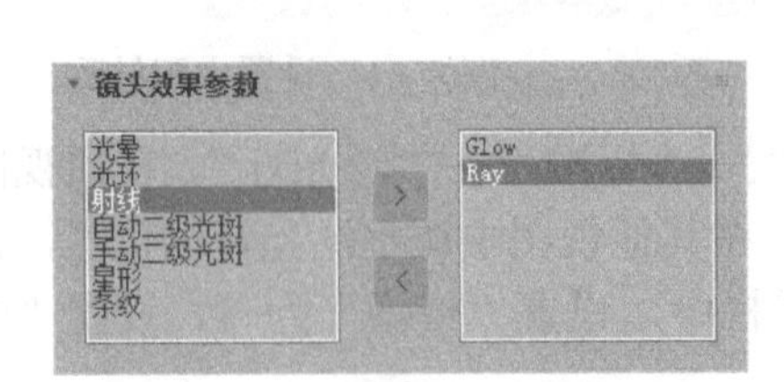


图 8-64　添加镜头效果元素

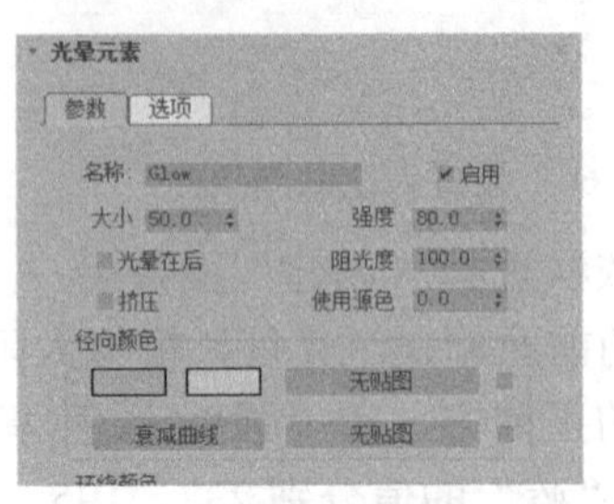


图 8-65　设置光晕元素参数

20）在“镜头效果参数”卷展栏的右侧列表框中选中“Ray”选项，在“射线元素”卷展栏中设置“大小”为 200，“数量”为 60，“强度”为 12，如图 8-66 所示。按〈F10〉键，打开“渲染设置”对话框，设置渲染参数后，单击“渲染”按钮渲染输出。最终动画效果如图 8-45 所示。

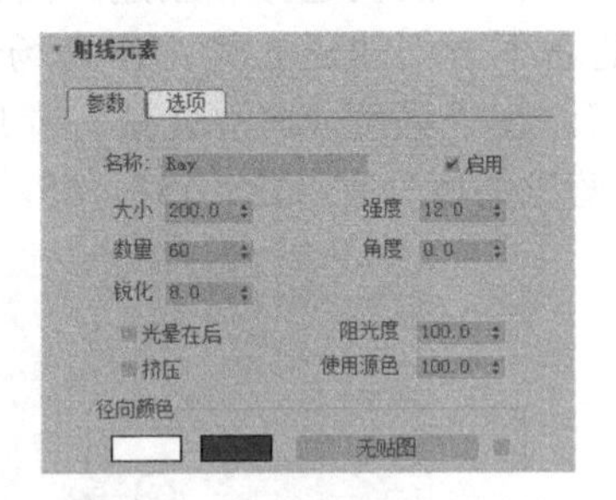


图 8-66　设置射线元素参数

## 8.3.2 “效果”选项卡

选择“渲染”→“效果”菜单命令，或者按快捷键〈8〉后选择“效果”选项卡，将打开“环境和效果”对话框。单击“添加”按钮，可以为场景添加并编辑各种效果，如图 8-67 所示。3ds Max 自带的特效包括镜头效果、模糊、亮度和对比度、色彩平衡、景深、文件输出、胶片颗粒和运动模糊 8 种类型。

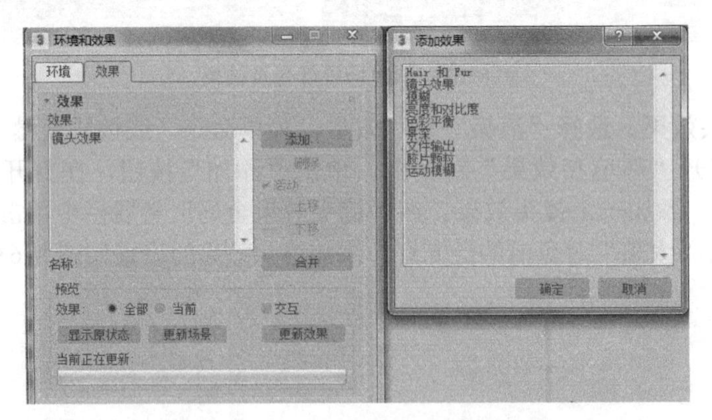


图 8-67　“效果”选项卡及效果列表

场景中已添加的效果排列在效果列表中，单击“删除”按钮可以删除效果列表中当前选中的效果；选择“活动”复选框可以切换当前选中效果的活动和关闭状态，当取消该复选框的选择时，该效果将不再起作用。“上移”和“下移”按钮可以用来改变效果排列的顺序。

### 8.3.3 镜头效果

镜头效果是 3ds Max 中常用的一种效果，用来模拟与镜头相关的各种真实效果。镜头效果包括 Glow（光晕）、Ring（光环）、Ray（射线）、Auto Secondary（自动二级光斑）、Manual Secondary（手动二级光斑）、Star（星形）和 Streak（条纹）7 种类型，如图 8-68 所示。

图 8-68　各种镜头效果

添加镜头效果后，在“效果”选项卡中会出现“镜头效果参数”和“镜头效果全局”卷展栏，如图 8-69 所示，可以对该镜头效果进行总体设置。

“镜头效果参数”卷展栏的左侧列表框中列出 3ds Max 提供的 7 种镜头效果，选中其中的某个效果元素后，单击 > 按钮将加入到右侧的列表框中，在渲染时被应用到场景中。反之，选中右侧列表框中的效果元素，单击 < 按钮将取消该镜头效果元素在场景中的应用。

“镜头效果全局”卷展栏用于对镜头效果的全局参数进行设置。“大小”用来设置所有镜头效果的大小，该值是相对渲染帧大小的百分比；“强度”用来设置镜头效果的总体亮度和不透明度，值越大，效果越亮、越不透明；“挤压”在水平方向或垂直方向挤压总体镜头效果的大小，正值在水平方向拉伸，负值在垂直方向拉伸。“拾取灯光”按钮用于在场景选取一盏灯光，对选取的灯光应用镜头效果；“移除”按钮则反之，移除选定灯光的镜头效果。

如果选择“镜头效果参数”卷展栏右侧列表框中的某个效果元素，则激活该效果元素的参数卷展栏，以便进一步对该效果元素进行设置。例如选择 Star（星形）效果，则在“镜头效果全局”卷展栏下面出现“星形元素”卷展栏，如图 8-70 所示。

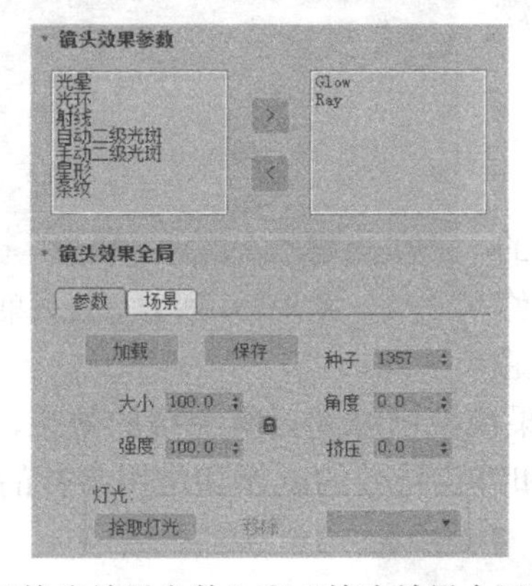


图 8-69　“镜头效果参数”和“镜头效果全局”卷展栏

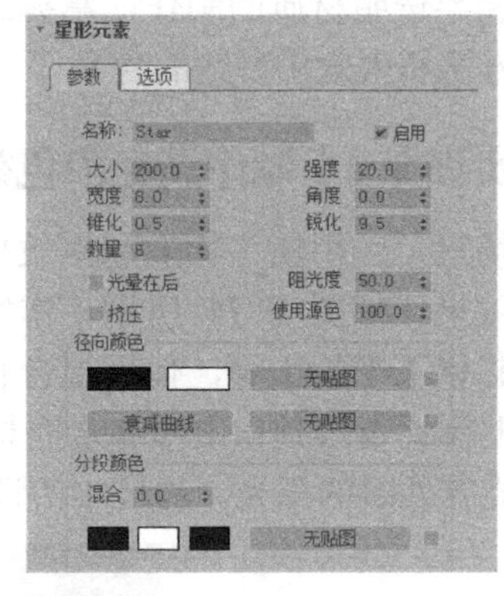


图 8-70　“星形元素”卷展栏

### 8.3.4 景深效果

景深效果用于限定聚焦范围。在模拟真实摄影时，只能对场景空间中有限的范围进行清晰对焦，而在对焦范围外的前景和背景对象将被模糊处理，如图 8-71 所示。

景深效果的添加方法与镜头效果相同，添加一个景深效果后，将出现“景深参数”卷展栏，用来设置景深效果的参数，如图 8-72 所示。“摄影机”选项组用来添加或移除应用景深效果的摄影机。“焦点”选项组用来设置景深特效的焦点，可以选取场景中的一个对象作为焦点，也可以选取场景中的摄影机的焦距来确定景深的焦点。“焦点参数”选项组用来设置对焦的范围以及对焦范围外场景的模糊程度。

图 8-71　景深效果

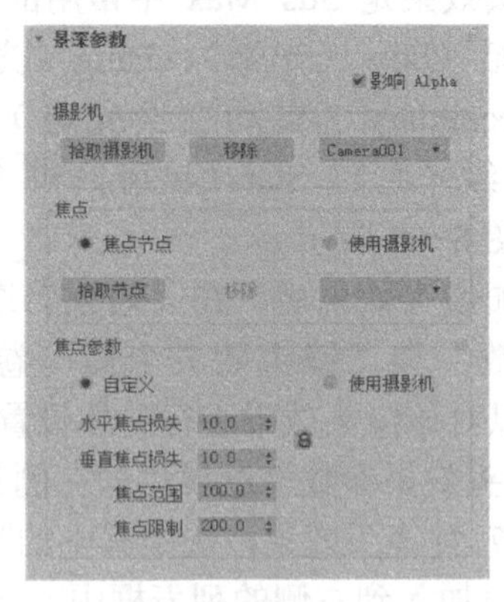


图 8-72　“景深参数”卷展栏

## 8.4　上机实训

### 8.4.1 【实训 8-1】制作蜡烛燃烧效果

制作蜡烛燃烧效果，如图 8-73 所示。本实训要求制作蜡烛模型和材质，使用火效果为蜡烛制作跳动燃烧的火焰效果。通过本实训，练习多边形建模和噪波修改器的应用和半透明材质的制作，掌握运用火效果制作燃烧效果的方法和火效果参数的含义。

图 8-73　蜡烛燃烧效果

### 8.4.2 【实训 8-2】制作湖光山色效果

制作场景，运用镜头特效和雾效果模拟湖光山色的自然风光效果，如图 8-74 所示。本实训中运用置换修改器制作起伏不平的山峰，使用混合材质、反射贴图通道和折射贴图通道等制作山峰和水面材质，使用雾效果模拟山峰间云雾缭绕的效果，用镜头特效制作光芒四射的阳光。通过本实训，掌握雾效果和镜头特效的制作和常用参数的含义。

图 8-74　湖光山色效果

# 第 9 章　基础动画与动画控制器

**本章要点**

在 3ds Max 中，对象的移动、旋转、缩放以及定义对象形状的参数改变都可以用来制作动画。关键帧动画是制作三维动画最常用的方法，只要设置关键帧的状态，中间的过渡帧由软件自行计算生成。本章主要介绍关键帧动画的制作方法，包括关键帧的设置和编辑、编辑动画运动轨迹的工具——轨迹视图的运用、使用动画控制器控制对象运动规律和对象动画约束的制作等方法。

## 9.1　关键帧动画

### 9.1.1 【实例 9–1】卷轴动画的制作

实例 9–1

本实例通过制作卷轴画逐渐展开的动画效果，介绍动画制作的基本流程和关键帧动画的制作方法。卷轴动画的最终效果如图 9–1 所示。

图 9–1　卷轴动画的最终效果

1）制作画面。选择“文件”→“重置”菜单命令重置场景。依次选择“创建”面板→“几何体”→“标准基本体”→“长方体”，在顶视图中创建长方体对象，设置“长度”为 90，“宽度”为 180，“高度”为 0.1，“宽度分段”为 200，将其命名为“画面”。

2）选择“修改”面板，在“修改器列表”下拉列表中选择“弯曲”修改器，在修改器堆栈中单击“弯曲”修改器左侧的按钮，选择“Gizmo”子对象层级，单击主工具栏上的“对齐”按钮，单击顶视图中的画面对象，在弹出的对话框中设置对齐参数，调整弯曲修改器 Gizmo 的位置，如图 9–2 所示。在“参数”卷展栏中设置“角度”为 –3600，选取“弯曲轴”选项组中的“*X*”单选按钮，选择“限制效果”复选框，设置“上限”为 170，效果如图 9–3 所示。

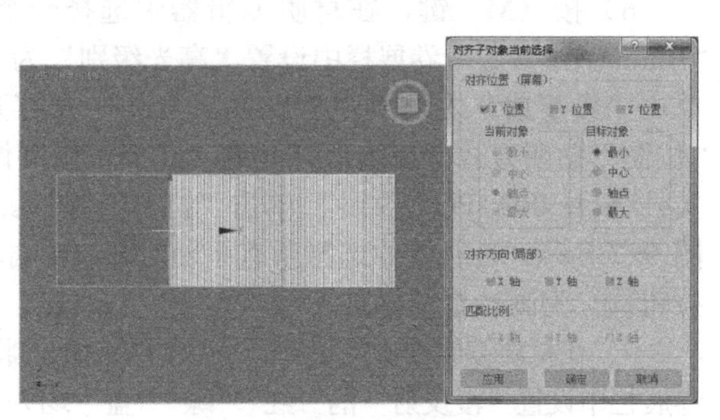


图 9–2　调整“Gizmo”位置

3）制作画轴。依次选择“创建”面板→“几何体”→“标准基本体”→

“圆柱体”，在前视图中创建圆柱体对象，设置“半径”为 3，“高度”为 95，将其命名为“画轴 1”。调整“画轴 1”对象的位置至如图 9-4 所示。

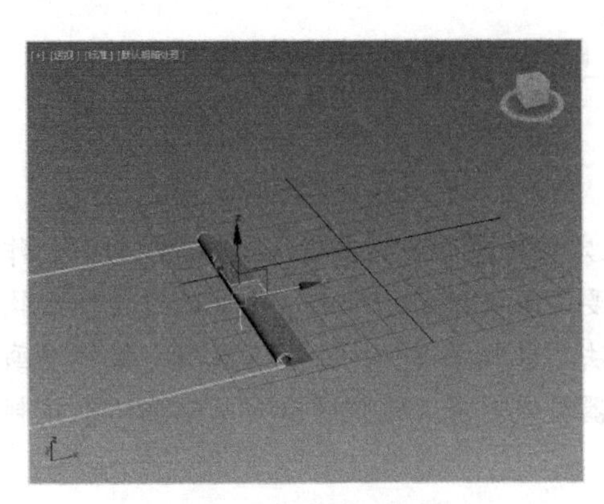

图 9-3　画面弯曲效果

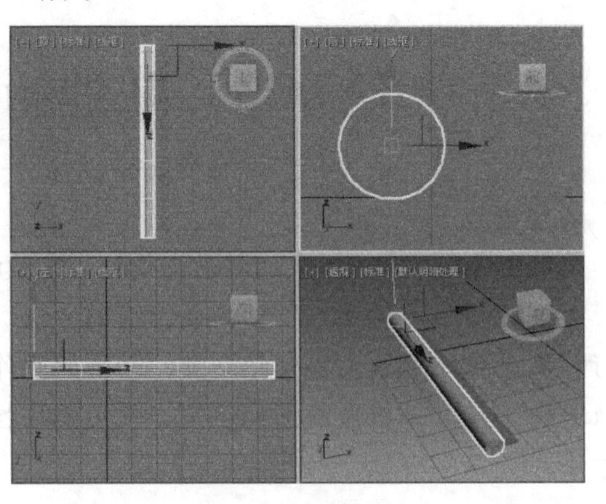

图 9-4　创建画轴

4）制作画轴头。依次选择“创建” →“几何体” →“标准基本体”→“球体”，创建球体对象，设置“半径”为 4，调整球体的位置至画轴的顶部。使用“选择并移动”工具 ，在顶视图中按住〈Shift〉键沿 Y 轴以实例方式复制一个球体至画轴底部，结果如图 9-5 所示。选择“画轴 1”和两个画轴头对象，选择“组”→“组”菜单命令，在弹出的对话框中将组命名为“左画轴”。

5）保存“左画轴”对象的选中状态，使用“选择并移动”工具 ，在顶视图中按〈Shift〉键沿 X 轴以实例方式复制，将复制对象命名为“右画轴”，结果如图 9-6 所示。

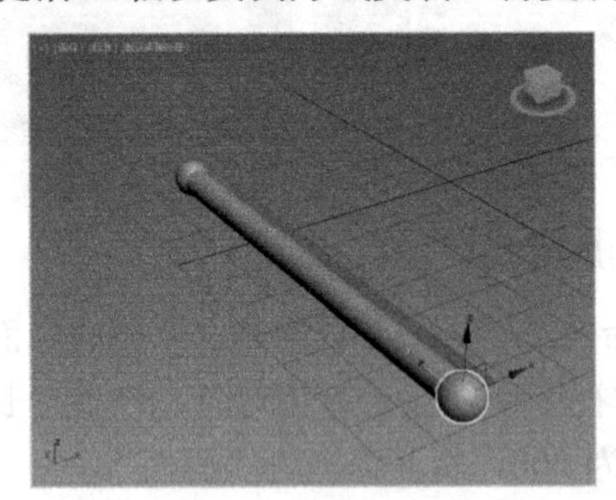

图 9-5　创建画轴头

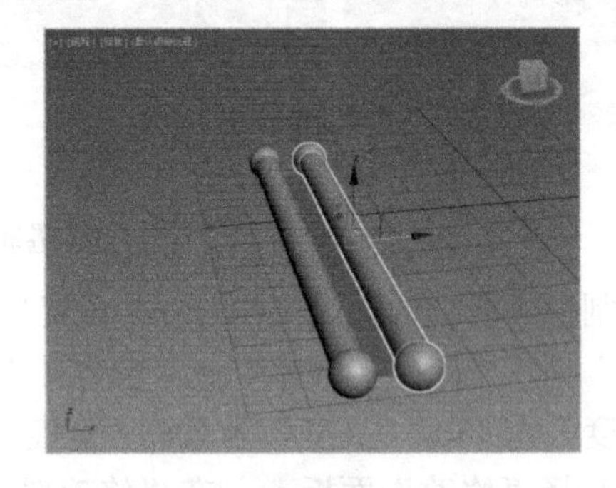

图 9-6　实例复制左画轴

6）按〈M〉键，在材质编辑器中选择一个空白示例球，将材质命名为“木纹”。在“Blinn 基本参数”卷展栏中设置“高光级别”为 24，“光泽度”为 23，在“贴图”卷展栏中单击“漫反射”右侧的“无贴图”按钮。在打开的“材质/贴图浏览器”对话框中，双击“位图”贴图方式，在随后打开的“选择位图图像文件”对话框中选择配套资源中的“素材文件\A-A-003.JPG”文件，单击“打开”按钮。单击“转到父对象”按钮 ，材质设置如图 9-7 所示。在视图中选择所有画轴对象，单击材质编辑器中的“将材质指定给选定对象”按钮 ，为画轴指定材质。

7）在材质编辑器中另选择一个空白示例球，将材质命名为“国画”，在“Blinn 基本参数”卷展栏中设置“漫反射”的“红”“绿”“蓝”均为 255，在“贴图”卷展栏中单击“漫反射”右侧的“无贴图”按钮，在打开的“材质/贴图浏览器”对话框中，双击“位图”贴图方式，在随后打开的“选择位图图像文件”对话框中选择配套资源中的“素材文件\国画.jpg”文件，单击“打开”按钮。在“坐标”卷展栏中设置U方向的“瓷砖”为1.2，V方向的“瓷砖”为1.1，取消选择U方向和V方向的“瓷砖”复选框，如图9-8所示。在视图中选择画面对象，单击材质编辑器中的“将材质指定给选定对象”按钮，为画面指定材质。

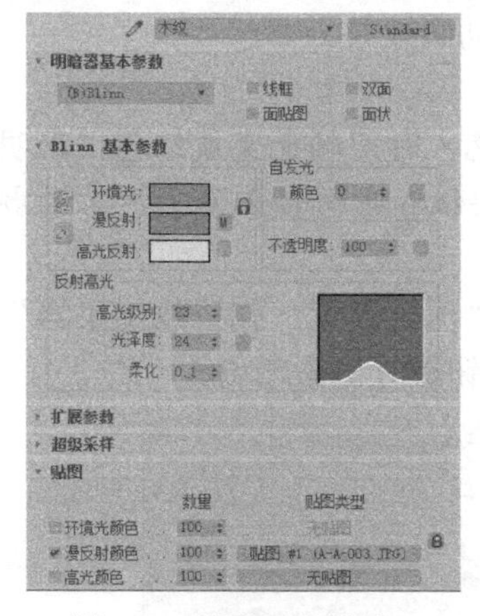


图9-7　设置画轴材质

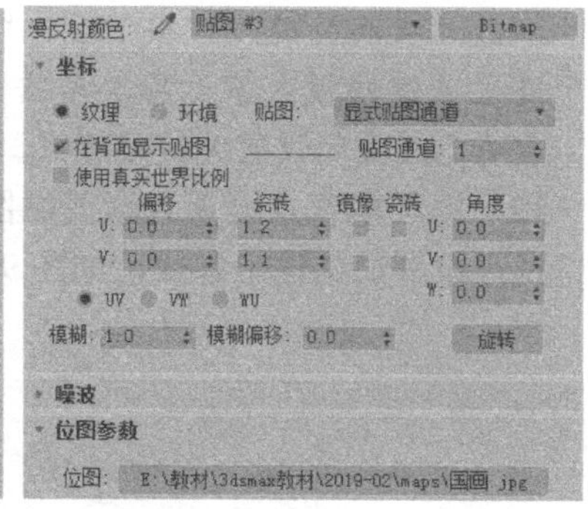


图9-8　设置“国画”材质

8）创建摄影机视图。依次选择“创建”面板→“摄影机”→“标准”→“目标”，在顶视图中创建一个摄影机，在“备用镜头”选项组中单击“35mm”选项，并在其他视图中调整摄影机的位置，激活“透视”视图，按〈C〉键切换到“Camera01”视图，效果如图9-9所示。

9）单击动画控制区中的“时间配置”按钮，在弹出的“时间配置”对话框中设置“长度”为90，“结束时间”为100，“帧数”为101，单击“确定”按钮，如图9-10所示。此时位于视图下方的时间轴由原来的100帧缩短至90帧。

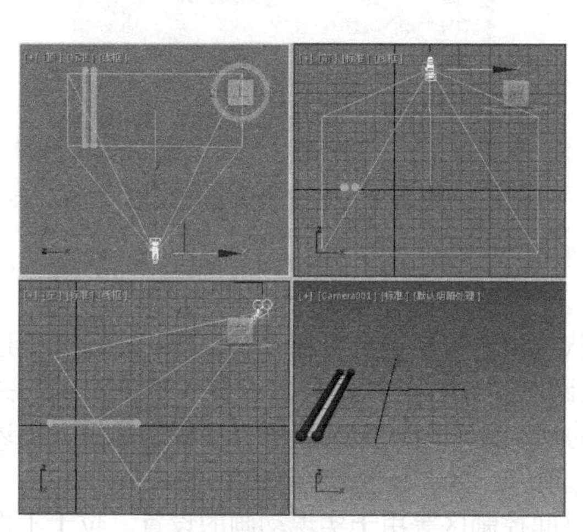

图9-9　创建摄影机视图

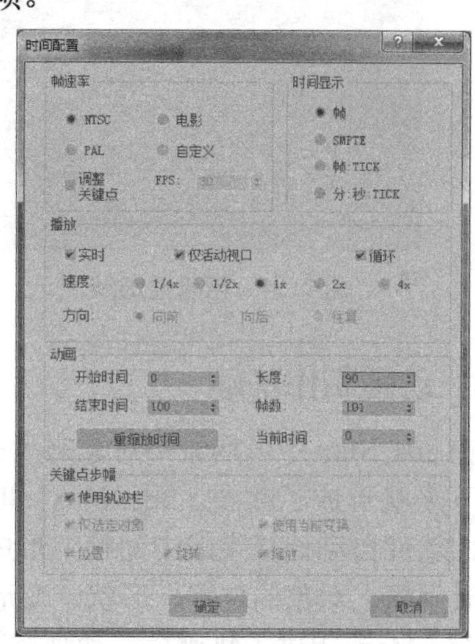


图9-10　“时间配置”对话框

10）单击动画控制区的“自动关键点”按钮，将时间轴上的滑块移至90帧位置处，在视图中选择画面对象，在修改器面板中设置弯曲修改器的“上限”为0。选择右侧的画轴，在顶视图中将其移动至画面对象的右边缘，如图9-11所示。

📖 小技巧

当选中“画面”对象或“右画轴”对象时，观察时间轴会发现第 0 帧和第 80 帧处出现了一个色块，表示该帧已经设置为关键帧。

11）单击“自动关键点”按钮，关闭设置关键帧模式。拖动时间滑块，观察动画设计效果。激活“Camera01”视图，单击“播放动画”按钮▶，预览动画效果。

📖 小技巧

单击“自动关键点”按钮后，“自动关键点”按钮变成红色，时间轴也变成红色，表明处于设置关键帧模式下。再次单击“自动关键点”按钮后，按钮和时间轴恢复为原来的颜色，表明已经关闭设置关键帧模式。

12）将环境背景设置为渐变贴图后，按〈F10〉键，打开“渲染设置：扫描线渲染器”对话框，设置渲染输出参数，如图 9-12 所示，单击“渲染”按钮进行渲染输出。

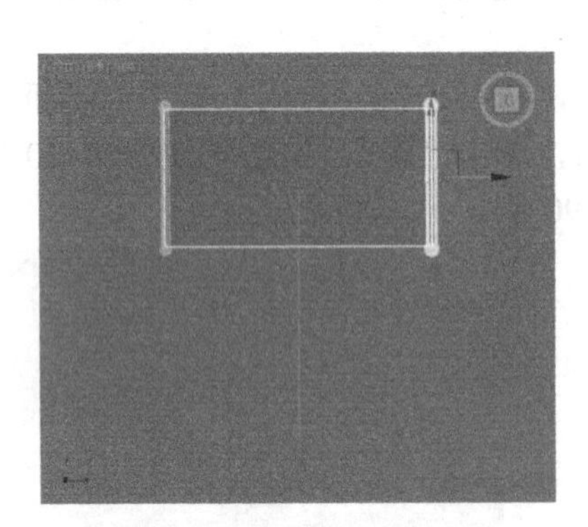

图 9-11　创建关键帧

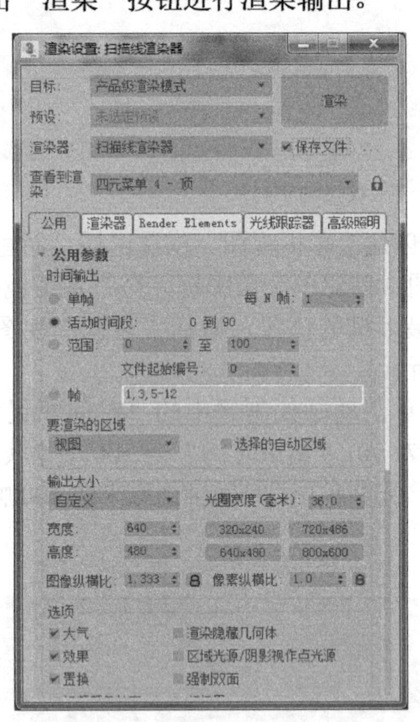


图 9-12　设置渲染输出参数

## 9.1.2　动画制作基础

在 3ds Max 中，场景中对象的大小、形状、材质等在调整时都会发生变化，将变化过程记录下来就形成了动画。3ds Max 和其他动画制作软件一样，只须设置场景中对象的关键帧，由软件自动计算生成中间帧，形成完整的帧动画序列。关键帧可以理解为是用来描述在特定时间帧上对象的位置、形状、变形变换、颜色、材质等信息的关键画面。

3ds Max 提供了轨迹栏、动画控制区和时间控制区等用于实现动画的设置。位于工作界面下方的轨迹栏由时间轴、时间滑块和位于左侧的迷你曲线编辑器按钮组成，如图 9-13 所示。时间轴显示当前场景动画的总时间（默认情况下以帧为单位）。时间滑块用于显示和改变场景动画当前所在的帧，滑块上显示的信息由当前帧和总帧数组成，拖动时间滑块可以在视图中观察动画效果。时间轴上的色块标记为关键帧标记，该标记会根据关键帧记录的信息类型的不同而不同，例如红色代表对象的位置信息，绿色代表旋转信息。白色关键帧表明该关键帧被选中。

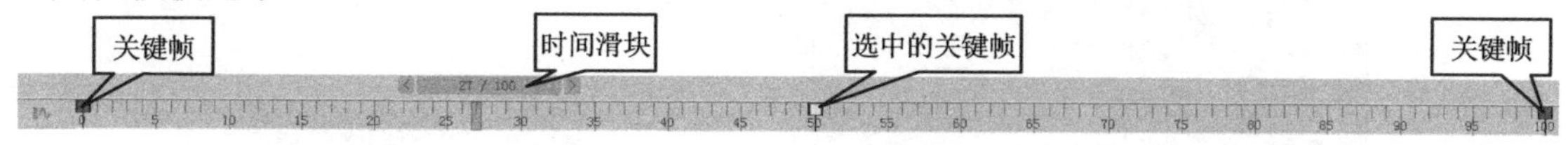


图 9-13　轨迹栏

动画控制区中的工具如图 9-14 所示。动画控制区提供了自动关键帧模式和设置关键帧模式两种创建关键帧动画的方法。自动关键帧模式下，移动时间滑块到另一时间上，改变对象的位置、形状或各类参数等信息，系统就会自动将变化信息记录为关键帧；设置关键帧模式下，对象的改变不会自动记录为关键帧，必须单击“设置关键点”按钮手动设置。

时间控制区中的工具如图 9-15 所示，提供了播放预览动画和设置动画时间的功能。动画预览播放功能由一组按钮实现，可以连续或者逐帧播放动画。

图 9-14　动画控制区

图 9-15　时间控制区

## 9.1.3　动画的时间配置

3ds Max 是根据时间来定义动画的，默认的时间单位是帧，动画时间是 100 帧。时间控制区的“时间配置”按钮用来设置动画时间及相关参数。单击“时间配置”按钮后，弹出“时间配置”对话框，如图 9-16 所示。它包括“帧速率”“时间显示”“播放”“动画”和“关键点步幅”5 个选项组。

**1.“帧速率”选项组**

在该选项组中可以根据动画的输出类型来选择帧速率。3ds Max 在录制动画时记录了与时间相关的所有数值，可以在动画制作完成后改变帧速率，系统会自动做出调整。帧速率即动画每秒播放的帧数，帧速率越高，动画效果越平滑。

“NTSC”是美国和日本使用的制式，每秒 30 帧；“PAL”是中国和欧洲使用的制式，每秒 25 帧；“电影”是电影胶片采用的帧率，每秒 24 帧；“自定义”可以由用户自己定义帧速率，选择该单选按钮后，在“FPS”文本框中可以输入每秒的帧数。

**2.“时间显示”选项组**

在该选项组中设置轨迹栏和整个系统中动画时间的显示方式。“帧”是以帧为单位显示时间，是 3ds Max 默认的时间显示方式；“SMPTE”是电影工程师协会使用的标准，显示方式为“分：秒：帧”；“帧：TICK”是以帧数和刻度数的方式显示时间；“分：秒：TICK”按“分：秒：刻度数”格式显示时间。

**3.“动画”选项组**

在该选项组中设置场景的动画时间。“开始时间”设置动画的开始时间；“结束时间”设置动画的结束时间；“长度”设置动画的总长度；“帧数”设置可渲染的总帧数，它的值等于“长度”值加 1。

场景中的关键帧设置完成后，如果想改变动画的时间长度而又不影响动画的节奏，使用“重缩放时间”按钮就可以实现。单击该按钮，弹出“重缩放时间”对话框，如图 9-17 所示，在对话框中重新设置动画时间，动画上的关键帧位置将随时间的缩放而调整。

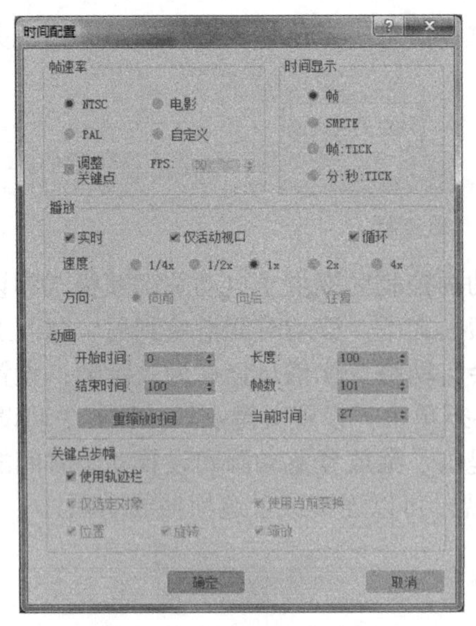


图 9-16 “时间设置”对话框

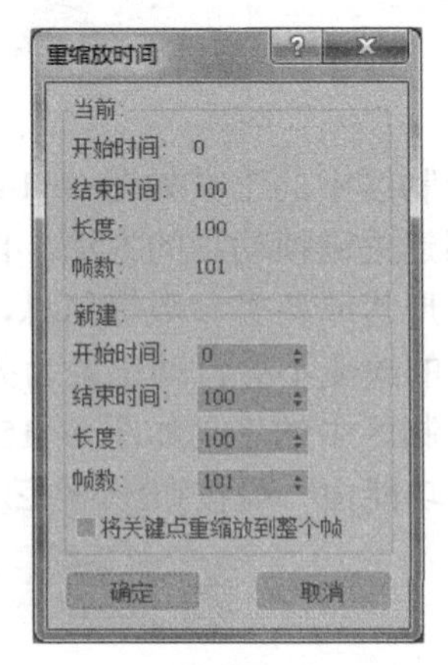


图 9-17 “重缩放时间”对话框

**4.“播放”选项组**

在该选项组中设置在视图中播放动画的方式。

**5.“关键点步幅”选项组**

该选项组中的控件可用来配置启用关键点模式时所使用的方法。默认情况下使用轨迹栏配置启用关键点。

## 9.1.4 创建关键帧动画

通常，创建一个对象的关键帧过程如下。首先选择对象，单击“自动关键点”按钮，进入自动关键帧模式，使该按钮、时间滑块区以及活动视图的边框以红色显示。接着移动时间滑块到目标位置，确定关键帧的位置，然后在场景中修改对象的位置、形状或任意参数。可以将时间滑块移动到多个目标位置，设置对象的多个关键帧。最后再单击“自动关键点”按钮，退出自动关键帧模式，“自动关键点”按钮、时间滑块区和活动视图的边框恢复正常显示状态。

**小技巧**

结束关键帧设置后一定要再次单击“自动关键点”按钮以退出自动关键帧模式，否则将会创建预料不到的动画。

如果选择的对象设置了关键帧，在轨迹栏的时间轴上就会显示出关键帧的标记，如图 9-13 所示。控制关键帧的常用操作也可以在时间轴上实现。

单击或框选时间轴上的关键帧标记，关键帧标记呈白色显示，表示关键帧被选中。直接拖动选中的关键帧就可以改变关键帧所处的时间。按〈Shift〉键拖动关键帧就可以对选中的关键帧进行复制。选中关键帧后按〈Delete〉键可以将该关键帧删除。

在关键帧标记上单击鼠标右键将会弹出关键帧快捷菜单，如图 9-18 所示。在快捷菜单中可以对关键帧进行复制、删除等编辑操作。

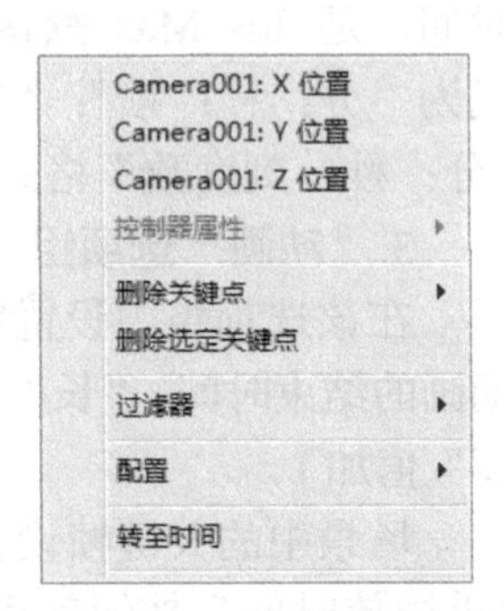


图 9-18 关键帧快捷菜单

实例 9-2

## 9.2 轨迹视图

### 9.2.1 【实例 9-2】制作“环球之旅”片头效果

本实例将制作一个栏目片头动画效果，如图 9-19 所示。通过本实例的制作，学习利用轨迹视图进行动画的编辑制作方法。

图 9-19 “环球之旅”片头效果

本实例动画长度为 300 帧，设计由三个动画环节组成：一是地球沿路径从场景外旋转着飞入画面并逐渐变大（0～90 帧），进入画面后自转五圈（91～300 帧）；二是地球飞入画面后，拼音文字绕地球旋转一周然后消失（91～180 帧）；三是拼音文字消失后，中文文字出现，绕地球旋转到画面中央（181～290 帧）。

1）创建场景对象。选择“文件”→“重置”菜单命令重置场景。依次选择“创建”面板→“几何体”→“标准基本体”→“球体”，在顶视图中创建球体对象，设置“半径”为 60，将其命名为“地球”。

2）依次选择“创建”面板→“图形”→“样条线”→“文字”，在“参数”卷展栏中，选择字体为“黑体”，设置“大小”为 25，在“文本”文本框内输入“HUANQIUZHILV”，然后在前视图中单击创建文本，并将其命名为“拼音”。选择“修改”面板，在“修改器列表”下拉列表中选择“挤出”修改器，在“参数”卷展栏中设置“数量”为 6。

3）保持“拼音”对象的选中状态，按住〈Shift〉键，在前视图中向下拖动，在弹出“克隆选项”对话框中，选择“复制”单选按钮，在“名称”文本框中输入“中文”，单击“确定”按钮，如图 9-20 所示。选中中文对象，在修改器堆栈中单击“Text”，在“参数”卷展栏中，设置“大小”为 30，修改“文本”内容为“环球之旅”，效果如图 9-21 所示。

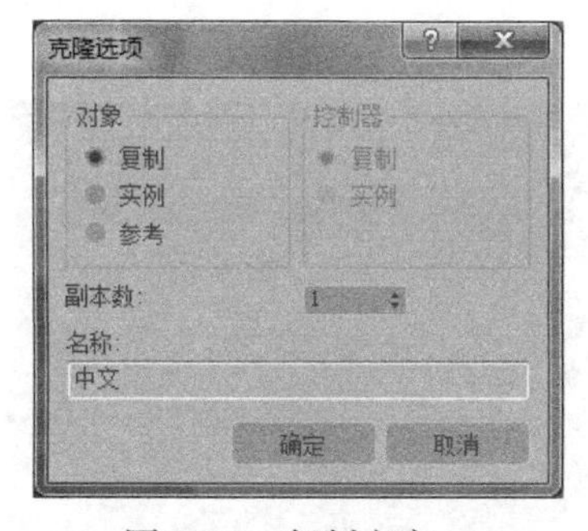

图 9-20 复制文字

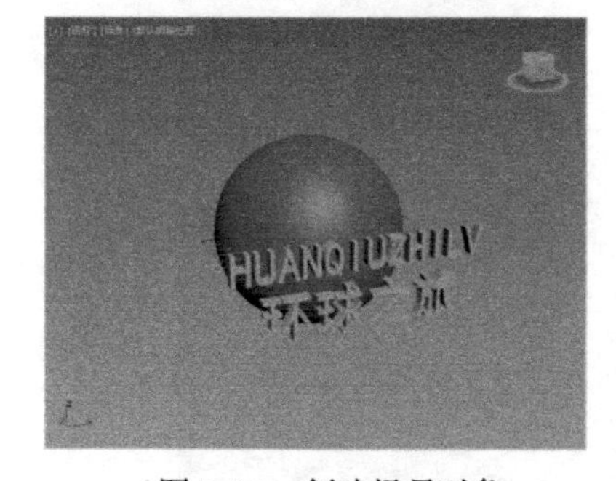


图 9-21 创建场景对象

📖 小技巧

场景中对象之间的相对位置无关紧要，可以在后面设置动画时再调整它们之间的位置。

4）为对象指定材质。按〈M〉键，在材质编辑器中选择一个空白示例球，将材质命名为“地球”，在“明暗器基本参数”卷展栏中选择“双面”复选框。在“Blinn 基本参数”卷展栏中设置“自发光”选项组中的数值为60。在“贴图”卷展栏中单击“漫反射颜色”右侧的“无贴图”按钮，在打开的“材质/贴图浏览器”对话框中，双击“位图”贴图方式，在随后打开的“选择位图图像文件”对话框中选择配套资源中的“素材文件\世界地图.jpg”文件，单击“打开”按钮。单击工具栏上的“转到父对象”按钮，返回主材质界面。同样为“不透明度”贴图通道指定配套资源中的“素材文件\世界地图 wb.jpg”文件，并设置“不透明度”的“数量”为 60，如图 9-22 所示。在视图中选择地球对象，单击“将材质指定给选定对象”按钮将地球材质指定地球对象。

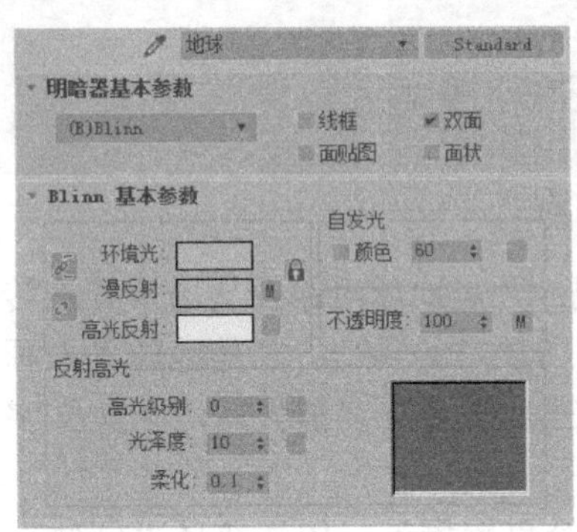


贴图

| | 数量 | 贴图类型 |
|---|---|---|
| 环境光颜色 | 100 | 无贴图 |
| ✔漫反射颜色 | 100 | 贴图 #1（世界地图.jpg） |
| 高光颜色 | 100 | 无贴图 |
| 高光级别 | 100 | 无贴图 |
| 光泽度 | 100 | 无贴图 |
| 自发光 | 100 | 无贴图 |
| ✔不透明度 | 60 | 贴图 #2（世界地图wb.jpg） |
| 过滤颜色 | 100 | 无贴图 |
| 凹凸 | 30 | 无贴图 |
| 反射 | 100 | 无贴图 |
| 折射 | 100 | 无贴图 |
| 置换 | 100 | 无贴图 |

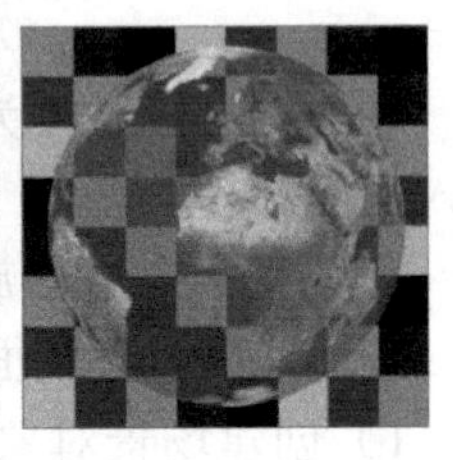

图 9-22　地球材质

## 小技巧

*为了方便观察材质的透明效果，可以单击材质编辑器垂直工具栏中的“背景”按钮，打开示例窗中的背景显示。*

5）制作金属材质并指定给拼音和中文对象，具体过程可以参考前面章节的实例。

6）依次选择“创建”面板→“图形”→“样条线”→“圆”，在顶视图中创建一个半径为 70 的圆。单击“对齐”按钮，选择地球对象，在弹出的“对齐与前选择（地球）”对话框中进行对齐设置，如图 9-23 所示，将圆对齐到地球的中心。然后在前视图中将圆向下移动一段距离，效果如图 9-24 所示。

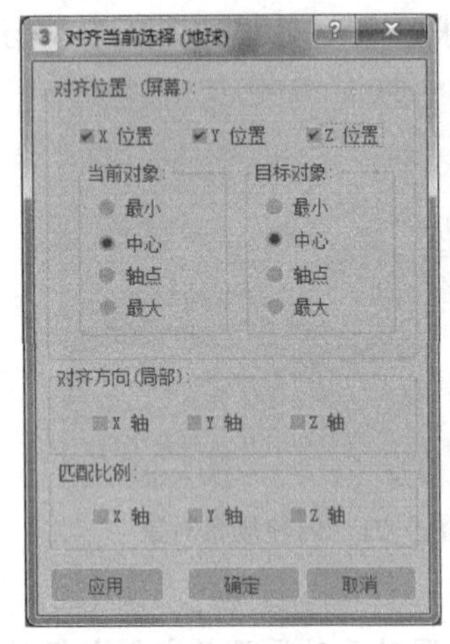


图 9-23　对齐设置

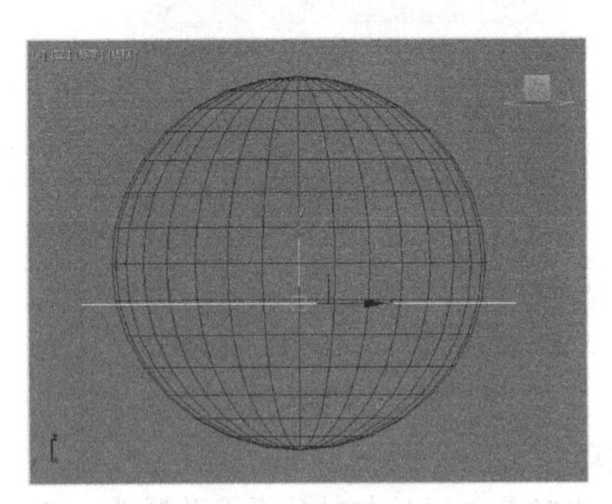

图 9-24　调整圆的位置

📖 **小技巧**

图 9-24 中没有显示两个文本对象是因为两个对象被隐藏了。隐藏对象的方法是：选中对象后单击鼠标右键，在弹出的快捷菜单中选择“隐藏当前选择”命令。如果要显示隐藏对象，只须在视图中单击鼠标右键，在弹出的快捷菜单中选择“全部取消隐藏”命令即可。

7）制作文本环绕效果。选择拼音对象，选择“修改”面板，在“修改器列表”下拉列表中选择“路径变形绑定（WSM）”修改器，在“参数”卷展栏中单击“拾取路径”按钮，在场景中单击圆对象，然后单击“转到路径”按钮，选择“路径变形轴”选项组的“X”单选按钮，设置“旋转”为-90，效果如图 9-25 所示。以同样的方法实现中文对象的环绕地球效果。

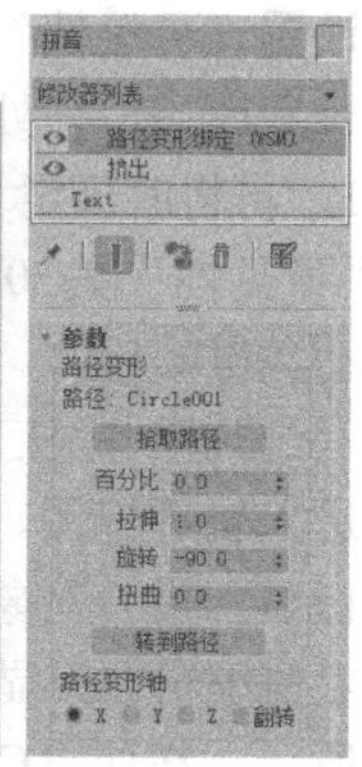


图 9-25　路径变形文字

📖 **小技巧**

此时拼音和中文交叉在一起，待制作动画效果时再调整它们的位置。

8）创建摄影机。依次选择“创建”面板→“摄影机”→“标准”→“目标”，在顶视图中创建一个摄影机，并在其他视图中调整摄影机的位置，激活“透视”视图，按〈C〉键切换到“Camera01”视图，效果如图 9-26 所示。

9）单击动画控制区中的“时间配置”按钮，在弹出的“时间配置”对话框中设置“长度”为 300，单击“确定”按钮。

10）设置拼音对象动画。选择拼音对象，在轨迹栏上将时间滑块移至第 180 帧处，单击“自动关键点”按钮，进入自动关键帧模式，在“修改”面板的“参数”卷展栏中设置“百分比”为 100，如图 9-27 所示。单击“自动关键点”按钮，退出自动关键帧模式。

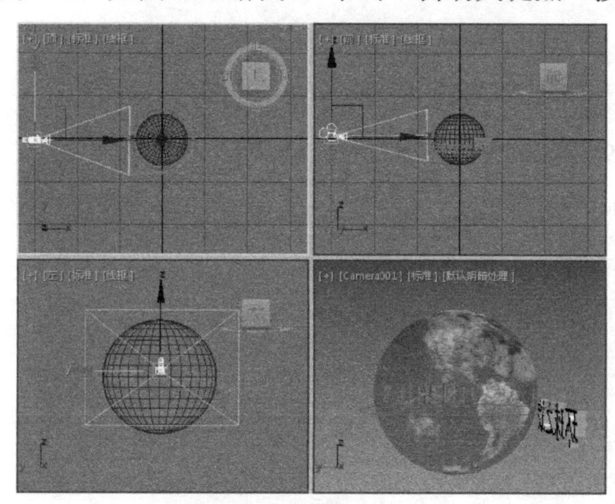

图 9-26　创建摄影机

图 9-27　设置拼音对象关键帧

11）激活“Camera01”视图，单击“播放动画”按钮预览动画。发现拼音对象从第 0 帧就开始绕地球旋转且速度不均匀，第 180 帧后拼音对象没有消失。

12）调整拼音对象动画效果。选择拼音对象，单击时间轴上第 0 帧的关键帧标记，然后拖动该关键帧标记到第 91 帧处。单击“自动关键点”按钮，进入自动关键帧模式，将时间滑块移到第 0 帧处。在视图中单击鼠标右键，在弹出的快捷菜单中选择“对象属性”命令，在“对象属性”对话框中设置“可见性”为 0，如图 9-28 所示。将时间滑块移到第 91 帧处，同样设置拼音对象的“可见性”为 1，再将时间滑块移到第 181 帧处，设置拼音对象的“可见性”为 0，单击“自动关键点”按钮，退出自动关键帧模式。

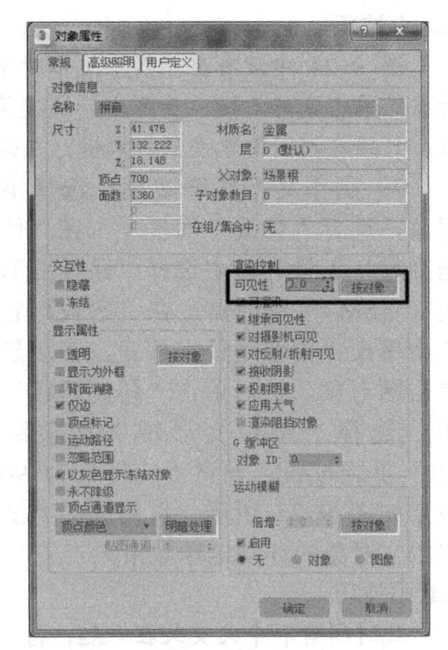

图 9-28　设置对象可见性

13）单击工具栏上的“曲线编辑器”按钮，进入轨迹视图。拖动左侧项目窗口的滑块，使项目窗口显示拼音对象的动画参数，单击“可见性”项目，右侧编辑窗口显示拼音对象的可见性曲线，如图 9-29 所示。按住〈Ctrl〉键，在右侧编辑窗口中选择可见性曲线上的三个关键点，然后单击轨迹视图工具栏上的“将切线设置为阶梯式”按钮，可见性曲线改变为阶梯式曲线，如图 9-30 所示。

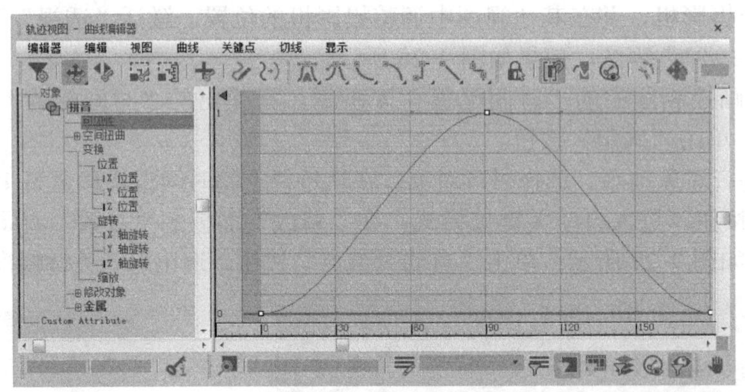

图 9-29　拼音对象的可见性曲线

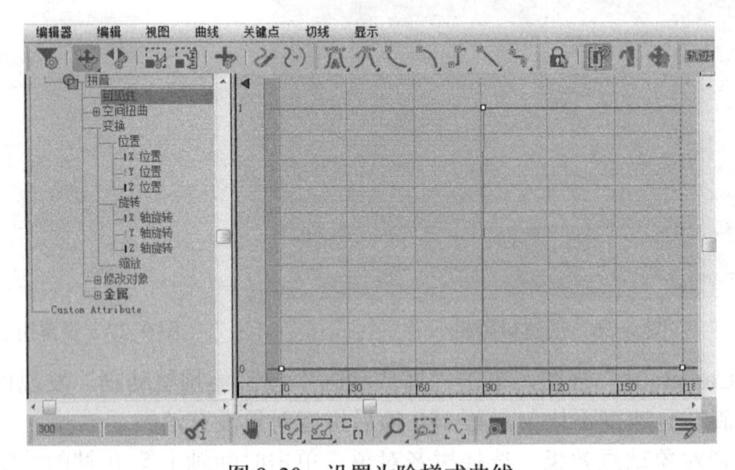

图 9-30　设置为阶梯式曲线

14）在左侧项目窗口中单击拼音对象的“空间扭曲”项目前的“+”号，展开并选择“沿路径百分比”项目，按住〈Ctrl〉键，在右侧编辑窗口中选择曲线上的两个关键点，然后单击轨迹视图工具栏上的“将切线设置为线性”按钮，效果如图 9-31 所示。

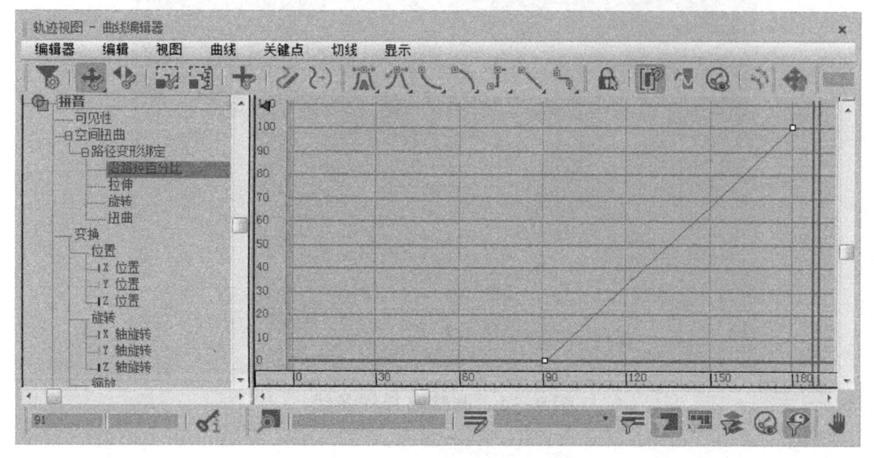

图 9-31　设置为线性曲线

15）激活“Camera01”视图，单击“播放动画”按钮预览动画。此时拼音对象的动画效果制作完成。中文对象的动画效果与拼音对象动画效果的制作方法相同，具体制作方法就不再详细介绍了，制作时要注意中文对象从第 181 帧开始绕地球旋转，旋转一周半后在第 291 帧时停在画面中央，因此路径百分比应设置为 150。

16）制作地球飞入的路径。依次选择“创建”面板→“图形”→“样条线”→“线”，在顶视图绘制样条线。选择“修改”面板，按数字键〈1〉，进入顶点子对象层级，在顶视图中选择靠近地球球心的顶点，单击工具栏上的“对齐”按钮，选择地球对象，在弹出的“对齐子对象当前选择”对话框中进行如图 9-32 所示设置。将样条线的终点对齐到地球的球心，路径样条线效果如图 9-33 所示。选择所有顶点，单击鼠标右键，在弹出的快捷菜单中选择“Bezier”命令，将所有顶点转换为 Bezier 顶点。在视图中调整顶点的位置和曲率，路径样条线效果如图 9-34 所示。

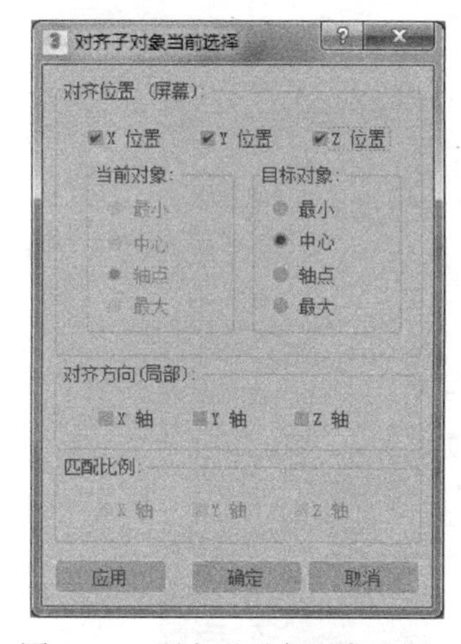

图 9-32　顶点子对象对齐设置

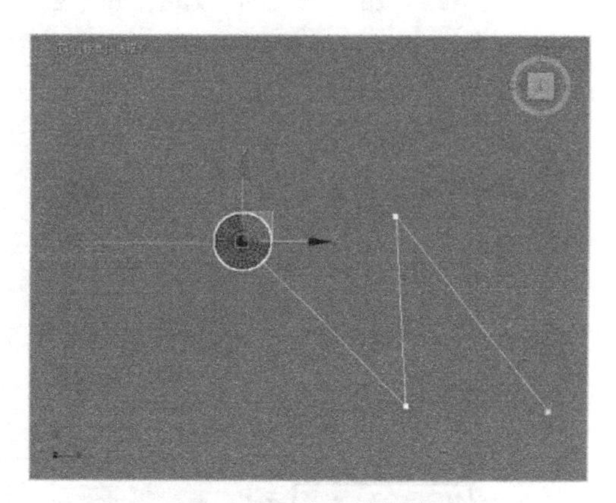
图 9-33　路径样条线效果

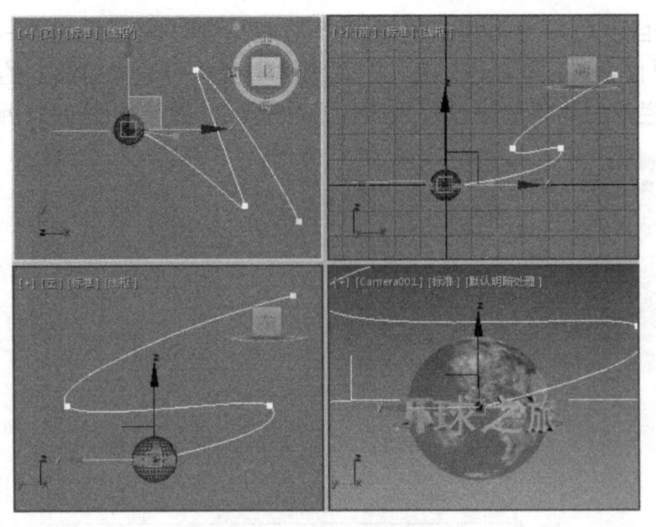

图 9-34　调整路径样条线

## 🕮 小技巧

样条线顶点子对象层级下，以黄色方块显示的顶点为样条线的首顶点。为了让地球飞到画面中地球所在位置，必须保证与地球球心对齐的顶点为样条线的终点。

17）制作地球变大和旋转动画。选择地球对象，单击“自动关键点”按钮，将时间滑块拖动第 0 帧处，修改球体半径为 10，移动时间滑块到第 90 帧处，将地球半径设为 60。移动时间滑块到第 300 帧处，在顶视图中将地球绕 Z 轴旋转任意角度，再单击“自动关键点”按钮。

18）单击工具栏上的“曲线编辑器”按钮，进入轨迹视图。在左侧项目窗口中选择地球对象的“Z 轴旋转”选项，然后在右侧编辑窗口中单击 300 帧处的关键点，在轨迹视图下面的状态栏中修改第 300 帧地球旋转的角度为 7200，再选择 Z 轴旋转曲线上的所有关键点。单击轨迹视图工具栏上的“将切线设置为线性”按钮，使地球进行匀速旋转，地球对象的 Z 轴旋转动画曲线如图 9-35 所示。在左侧项目窗口中选择地球球体对象的“半径”选项，在右侧编辑窗口中选择所有关键点，单击“将切线设置为线性”按钮，使地球半径匀速变大，如图 9-36 所示。

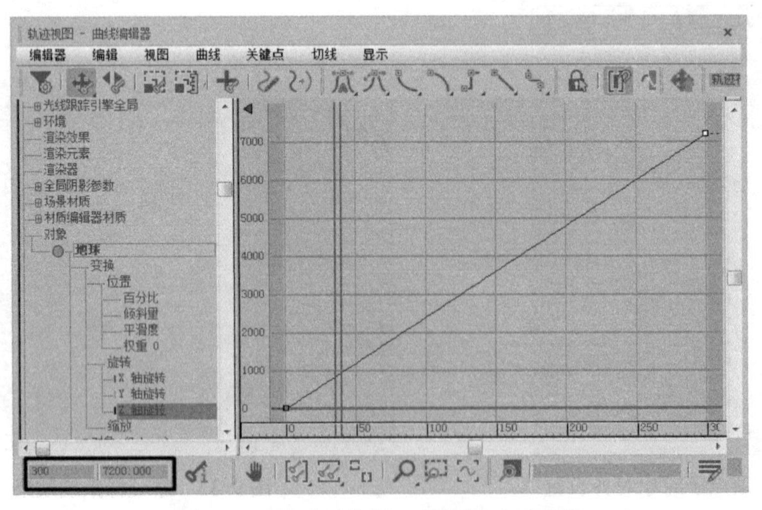


图 9-35　地球对象的 Z 轴旋转动画曲线

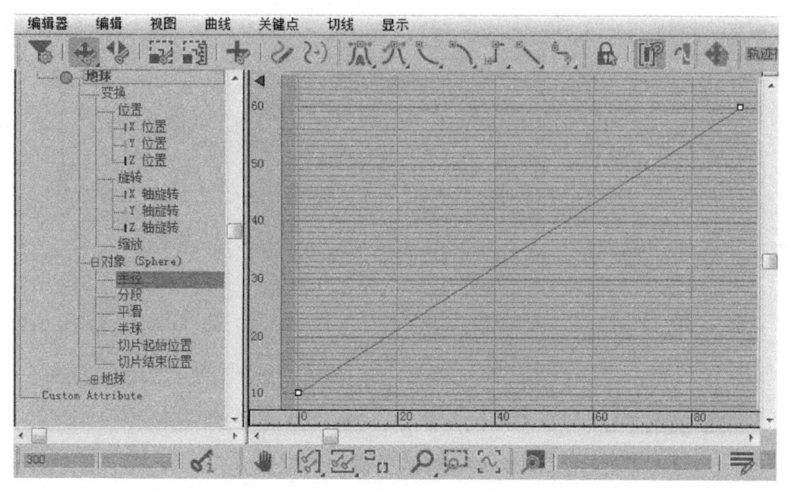


图 9-36 地球对象的半径参数动画曲线

19）制作地球沿路径飞入效果。选择地球对象，选择“运动”面板，展开“指定控制器”卷展栏，选择“位置：位置 XYZ”选项。单击“指定控制器”按钮，在弹出的“指定位置控制器”对话框中选择“路径约束”选项，如图 9-37 所示。在“路径参数”卷展栏中单击“添加路径”按钮，在视图中选择路径样条线，如图 9-38 所示。

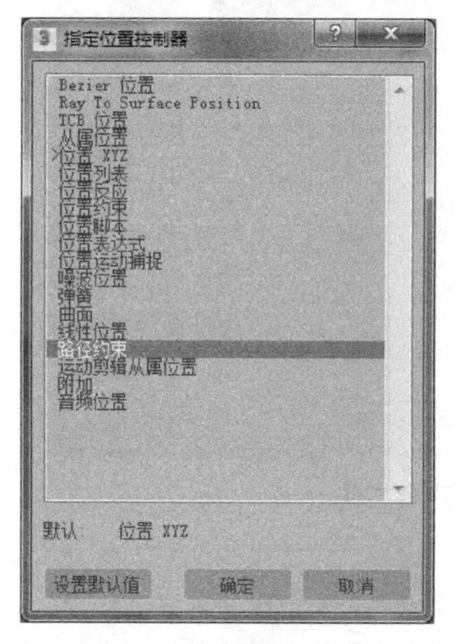


图 9-37 “指定位置控制器”对话框

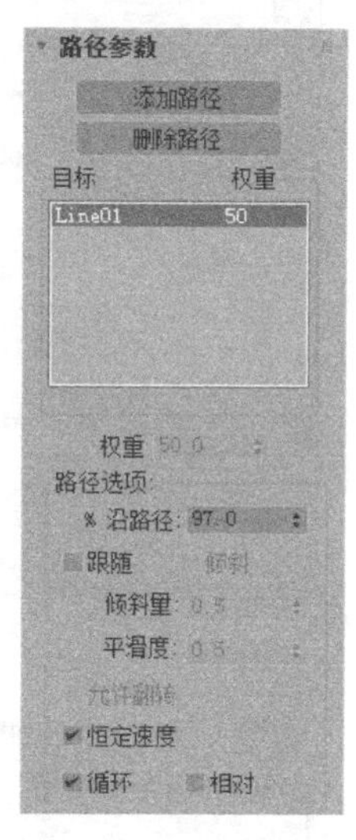


图 9-38 添加约束路径

20）激活“Camera01”视图，单击“播放动画”按钮预览动画。发现地球在第 300 帧时才沿路径完全飞入画面，而不是在第 90 帧就飞入画面。单击工具栏上的“曲线编辑器”按钮，进入轨迹视图。在左侧项目窗口中选择地球对象的“位置”“百分比”选项，然后在右侧编辑窗口中单击第 300 帧处的关键点，在轨迹视图下面的状态栏中将 300 帧修改为 90 帧，如图 9-39 所示。

21）添加音乐效果。激活“Camera01”视图预览动画，地球、拼音和中文对象都实现了设计的动画效果。单击工具栏上的“曲线编辑器”按钮，进入轨迹视图。在项目窗口中双击“声音”项目，弹出“专业声音”对话框，单击“添加”按钮，选择配套资源中的“素材文件\片头曲.wav”文件，如图 9-40 所示。轨迹视图窗口中声音项目的波形如图 9-41 所示。

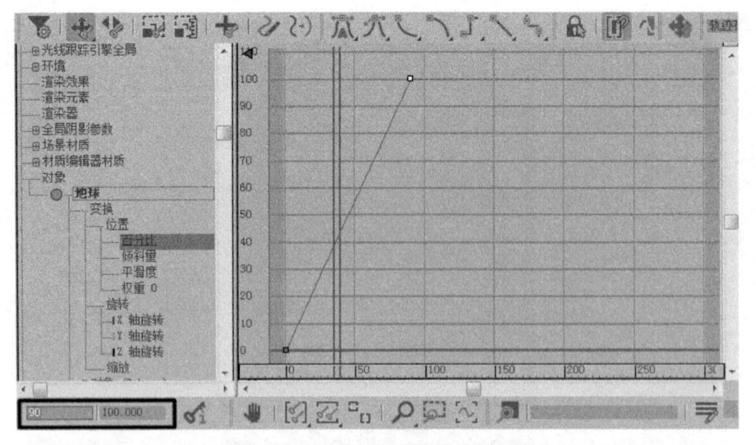


图 9-39　修改关键帧的位置

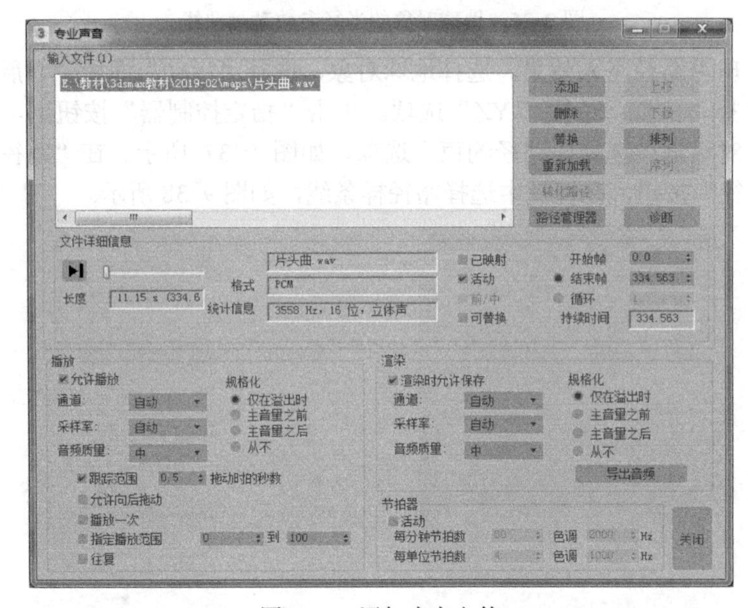


图 9-40　添加声音文件

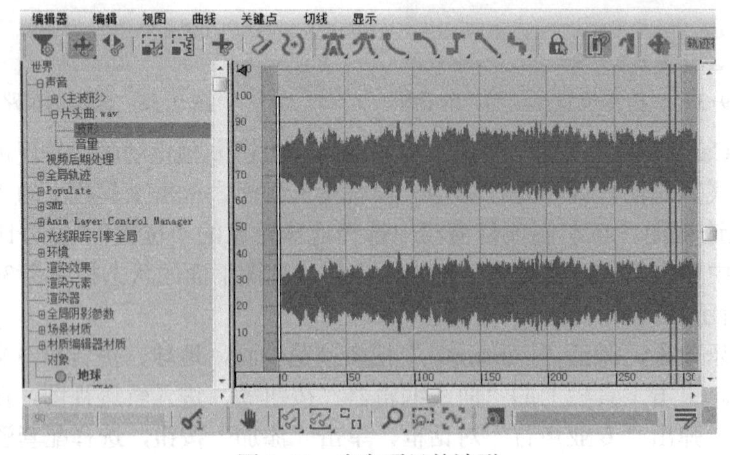


图 9-41　声音项目的波形

22）设置环境背景。按数字键〈8〉，打开“环境和效果”对话框，在“环境”选项卡中，单击“背景”选项组中的“环境贴图”下方的“无”按钮，在打开的“材质/贴图浏览器”对话框中双击“渐变”贴图。按〈M〉键，打开材质编辑器，拖动“环境和效果”对话框中的“环境贴图”下方的长按钮到“材质编辑器”中的一个空白示例球上，在弹出的对话框中选择“实例”单选按钮，然后单击“确定”按钮，如图 9-42 所示。

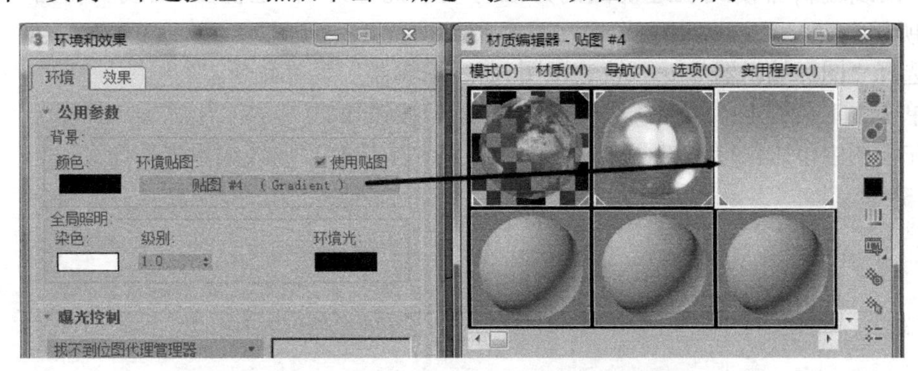


图 9-42 以实例方式复制环境贴图到材质编辑器

23）在材质编辑器“坐标”卷展栏中，选择“贴图”下拉列表中的“屏幕”选项，如图 9-43 所示。在“渐变参数”卷展栏中，设置“颜色#1”的“红”“绿”“蓝”值分别设置为 20、44、123；设置“颜色#2”的“红”“绿”“蓝”值分别设置为 52、67、184；设置“颜色#3”的“红”“绿”“蓝”值分别设置为 101、106、213；选择“渐变类型”为“径向”，设置“噪波”的“数量”为 0.8、“大小”为 8，如图 9-44 所示。

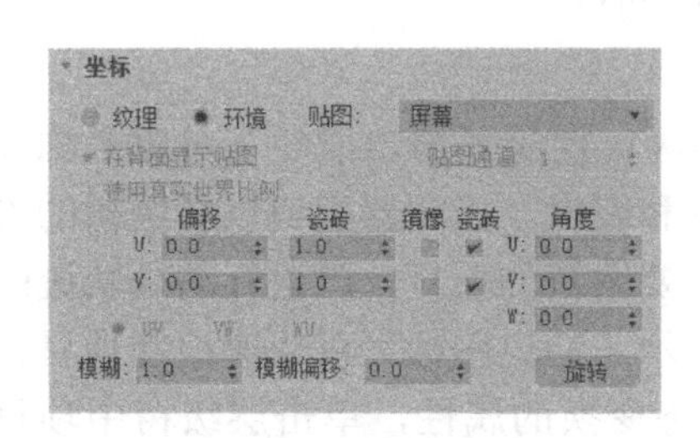


图 9-43 设置屏幕坐标

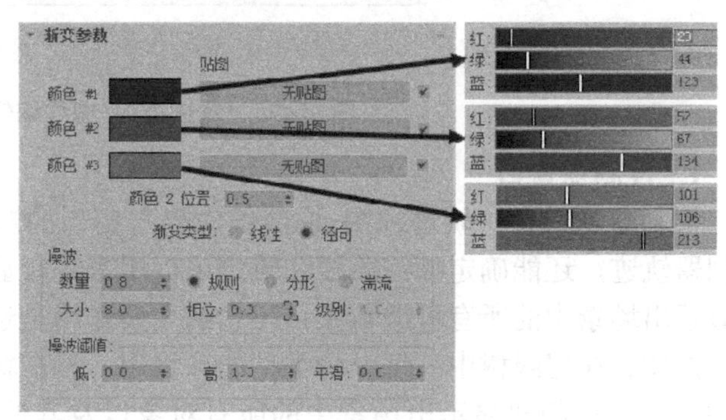


图 9-44 设置渐变贴图参数

24）设置环境背景动画。单击“自动关键点”按钮，进入自动关键帧模式，将时间滑块拖动第 300 帧处，在材质编辑器中，设置“噪波”的“相位”为 6，单击“自动关键点”按钮，退出自动关键帧模式。

25）按〈F10〉键，打开“渲染设置”对话框，设置渲染参数，渲染输出动画文件，效果如图 9-19 所示。

### 9.2.2 轨迹视图的曲线编辑器模式简介

工作界面的轨迹栏和动画控制区只能进行一些比较简单的动画设置，例如，设置关键帧、关键帧的移动复制和删除等操作。在动画制作过程中，有许多复杂的动画编辑操作需要在轨迹视图中完成。在轨迹视图中不但可以创建关键帧、改变关键帧之间的插值，还可以进行添加、修改动画控制器和添加音频效果等操作。

轨迹视图有曲线编辑器和摄影表两种不同的模式。曲线编辑器模式将动画显示为功能曲线，而摄影表模式将动画显示为包含关键点和范围的电子表格。本节重点介绍曲线编辑器模式的应用。

打开曲线编辑器模式轨迹视图的方法有以下几种，“轨迹视图-曲线编辑器”窗口如图 9-45 所示。

- 选择“图标编辑器”→“轨迹视图-曲线编辑器”菜单命令。
- 单击主工具栏上的“曲线编辑器（打开）”按钮。
- 在视图中单击鼠标右键，在弹出的快捷菜单中选择“曲线编辑器”命令。

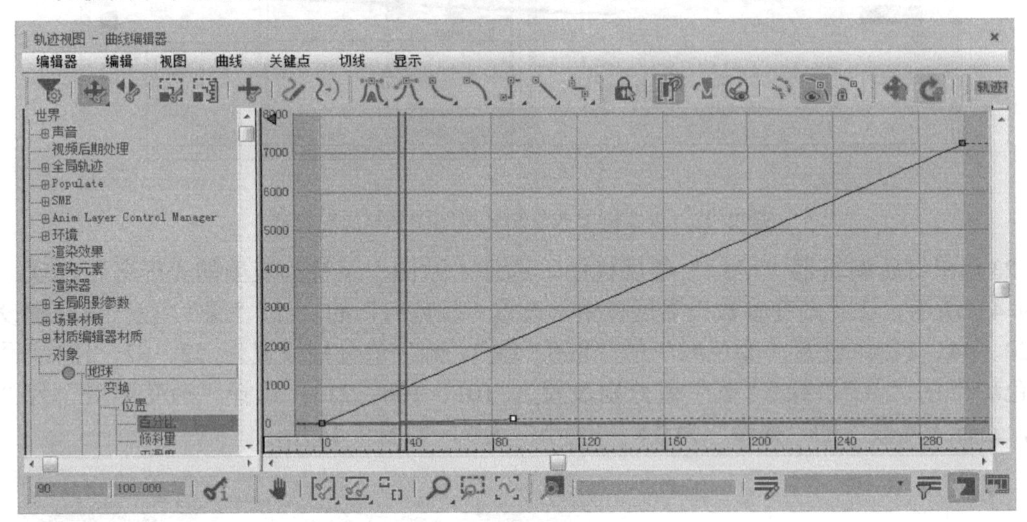


图 9-45 “轨迹视图-曲线编辑器”窗口

**1．控制器窗口**

控制器窗口在“轨迹视图-曲线编辑器”窗口的左半区，控制器窗口能显示对象名称和控制器轨迹，还能确定哪些曲线和轨迹可以用来进行显示和编辑。控制器窗口以层级树的方式显示出场景中的所有可编辑项目。它的主要作用是选择要编辑的项目，以进行动画轨迹的编辑操作。在层级树中，每一种类型的项目用一种图标表示，通过图标可以快速识别项目代表的意义。层级树显示出场景中的所有对象以及其他动态变换的属性，单击层级树中项目前面的“+”号，可以展开相应的项目；单击项目前面的“-”号，可以收缩展开的项目，如图 9-46 所示。

- 世界：在整个层级树的根部，包括场景中所有关键点的设置，用于全局的快速编辑操作。
- 声音：可以将场景动画与声音文件或计算机的节拍器进行同步，实现动画的配音工作。
- 视频后期处理：对视频合成器中特效过滤器的参数进行动画控制。
- 全局轨迹：包含了控制器类型的列表清单。可以通过改变控制器属性来影响关联的轨迹。
- 环境：为环境编辑器中的参数设置动画，包括背景和场景环境效果等设置选项。
- 场景材质：对场景中所有已经指定给对象的材质进行动画设置。

- 对象：对场景中的所有对象的参数进行动画设置，包括几何体、图形、灯光、摄影机等对象的创建参数以及指定给对象的编辑修改器、材质、动画控制器的参数。

**2．关键点窗口**

“轨迹视图-曲线编辑器”窗口的右半区为关键点窗口，在曲线编辑器模式中，在关键点窗口中以功能曲线的形式显示关键帧，即把关键点的值以及关键点间的插值显示为曲线，如图 9-47 所示。关键点窗口以亮灰色区域显示当前动画的活动时间段，两侧深灰色区域为不活动的时间段。在窗口底部的时间标尺默认以帧为单位显示动画时间。

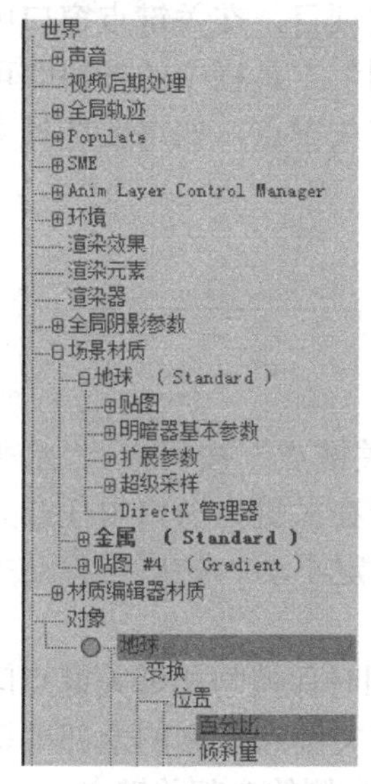


图 9-46　控制器窗口

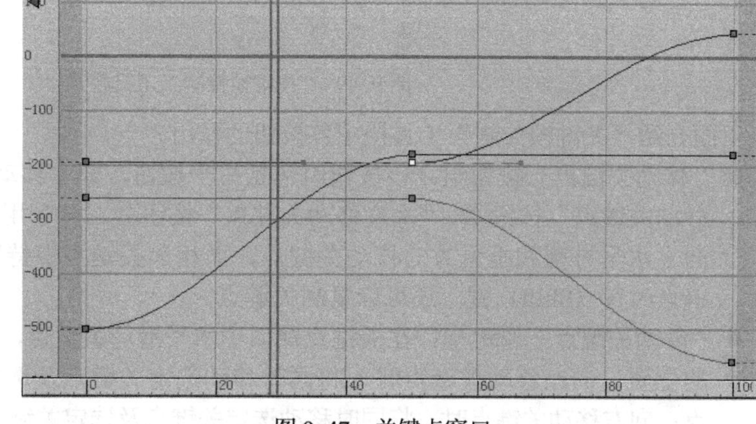


图 9-47　关键点窗口

关键点窗口用于显示控制器窗口中选中项目动画轨迹的关键帧和运动曲线。动画轨迹曲线的水平轴表示动画的时间轴，垂直轴表示参数的变化值，关键帧以运动曲线上的方块表示。可以通过改变曲线上关键帧的位置、调节关键帧的平滑属性等改变动画轨迹曲线的形状，从而对动画运动轨迹进行形象化的控制。

在编辑窗口中有两条相邻的蓝色竖线，表示当前所在帧，它与场景中的时间滑块相互关联。拖动时间滑块可以预览场景中的动画效果。

**3．工具栏**

工具栏位于轨迹视图的上部，用于进行各种轨迹形态控制，它包括控制项目、轨迹和功能曲线的所有工具。工具栏分为“关键帧控制”（Key）、“关键点切线”（Key Tangents）、“曲线”（Curves）等工具栏。在工具栏空白处单击鼠标右键，在弹出的快捷菜单中选择“显示工具栏”命令，可以控制各类工具栏的显示与否。后文将介绍使用“关键帧控制”和“关键帧切线”工具栏进行关键帧的编辑。

**4．关键帧状态栏和视图控制区**

默认情况下，“关键帧状态栏”（Key Status）和“视图控制区”（Navigation）位于轨迹视图的下部，如图 9-48 所示。左侧的关键帧状态栏显示当前选中关键帧的状态，并可以输入关键帧的变换值。右侧的视图控制区包括 5 组按钮，它们可以用来平移和缩放曲线编辑窗口，其中“框显水平范围”按钮和“框显水平范围选定关键帧”按钮可以在关键点窗口中水平方向最大化显示全部关键帧或选定关键帧；“框显值范围”按钮和“框显垂直范围选定关键帧”按钮可以在垂直方向最大化显示值范围。

图 9-48 关键帧状态栏和视图控制区

### 9.2.3 编辑关键帧

在轨迹视图中可以编辑动画的关键点，常用的功能按钮在“关键帧控制”工具栏中，如图 9-49 所示。在进行编辑操作时，先在控制器窗口中选择要编辑的项目，在关键点窗口中显示出该项目的运动轨迹，选择要编辑的关键帧，使用“关键帧控制”工具栏中的按钮即可实现关键帧的各种编辑操作。在关键点窗口中单击关键点即可选中该关键点，如果要选择多个关键点，可以按住〈Ctrl〉键再单击各个关键点，或者直接框选。

图 9-49 “关键帧控制”工具栏

下面介绍“关键帧控制”工具栏中各按钮的作用。

- “移动关键点”按钮组：该按钮组包括三个按钮，即“移动关键点”按钮、“水平移动关键点”按钮、“垂直移动关键点”按钮，分别用于在关键点窗口中任意方向、水平方向和垂直方向移动关键点，而相邻关键点保持固定不动。如果在移动关键点时按〈Shift〉键，还可以复制关键点。
- “滑动关键点”按钮：在关键点窗口中水平滑动关键点，同时保持与相邻关键点间的位置。向左移动关键点时，将同时移动选定关键点及选定关键点左侧的全部关键点；向右移动关键点时，将同时移动选定关键点及选定关键点右侧的全部关键点。
- “添加/移除关键点”按钮：在现有曲线上单击可以创建关键点，按住〈Shift〉键，在关键点上单击可以删除该关键点（选定关键点后，按〈Delete〉键可以直接删除选定的关键点。）。

**小技巧**

移动关键点操作不仅可以改变关键点在时间轴上的位置，还可以修改关键点的参数值，即可以在水平和垂直方向上改变关键点的位置；滑动关键点只能改变关键点在时间轴上的位置。

### 9.2.4 调整功能曲线

在轨迹视图中，通过修改关键点的切线类型可以控制关键点附近的运动平滑度和速度，进而改变对象在关键点间的运动方式。选择关键点后，单击工具栏上的“关键点切线”工具栏中的按钮就可以改变关键点两边曲线的切线率。“关键点切线”工具栏如图 9-50 所示。

图 9-50 “关键点切线”工具栏

- “将切线设置为自动”按钮：自动设置关键点的切线率。创建关键帧时，关键点的切线率默认为自动状态，如图 9-51 所示。
- “将切线设置为样条线”按钮：将关键点两侧的切线率设置为样条线，可以拖动关键点的控制柄调节切线率，如图 9-52 所示。
- “将切线设置为快速”按钮：设置关键点两侧的切线率，使对象在关键点两侧做增量运动，例如对象的加速运动，如图 9-53 所示。

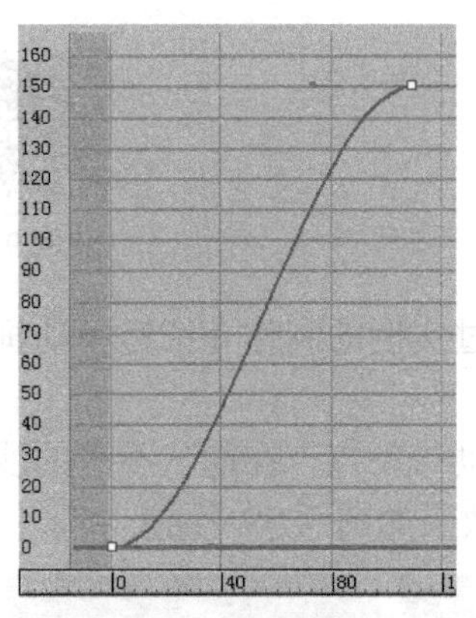


图 9-51　切线设置为自动

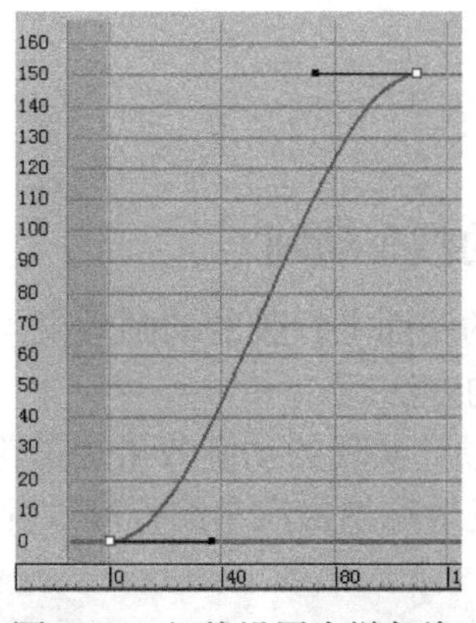


图 9-52　切线设置为样条线

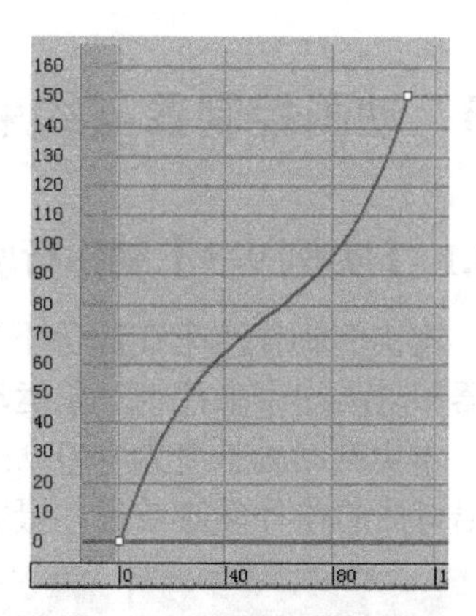


图 9-53　切线设置为快速

- “将切线设置为慢速”按钮：设置关键点两侧的切线率，使对象在关键点两侧做减量运动，例如对象的减速运动，如图 9-54 所示。
- “将切线设置为阶梯式”按钮：将关键点两侧的轨迹曲线设置为直角折线方式，对象在运动时由一个关键点的状态直接转入下一个关键点的状态，如图 9-55 所示。
- “将切线设置为线性”按钮：将关键点两侧的切线率设置为线性模式，对象在关键点两侧的运动轨迹为直线，对象做匀速运动，如图 9-56 所示。
- “将切线设置为平滑”按钮：设置关键帧的切线率为自动光滑模式。

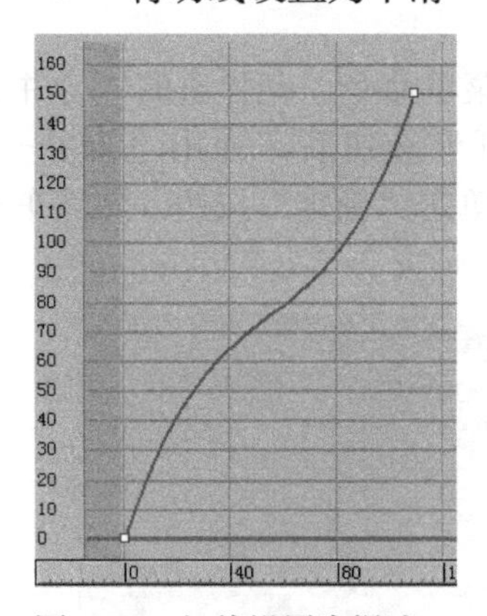


图 9-54　切线设置为慢速

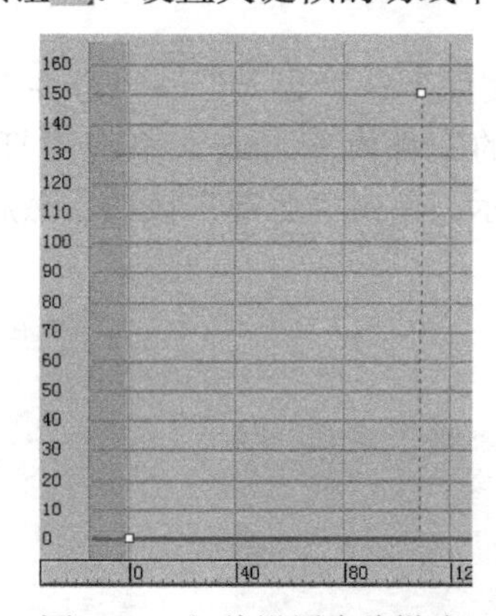


图 9-55　切线设置为阶梯式

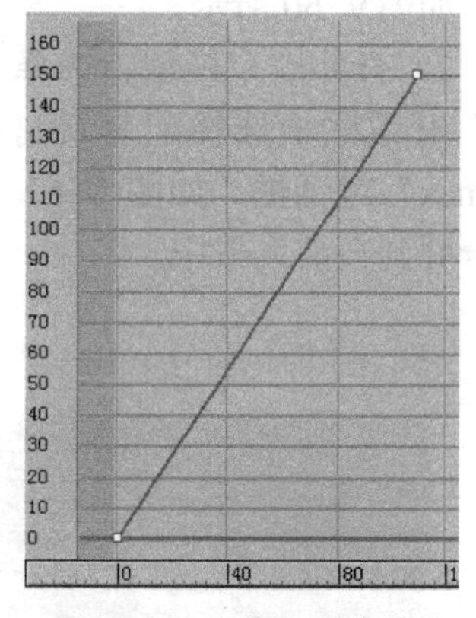


图 9-56　切线设置为线性

“曲线”工具栏中的“参数曲线超出范围类型”按钮可用于指定动画对象在定义的关键点范围之外的行为方式。单击该按钮，弹出“参数曲线超出范围类型”对话框，如图 9-57 所示。图 9-58 所示为设置为往复类型的轨迹曲线，实线是设置关键帧的轨迹，虚线为超出范围时间段的轨迹。

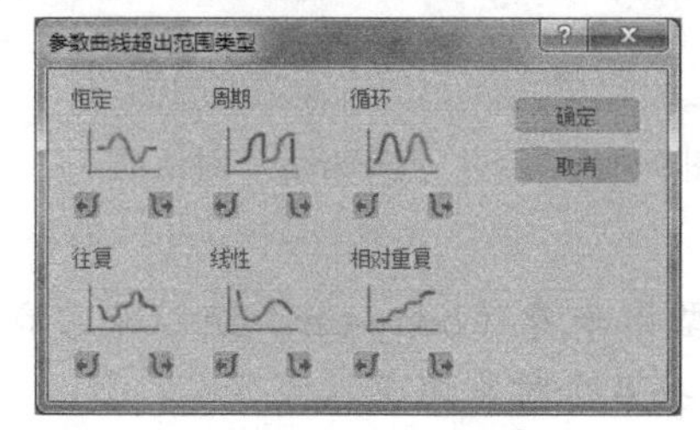


图 9-57　“参数曲线超出范围类型”对话框

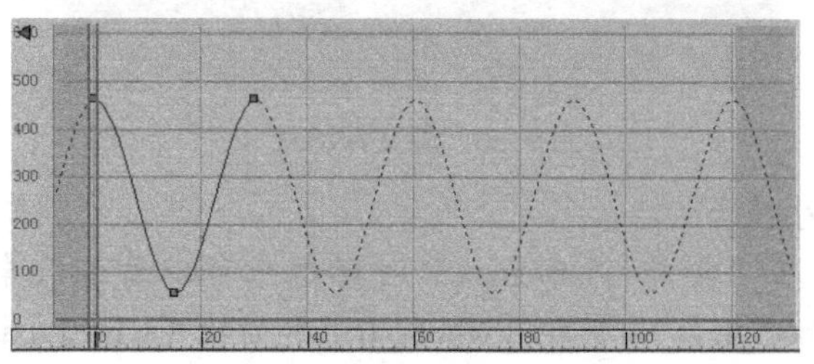


图 9-58　往复类型的轨迹曲线

## 9.3 动画控制器与约束

实例 9-3

### 9.3.1 【实例 9-3】制作行驶的汽车动画

本实例制作汽车在起伏不平的路面上行驶的动画效果，通过实例的制作介绍运用动画控制器和动画约束来控制对象运动的方法。

本实例动画长度为 400 帧，预计实现的动画效果是车轮滚动带动汽车在起伏不平的沙漠上沿弯曲的路径颠簸前进；摄影机追踪拍摄汽车的行驶过程，效果如图 9-59 所示。

图 9-59 汽车行驶效果

1）选择“文件”→“打开”菜单命令，打开配套素材中的原始场景文件 9-3 行驶的汽车.max，场景中有一个起伏不平的沙漠地形模型，并已指定了材质，还有两条蜿蜒的样条线，如图 9-60 所示。

2）合并汽车模型。选择“文件”→“导入”→“合并”菜单命令，在弹出的“合并文件”对话框中选择配套素材中的文件汽车.max。单击“打开”按钮后，弹出“合并-汽车.max”对话框，如图 9-61 所示。单击“全部”按钮，然后单击“确定”按钮，将汽车模型合并到当前场景中。

图 9-60 源文件场景

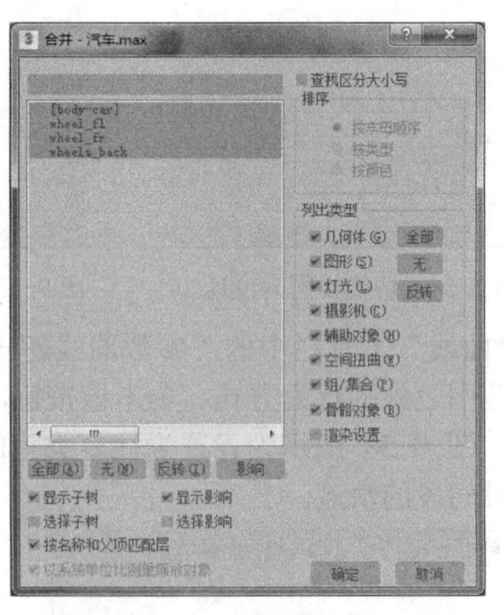


图 9-61 “合并-汽车.max”对话框

📖 小技巧

*在“合并-汽车.max”对话框中可以看到汽车模型由车身（body-car）组以及左前轮（wheel_fl）、右前轮（wheel_fr）和后轮（wheel_back）共 4 个对象组成。*

3）设置动画的长度。单击动画控制区中的“时间配置”按钮，在弹出的“时间配置”对话框中设置“长度”为400，单击“确定”按钮。

4）制作车轮转动效果。按快捷键〈H〉，在“选择对象”对话框中选择左前轮对象wheel_fl。激活透视图，使用视图控制区“最大化显示选定对象”按钮将左前轮放大显示。单击“自动关键点”按钮，进入自动关键帧模式，将时间滑块移至第400帧处，单击“选择并旋转”按钮，在透视图中拖动左前轮沿X轴，即汽车前进的方向，旋转一定的角度，如图9-62所示。单击“自动关键点”按钮，退出自动关键帧模式。

5）单击工具栏上的“曲线编辑器”按钮，进入“轨迹视图-曲线编辑器”窗口，在控制器窗口中选择左前轮对象wheel_fl的“旋转”项目，单击鼠标右键，在弹出的快捷菜单中选择“指定控制器”命令，如图9-63所示。在随后弹出的“指定旋转控制器”对话框中选择“Euler XYZ”选项，单击“确定”按钮，如图9-64所示。

图9-62　旋转左前轮

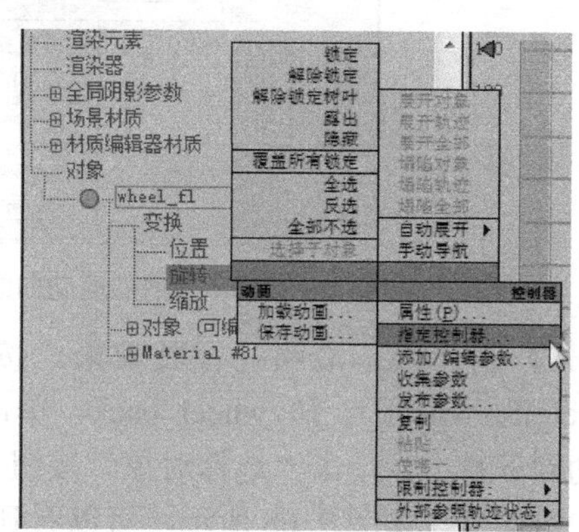


图9-63　指定控制器

6）在控制器窗口中选择对象wheel_fl的“X轴旋转”项目，看到关键点窗口显示X轴旋转的运动曲线，选择曲线上的两个关键点，单击工具栏上“将切线设置为线性”按钮，使车轮匀速行驶。选择第400帧处的关键点，在状态栏中设置旋转角度为7200，车轮在活动时间段内旋转20圈，如图9-65所示。

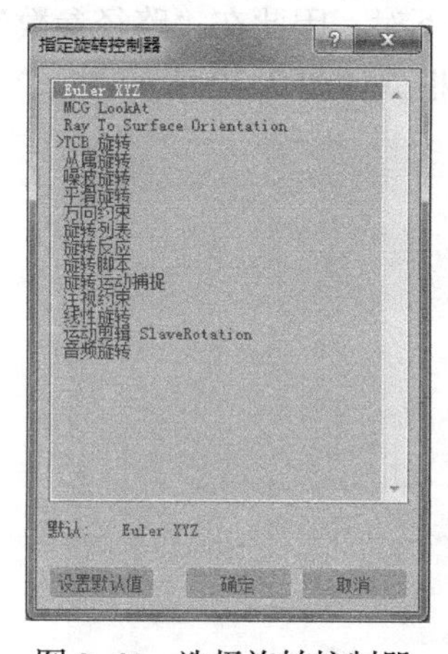


图9-64　选择旋转控制器

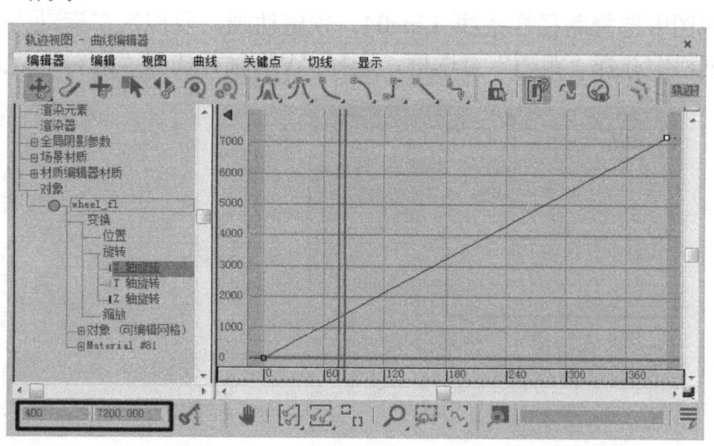


图9-65　编辑左前轮X轴旋转运动曲线

## 📖 小技巧

使用“框显水平范围”按钮和“框显值范围”按钮可以在关键点窗口中最大化显示左前轮的运动功能曲线。

7）在控制器窗口中，选择对象 wheel_fl 的“旋转”项目，单击鼠标右键，在弹出的快捷菜单中选择“复制”命令。然后选择右前轮对象 wheel_fr 的“旋转”项目，单击鼠标右键，在弹出的快捷菜单中选择“粘贴”命令，如图 9-66 所示。在弹出的对话框中选择“实例”单选按钮，选择“替换所有实例”复选框，如图 9-67 所示，将左前轮的运动轨迹以实例方式复制到右前轮上。同样将左前轮的运动轨迹再以实例方式复制后轮对象 wheel_back 上。拖动时间滑块预览动画，可以看到所有车轮都在匀速转动。

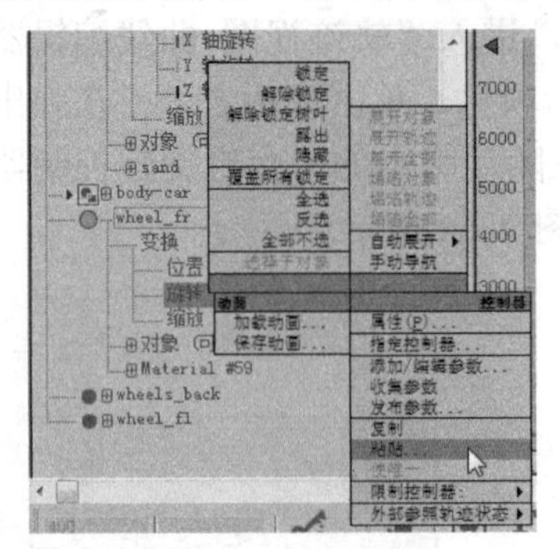


图 9-66　粘贴运动曲线

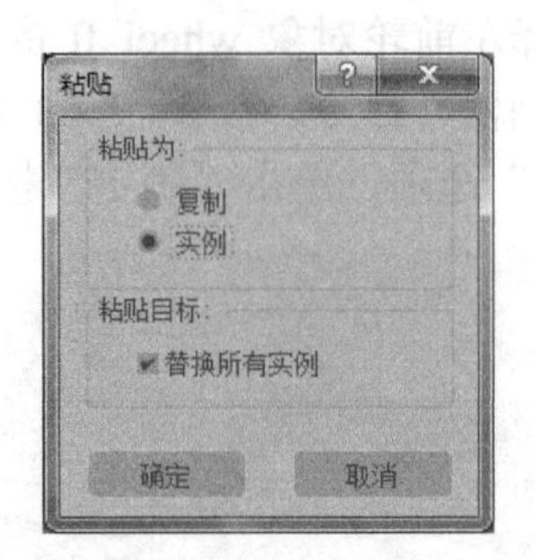


图 9-67　实例粘贴

8）制作汽车沿路径行驶效果。按快捷键〈H〉，在“选择对象”对话框中选择对象 wheel_fl、wheel_fr 和 wheel_back，单击工具栏上的“选择并链接”按钮，将选中的对象拖动到车身上，单击“选择对象”按钮，再单击“按名称选择”按钮，弹出“从场景选择”对话框，如图 9-68 所示，可以看到车轮已链接到车身上。

## 📖 小技巧

将车轮链接到车身上的目的是车轮作为车身的子对象会随着父对象车身一起沿路径行驶。

9）选择车身对象 body-car，选择“运动”面板，在“指定控制器”卷展栏中选择“位置：位置 XYZ”选项，单击“指定控制器”按钮，在弹出的“指定位置控制器”对话框中选择“路径约束”选项，如图 9-69 所示。在“路径参数”卷展栏中单击“添加路径”按钮，在视图中选择路径样条线 Line04。预览动画，发现汽车运动方式不对，因此在“路径参数”卷展栏中选择“跟随”复选框，选择“Y”轴并选择“翻转”复选框，如图 9-70 所示。

图 9-68　对象链接关系

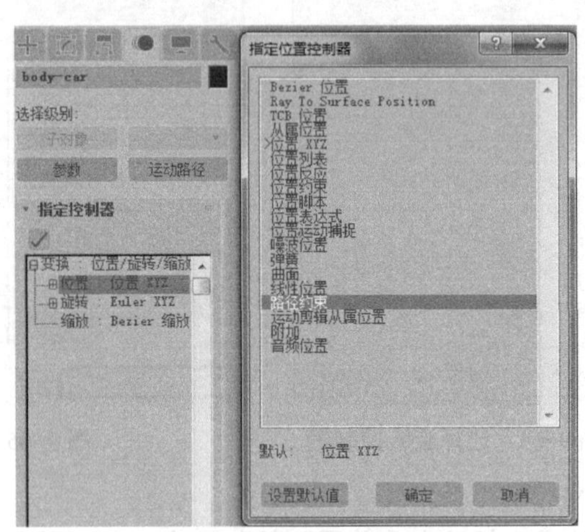


图 9-69　指定路径约束控制器

10）创建摄影机。将轨迹栏上时间滑块移动到第 0 帧处，依次选择“创建”面板→“摄影机”→“标准”→“目标”，在顶视图中创建一个摄影机，如图 9-71 所示。激活“透视”视图，按〈C〉键切换到“Camera01”视图。选择摄影机，在“修改”面板中选择“85mm”备用镜头，效果如图 9-72 所示。

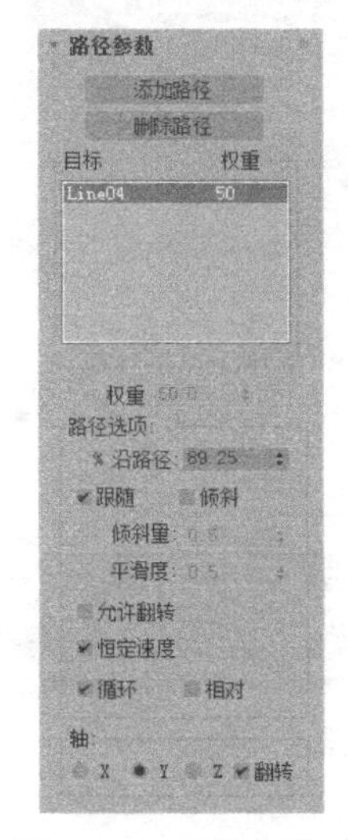


图 9-70　路径参数

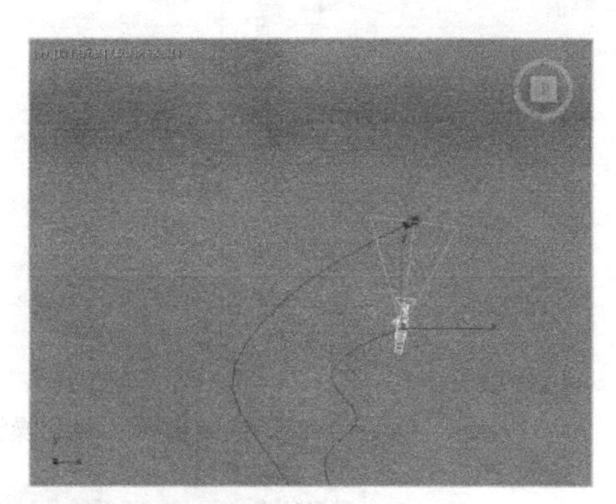

图 9-71　创建摄影机

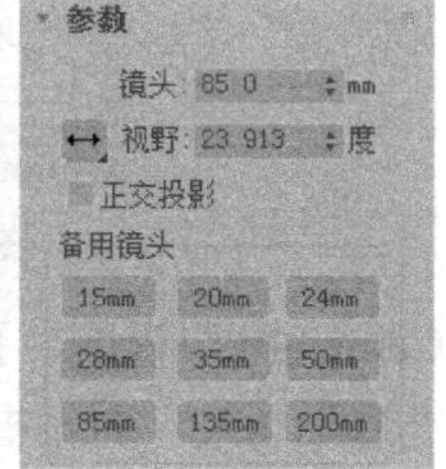


图 9-72　摄影机视图

11）参照步骤 9)，同样为摄影机对象（Camera001）指定路径约束位置控制器，路径样条线为 line03。激活顶视图，预览动画，发现摄影机沿路径运动而摄影机的目标点没有移动，无法跟随拍摄汽车的行驶。拖动时间滑块到第 0 帧处，选择摄影机对象目标点（Camera001.Target），单击工具栏上的“选择并链接”按钮，并拖动到车身上，将摄影机目标点链接到车身上。

12）制作汽车颠簸的效果。激活“Camera01”视图，预览动画，看到汽车沿路径平稳行驶。选择车身对象，选择“运动”面板，在“指定控制器”卷展栏中选择“位置：路径约束”选项，单击“指定控制器”按钮，在弹出的“指定位置控制器”对话框中选择“位置列表”选项。在“指定控制器”卷展栏中，展开“位置列表”，选择“可用”选项，在弹出的“指定位置控制器”对话框中选择“噪波位置”选项，如图 9-73 所示。在弹出的“噪波控制器”对话框中，设置“X 向强度”和“Y 向强度”为 0，“Z 向强度”为 2，“频率”为 0.3，取消“分形噪波”复选框的选择，如图 9-74 所示。

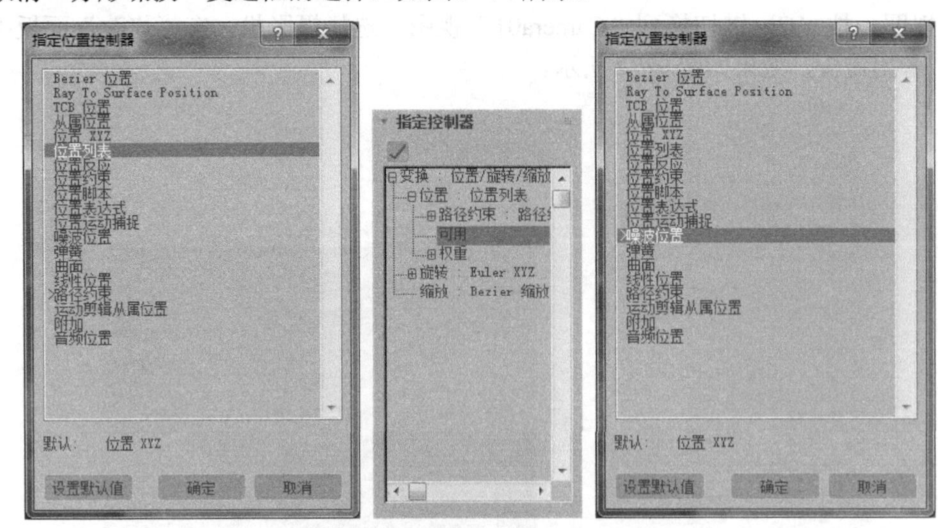


图 9-73　指定位置列表和噪波位置控制器

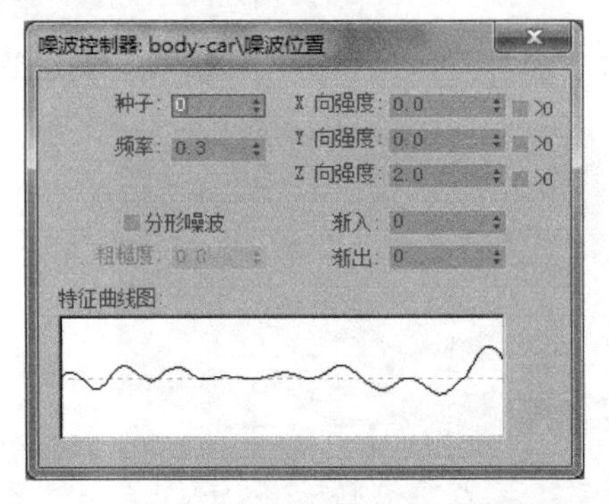


图 9-74　设置噪波控制器参数

13）激活“Camera01”视图，预览动画。车轮滚动，汽车沿蜿蜒起伏的路径颠簸行驶。按〈F10〉键，打开“渲染场景”对话框，设置参数渲染输出动画文件，效果如图 9-59 所示。

### 9.3.2　动画控制器

在 3ds Max 中，使用动画控制器设置对象运动规律是动画制作常用的方法之一。动画控制器是用来控制对象运动规律的一组控制器模块，它们能够控制对象的各种动画参数在动画各帧上的数值，以及在整个动画活动时间段内参数的变化规律。

对象的动画控制器可以在轨迹视图或“运动”面板 中进行指定。在轨迹视图中选择欲指定控制器的对象项目后，在轨迹视图中选择“编辑”→“控制器”→“指定”菜单命令，或者单击鼠标右键，在快捷菜单中选择“指定控制器”命令，如图 9-75 所示，均可弹出相应的“指定位置控制器”对话框，然后选择控制器类型即可。

指定动画控制器的另一种方法是选中要添加控制器的对象后进入“运动”面板 ，在“指定控制器”卷展栏的列表中选择欲指定控制器的项目，单击“指定控制器”按钮 ，在弹出的对话框中选择控制器类型，如图 9-76 所示。

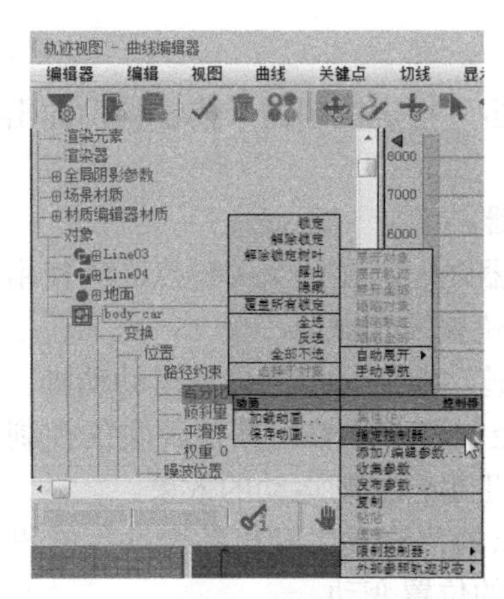

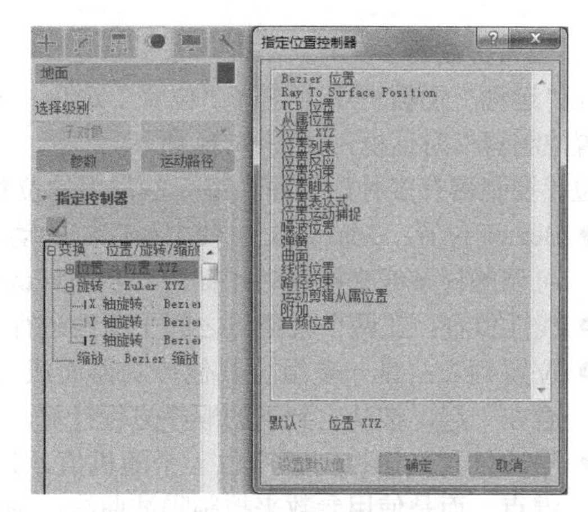


图 9-75　通过轨迹视图指定控制器　　　　图 9-76　通过“运动”面板指定控制器

编辑指定给对象的控制器可以改变对象的动画效果。动画控制器的类型不同，编辑的方法也不同。参数动画控制器不是使用关键帧而是设置参数来控制整个动画，例如噪波动画控制器。对于这类控制器，在轨迹视图中或者“运动”面板中的参数动画控制器上双击，即可打开相应的属性对话框进行参数的编辑，如【实例 9-3】中图 9-74 所示。

有些动画控制器是基于关键帧的，例如“Bezier 浮点”控制器。在轨迹视图中选择此类动画控制器后，编辑窗口中显示它们的轨迹曲线，可以直接进行编辑调整。或者在“运动”面板中，选择动画控制器后，在“关键点信息”卷展栏中设置关键帧的相关信息，如图 9-77 所示。

默认状态下，场景中的对象都被指定了一个“位置/旋转/缩放”变换控制器。在“运动”面板中，选择“变换”选项，然后单击“指定控制器”按钮，弹出“指定变换控制器”对话框，如图 9-78 所示，可以为对象设置其他的变换控制器。常用的变换控制器有“变换脚本”“链接约束”和“位置/旋转/缩放”三种。

“变换脚本”控制器用脚本语言来进行变换动画控制；

“链接约束”控制器用于设置层次链中由父对象带动子对象运动的动画控制；

“位置/旋转/缩放”控制器是系统默认设置的，它将对象的变换控制分解成位置、旋转和缩放三个子控制项目，再分别指定不同的控制器。下面分别介绍“位置/旋转/缩放”控制器下包含的位置、旋转和缩放三类常用控制器。

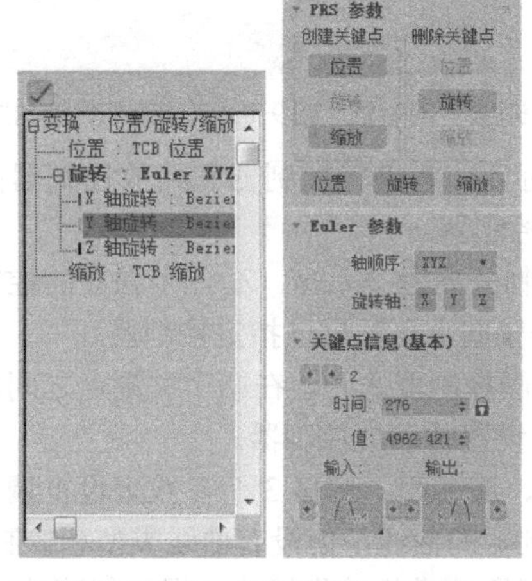

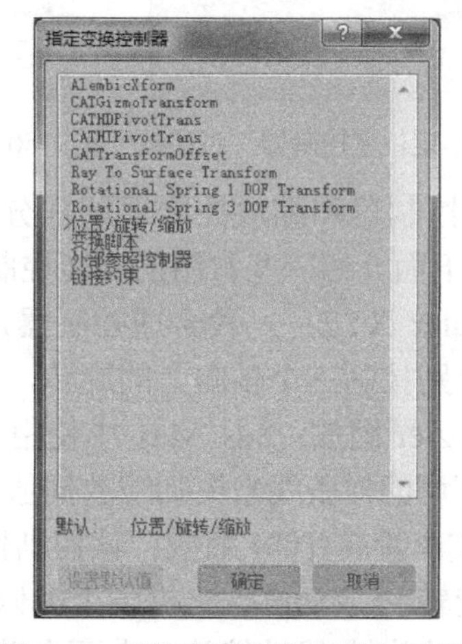


图 9-77　“Bezier 浮点”控制器　　　　图 9-78　“指定变换控制器”对话框

### 1．位置控制器

在“运动”面板中，选择“位置”选项，然后单击“指定控制器”按钮，弹出“指定位置控制器”对话框，如图 9-79 所示。

位置控制器有多种，下面介绍一些常用的位置控制器。

- Bezier 位置：3ds Max 中使用最广泛的动画控制器之一，在两个关键点之间使用一个可调的样条线来控制动作插值。它是默认设置的位置控制器。
- 线性位置：在两个关键点之间平衡地进行动作插值，得到标准的匀速运动动画。
- 位置列表：是一个组合其他控制器而成的合成控制器，能够将其他种类的控制器组合在一起，按从上到下的顺序进行计算，从而产生组合控制运动的效果。
- 噪波位置：该控制器产生一个随机值，控制对象的位置发生随机的变动。它没有关键点，而是使用参数来控制噪波曲线，影响对象的位置变动。
- 位置 XYZ：将位置控制项目分解为 X、Y、Z 三个独立的控制项目，可以独立地为每个控制项目再指定控制器。
- 音频位置：该控制器通过声音的频率和振幅来控制对象的位移运动节奏，可以使用 wave、avi 等格式的声音文件，也可以由外部用声音同步动作。

### 2．旋转控制器和缩放控制器

采用与指定位置控制器相同的方法，可以分别打开“指定旋转控制器”对话框和“指定缩放控制器”对话框，如图 9-80 和图 9-81 所示。

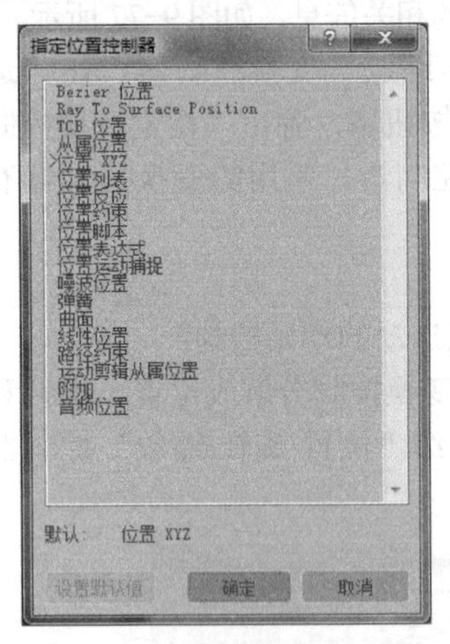


图 9-79 “指定位置控制器”对话框

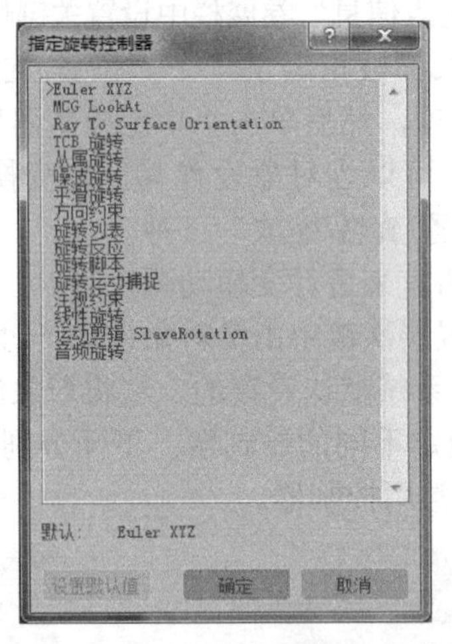


图 9-80 “指定旋转控制器”对话框

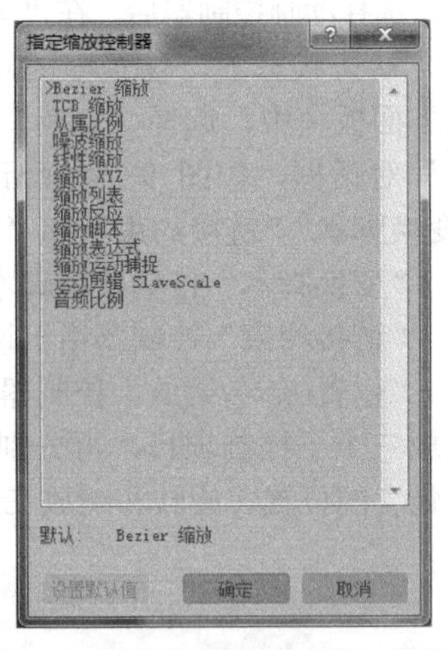


图 9-81 “指定缩放控制器”对话框

旋转控制器和缩放控制器同样分很多种，而且一些旋转控制器和缩放控制器的算法相似，因此下面介绍一些常用的旋转控制器和缩放控制器。

- Euler XYZ：一种合成控制器，将旋转控制分离为 X、Y、Z 三个独立的控制项目，分别控制三个轴向上的旋转，可以在每个轴向上再独立地指定控制器。
- Bezier 缩放：3ds Max 中使用最广泛的动画控制器之一，在两个关键点之间使用一个可调的样条线来控制缩放插值。它是默认设置的缩放控制器。
- TCB 旋转/TCB 缩放：该控制器通过张力、连续相、偏移 3 个参数来设置调节对象的旋转/缩放动画，它提供了类似 Bezier 控制器的曲线，但没有曲线类型和控制手柄。
- 线性旋转/线性缩放：在两个关键点之间平衡地进行动作插值，得到匀速地旋转/缩放的动画。

- 旋转列表/缩放列表：与“位置列表”控制器相同，是一个组合其他控制器的合成控制器，能够将其他种类的控制器组合在一起，按从上到下的顺序进行计算，从而产生组合的旋转/缩放控制效果。
- 噪波旋转/噪波缩放：该控制器产生一个随机值，控制对象的旋转/缩放发生随机的变动。它没有关键点，而是使用参数来控制噪波曲线，影响对象的旋转/缩放动作变动。

### 9.3.3 动画约束

约束也是一种动画控制器，约束用来控制对象之间的相互关系，使约束对象受到目标对象的控制，约束对象按照目标对象的运动和指定的约束方式进行运动。例如汽车沿预定路线运行需要使用路径约束来指定汽车的运动轨迹；眼球随移动对象转动时需要使用注视约束控制眼球的旋转等。

3ds Max 中包括路径约束、曲面约束、注视约束、方向约束、位置约束、附着约束和链接约束 7 种类型。选择约束对象后，选择“动画”→“约束”菜单命令，选择相应的约束类型，在视图中拖动约束对象上出现的一条曲线到目标对象上完成约束操作。

也可以在“运动”面板●中为对象的动画控制器指定约束，具体操作方法与动画控制器的指定相同。不同类型的动画控制器可以指定的约束类型也不同，例如位置控制器可以指定路径约束和位置约束，旋转控制器可以指定注视约束和方向约束等。

- 路径约束是将对象的移动约束到指定路径上，路径可以是一条或多条曲线。路径约束常用来制作飞机飞行、汽车行驶、鱼儿游动等效果。
- 位置约束可以让目标对象带动约束对象运动，只有目标对象运动时约束对象才能跟随运动。
- 注视约束可以控制约束对象的方向，使它始终注视目标对象。目标灯光和摄影机常应用注视约束来产生跟拍或舞台追光灯的效果。
- 方向约束可以使约束对象的旋转方向与目标对象一致。为约束对象指定方向约束后，方向只能随目标对象的方向而改变。
- 链接约束可以将约束对象链接到目标对象上，约束对象会继承目标对象的位置、旋转和缩放属性，可以在不同的时间段将约束对象指定给不同的目标对象。
- 附着约束将约束对象的位置约束在目标对象的表面。常用来制作约束对象随目标对象一起运动的动画效果，约束对象自身可以设置动画。
- 曲面约束设置约束对象在目标对象的表面移动的效果，只有参数化的曲面可以作为目标对象。

## 9.4 上机实训

### 9.4.1 【实训 9-1】制作“史海泛舟”片头动画

制作“史海泛舟”片头动画，效果如图 9-82 所示。本实训中，利用倒角制作三维文字，利用路径变形绑定（WSM）修改器制作彩条飞舞，利用切片修改器制作文字动画。通过本实训，练习和掌握路径变形绑定修改器和切片修改器的参数设置等关键帧动画的制作方法。

图 9-82 “史海泛舟”片头动画效果

### 9.4.2 【实训 9-2】制作小狗追随注视飞舞蝴蝶的动画效果

制作小狗追随注视飞舞蝴蝶的动画，效果如图 9-83 所示。本实训中，使用关键帧动画和路径约束制作蝴蝶飞舞的动画；利用材质制作小狗的眼球，将两个眼球的旋转控制器分别注视约束到虚拟对象上，使眼球随虚拟对象的运动而转动；然后将两个眼球注视约束的虚拟对象链接到蝴蝶上，利用虚拟对象随蝴蝶运动带动小狗的眼球转动。通过本实训，练习掌握注视约束和路径约束控制器的应用和虚拟对象在动画制作中的应用。

图 9-83 小狗追随注视飞舞蝴蝶的动画效果

# 第 10 章　粒子系统与空间扭曲

**本章要点**

粒子系统与空间扭曲是群组动画制作非常有用的工具，对许多自然现象，例如云、雾、雨雪、飞溅的水花和星空等的模拟都依赖粒子系统。空间扭曲可以通过多种方式来影响场景中的对象，如产生引力、刮风、泛起涟漪等特殊效果。本章主要介绍运用粒子系统制作动画的方法以及常用空间扭曲工具在粒子动画中的应用。

## 10.1　基本粒子系统

实例 10-1

### 10.1.1 【实例 10-1】雪花纷飞效果的制作

本实例用雪粒子来模拟下雪时雪花纷飞的效果，通过实例的制作介绍基本粒子系统的基本参数设置和应用范围。雪花纷飞效果如图 10-1 所示。

图 10-1　雪花纷飞效果

1）设置环境背景。选择“文件”→“重置”菜单命令重新设置场景。按快捷键〈8〉，打开“环境和效果”对话框，在“环境”选项卡中，单击“背景”选项组中的“环境贴图”下的“无”按钮，选择配套资源中的“素材文件\雪景.jpg”文件作为环境背景图片。

2）按〈M〉键，打开材质编辑器对话框，拖动“环境和效果”对话框中的“环境贴图”下方的“贴图”按钮到材质编辑器中的一个空白示例球上，在弹出的对话框中选择“实例”单选按钮，然后单击“确定”按钮。进入材质编辑器，在“坐标”卷展栏中，选择“贴图”下拉列表中的“屏幕”选项，如图 10-2 所示。

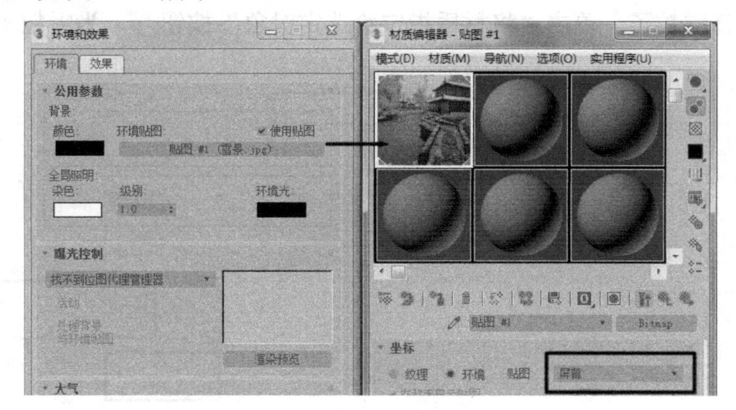


图 10-2　设置环境背景

3）激活透视图，选择“视图”→“视口背景”→“配置视口背景”菜单命令，在弹出的“视口配置”对话框中，选择“使用环境背景”单选按钮，单击“应用到活动视图”按钮，最后单击“确定”按钮，如图 10-3 所示。

4）创建雪粒子。依次选择“创建”面板+→“几何体”●→“粒子系统”→“雪”，在顶视图中拖动鼠标创建雪粒子。拖动时间轴上的时间滑块到中间位置，使用主工具栏上的移动和旋转工具按钮调整雪粒子的位置和方向，观察透视图中雪粒子的飘落效果，如图 10-4 所示。

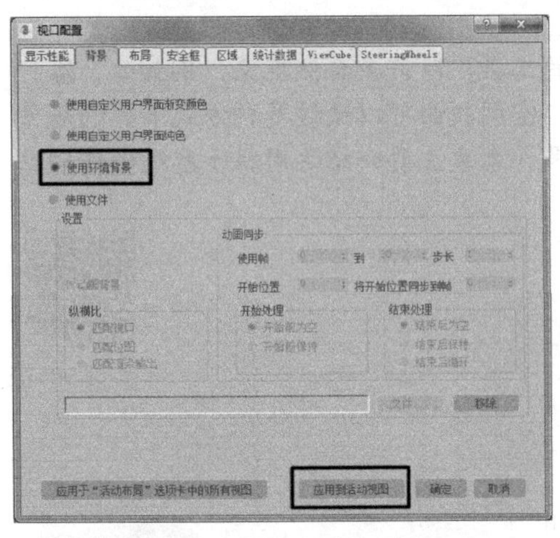


图 10-3 “视口配置”对话框

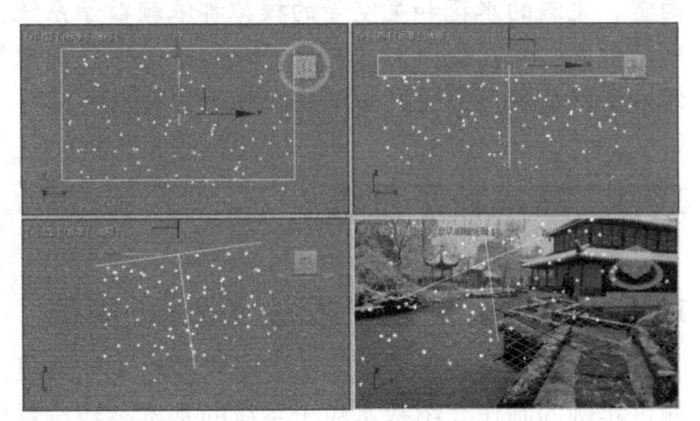

图 10-4 创建并调整雪粒子位置

5）保持雪粒子的选中状态，切换到“修改”面板，在“参数”卷展栏中设置“视口计数”为 500，“渲染计数”为 500，“雪花大小”为 1.5，“速度”为 8，“变化”为 4，在“渲染”选项组中选择“面”单选按钮，在“计时”选项组中设置“开始”为-50，“寿命”为 60，如图 10-5 所示。

6）制作雪粒子材质。按〈M〉键，在材质编辑器中选择一个空白示例球，将材质命名为“雪花”，在“Blinn 基本参数”卷展栏中设置“漫反射”为白色（“红”“绿”“蓝”均为 255），“自发光”选项组中的“颜色”为 70。打开“贴图”卷展栏，单击“不透明度”通道后面的“无贴图”按钮，在弹出的“材质/贴图浏览器”对话框中，选择“渐变”贴图方式，在“渐变参数”卷展栏中设置“颜色 2 位置”为 0.7，在“渐变类型”选项组中选择“径向”单选按钮。在“噪波”选项组中设置“数量”为 0.4，“大小”为 0.3，如图 10-6 所示。在视图中选择雪粒子，单击“将材质指定给选定对象”按钮，为雪粒子指定材质。

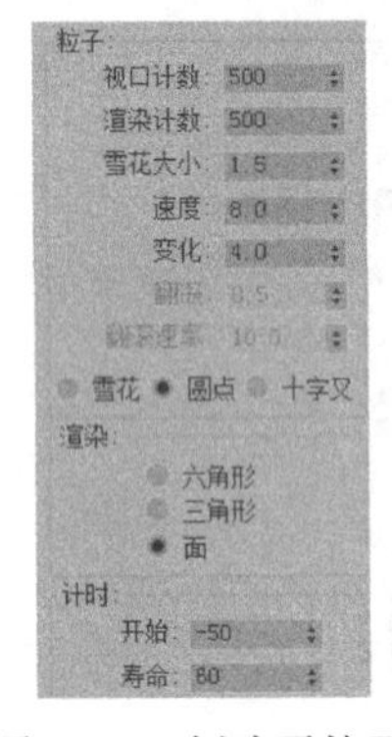


图 10-5 创建雪粒子

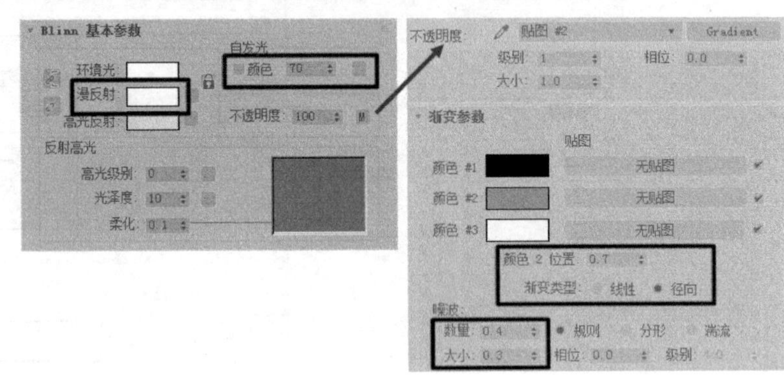


图 10-6 雪粒子材质

7）设置雪粒子的运动模糊。在视图中选择雪粒子并单击鼠标右键，在弹出的快捷菜单中选择“对象属性”命令。在“对象属性”对话框的“运动模糊”选项组中选择“图像”单选按钮，设置“倍增”为0.6，如图10-7所示。

8）将时间滑块移动至第40帧处，激活透视图，单击工具栏上的“快速渲染”按钮，渲染效果如图10-1所示。按〈F10〉键，打开“渲染设置：扫描线渲染器”对话框，设置渲染输出参数，如图10-8所示，并设置保存渲染动画的文件类型和位置，单击“渲染”按钮进行动画渲染输出。

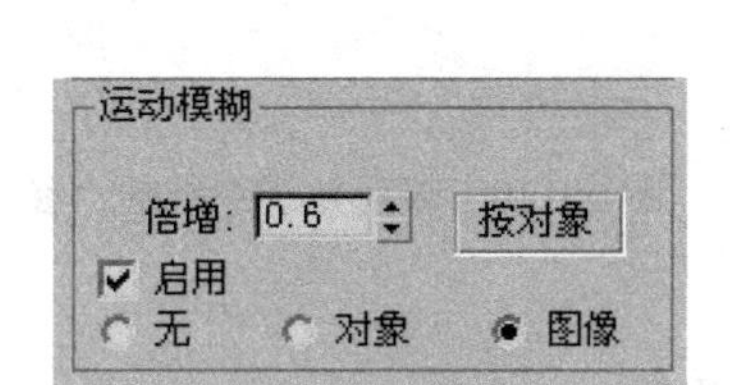


图10-7　添加运动模糊

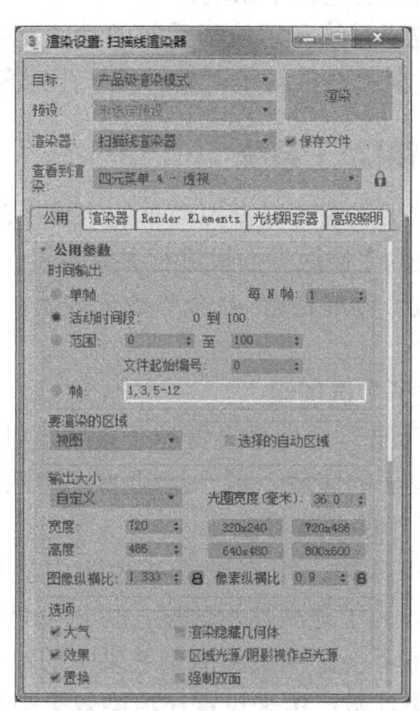


图10-8　设置渲染输出参数

## 10.1.2　粒子系统概述

所谓粒子系统是指由粒子对象发射的粒子的集合，主要用于大量对象群组动画的制作。使用粒子系统不仅可以模拟下雨、飘雪、落叶等自然现象，还可以制作鱼群游动、烟花爆炸等动画效果。

3ds Max提供了两种不同类型的粒子系统：事件驱动型和非事件驱动型。事件驱动粒子系统，又称为粒子流，它测试粒子属性，并根据测试结果将其发送给不同的事件。在非事件驱动粒子系统中，粒子通常在动画过程中显示一致的属性。本章主要介绍非事件驱动粒子系统的应用。

3ds Max的非事件驱动粒子系统主要包括喷射粒子系统、雪粒子系统、暴风雪粒子系统、粒子云系统、粒子阵列系统、粒子流源系统和超级喷射系统7类。喷射粒子系统和雪粒子系统是粒子系统中最简单、最基本的粒子类型，习惯上将它们称为基本粒子系统；暴风雪粒子系统、超级喷射粒子系统、粒子阵列系统和粒子云系统统称为高级粒子系统。

任何一种粒子系统都分为粒子发射器和粒子对象两个部分。创建一种粒子系统后粒子发射器作为一个整体对象，发射的粒子则是子对象。粒子发射器以图标的形式存在，不能被渲染，只能用于确定发射的粒子子对象的位置和方向。粒子系统类型的不同，粒子发射器图标的作用也会不同。创建一种粒子系统后，粒子发射器随着时间的推移而产生粒子子对象，在动画控制区拖动时间滑块或者单击"播放动画"按钮可以查看粒子的发射情况。这样可以为粒子系统设置两部分的动画。一方面可以将粒子发射器作为一个整体来设置它自身在场景中的运动动画，另一方面可以通过调整粒子对象的属性，控制粒子子对象的行为。

创建粒子系统的方法是：单击"创建"面板中的"几何体"按钮，然后在对象类型下拉列表中选择"粒子系统"，然后在"对象类型"卷展栏中选择要创建的粒子类型，如图 10-9 所示。然后在视图中拖动鼠标创建粒子系统。

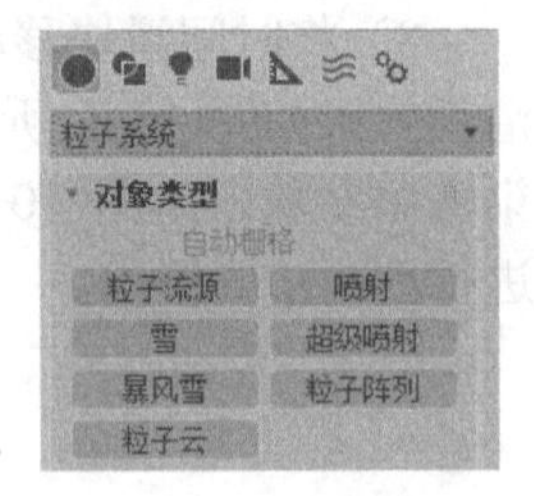

图 10-9　粒子系统类型

喷射粒子系统和雪粒子系统的功能比较类似，都是根据发射器的平面尺寸发射垂直的粒子对象，粒子子对象向一个恒定的方向发射。

### 10.1.3　喷射粒子系统

喷射粒子系统可以模拟简单的水滴下落效果，如下雨、喷泉等。喷射粒子系统创建完成后可以切换到"修改"面板进行参数设置，喷射粒子系统的"参数"卷展栏有 4 个参数选项组，如图 10-10 所示。

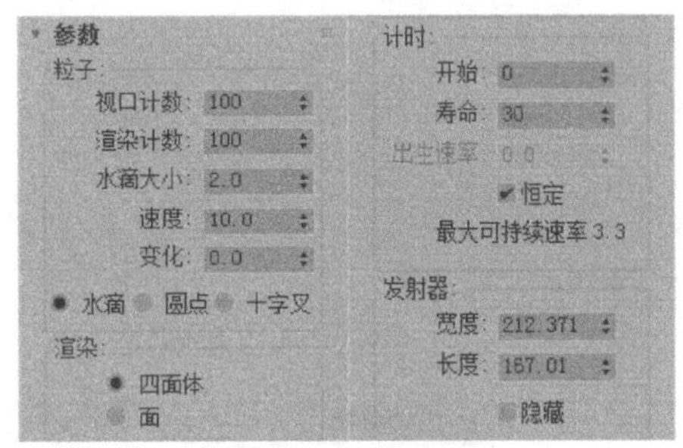

图 10-10　喷射粒子系统的"参数"卷展栏

#### 1."粒子"选项组

"粒子"选项组用于设置粒子系统发射器产生粒子的数量、粒子的速度、粒子运动的规律性以及显示效果等喷射粒子的基本参数。

- 视口计数：用来设置在视图中显示的粒子数量。为了提高显示速度，可以降低该数值。该数值不会影响最终渲染效果中的粒子数量。
- 渲染计数：用来设置在渲染效果中显示的粒子数量。
- 水滴大小：用来设置粒子的大小。改变该数值的设置将同时影响到视图和渲染输出的显示效果。
- 速度：设置粒子的运动速度，粒子以该速度值做匀速运动。
- 变化：用来改变粒子运动的速度和方向。数值越大，粒子喷射得越猛烈，喷射的范围越广。"变化"值设置为 0 和 5 的粒子喷射效果如图 10-11 所示。
- 水滴/圆点/十字叉：选择粒子在视图中的显示效果，该设置不影响粒子的渲染效果，如图 10-12 所示。

图 10-11　"变化"值为 0 和 5 时的效果

图 10-12　不同的粒子显示效果

**2.“渲染”选项组**

“渲染”选项组控制粒子最终的渲染效果，系统为喷射粒子提供了两种渲染类型，分别是四面体和面。“四面体”是喷射粒子的默认渲染效果，它模拟了水滴的效果；“面”是将粒子渲染为正方形面，面的边长由“水滴”大小确定，面粒子始终面向摄影机。

**3.“计时”选项组**

粒子的产生和消失是以帧为单位计量的，“计时”选项组用来设置粒子产生的时间以及粒子在场景中存活的时间。

- 开始：用来设置开始产生粒子的时间。如果设置为负值，则表示粒子在动画开始之前就已经发射。
- 寿命：设置每个粒子从产生到消失所经历的帧数。
- 出生速率：设置在每帧中产生新粒子的数量。如果该数值小于等于“速度”值，粒子系统将产生均匀的粒子流；如果该数值大于“速度”值，粒子系统将产生突发粒子流。
- 恒定：选择该复选框后，“出生速率”将不可用，粒子的出生速率设置为恒定。

**4.“发射器”选项组**

“发射器”选项组用来设置发射器的大小，发射器的大小决定了粒子发射的面积。“长度”和“宽度”分别设置发射器的长和宽。选择“隐藏”复选框会在视图中隐藏粒子发射器图标。实际上，无论是否隐藏，发射器都不会被渲染。

## 10.1.4 雪粒子系统

雪粒子系统主要用来制作雪花、纸屑等飘落的效果。雪粒子系统与喷射粒子系统的参数设置基本相同，不同之处有两点，一是粒子的形状不同，二是雪粒子系统可以使粒子对象在下落的同时进行旋转运动。雪粒子系统的“参数”卷展栏如图 10-13 所示，下面主要介绍雪粒子系统与喷射粒子系统不同参数的作用。

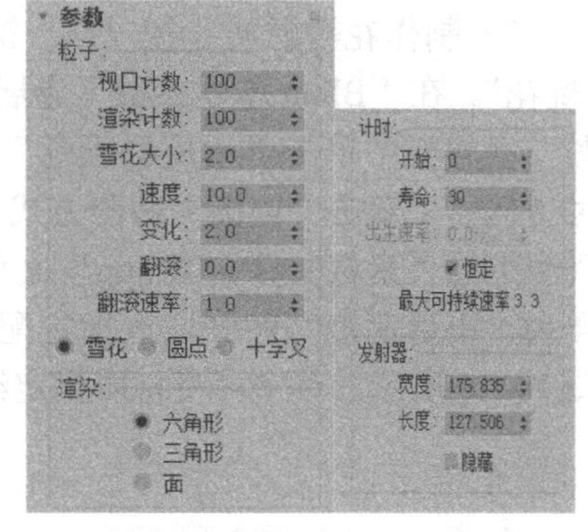


图 10-13　雪粒子系统的“参数”卷展栏

**1.“粒子”选项组**

雪粒子系统“粒子”选项组中的大部分参数与喷射粒子系统相同，不同的是增加了控制粒子在运动中旋转的参数。

- 雪花大小：用来设置雪花粒子的大小。
- 翻滚：用来设置产生随机旋转的雪花粒子的数量所占比例。数值为 0 时，所有粒子都不会旋转；数值为 1 时，所有粒子都会旋转。
- 翻滚速率：用来设置雪花粒子的旋转速率。数值越大，雪花粒子的旋转速度也越快。

**2.“渲染”选项组**

雪粒子系统“渲染”选项组的作用与喷射粒子系统相同，雪花粒子系统提供了 3 种粒子的渲染形状，有 2 种形状不同于喷射粒子系统。

- 六角形：该形状是雪花粒子的默认渲染形状，将雪花粒子渲染为六角形，可以为雪花粒子的每个侧面指定一种材质。
- 三角形：将三角形作为雪花粒子的渲染形状，只可以对三角形的一个侧面指定材质。

## 10.2 高级粒子系统

实例 10-2

### 10.2.1 【实例 10-2】花瓣雨的制作

本实例利用暴风雪粒子系统作为发射器来模拟花瓣飘落的效果。通过实例的制作，介绍暴风雪系统、超级喷射粒子系统、粒子云系统和粒子阵列系统等高级粒子系统的基本参数设置和应用范围。花瓣雨的效果如图 10-14 所示。

1）制作花瓣对象。依次选择“创建”面板→“几何体”→“标准基本体”→“平面”，在顶视图中创建平面对象，设置“长度”为 4，“宽度”为 6，将其命名为“花瓣”。

2）选择“修改”面板，在“修改器列表”下拉列表中选择“弯曲”修改器，在“参数”卷展栏中设置“角度”和“方向”均为 90，选取“弯曲轴”选项组中的“Y”单选按钮，如图 10-15 所示。

图 10-14 花瓣雨效果

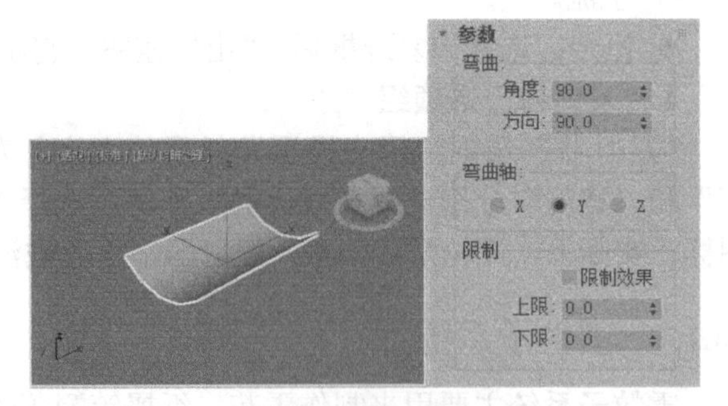


图 10-15 制作花瓣对象

3）制作花瓣材质。按〈M〉键，在材质编辑器中选择一个空白示例球，将材质命名为“桃花”。在“Blinn 基本参数”卷展栏中设置“自发光”选项组中的“颜色”为 100。在“贴图”卷展栏中单击“漫反射颜色”右侧的“无贴图”按钮。在打开的“材质/贴图浏览器”对话框中，双击“位图”贴图方式，在随后打开的“选择位图图像文件”对话框中选择配套资源中的“素材文件\花瓣.jpg”文件，单击“打开”按钮。单击“转到父对象”按钮，同样为“不透明度”贴图通道指定配套资源中的“素材文件\花瓣 wb.jpg”文件，材质设置如图 10-16 所示。单击“将材质指定给选定对象”按钮，将桃花材质指定给花瓣对象。

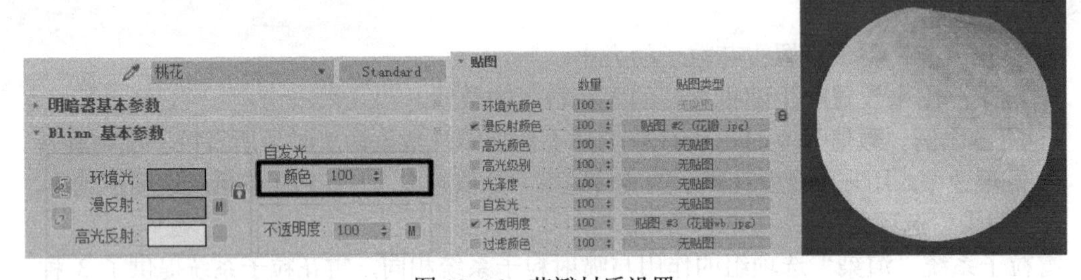


图 10-16 花瓣材质设置

4）参考【实例 10-1】，选择配套资源中的“素材文件\落英缤纷.jpg”文件设置环境背景，并在透视图中显示环境背景图像。单击动画控制区中的“时间配置”按钮，在弹出的“时间配置”对话框中设置“长度”为 200，单击“确定”按钮。

5）创建暴风雪粒子系统。选择“创建”面板 → “几何体” → “粒子系统” → “暴风雪”，在顶视图中拖动鼠标创建暴风雪粒子系统，效果如图 10-17 所示。打开材质编辑器，将桃花材质指定给暴风雪粒子。

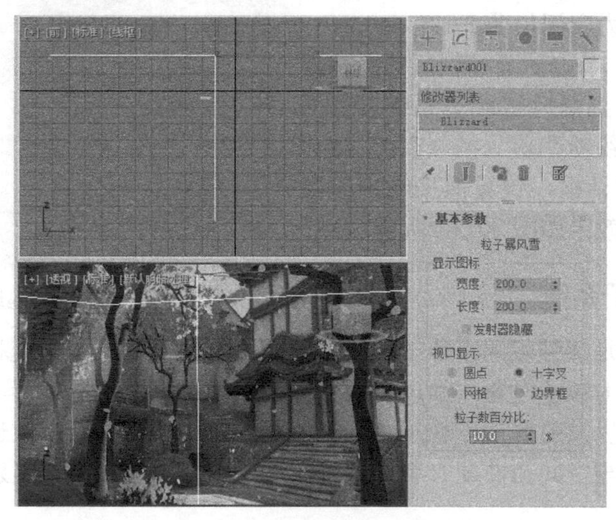


图 10-17　创建暴风雪粒子系统

6）切换到“修改”面板，在“基本参数”卷展栏中设置“粒子数百分比”为 100，并选择“网格”单选按钮。打开“粒子类型”卷展栏，选择“实例几何体”单选按钮，并单击“拾取对象”按钮，在视图中拾取花瓣对象。打开“粒子生成”卷展栏，在“粒子数量”选项组中选择“使用速率”单选按钮并设置数量为 4；在“粒子运动”选项组中，设置“速度”为 2，“变化”为 20，“翻滚”为 0.2，“翻滚速度”为 0.1，在“粒子计时”选项组中，设置“发射开始”为-80，“发射停止”为 200，“显示时限”为 200，“寿命”为 200；在“粒子大小”选项组中，设置“大小”为 0.5，“变化”为 10，“增长耗时”为 0，“衰减耗时”为 0。参数设置如图 10-18 所示。

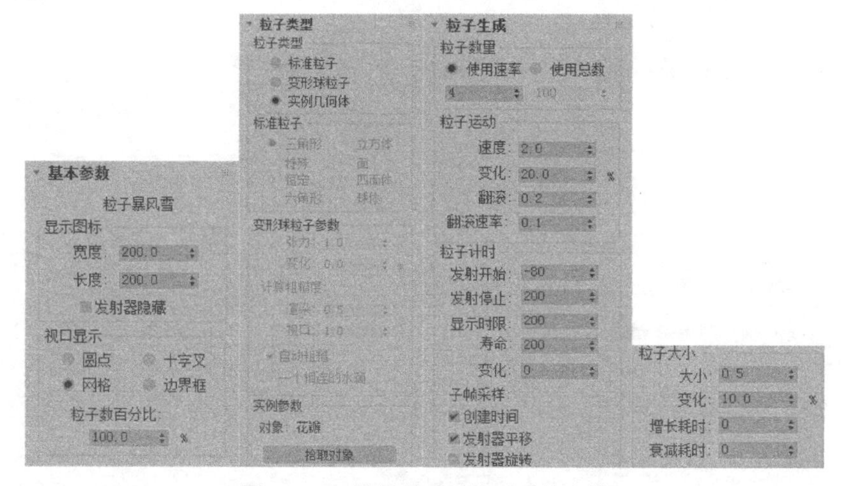


图 10-18　设置暴风雪粒子系统参数

7）依次选择“创建”面板 → “空间扭曲”按钮 → “力” → “风”，在左视图中创建风，并在“参数”卷展栏中设置“强度”为 0.01，“湍流”为 0.06，“频率”为 0.05，如图

10–19 所示。

8）单击主工具栏中的“绑定到空间扭曲”按钮，在视图中拖动风对象到暴风雪粒子上，将粒子绑定到风力空间扭曲上。

9）激活透视图，单击动画控制区的“播放动画”按钮，可以看到暴风雪粒子系统发射的花瓣在风力的作用下纷纷飘落。按〈F10〉键，打开“渲染设置”对话框，设置渲染输出参数后，动画渲染输出，效果如图 10–14 所示。

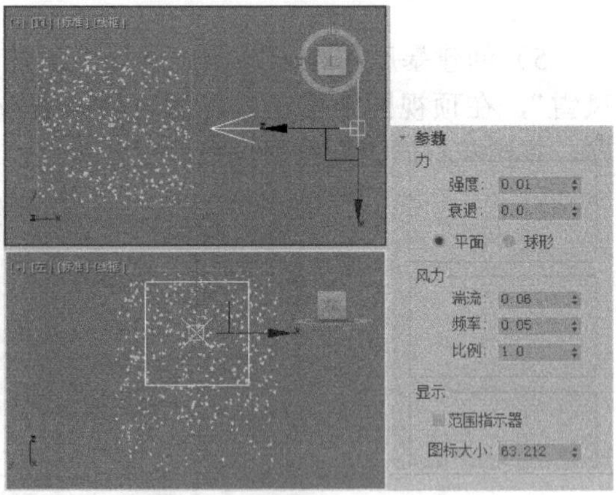

图 10–19　创建风力空间扭曲

## 10.2.2　暴风雪粒子系统

暴风雪粒子系统是加强版的雪粒子系统，其基本特性与雪粒子系统相同，都是通过发射器平面向指定方向发射粒子对象。暴风雪粒子系统除了可以发射三角形、六角形等固定形状的标准粒子外，还可以发射变形球粒子和几何体对象等粒子，并且参数也更加丰富，功能更加强大。暴风雪粒子与空间扭曲配合制作鱼群游动、液体流动、火花喷射和花瓣随风飘舞等效果。

依次选择“创建”面板→“几何体”→“粒子系统”→“暴风雪”，拖动鼠标就可以在视图中创建暴风雪粒子系统，暴风雪粒子系统的常用参数卷展栏如图 10–20 所示。暴风雪粒子系统的参数很多，其中一些参数在其他高级粒子系统中也存在，作用也基本相同。下面主要介绍暴风雪粒子系统的常用参数设置。

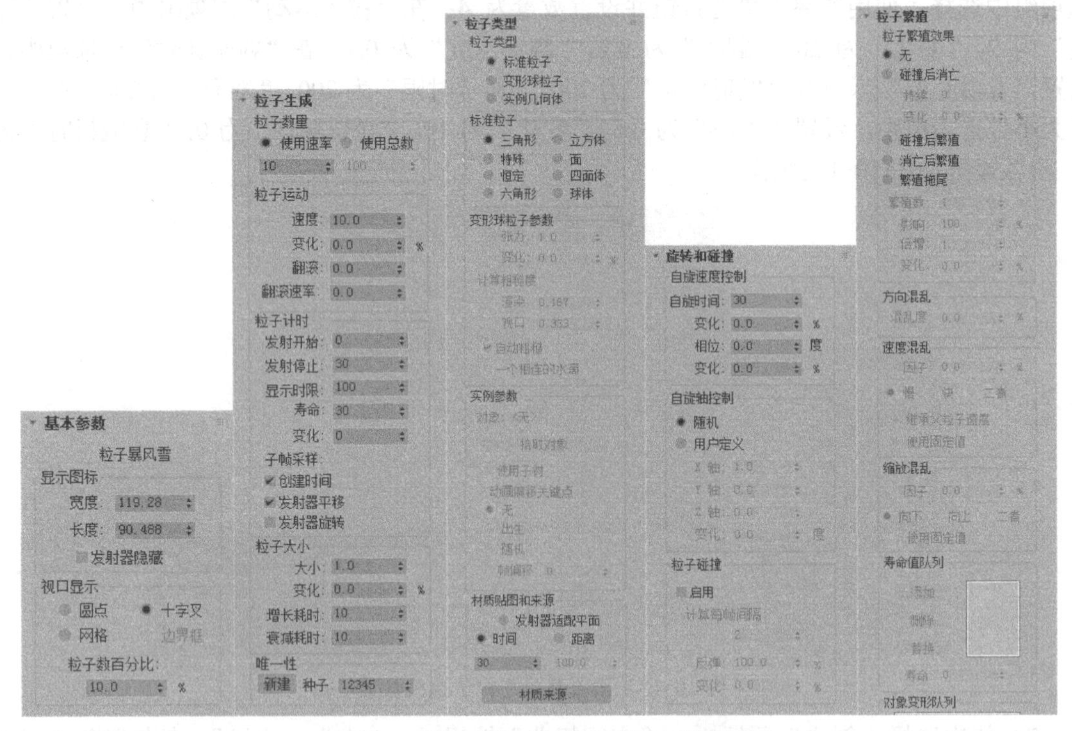

图 10–20　暴风雪粒子系统的常用参数卷展栏

**1.“基本参数”卷展栏**

该卷展栏主要用于设置发射器和视图中粒子显示的相关属性。“显示图标”选项组中的参数与雪粒子系统基本相同。在“视口显示”选项组中可设置粒子在视图中显示的形状，除去与雪粒子相同的“圆点”“十字叉”“网格”选项外，还多一个“边界框”的选项。“粒子数百分比”用于设置视图中显示的粒子数量占实际渲染的粒子数量的百分比。“视口显示”和“粒子数百分比”只与视图显示效果有关，与最后的渲染效果无关。

📖 **小技巧**

粒子的显示方式的选择要根据场景的需要，并考虑系统的配置情况。例如在设置粒子的数量、速度和计时等参数时只需要注意粒子发射的情况，可以选择显示速度较快的“圆点”或“十字叉”方式；当调整粒子的形状和尺寸等参数时，可以使用“网格”方式。

**2.“粒子生成”卷展栏**

“粒子生成”卷展栏用于设置粒子对象的生成数量和生成时间等属性。

- “粒子数量”选项组：用于设置粒子产生的数量。设置粒子数量有“使用速率”和“使用总数”两种方式。选择“使用速率”方式后，需要设置每帧发射粒子的固定数量；选择“使用总数”方式后，则要设置发射粒子的总数。
- “粒子运动”选项组：该选项组的参数与雪粒子系统完全相同。
- “粒子计时”选项组：用于设置粒子生存周期的相关参数。“发射开始”用于设置开始发射粒子的时间，将数值设置为负值，可以使动画在开始时已经有粒子反射。“发射停止”用于设置发射器停止发射粒子的时间。“显示时限”用于设置终止显示粒子的时间。“寿命”用于设置每个粒子存活的时间。“变化”用于设置粒子寿命的变化程度。
- “粒子大小”选项组：用于设置粒子对象大小相关的属性。“大小”用于设置粒子对象的大小。“变化”用于设置粒子对象大小尺寸变化的程度，例如取值为 20 时，表示有 20%的粒子尺寸发生了变化。“增长耗时”用于设置粒子从发射时的最小尺寸增长到标准尺寸所需要的时间；“衰减耗时”用于设置粒子从标准尺寸逐渐变小直至消失所需要的时间。

**3.“粒子类型”卷展栏**

“粒子类型”卷展栏用于设置粒子对象的类型和形状以及材质等属性。

- “粒子类型”选项组：用于设置粒子的基本类型。在“粒子类型”选项组中有三种粒子形状供选择，选择某种粒子形状的方式后，可以在下面相应的选项组中进行粒子形状的详细设置，其中“标准粒子”是系统默认的粒子类型。
- “标准粒子”选项组：系统提供了“三角形”“立方体”“特殊”“面”“恒定”“四面体”“六角形”“球体”8 种标准形状的粒子。
- “变形球粒子参数”选项组：变形球粒子在发射过程中可以相互碰撞、融合，常用于模拟液体的效果。“变形球粒子参数”选项组就是用来对变形球粒子的属性进行设置的。“张力”用于设置变形球粒子之间的紧密程度，数值越小，粒子之间越容易融合。“变化”用于设置“张力”参数值的变化程度。“渲染”和“视口”可分别设置渲染结果和视图中粒子显示的粗糙程度。如果“自动粗糙”复选框为选中状态，则“渲染”和“视口”不可用，系统自动计算粗糙值。选择“一个相连的水滴”复选框后，系统将所有融合的粒子结合成一个粒子。
- “实例参数”选项组：用于选中“实例几何体”粒子类型后的相关粒子属性的设置。

"实例几何体"类型可以使用场景中的任何模型作为粒子对象的形状，而且还可以继承模型的层级关系和动画。利用实例几何体，可以方便地制作造型复杂对象的集群运动效果，例如奔跑的兽群等。单击"拾取对象"按钮后，可以在场景中选择对象作为粒子对象。选中"使用子树"复选框后，将选中的对象连同它的子对象一起作为粒子对象。

**4."旋转和碰撞"卷展栏**

"旋转和碰撞"卷展栏用于设置粒子对象自身旋转和碰撞的相关参数。

- "自旋速度控制"选项组：用于设置粒子旋转运动的相关选项。"自旋时间"用于设置粒子对象自旋一周需要的时间；"变化"用于设置粒子对象自旋运动变化的程度。"相位"用于设置粒子对象出生时的旋转角度；"变化"用于设置粒子对象的相位变化程度。
- "自旋轴控制"选项组：用于设置粒子自旋轴的相关参数。若选中"随机"单选按钮，则粒子对象随机地确定旋转的轴向；选中"用户定义"单选按钮后，用户可以自行定义粒子旋转的轴向，下面的"X 轴""Y 轴""Z 轴"用来具体设置旋转的轴向。
- "粒子碰撞"选项组：用于设置粒子对象在运动过程中发生碰撞的相关参数。选择"启用"复选框后，将开启粒子对象的碰撞功能，设置相关的碰撞参数。"计算每帧间隔"用于设置每帧动画中粒子碰撞的次数。"反弹"用于设置粒子碰撞后发生速度恢复的程度。"变化"用于设置粒子反弹值随机变化的百分比。

**5. 其他卷展栏**

"对象继承"卷展栏用于设置粒子对象跟随发射器运动的属性，即设置发射器运动时如何影响粒子对象的运动。通常取默认值就可以达到真实的运动效果。

"粒子繁殖"卷展栏用于设置粒子对象繁殖的相关参数。粒子繁殖是指粒子对象在消亡或发生碰撞后产生新的粒子。粒子繁殖有 4 种方式，选择"碰撞后消亡"单选按钮，粒子将在碰撞后持续一定时间然后消失；选择"碰撞后繁殖"单选按钮，粒子在碰撞后将繁殖产生新的次粒子对象；选择"消亡后繁殖"单选按钮，粒子在寿命结束后将产生次粒子对象；选择"繁殖拖尾"单选按钮，粒子对象将在寿命的每一帧都产生繁殖。繁殖的次粒子对象在运动速度、运动方向和大小尺寸上可以设置相对父粒子对象产生变化的程度。

### 10.2.3 超级喷射粒子系统

超级喷射粒子系统是喷射粒子系统的增强版本，但与喷射粒子系统不同的是，超级喷射粒子系统将从一个点向外发射粒子对象，产生线性或锥形的粒子流。超级喷射粒子系统常用来制作引擎喷火、喷泉等特效。

创建超级喷射粒子系统后，可以看到超级喷射粒子系统与暴风雪粒子系统相似的参数，其常用参数卷展栏如图 10-21 所示，其中"粒子生成""粒子类型""旋转和碰撞""粒子繁殖"卷展栏的参数与暴风雪粒子系统相同，具体含义与作用可以参考暴风雪粒子系统的相关介绍。图 10-22 为超级喷射粒子以球体为粒子对象的发射效果。

**1."基本参数"卷展栏**

"基本参数"卷展栏中的"粒子分布"选项组用来设置超级喷射粒子发射的粒子群的形态。

- 轴偏离：用于设置粒子与发射器中心 Z 轴的偏离角度，产生斜向的喷射效果。
- 扩散：用于设置粒子发射后在 Z 轴方向上散开的角度。

● 平面偏离：用于设置粒子在发射器平面上的偏离角度。

● 扩散：用于设置粒子发射后在发射器平面上散开的角度，产生空间喷射。

图 10-21　超级喷射粒子系统的常用参数卷展栏

**2.“气泡运动”卷展栏**

“气泡运动”卷展栏如图 10-23 所示，它用来设置粒子运动过程中产生摇摆的效果，可以用来模拟气泡在水中摇摆上升的效果。

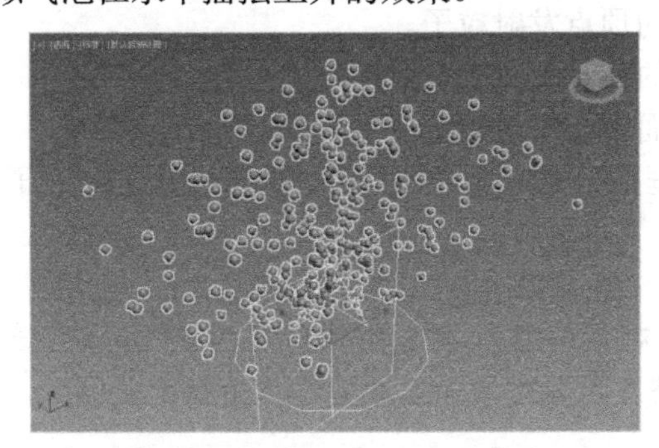

图 10-22　超级喷射粒子发射效果

图 10-23　“气泡运动”卷展栏

● 幅度：用于设置粒子对象进行左右摇摆的幅度。

● 变化：用于设置粒子对象摇摆幅度的变化程度。

● 周期：用于设置粒子对象摇摆一个周期所用的时间。

● 变化：用于设置粒子对象摇摆周期的变化程度。

● 相位：用于设置粒子对象在初始状态下偏离喷射方向的位移。

● 变化：用于设置粒子对象相位的变化程度。

### 10.2.4 粒子阵列系统

粒子阵列系统没有固定形状的发射器，以一个三维对象作为发射器，从它的表面向外发射粒子。粒子阵列系统发射的粒子可以是标准粒子、变形球粒子和实例几何体，还可以是发射器对象的碎片。使用粒子阵列系统可以将发射器对象的外表面分解成不规则的碎片向外发射，因此可以用来模拟对象爆炸或粉碎成碎片的效果。图 10-24 为利用粒子阵列系统制作出的茶壶碎裂效果。

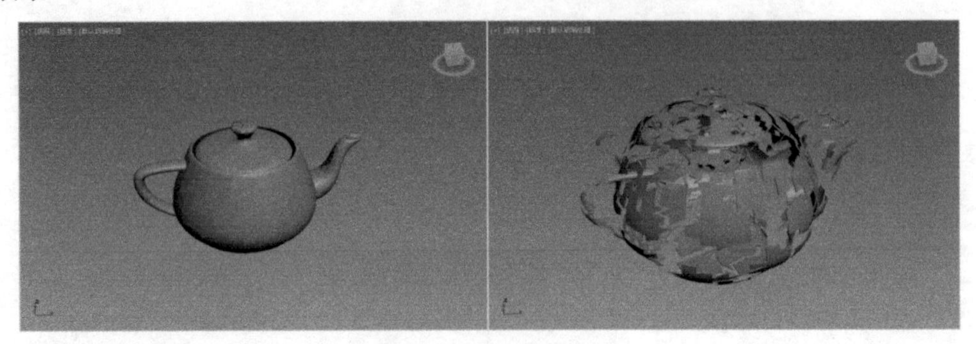

图 10-24 茶壶碎裂效果

**1.“基本参数”卷展栏**

粒子阵列系统的“基本参数”卷展栏如图 10-25 所示。

“基于对象的发射器”选项组用于选取作为发射器的对象。单击“拾取对象”按钮就可以在视图中选择要作为发射器的对象。

“粒子分布”选项组用于设置发射器的粒子发射分布方式，即粒子从发射器的什么部位发射，粒子阵列系统共有 5 种发射分布方式。

- 在整个曲面：从对象表面发射粒子。
- 沿可见边：沿发射器对象的可见边发射粒子。
- 在所有的顶点上：沿发射器对象的顶点发射粒子。
- 在特殊点上：沿发射器对象指定的特殊顶点上发射粒子。
- 在面的中心：从发射器对象的表面中心发射粒子。
- 使用选定子对象：选择该复选框后，粒子阵列使用发射器对象选定的子对象发射粒子。

📖 小技巧

当在“粒子类型”卷展栏中选择“对象碎片”单选按钮后，“粒子分布”选项组不可用，粒子阵列系统不再发射粒子，而是将发射器对象分裂成碎片作为粒子发射。

**2.“粒子类型”卷展栏**

粒子阵列系统的“粒子类型”卷展栏如图 10-26 所示，其中“粒子类型”选项组增加了“对象碎片”单选按钮，选中该单选按钮后，会激活“对象碎片控制”选项组，在该选项组中可以设置对象所产生的碎片效果。

- 厚度：用于设置碎片的厚度。
- 所有面：用于设置构成对象的所有三角面分裂成碎片。
- 碎片数目：用于设置碎片的数量，值越小，碎片越少且越大。
- 平滑角度：设置根据对象表面平滑度来产生碎片，角度值越小，对象表面分裂得越碎。

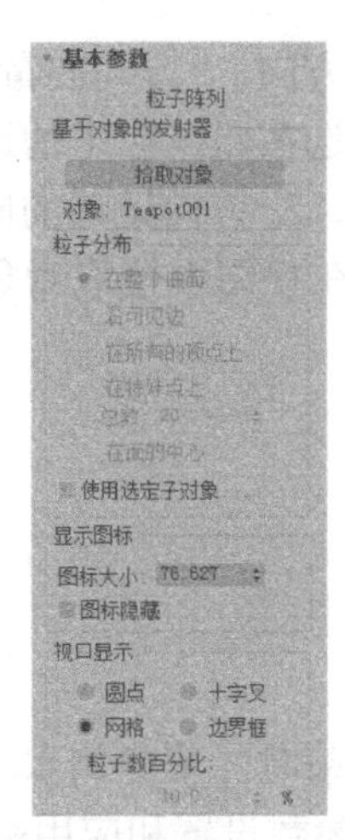


图 10-25　粒子阵列系统的“基本参数”卷展栏

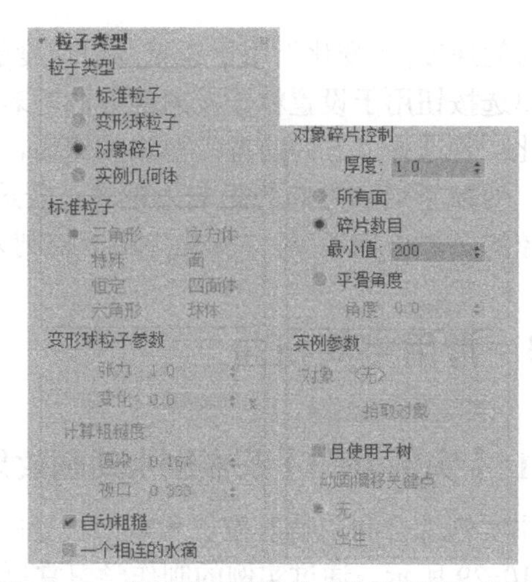


图 10-26　粒子阵列系统的“粒子类型”卷展栏

## 10.2.5　粒子云系统

粒子云系统可以在一个设置的空间范围内产生粒子，粒子的空间形状可以是标准几何体或者自制的三维模型。粒子云有多种造型，常用来制作堆积在一起的不规则群体，例如云团、石块等；可以让粒子从三维模型中流出，制作水滴下落的效果；还可以将三维模型作为发射器，制作群体运动的动画效果。

粒子云系统的很多参数都与其他的高级粒子系统相似，下面主要介绍粒子云系统不同于其他高级粒子系统的参数。

**1.“基本参数”卷展栏**

粒子云系统的“基本参数”卷展栏如图 10-27 所示。

在“粒子分布”选项组中可以选择粒子云的发射器，其中有“长方体发射器”“球体发射器”“圆柱体发射器”“基于对象的发射器”4 个选项，各种发射器图标如图 10-28 所示。当选中“基于对象的发射器”单选按钮后，可以单击“拾取对象”按钮，在视图中选取对象作为发射器。

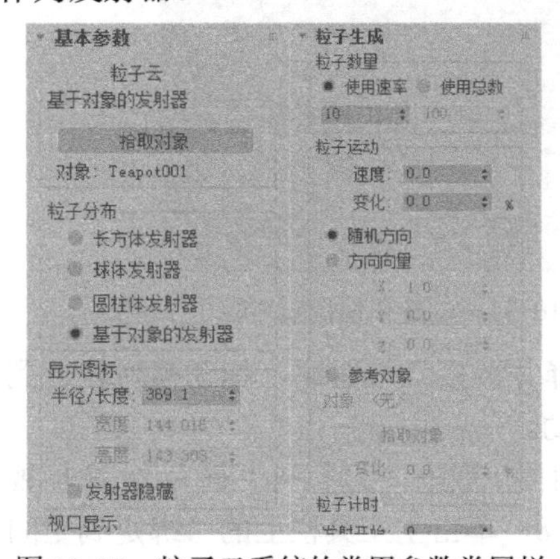


图 10-27　粒子云系统的常用参数卷展栏

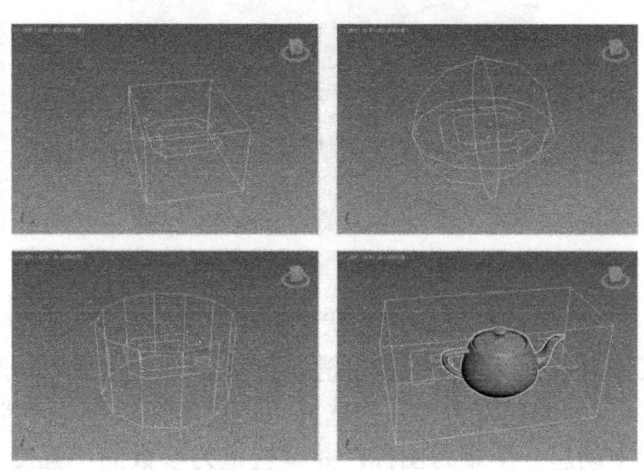

图 10-28　发射器图标

**2.“粒子生成”卷展栏**

“粒子生成”卷展栏如图 10-27 所示。在“粒子运动”选项组中，“速度”用于设置粒子发射时的速度；“变化”用于设置发射速度的变化百分比。“随机方向”“方向向量”“参考对象”单选按钮用于设置粒子发射的方向。若选择“随机方向”单选按钮，粒子的运动方向随机变化；若选择“方向向量”单选按钮后，则为粒子指定 X、Y、Z 方向运动的向量值，值越大，对粒子运动方向的影响力越大；若选择“参考对象”，则在视图中拾取对象，粒子沿该对象的 Z 轴方向运动，“变化”用于控制方向变化的百分比。

## 10.3 常用空间扭曲

实例 10-3

### 10.3.1 【实例 10-3】茶壶倒水动画效果的制作

本实例综合利用喷射粒子和重力、导向板空间扭曲来制作斟茶时的茶壶倒水动画效果，如图 10-29 所示。通过实例的制作学习掌握各种常用空间扭曲的参数设置和应用范围。

图 10-29　茶壶倒水动画效果

1）选择“文件”→“打开”菜单命令，在弹出的对话框中选择配套资源中的原场景文件 10-3 斟茶原文件.max，如图 10-30 所示。

2）创建茶壶的水流。依次选择“创建”面板 → “几何体” → “粒子系统” → “喷射”，在顶视图中茶壶嘴位置创建与茶壶嘴大小相似的喷射粒子，拖动时间滑块，发现喷射粒子向下发射，使用主工具栏上的镜像按钮沿 Z 轴镜像喷射粒子使粒子向壶嘴上方发射，如图 10-31 所示。

图 10-30　原场景文件

图 10-31　创建并镜像喷射粒子

3）保持粒子的选中状态，单击主工具栏上的“选择并链接”按钮，拖动喷射粒子到茶壶对象上，将喷射粒子链接到茶壶上，随茶壶一起移动。

4）创建重力。依次选择“创建”面板 → “空间扭曲” → “力” → “重力”，在顶视图中创建一个重力图标，并设置重力参数的“强度”为 8。单击主工具栏上的“绑定到空间扭曲”按钮，在视图中拖动喷射粒子到重力图标上，此时粒子绑定到重力上，虽然向上发射，但受重力作用向下流动，如图 10-32 所示。

5）制作茶壶移动倒茶动画。选择茶壶对象，单击动画控制区中的“自动关键点”按钮，将时间滑块移动到第 30 帧处。使用移动和旋转按钮，在视图中调整茶壶的位置和方向，如图 10-33 所示。再次单击“自动关键点”按钮，退出自动关键帧状态。

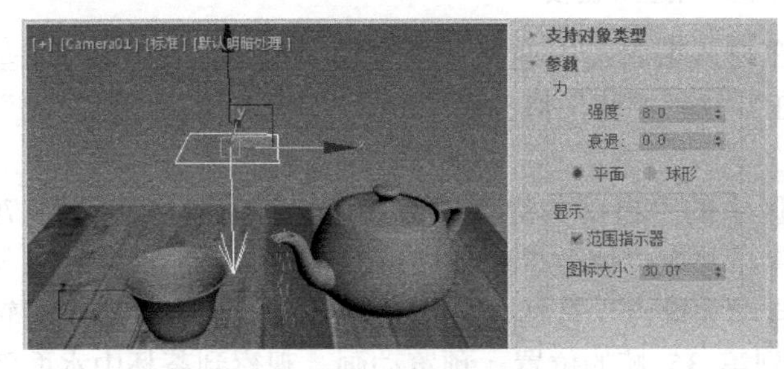

支持对象类型
参数
力
强度: 8.0
衰退: 0.0
平面
球形
显示
范围指示器
图标大小: 30.07
图 10-32　创建重力并绑定粒子

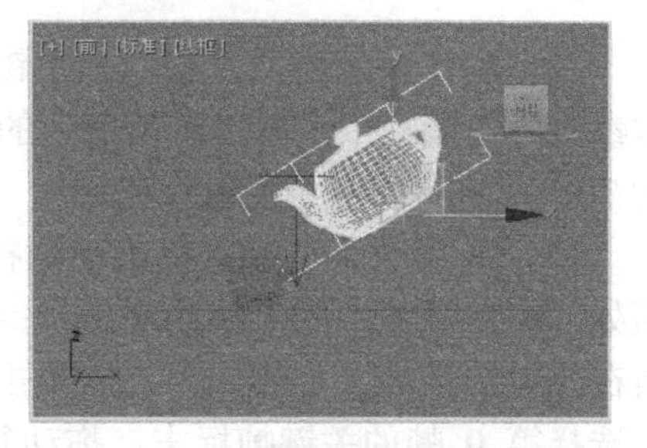

图 10-33　制作茶壶移动倒茶动画

6）调整喷射粒子发射时间。选择喷射粒子，在喷射粒子的“参数”卷展栏中修改粒子的“开始”为 30，预览动画，在第 30 帧茶壶移动到茶杯上方，发射粒子开始喷射，但粒子会穿透茶杯和桌面，一直向下流，如图 10-34 所示。

7）添加导向板阻止水流穿透茶杯。依次选择“创建”面板 → “空间扭曲” → “导向器” → “导向板”，在顶视图中创建一个导向板，使用移动按钮将其移动至茶杯底部位置，如图 10-35 所示。单击主工具栏上的“绑定到空间扭曲”按钮，在视图中拖动喷射粒子到导向板上。预览动画发现粒子被导向板阻止，水流不会再穿透茶杯，但会反弹出茶杯，如图 10-35 所示。

8）选择导向板，在导向板的“参数”卷展栏中设置“反弹”为 0.4，“摩擦力”为 70，使水流不会从茶杯中反弹出来，如图 10-36 所示。

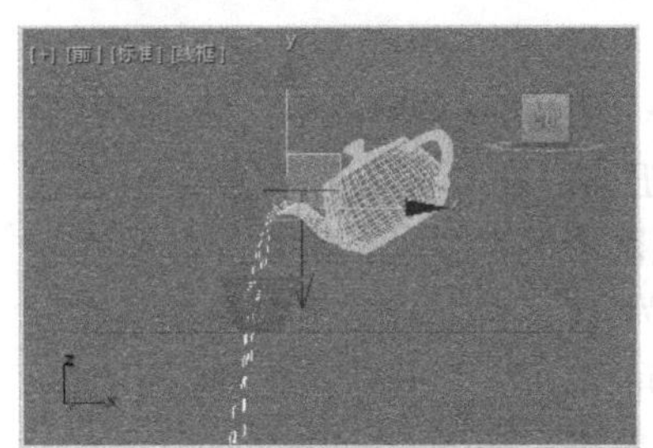

图 10-34　调整粒子发射时间

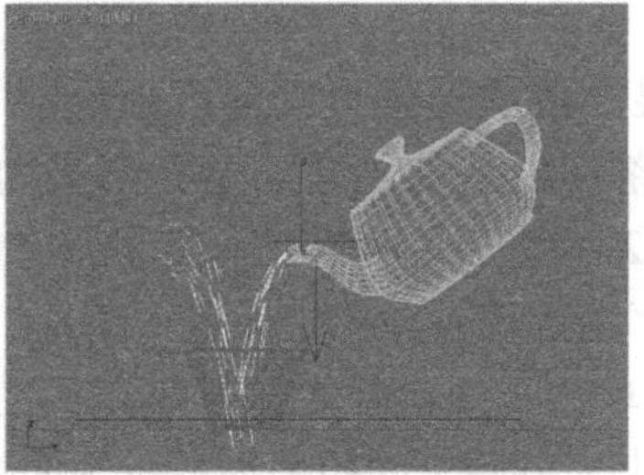

图 10-35　创建导向板并绑定粒子

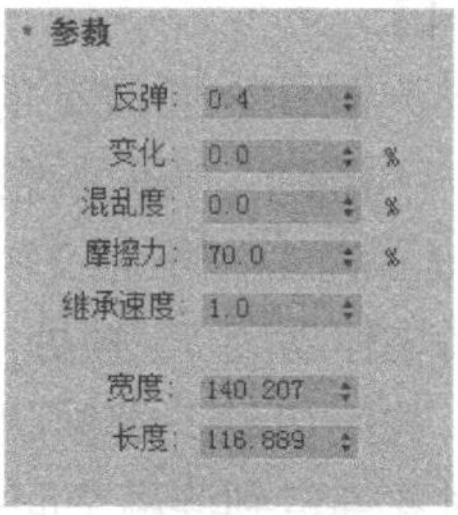

参数
反弹: 0.4
变化: 0.0 %
混乱度: 0.0 %
摩擦力: 70.0 %
继承速度: 1.0
宽度: 140.207
长度: 116.889
图 10-36　导向板的“参数”卷展栏

9）设置喷射粒子参数，调整水流状态。选择喷射粒子，在“修改”面板中设置喷射粒子的“渲染计数”为 600，选择“四面体”单选按钮。单击动画控制区中的“自动关键点”按钮，将时间滑块移动到 30 帧处，在“修改”面板中设置喷射粒子的“水滴大小”为 5；移动时间滑块到 80 帧处喷射粒子的“水滴大小”为 0；再次单击“自动关键点”按钮，关闭自动关键帧状态。保持喷射粒子选中状态，在时间轴上选择第 30 帧处的关键帧标志，按住〈Shift〉键，将 30 帧的关键帧标志拖动复制到 70 帧，如图 10-37 所示。此时，水流从 30 帧开始流出，70 帧后逐渐变小，至 80 帧停止流出。

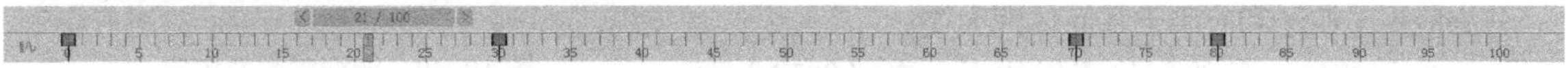

图 10-37　喷射粒子关键帧

10）设置茶壶倒水后的复位动画。在视图中选择茶壶对象，按住〈Shift〉键，在时间滑块上将 0 帧的关键帧标志复制到 100 帧，将 30 帧关键帧标志复制到 75 帧，如图 10-38 所示。

图 10-38　茶壶关键帧

11）制作茶水材质。按〈M〉键，在材质编辑器中选择一个空白实例球，在“Blinn 基本参数”卷展栏中设置“漫反射”的“红”“绿”“蓝”值分别 234、224 和 187，“自发光”为 70，并将材质赋予喷射粒子。

12）选择水面对象，单击动画控制区中的“自动关键点”按钮，将时间滑块移动到 70 帧处。在前视图中向上移动至适当的位置，并在“修改”面板中修改半径值，使水面对象与所在位置的茶杯大小相似，再次单击“自动关键点”按钮，关闭自动关键帧状态。在时间轴上选择第 0 帧的关键帧标志，拖动复制到第 35 帧的位置。预览动画，观察到茶杯中水面随茶壶倒水的动作逐渐上升，如图 10-39 所示。

图 10-39　茶壶水面上升效果

📖 小技巧

为了得到更形象的动画效果，可以为喷射粒子增加运动模糊效果，具体操作可参考【实例 10-1】。

13）制作水面波动的效果。依次选择“创建”面板＋→“空间扭曲”→“几何/可变形”→“涟漪”，在顶视图中茶杯位置处创建一个涟漪空间扭曲，在“参数”卷展栏中设置“振幅 1”为 1，“振幅 2”为 1.2，“波长”为 2。单击动画控制区中的“自动关键点”按钮，将时间滑块移动到 75 帧处，在“参数”卷展栏中设置“相位”为 10，再次单击“自动关键点”按钮，关闭自动关键帧状态。单击主工具栏上的“绑定到空间扭曲”按钮，在视图中拖动水面对象绑定到涟漪空间扭曲上。涟漪空间扭曲参数及水面对象绑定如图 10-40 所示。

14）按〈F10〉键，打开“渲染设置”对话框，设置渲染输出参数后，单击“渲染”按钮进行动画渲染输出，效果如图 10-29 所示。

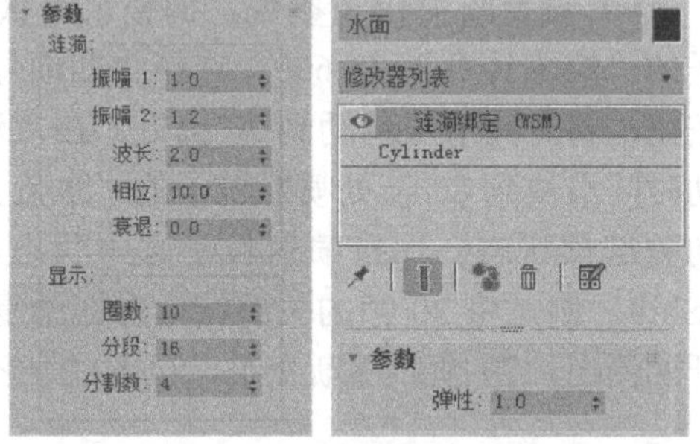


图 10-40　涟漪参数及绑定

## 10.3.2　空间扭曲概述

空间扭曲对象是一类在场景中影响其他对象的不可渲染对象。它能够创建力场使其他对象发生变形，主要用来影响空间对象的形状和位置，用于创建一些特殊效果，例如风吹、爆破、对象变形等。空间扭曲分为应用于粒子和应用于几何体两大类。

空间扭曲对象的创建流程如下。在“创建”面板＋中选择“空间扭曲”，在下拉列表中选择相应的空间扭曲类型，然后在视图中拖动鼠标，创建一个空间扭曲对象的图标，如图 10-41 所示。

空间扭曲只有与空间对象绑定后才能发挥作用。单击主工具栏上的“绑定到空间扭曲”按钮，在视图中拖动粒子对象或几何体对象到空间扭曲图标上，松开鼠标即完成绑定。将空间扭曲与对象绑定后，空间扭曲被记录在该对象的修改器堆栈中，在修改器堆栈中可以进行编辑，如图 10-42 所示。

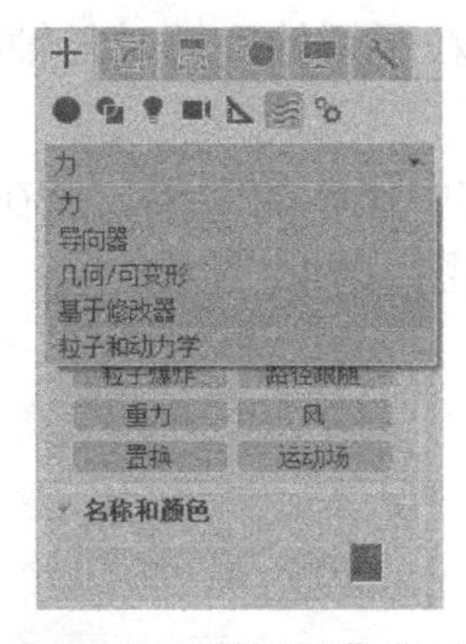


图 10-41　空间扭曲类型

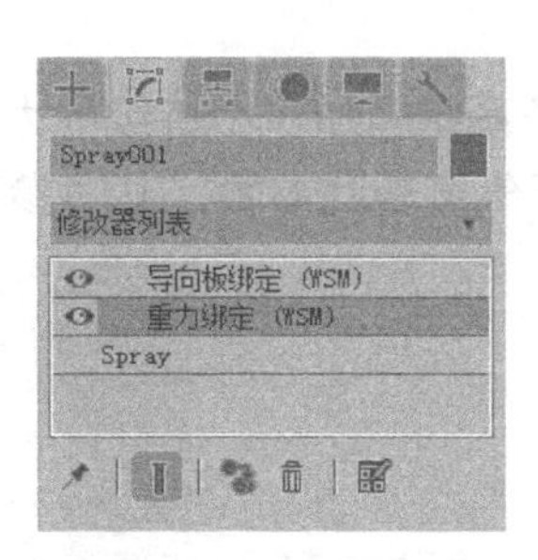


图 10-42　绑定空间扭曲

## 10.3.3　力空间扭曲

力空间扭曲是使其他对象变形的力场，包括多种用于模拟自然外力的工具，使对象的运动规律与现实更加贴近。力空间扭曲有推力、马达、漩涡、阻力、粒子爆炸、路径跟随、重力、风、置换和运动场 10 种类型，如图 10-43 所示。

**1．重力**

重力用于模拟地心引力对粒子系统的影响，使粒子沿着重力方向移动。重力具有方向性，沿重力箭头方向的粒子加速运动，反之呈减速运动。与自然界重力不同的是，3ds Max 中重力的方向和强度等都是可调的，重力的“参数”卷展栏如图 10-44 所示。

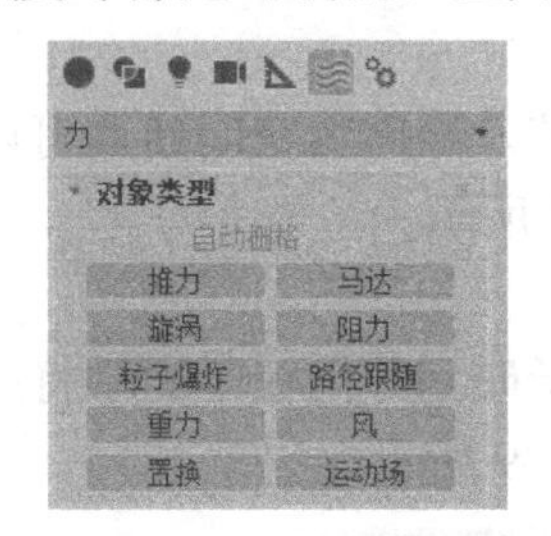


图 10-43　力空间扭曲类型

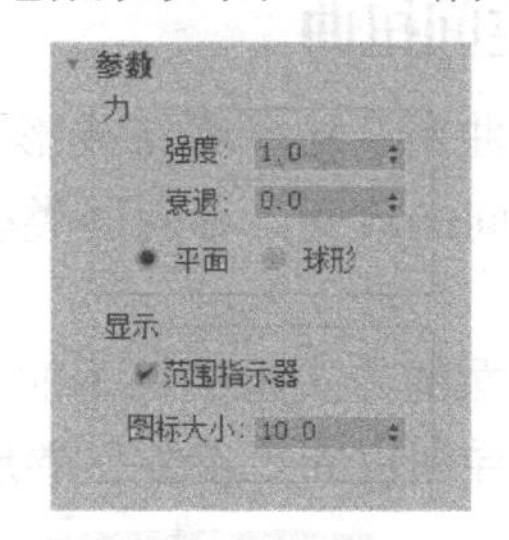


图 10-44　重力的“参数”卷展栏

- 强度：用于设置重力作用的强弱。
- 衰退：用于设置对象远离重力图标时重力作用的衰减速度。默认值为 0，表示重力以不变的强度作用于整个世界空间。
- 平面：将使用平面力场，粒子沿重力图标箭头方向运动。
- 球形：将使用球形力场，粒子沿球形图标运动。

**2．漩涡**

漩涡应用于粒子系统将会对粒子施加一个旋转的力，使粒子形成一个漩涡，经常用来模拟涡流、龙卷风和黑洞等。漩涡的“参数”卷展栏如图 10-45 所示。

- “计时”选项组：设置漩涡开始作用和结束作用的帧编号。
- “漩涡外形”选项组：用于控制漩涡的大小和形状。“锥化长度”用于设置漩涡的长度；“锥化曲线”用于设置漩涡的外形。

- “捕获和运动”选项组：其中包含一系列对漩涡进行控制的参数。若选中“无限范围”复选框，漩涡将在无限范围内起作用；“轴向下拉”用于设置粒子在漩涡的作用下，沿轴向下落的速度；“阻尼”用于定义轴向阻尼；“轨道速度”用于设置粒子在漩涡作用下旋转的速度；“径向拉力”用于设置粒子开始旋转时与轴间的距离。

**3．风**

风用于给粒子系统施加一个持续的力场，模拟现实中风吹的效果。风在效果上类似于重力，比重力增加了气流紊乱参数，其“参数”卷展栏如图 10-46 所示。

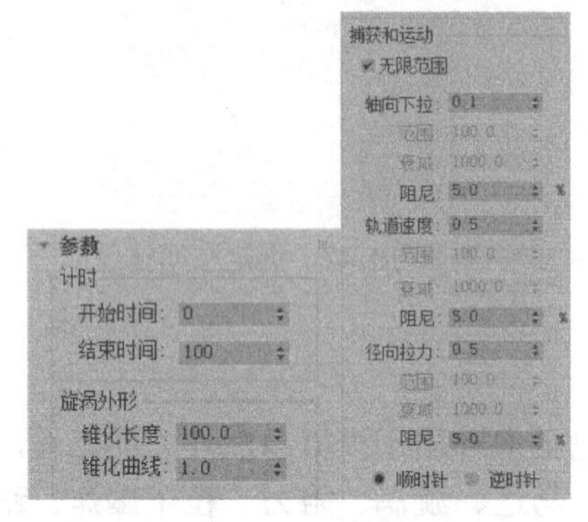

图 10-45　漩涡的“参数”卷展栏

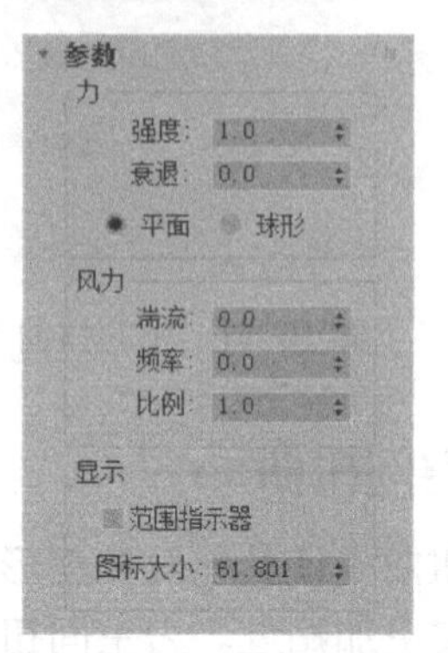

图 10-46　风的“参数”卷展栏

- 湍流：用于设置风的紊乱量，值越大，风向紊乱的效果越明显。
- 频率：用于设置动画中风的频率。
- 比例：用于设置风对粒子的作用程度。

## 10.3.4　导向器空间扭曲

导向器空间扭曲用于粒子系统或影响动力学系统。导向器空间扭曲可以使粒子系统受到阻挡，因而引起方向的改变，导向器类型如图 10-47 所示。

**1．导向板**

导向板将以平面的方式阻挡粒子的前进，当粒子碰到导向板平面时将产生反弹的效果，如图 10-48 所示。导向板的“参数”卷展栏如图 10-49 所示。

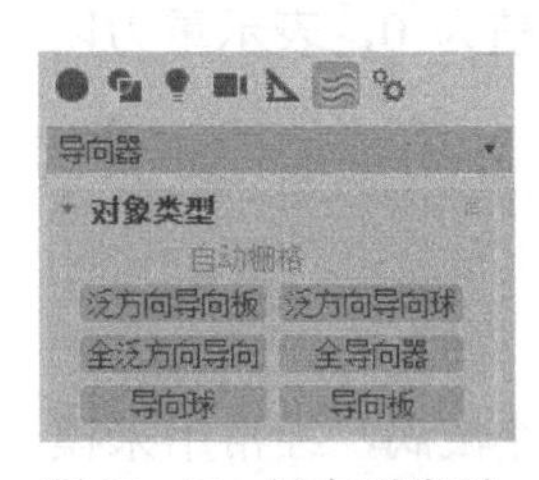

图 10-47　导向器类型

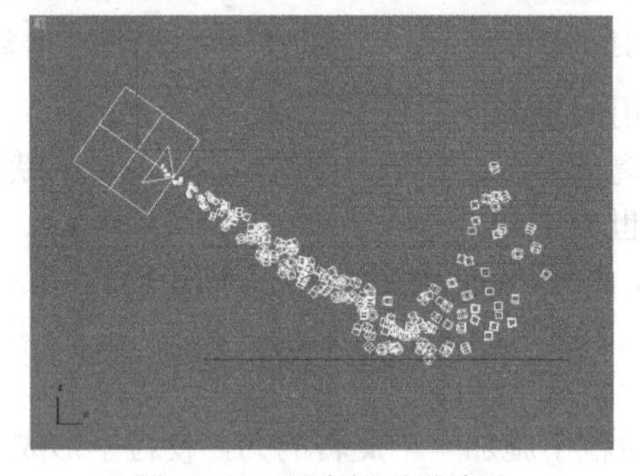
图 10-48　导向板反弹效果

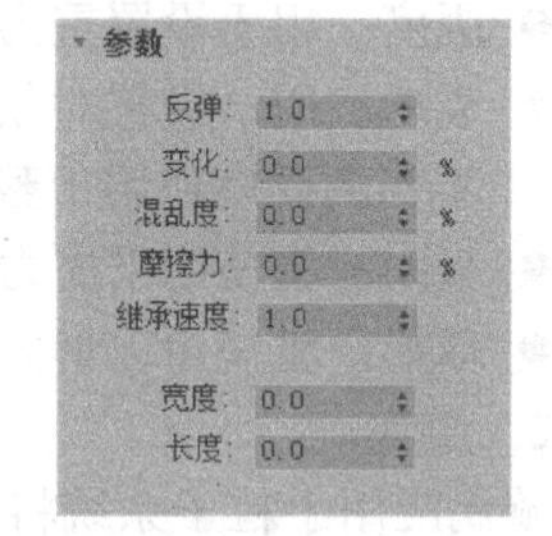

图 10-49　导向板的“参数”卷展栏

- 反弹：用于设置粒子碰到导向板后反弹的速度。
- 变化：用于设置反弹力的变化百分比，可以让粒子在碰撞后产生不同的反弹速度。

- 混乱度：用于设置反弹角度的混乱程度。
- 摩擦力：用于设置粒子与导向板接触后由于摩擦力造成的速度降低，数值为 100 时粒子在导向板上运动的速度为 0。
- 继承速度：用于设置粒子速度继承的特性。
- 宽度/长度：用于设置导向板的大小，只有碰撞到导向板的粒子才会产生反弹效果。

**2．导向球**

导向球与导向板的作用相似，不同之处是以球体的方式阻挡粒子的前进，如图 10-50 所示。导向球的“基本参数”卷展栏如图 10-51 所示，其参数的作用与导向板参数基本相同。“直径”用于设置导向球的直径。同样，只有碰撞到导向球的粒子才会产生反弹效果。

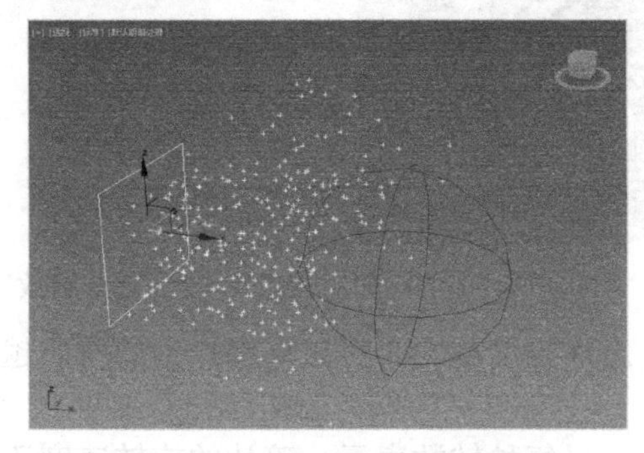

图 10-50　导向球的粒子反弹效果

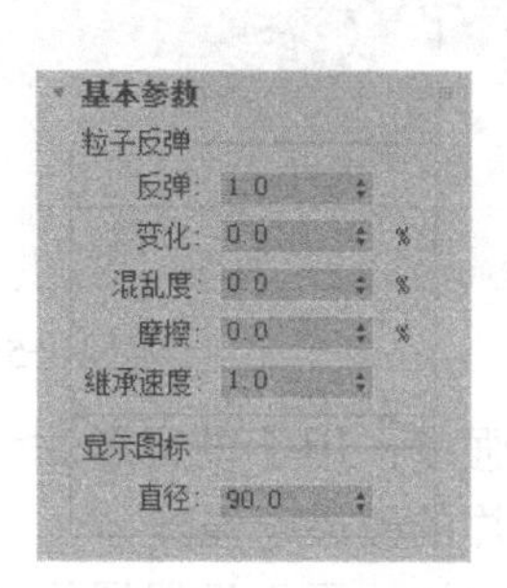


图 10-51　导向球的“基本参数”卷展栏

**3．全导向器**

全导向器可以使用任意对象作为粒子的导向器，由作为导向器的可渲染网格对象的外表面决定粒子的反弹效果，图 10-52 所示为选择茶壶对象作为全导向器的粒子反弹效果。全导向器的“基本参数”卷展栏如图 10-53 所示。

图 10-52　全导向器的粒子反弹效果

图 10-53　全导向器的“基本参数”卷展栏

全导向器使用时需要选择作为导向器的对象，场景中任何可渲染的网格对象都可以拾取作为导向器。

### 10.3.5　几何/可变形空间扭曲

几何/可变形空间扭曲用于使几何体变形，这类空间扭曲的功能与修改器有些类似，不同的是，空间扭曲改变的是场景空间，而修改器改变的是对象空间。

**1．涟漪空间扭曲**

涟漪空间扭曲可以在整个三维场景中创建同心波纹。它影响几何体和产生作用的方式与涟漪修改器相同。如果希望涟漪影响大量对象，或相对于其在三维场景中的位置仅影响某个对象，应该使用涟漪空间扭曲。

**2．爆炸空间扭曲**

爆炸空间扭曲能把对象炸成许多单独的面。将场景中的几何体对象绑定到爆炸空间扭曲上，拖动时间滑块就可以看到爆炸效果，如图 10–54 所示。爆炸空间扭曲的“爆炸参数”卷展栏如图 10–55 所示。

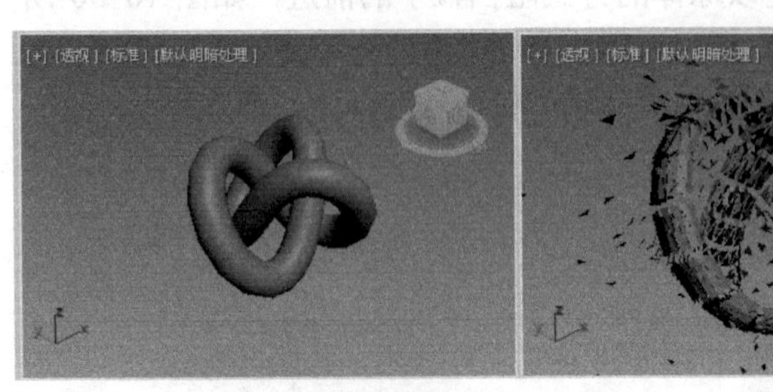

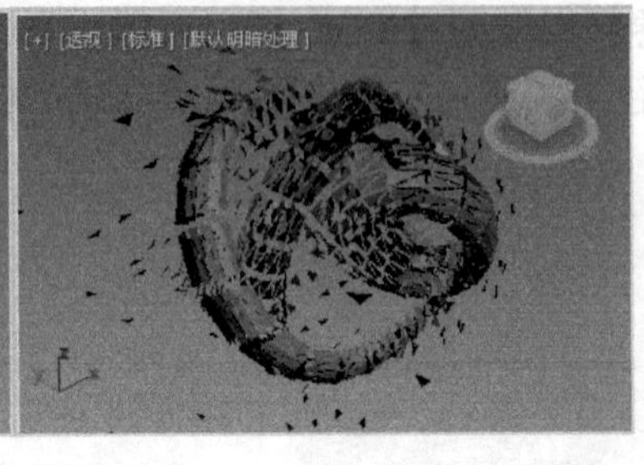

图 10–54　爆炸效果

图 10–55　“爆炸参数”卷展栏

- 强度：用于设置爆炸力。数值越大，爆炸强度越大。对象离爆炸空间扭曲越近，爆炸的效果越强烈。
- 自旋：用于设置爆炸碎片的旋转速度，以每秒转数表示。碎片的旋转速度还会受到“混乱度”和“衰减”的影响。
- 衰减：用于设置爆炸效果距爆炸点的距离，超过该距离的碎片不受“强度”和“自旋”的影响，但会受到“重力”的影响。
- “分形大小”选项组：用于设置爆炸随机产生的碎片的最大和最小面数。
- 重力：用于设置由重力产生的加速度，重力的方向总是世界坐标系 Z 轴方向，重力可以为负值。
- 起爆时间：用于设置爆炸开始帧，在此之前绑定对象不受爆炸空间扭曲的影响。

## 10.4　上机实训

### 10.4.1 【实训 10–1】制作太空天体碰撞的爆炸动画

制作太空中飞行的天体碰撞的爆炸动画，效果如图 10–56 所示。本实训中，利用 FFD 修改器制作太空中的天体，为天体指定路径约束飞行撞击星球的路径动画，利用粒子阵列制作星球撞击后爆炸碎裂成碎片的效果，并利用火效果制作天体撞击的爆炸的火光效果。通过本实训，练习和掌握路径约束动画、粒子阵列的应用和火效果动画的制作。

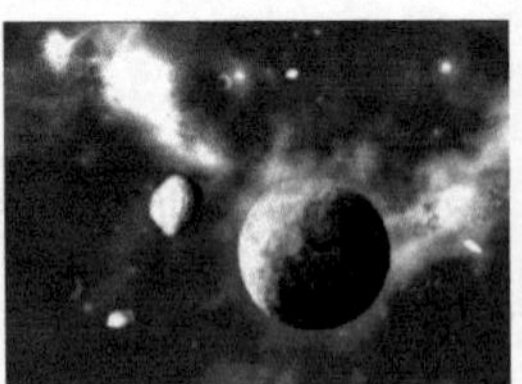

图 10–56　天体碰撞的爆炸动画效果

### 10.4.2 【实训 10-2】制作喷泉动画

制作喷泉动画，效果如图 10-57 所示。本实训中，利用喷射粒子系统和超级喷射粒子系统制作喷泉，并利用重力和导向板控制喷泉的下落，利用噪波修改器制作水池中水波荡漾的动画效果。通过本实训，练习和掌握喷射粒子系统和超级喷射粒子系统的应用，重力和导向板等空间扭曲工具对粒子运动方向的控制和噪波修改器动画设置的方法。

图 10-57　喷泉动画效果